数 学 文 化

李祥兆　编著

上海浦江教育出版社

图书在版编目(CIP)数据

数学文化/李祥兆编著. —上海:上海浦江教育出版社有限公司,2013.8
ISBN 978-7-81121-294-5

Ⅰ.①数… Ⅱ.①李… Ⅲ.①数学—文化—研究 Ⅳ.①01-05

中国版本图书馆 CIP 数据核字(2013)第 195428 号

上海浦江教育出版社出版
社址:上海海港大道 1550 号上海海事大学校内　邮政编码:201306
电话:(021)38284910(12)(发行)　38284923(总编室)　38284916(传真)
E-mail:cbs@shmtu. edu. cn　URL:http://www. pujiangpress. cn
上海市印刷十厂有限公司印装　上海浦江教育出版社发行
幅面尺寸:169 mm×239 mm　印张:20.5　字数:366 千字
2013 年 8 月第 1 版　2013 年 8 月第 1 次印刷
责任编辑:黄丽芬　封面设计:谈丽娜
定价:46.00 元

前 言

数学作为一种文化现象，早已是人们的共识。它与人类的语言、宗教、艺术一起构成最古老的人类文化。在 5 000 余年的数学历史发展过程中，重要的数学概念、数学方法、数学思想的诞生和发展，构成了数学史乃至人类文化史的最富魅力的题材。人类在探索生存空间的过程中逐渐认识到了形和数，形成了最早的数学概念。随着人类社会的发展，不同的民族和地区逐渐出现了最早的数学思想、数学方法和相应的数学知识体系，其中尤其以古希腊的演绎数学思想，以及在这种思想指导下的几何学的朴素公理化方法最具有代表性。几何学的朴素公理化方法将数学从现实中抽象出来，形成最早的几何学理论。而同时期的中国古代数学则以实用思想为指导，创立了以算法化为主要特征的数学方法和数学理论体系。在此后的几千年，随着数学思想、数学方法的不断丰富与发展，数学经历了从常量数学到变量数学，再到近、现代数学的发展阶段；数学研究以其更为严谨的姿态出现在世人面前：它以公理化方法为主要研究方法，成为一门纯粹的演绎科学，并最终确立了数学文化的基本特征，即高度的抽象化和形式化、逻辑的严密性、结论的确定性、内在的创新性和统一性、应用的广泛性。

数学以其独特的文化特征构成了人类文化的亚文化体系，但是数学文化体系又是一个开放的体系，它与一般的人类文化有着千丝万缕的联系。数学文化体系主要包括：重要的数学思想、数学方法产生的社会政治、经济条件，数学与自然的辩证关系，对数学本质的多元化认识，数学在人类文明发展中的作用，尤其是现代社会中数学的文化价值，等等。

20 世纪以来，数学科学的迅猛发展，确立了数学在整个科学与技术领域的基础学科地位。通过数学历史知识的普及，有助于人们从文化的视角重新认识数学的本质，体会数学的科学价值、应用价值、人文价值与美学价值，从而使现代社会的公民能够更好地顺应社会数学化的进程。因此，本书旨在使读者"感受数学魅力，领悟数学精神"，达到传播数学文化的目的。

本书是作者在讲授数学文化课程的基础上积累而来的成果。几年来，为了上好这门课，作者阅读了许多数学史与数学文化方面的经典名著，但在课堂上仍时有思维的短路，常常自愧自己数学知识的浅薄，并由衷地感慨数学文化的博大精深。但是，正是这样的“教学相长”和“自我教育”使我受益匪浅。众所周知，数学大师希尔伯特在纯粹数学的各个方面取得很大的成就，这与他早年坚持自我教育不无关系。希尔伯特除了教育学生，还要教育自己——他决定不教重复课。当然，我们没有希尔伯特在不同领域都能取得成功的智慧和天才，只希望在对这门课程的不断教学中，能有更多的收获，以求无愧于学生，并对得起自己的内心。

本书共分 18 章，大体上按照历史顺序来展开。第一章是对数学文化的总体概述；第二章和第三章是古希腊数学和中国古代数学，它们分别代表了数学历史上演绎化和算法化发展的两种数学文化取向；第四章至第十二章是对数学发展的各个分支如数论、代数、几何、微积分、概率统计等进行阐述；第十三章讨论了 20 世纪初数学公理化取向和数学基础的论争；第十四章至第十七章是对 20 世纪以来现代数学的发展及其应用给予充分的展示；第十八章是对近 10 年来的数学发展及其最新成果进行介绍。

本书的编写得到了很多老师的关心和帮助。在本书选题和编写过程中，武锡环老师不仅为本书提供很多参考资料，提出许多有益的建议，还参与编写了第一章至第三章、第六章、第十章、第十六章以及其他部分章节。沈家骅老师也提出许多好的建议，并参与编写了第十一章至第十二章，在此感谢两位老师的无私帮助和指导。上海海事大学文理学院的朝鲁老师、盛子宁老师、徐兆亮老师都一直关心此书的出版进程，并提供了很多帮助。非常幸运的是，本书得到了上海海事大学学术出版基金资助、上海海事大学应用数学重点学科建设项目资助和国家自然科学青年基金项目资助，这也为本书的顺利出版铺平了道路，在此一并谢过。最后，感谢上海浦江教育出版社编辑部为本书的策划和出版付出的辛勤劳动。

本书在编写过程中引用了许多数学家、数学史与数学文化专家、数学教育家以及国内同行的研究成果，在此向他们表示衷心的感谢！由于作者水平有限，错漏之处在所难免，敬请国内外同行批评指正，以便不断完善。

李祥兆

2013.1 于上海

目录

第一章

数学文化概论

第一节 数学文化观

在过去的几十年中，人们从社会——文化的视角对数学进行研究，将数学看作一个特殊的文化体系，它具有与其他文化体系不同的特征，同时又是一个开放的文化体系，在人类的文化发展中发挥着自己独特的作用。

广义“文化”的概念，是与“自然”概念相对应，一般是指人类在社会历史实践过程中所创造的物质与精神财富的总和。按照这样的理解，人们把一切非自然的、由人类所创造的事物或对象都看成文化物。数学对象是人类抽象思维的产物，它是一种人为约定的规则系统。因此，数学就是一种文化。对于数学对象的“文化”特性，古希腊的亚里士多德早已作了十分明确的论述：“数学是它们所研究的量和数，并不是那些我们可以感觉到的、占有空间广延性的、可分的量和数，而是作为某种特殊性质的（抽象的）量和数，是我们在思想中将它们分离开来进行研究的。”①前苏联数学史家亚历山大洛夫对此也作了具体的诠释：“我们运用抽象的数字，却并不打算每次都把它们同具体的对象联系起来。我们在学校中学的是抽象的乘法表，而不是男孩子的数目乘上苹果的数目，或者苹果的数目乘上苹果的价钱。”“同样地，在几何中研究的，例如，是直线，而不是拉紧了的绳子。”②显然，数学对象的这种抽象性清楚地表明了数学对象的文化属性。

从文化的历史性角度考虑，作为一门独立的和理性的学科，数学不管发展到怎样的程度，都离不开历史的积淀，任何时期的数学成果都绝非这一时期的偶然产物。这正如牛顿所说的那样，他是“站在巨人肩膀上的”。数学发展的历史是一部文化的史书，数学共同体与数学传统的发展也不乏带有其历史性成分，这一点也是数学之所以成为文化的一个重要特征。

---

① 亚里士多德. 形而上学. 吴寿彭，译. 商务印书馆，1995：263.

② 亚历山大洛夫 A D. 数学：它的内容、方法和意义（第一卷）. 孔小礼，译. 科学出版社. 2008：1.

数学，作为人类智慧的结晶，其历史源远流长。它与语言、艺术、宗教共同构成人类早期的文明。今天，数学又随着科学、技术和社会政治、经济的发展，产生着巨大的影响力，形成了独具特色的数学科学殿堂。在数学科学殿堂中，聚集着一批风格迥然的研究者和研究群体，他们按照数学活动中公认的准则来判定命题的真伪，用共同的语言交流各自的思想，从而形成和造就一个数学的共同体。现代文化研究中，将数学家构成的特殊群体——数学共同体所创立的数学文化看作一个特殊的文化体系。这个文化体系的社会意识形态和观念形式表现为“数学传统”，每个数学家都按照这种传统从事自己的研究。

从一般意义上讲，数学共同体的传统主要包括三方面的内容：其一，是对数学本质的总的认识，称为数学观。它提供了关于“什么是数学”之问题的具体解答，是数学传统的核心成分。数学观的基本问题之一是“数学究竟应该被看成一般的经验科学，还是有其一定的特殊性?”它涉及如何认识数学与真实世界的关系，进而涉及对数学价值的认识。其二，是从事数学研究工作的一些具体规范和准则，称为规范性成分。各个数学家只有按照这些规范或准则去进行研究，他的工作才有可能得到数学共同体的承认。因此，规范性成分在数学传统中是具有较强制约作用的组成要素。数学研究的基本规范要求主要有“数学家的工作目标是获得命题，命题要借助于为数学共同体接受的语言表述，并建立在为数学共同体一致接受的论证之上”。其三，是对新的研究活动有着重要的启示意义或潜在影响的成分，称为启发性成分。譬如，所谓的“数学精神”就属于启发式成分。日本数学家米山国藏提出过七种精神——应用化的精神；扩张化、一般化精神；组织化、系统化的精神；致力于发明发现的精神；统一建设精神；严密化精神；“思想的经济化”精神。① 启发性成分对于数学共同体的每个成员不具有很强的制约性。

数学作为一种文化，还具有自己独有的特征。譬如，形式化、符号化的语言特征，自由创造的理性精神(如非欧几里得几何就是这种理性精神的创造结果)，等等。这使得数学文化与其他文化领域有着质的区别，成为一种特殊的文化领域。下面通过一个具体实例，说明数学家们独特的行为“规范”。

有人提出这样一个问题：“假设在你面前有煤气灶、水龙头、水壶和火柴，你想烧些水，应当怎样去做?”对此人们会说：“在水壶中放上水，点燃煤气，再把水壶放在煤气灶上。”接下来的问题是：“如果其他的条件都没有变化，只是水壶中已经有了足够多的水，那你又应当怎样去做?”这时，人们会说：“点燃煤气，再把

---

① 米山国藏. 数学的精神思想和方法. 毛正中，吴素华，译. 四川教育出版社，1986：12－61.

水壶放到煤气灶上。”但是，这一回答并不能使数学家感到满意，因为他们认为，只有物理学家才会这样做，而数学家们则会倒去水壶中的水，并声称已把后一问题化归为原先的问题了。所以问题就由前面问题的方法加以解决。这个幽默的比喻，形象地说明了数学研究的一个重要思想方法(规范性成分)——化归：在解决新的问题时，数学家们往往不直接求解，而是不断地对问题进行变形，直至把它转化成某个(或某些)已经得到解决的问题之上。

数学文化不但是人类文化中的特殊领域，同时也是一个具有高度开放性的领域，其主要表现为：它的发展不仅可以由内部的矛盾运动推进，而且还受到社会、文化因素的制约。前者称为推动数学发展的“遗传力量”，后者则是推动数学发展的“环境力量”。对此，希尔伯特在1900年的著名演讲《数学问题》中就指出：“在每个数学分支中，那些最初、最老的问题肯定是起源于经验，是由外部现象世界所提出……但是，随着一门数学分支的进一步发展，人类的智力，受着成功的鼓舞，开始意识到自己的独立性。它自身独立地发展着，通常并不受来自外部的明显影响，而只是借助于逻辑组合、一般化、特殊化，巧妙地对概念进行分析和综合，提出新的富有成果的问题……其间，当纯思维的创造力工作时，外部世界又重新开始起作用，通过实际现象向我们提出新的问题，开辟新的数学分支……据我看，数学家们在他们这门科学各分支的问题提法、方法和概念中所经常感受到的那种令人惊讶的相似性和仿佛事先有所安排的协调性，其根源就在于思维与经验之间反复出现的相互作用。”①此外，怀尔德在其《数学概念的进化》中提出：数学中最活跃时期出现的充要条件是，存在有合适的文化气候，包括机会、刺激(如新领域的出现，悖论或矛盾的发现等)和材料。显然，这些论述在本书相关的数学历史发展的陈述中都可以找到大量的例证。②

在遗传力量的推动下，数学家们自由创造，产生一些超前的成果，有时这些成果在数学共同体内也无法得到认可，往往需要借助权威的推举得到认可。非欧几里得几何学就经历了这样的接受过程，一方面，这是环境力量——数学共同体中传统观念及数学共同体内权威层次格局的必然结果；另一方面，人类存在着各种不同文化群体的文化体系，造成数学成果超前现象的一个重要原因是不同文化群体间的交流困难所致，这也应归于数学发展的环境力量的因素。只有通过适当的途径，打破不同的亚文化体系间的交流障碍，才能实现数学创造成果向

---

① 邓东皋.数学与文化.北京大学出版社，1990：222-223.

② R L. Wilder. Evolution of Mathematical Concepts：an elementary study. New York：John Wiley & Sons，1968.

社会效果转化。例如，作为超前成果的黎曼几何、整体微分几何，是在被物理学家爱因斯坦、杨振宁获取后，才使抽象的数学原理变为物理学的工具，使“超前”便变成了“实在”。

环境力量对数学发展影响的研究，已经形成一门专门的数学社会学。由于数学社会学主要的研究对象是数学史，并且作为数学史的一个组成部分，因此，数学社会学又被学者们理解为“数学社会史”。数学社会学的基本观点是：在承认数学自身的独立性具有决定作用的前提下，充分意识到数学的进展是人类文化各个领域相互作用、相互促进的过程，并进而研究彼此之间的关系。

第二节　数学是什么

对于“数学是什么”这个问题，历来是数学家、哲学家、科学家等争论的热门话题。有两种代表性的观点：一种观点是法国数学家波莱尔提出的，他认为：“数学是我们确切知道我们在说什么，并肯定我们说的是否是对的的唯一的一门科学。”另一种观点是英国数学家、逻辑学家和哲学家罗素提出的，他说：“数学是我们永远不知道我们在说什么，也不知道我们说的是否是对的的一门学科。”而作为对形式化数学的反击，美国数学家柯朗在其名著《什么是数学》中提出：“数学，作为人类思维的表达形式，反映了人们积极进取的意志、缜密周详的推理以及对完美境界的追求。它的基本要素是逻辑与直观、分析与构作、一般性与个别性……正是这些互相对立的力量的相互作用以及他们综合起来的努力才构成数学科学的生命、用途和崇高价值。”①

可见，要准确地给“数学是什么”作一个恰当的回答，绝非一件易事，关键是看问题的角度。数学，作为一个多元化的产物。对“数学”的认识，也应当从一元论走向多元论。正如柯朗说道：“……无论对于专家，还是对于普通人来说，唯一能回答‘数学是什么’这个问题的，不是哲学，而是数学本身中活生生的经验。”②正是基于这种认识，本书无意于去给“数学是什么”下定义，而是希望从文化的角度来理解数学。正如著名数学家、数学史家莫里斯·克莱因所说：“在西方文明中，数学一直是一种主要的文化力量，”“数学不仅是一种方法、一门艺术或一种语言，数学更主要的是一门有着丰富内容的知识体系，其内容对自然科

① 柯朗 R，罗宾 H. 什么是数学. 复旦大学出版社，2006：1.

② 柯朗 R，罗宾 H. 什么是数学. 复旦大学出版社，2006：5.

学家、社会科学家、哲学家、逻辑学家和艺术家十分有用，同时影响着政治家和神学家；满足了人类探索宇宙的好奇心和对美妙音乐的冥想；有时甚至可能以难以察觉到的方式但无可置疑地影响着现代历史的进程。”①下面主要从数学文化的价值方面来理解数学的内涵。

一、数学是科学的语言

在数学中，各种量、量的关系、量的变化以及量与量之间这种（些）量的变化与那种（些）量的变化之间的关系，都是用数学特有的符号语言来表示的。德国数学家和哲学家莱布尼茨曾指出，数学之所以有如此成就，之所以发展极为迅速，就是因为数学有其特定的符号语言。量在我们生活中占据着非常重要的地位，甚至可以说，文明的人类生活在量的世界中。不计其数的量：数量、重量、长度、体积、速度、频率……是我们生活中时刻都会遇到的，我们总是用各种各样的量去测试、比较、分析和演算。如果对线段只用长短来表示，对速度只用快慢来描述，那么我们对线段和速度的了解就很笼统、很模糊。只有在用单位尺度对线段作了丈量，并使用数字表示之后，我们才对这一线段有个具体的了解；只有在使用单位度量了走过的路程，并用数字表示之后，我们才能对这“速度”有真切的领悟。显然，数不仅仅是量的表现形式之一，而且是量的最主要的表现形式。

在科学研究中，运用数学语言有许多好处。首先，数学语言摆脱自然用语的多义性，用符号来表示科学概念具有单义性、确定性，在推理过程中容易保持首尾一致，不至于因发生歧义而造成逻辑混乱。其次，符号语言简洁明确，便于人们进行量的比较，对事物的某种数量级作出直接的判断，对所研究问题能作出比较清晰的数量分析。

数学作为一种科学语言，还表现在它能以其特有的数学语言（概念、公式、法则、定理、方程、模型、理论等）对科学真理进行精确和简洁的表述，如著名物理学家、数学家麦可斯韦建立的电磁规律——麦可斯韦方程组，预见了电磁波的存在，推断出其速度等于光速，并断言光就是一种电磁波。这样，麦可斯韦创立了系统的电磁理论，把电、光、磁统一起来，实现了物理学上一次重大的理论整合和飞跃。另外，黎曼几何和不变量理论也为爱因斯坦发现相对论提供了绝妙的描述工具。

爱因斯坦通过与艺术语言、自然科学语言的比较，强调了数学语言的特异

---

① 克莱因 M. 西方文化中的数学. 张祖贵，译. 复旦大学出版社，2005：8.

性。他写道:“人们总想以最适当的方式来画出一幅简化的和易领悟的世界图像,于是他就试图用他的这种世界体系来代替经验的世界,并来征服它,这就是画家、诗人、思辨哲学家和自然科学家所做的,他们都按照自己的方式去做……理论物理学家的世界图像在所有这些可能的图像中占有什么地位呢?它在描述各种关系时要求尽可能达到最高标准的严格精确性,这样的标准只有用数学语言才能做到。”①

二、数学是思维的工具

数学思维具有逻辑的严谨性、高度的抽象性和概括性、丰富的直觉与想象等特征。这些特征使得数学思维在寻求事物本质属性,探究事物间联系,把握事物结构,对事物发展趋势作出预测等方面显示出惊人的优势。数学作为一种思维工具,是人们分析问题和解决问题的重要方法。

事实上,在现代数学中数学研究的基本对象是集合、结构等,这些概念本身就是一种思维的创造物。因此,数学概念是以极度抽象的形式表现的。与此同时,数学的研究方法也是抽象的;数学命题的真理性不可能建立在经验之上,必须依赖于演绎证明。运用数学方法从已知的关系推求未知的关系,所得的结论就是逻辑上的确定性和可靠性。非欧几里得几何的产生就充分说明了这一点。因此,数学赋予科学知识以逻辑的严密性和结论的可靠性。

此外,由数学公理化方法发展起来的科学公理化方法,是使认识从感性阶段发展到理性阶段,并使理性认识进一步深化的重要手段。它使理性认识从初级水平发展到更高级的水平,形成抽象程度更高的公理化系统。因此,数学思想方法是使理论知识更加系统化、逻辑化的重要力量。再则,当数学被应用于实际问题的研究时,人们常常使用数学模型方法。建立数学模型的过程是一个科学抽象的过程:善于从问题中抽出主要因素、主要关系、主要过程,经过这种合理的简化步骤,找出所要研究问题与某种数学结构的对应关系,将实际问题转化为数学问题。进而在数学模型上展开数学推导和计算,最后形成对问题的认识、判断和预测。这些都是运用数学思想方法把握现实的力量之所在。对此,爱因斯坦深有体会地说:“迄今为止,我们的经验已经有理由使我们相信,自然界是可以想象到的最简单的数学观念的实际体现。我坚信,我们能够用纯数学的构造来发展概念以及把这些概念联系起来的定律,这些概念和定律是理解自然界的钥匙。

---

① (美)爱因斯坦.爱因斯坦文集(第一卷).许良英,译.商务印书馆,1976:101.

经验可以提示合适的数学概念,但是数学概念无论如何都不能从经验中推导出来。当然,经验始终是数学构造的物理效用的唯一判据。但是这种创造的原理都存在于数学之中。因此,在某种意义上,我认为,像古代人所梦想的,纯粹思维能够把握实在,这种看法是正确的。"①

现代数学哲学的"数学活动观",强调了数学创造过程中各种思维方法的重要作用,从而使数学思维方法可以成为"锻炼人的思维的体操",进而为人类进行创造性活动提供强大的方法论武器。恩格斯就曾指出:数学亦是辩证的辅助工具和表现方式。意思是说,在数学中充满着辩证法,而且有着特殊的表现方式。就数学的研究成果而言,数学家用数学的符号语言、简明的数学公式明确地表达出各种辩证关系及其转化。如牛顿-莱布尼茨公式描述了微分和积分两种运算之间的联系和相互转化,概率论和数理统计表现了事物的必然性与偶然性的内在关系,等等。在数学的探索过程中,不仅仅依赖于数学中严谨的推理方法,还使用了许多人类思维的通用方法,如实验、归纳、类比、一般化、特殊化等。更为重要的是,数学研究方法也呈现出明显的辩证关系。

三、数学是理性的艺术

在大众心目中,数学殿堂是深不可测、高不可攀的,它那冰冷的逻辑外表丝毫没有艺术的魅力。然而,从数学的历史发展历程中,可以发现数学是一种充满理性艺术的科学。美国现代数学家哈尔莫斯则说:"数学是创造性的艺术,因为数学家创造了美好的新概念;数学是创造性的艺术,因为数学家的生活、言行如艺术家一样;数学是创造性的艺术,因为数学家就是这样认为的。"事实上,数学理论虽然以逻辑的严密性为特征,但是提出新概念、创立新理论需要借助于直觉、想象或幻想。数学史上的众多成就都证实了这种规律性,费马猜想及其证明就是很好的例证。著名数学家庞加莱说:"没有直觉,数学家便会像这样一个作家:他只是按语法写诗,但是却毫无思想。"②

数学艺术的美感,不同于一般艺术的"情感美"。数学上的美学标准在很大程度上从属于数学共同体的"数学标准",因此数学艺术被称为理性艺术。譬如,伽罗华的群论一般被视为数学上最优美的篇章之一,而这主要是基于数学的考虑:第一,它解决了关于方程的一个很古老且在当时最为重要的问题。第二,它

---

① (美)爱因斯坦.爱因斯坦文集(第一卷).许良英,译.商务印书馆,1976:316.

② 林兴宜.文明的极地—诗与数学的统一.文学评论,1983(4).

是一项内容非常丰富的理论，远远超出了原来的根式求解问题的范围。第三，它的依据是几个非常典雅而简洁的原理，是以新的概念建筑起来的新结构下提出的原理，显示了巨大的独创性。第四，这些新观点和新概念，尤其是群的概念，开辟了新的道路，对整个数学具有持续的影响。这四点中，只有第三点才是纯粹美学上的评价。对数学家们关于数学美的言论进行具体分析，可以看出，数学家们关于数学美的感受的确带有强烈的个人色彩。尽管不同的个体对于数学美可能有着不同的感受，但是，数学的和谐性、简单性与奇异性可以作为数学美的重要表现。

数学的和谐性，主要表现在统一、有序、无矛盾、对称、对偶等方面。庞加莱曾有这样一段名言："科学家研究自然，是因为他爱自然，他之所以爱自然，是因为自然是美好的。如果自然不美，就不值得理解；不是那种激动感官的美，也不是质地美和表现美；不是我低估那种美，完全不是，但那种美与科学不相干。我说的是各部分之间的有和谐秩序的深刻的美，是人的纯洁心智所能掌握的美。"这种激励数学家、科学家去奋力追求的美，其实就是客观事物所固有的和谐秩序或规律。当人们创造了一种简便的方法，作出一种简化的证明，找到了一种新的成功应用时，就会在内心深处激起强烈的美感。数学系统的无矛盾性就是协调性，历来都是数学家们追求的数学和谐的境界之一。而悖论的产生破坏了协调性，人们又通过各种手段去解决和消除悖论，使数学内部结构达到和谐。对称性不仅表现在数的对称性上——正数与负数，有理数与无理数，实数与虚数等，也表现在几何图形的对称性上，数和点的对称性上等，还表现在数学理论之间的对称性上，如欧几里得几何与非欧几里得几何，普通集合与模糊集合等等，它们都展示出数学世界的美妙。

简单性是数学美的表现之一。英国学者威廉·奥卡姆认为，在诸多理论中最简单的那个理论，就是最美的理论，而美的理论才能在竞争中取胜。我国数学家王元认为，数学美的本质在于简单。它是一种"简单"的美，而不是"华丽"的美。许多著名难题的解决最初都是相当复杂的，且使用了特殊的或高深的数学理论，普通人很难看懂，于是人们去追求简单的初等的解决方法。因为越简单，越能为大多数人接受和认可，越能产生社会共鸣。高斯自 1799 年在他的博士论文中给出了代数基本定理的证明之后，一生中又数次重新证明它，他对简单性的追求使他为此不遗余力；我国著名数学家陈景润在 1973 年发表了关于哥德巴赫猜想的研究成果，但在此后几年中，国际上又发表了五篇关于同一命题的论文，而这些论文的共同特点就是证明过程比较简单。数学的简单性，还表现在数学公理化方法中公理系统的选择上。最好的公理系统、最优美的公理方法中所选择的公理都要求彼此独立，不能相互推出，这就要求公理数目尽可能少。如欧几里得几何公理系统中的平行公设，由于其叙述的繁琐，且不易懂，致使许多后来的数学家都想通过其他公理来证明它，企图把它从公理系统中剔除，但谁也未能成功。这就说明欧几里得几何公理系统中的平行公设并不多余，因此也说明欧几里得几何体系的完美性。

数学的奇异性就在于其"新"与"奇"。当有人用数学归纳法证明了世界上所有的人都是秃子时，于是诞生了数学的一个新分支——模糊数学；当许多数学家都在设法证明欧几里得平行公设而徒劳无功时，罗巴切夫斯基等人却产生了与众不同的想法，将欧几里得平行公设用一个与之对立的命题去替换，这样做不但没有导致矛盾，而且得到了一系列违背常识的命题，这些稀奇古怪的命题就是罗巴切夫斯基几何的命题。罗巴切夫斯基由奇异想法得到了奇异命题，创立了新的美妙的几何理论体系，这又一次显示了数学奇异性的魅力。

总之，在数学史上，数学家对于和谐性、简单性、奇异性的追求，使他们在极度无序的对象中展现出清晰的关系和结构；在极度复杂的对象中建立起数学模型；在极度离散的对象中发现奇异的统一性。数学美由此对数学发展起着推波助澜的作用。这正如著名的拉丁语格言所说："美是真理的光辉。"

第三节　数学研究对象的演进

数学是运用逻辑展开的科学，那么，从哪些最为普遍的概念、原理或定义出发去构造数学的"大厦"，就成为数学基础研究所要解决的问题之一。其目的是确定数学研究的基本对象。

在数学史上，古希腊人首先引入了相对独立的数学对象，明确地提出了关于"理念世界"与"现实世界"的区分：前者是真实的、完美的、永恒的、不变的；后者则是不真实的、有缺陷的、暂时的、变动的。柏拉图曾具体指明，数学对象就是理念世界中的存在，也就是一种不依赖于人类思维的独立存在。而最早对数学对象进行系统的哲学分析和概括的是古希腊哲学家亚里士多德。他在《形而上学》一书中认为，数学家开始研究之前，先剥去一切可感的质，而留下量性和连续性，他认为研究数及其属性的学科叫算术；研究数量及其属性的学科叫作几何学，所以，他把当时的数学定义为研究数量的科学。由于"不可公度线段"无法表示成整数的比，因此，古希腊数学家认为应当以几何学为基础来从事全部数学的研究。正是基于这样的认识，欧几里得在《几何原本》中用几何方法表示代数恒等式和解代数方程;阿基米德在用力学方法求出弓形面积之后,立即又用几何穷竭法加以证明。由于此后古希腊的数学传统得到了广泛的传播,致使上述这种以几何作为全部数学基础的做法也产生了十分深远的影响。著名美国数学史家莫里斯·克莱因则对此评述道:在欧都克索斯最早解决了如何用几何来从事无理数研究的问题以后的2 000年间,“几何学变成了几乎是全部严密数学的基础”。

迟至15世纪,仍有很多数学家认为研究三次以上的方程是“荒唐可笑”的,原因就在于它们并不具有明显的几何意义。16世纪,意大利数学家卡当在发表代数三次方程的一般解法的同时,又立即用几何方法证明这种解法的正确性。17世纪的牛顿偏爱且擅长几何,他正是用几何方法来创立微积分的。在《自然哲学的数学原理》中,他用几何方法说明和论证自己的力学概念、定律和定理。18世纪,创立不久的微积分受到英国主教贝克莱的猛烈攻击。这时,英国数学家马克劳林主张根据古希腊的几何和穷竭法来建立微积分,用古希腊人严谨的几何方法证明牛顿方法的有效性。显然,数学家认为,几何是获得严密性的唯一方法,所以他们觉得有必要用几何证明为代数方法辩护。而且很多数学家确实说过绝对相信几何。牛顿的老师巴罗指出几何有八大优点:概念清晰、定义明确、公理直观可靠且普遍成立、公设清楚可信且易于想象、公理数目少、引出量的方式易于接受、证明顺序自然、避免未知事物。牛顿不仅经常表示对古希腊数学家的崇敬,还为自己不能紧密地追随他们而责备自己。他说:“方程是算术计算的表达式,它在几何里,除了表示真正几何量(线、面、立体、比例)间的相等关系以外,是没有地位的。近来把乘、除和同类的计算法引入几何,是轻率的而且是违反这一科学的基本原则的。”①然而,就几何本身来说,古希腊的几何具有逻辑性强、严密性高的优点,但它也有致命的弱点。美国数学史家莫里斯·克莱因说:“由于坚持要统一他们的几何学,使之完整和简单,把抽象思维同实用分开,所以古典希腊几何成为一门成就有限的学科。它阻碍了人们的视野,使他们的头脑接受不到新思想和新方法。它的内部存在着使它自己死亡的种子。”②

到了文艺复兴时期,代数开始摆脱几何学的束缚而获得了独立的发展。例如,尽管三次以上的方程无法赋予直接的几何解释,数学家们仍然开始了高次方程的研究。到了笛卡尔时代,先前那种以几何作为全部数学基础的做法更被颠倒过来了。笛卡尔明确指出:“代数居于数学其他各分支的最前列,它是逻辑的延伸,是处理量的一门有用的学科,因此从这个意义上来说,它甚至比几何还具

---

① (美)莫里斯·克莱因.古今数学思想(第二册).万伟勋,译.上海科学技术出版社,2002:19.
② (美)莫里斯·克莱因.古今数学思想(第一册).张理京,译.上海科学技术出版社,2002:199.

有根本的意义。”这样，笛卡尔“第一个把代数放在学术系统的基本地位上”。也正是基于这样的认识，笛卡尔创立了坐标几何这样一门用代数方法来从事几何学研究的新兴学科；而几何学的成功则又进一步强化了代数学的基础地位。这也如莫里斯·克莱因所指出的：“从古希腊时代到1600年，几何统治着数学，代数居于附庸的地位。1600年以后，代数成为基本的数学部门。”解析几何的出现改变了数学的面貌。过去，人们用线段来表示数，用面积来表示两个数的乘积；现在，人们用数来表示几何上的点，用方程来表示几何中的曲线。过去，人们用几何方法来解代数方程；现在，人们用代数方法来处理几何问题，最终归结为数的关系和计算。所以，解析几何使几何算术化了。

历史上，彻底改变数学的面貌，使几何与代数的地位完全颠倒过来的决定性因素是微积分。微积分与解析几何不同，解析几何的对象仍然是几何图形，而微积分的对象是函数。函数概念是研究运动和变化的重要工具，微积分则提供了计算瞬间的变化率、非匀速运动的路程以及曲边形面积等一系列问题的通用方法，解决了几何、算术、代数根本不能解决的问题。微分方程的出现，显示出使用新方法的更大的威力。微分方程所具有的意义在于，可以把许多物理问题和技术问题的研究化为这类方程的求解，从而微分方程成为研究自然现象的有力工具。力学、天文学、物理学和技术科学借助微分方程取得了巨大成就。除了微分方程之外，还出现了微分几何、变分法、复变函数等等。数学分析蓬勃地发展，不仅成为数学的中心和主要部分，而且还渗入了数学中较古老的领域，像代数、几何和数论。人们开始把代数理解为用多项式来表示的单变量或多变量函数的理论。数学分析方法渗入几何，导致微分几何的诞生。解析几何和微分几何开始在几何中占统治地位。最后，欧拉把数学分析方法引入数论，从而奠定了解析数论的基础。正是因为有了数学分析，数学才在自然科学中和技术发展中成为精确表述它们的规律和解决它们的问题的方法。

但是，应该指出，微积分所占据的中心和主导地位却是很不牢固的。因为微积分刚建立时，很不完善，根本问题在于它自身没有一个牢固的基础。从19世纪上半叶开始，出现了分析的严格化运动，而其直接目标就是为微积分理论奠定一个可靠的理论基础。大多数数学家把目光转向了算术理论。莫里斯·克莱因曾对当时的形势作了具体的分析：“这种决心的出现大概是由于企图把分析奠基于几何之上的希望……因18世纪分析发展中日益增长的复杂性而受到破灭所致。不过高斯早在1799年就已表示了他对欧几里得几何真理性的怀疑，而且在1817年他就认定真理只存在于算术之中。甚至在高斯和其他作者关于非欧几里得几何的早期著作中就注意到欧几里得几何发展中的缺陷，因此很可能就是这两个因素造成了对几何的不信任而决心把分析奠基在算术概念之上。”①

分析的严格化经历了三个阶段：其一，以实数理论为基础建立起严格的微积分理论，这一工作是由波尔查诺、柯西和维尔斯特拉斯等人完成的。其直接结果就是严格的极限理论完全取代了原来的无穷小分析。其二，以算术理论为基础建立起严格的实数理论。1872 年，维尔斯特拉斯、康托和戴德金几乎同时建立了严格的实数理论，他们是以有理数理论为基础建立实数理论，由于后者又可划归为自然数理论，这样，微积分理论就被“算术化”了。其三，算术理论的公理化。这一工作的最终成果就是所谓的“皮亚诺算术公理系统”。由于自然数理论可以从这一公理系统得到建立，因此，在当时的数学家看来，皮亚诺算术公理系统事实上就构成了全部数学的基础。但是，从基础研究的角度，人们会问：算术理论的基础应该是什么？或者说，什么是数学的最终基础？这个问题成为 19 世纪末关于数学基础研究的核心问题。由于不同的数学群体在这一问题上的观点分歧，直接导致了逻辑主义、直觉主义和形式主义等三大学派的形成。现代数学基础研究的结果表明，集合论事实上构成了全部数学的逻辑基础；然而，集合论悖论的发现却清楚地表明了集合论本身并不是完全可靠的。这在过去的一个世纪中，依然是数学基础研究未能解决的问题。

1900 年国际数学家大会上，希尔伯特的 23 个数学问题将数学带入了 20 世纪。同时它也给数学披上了现代意义下纯粹数学的外衣。数学是富于创造力的数学家利用纯粹思辨解决问题的产物。由这些产物构成的数学殿堂是可以纯形式化的。同一时期美国的哲学家罗素给数学下了这样一个定义：“纯粹数学完全由这样一类论断组成，假定某个命题对某些事物成立，则可推出另外某个命题对同样这些事物也成立。这里既不管第一个命题是否确实成立，也不管使命题成立的那些事物究竟是什么……只要我们的假定是关于一般的事物，而不是某些特殊的事物，那么我们的推理就构成为数学。这样，数学可以定义为这样一门学科。我们永远不知道其中所说的是什么，也不知道所说的内容是否正确。”也就是在这一时期，数学共同体利用康托的集合论，把数学中长期存在的问题，用集合论的丰富语言重新描述或重新解决。在抽象意义下形成的拓扑学、(近世)代数、(抽象)分析学科，构成了数学殿堂的现代数学的基础。也正是以这三门学科为基础，在过去的百年间萌生并发展了众多的数学分支。波兰逻辑学家塔尔斯基在描述现代数学发展情况时说：“在科学研究领域中现在很少有像数学那样经历着如此剧烈的发展阶段。而且，这种发展是极其多样化的：数学领域正在向

① (美) 莫里斯·克莱因. 古今数学思想(第一册). 张理京，译. 上海科学技术出版社，2002：56.

一切可能的方向延伸，它在高、宽和深三方面都在成长着。它的高度在成长着，因为在数百年来（如果不是数千年以来的话）发展的旧的理论的土壤之上，新的问题不断地发生，而其所达到的结果越来越完全。它的宽度在成长着，因为它们的方法渗透到其他各种科学部门中，而其研究范围日益囊括着越来越广泛的现象界，并且越来越多的新理论被包括在数学学科的庞大范域之中。最后，它的深度在成长着，因为它的基础日益坚定地被建立起来了，它的方法日益完备，它的原则日益巩固。"①

把数学从对现实的研究对象中抽取出来，有助于对数学研究对象和研究方法的科学定位。恩格斯在 19 世纪中叶曾经对数学科学的本质做过概括："纯粹数学的对象是现实世界的空间形式和数量关系。"进入 20 世纪，这个定义已经显得不能概括现代数学科学的全貌了。

20 世纪 60 年代，前苏联《哲学百科全书》（1964 年）从本体论的角度揭示了数学的本质：数学是一门撇开内容只研究形式和关系的科学。数学研究的首要和基本的对象，是数量的和空间的关系及形式……除此之外，数学中还研究其他关系和形式。一般来说，数学的对象可以包括客观现实中的任何形式和关系，只要这些形式和关系客观上能如此独立于它们的内容，既能完全撇开具体内容，又能十分精确地表达它们的概念以及保留多方面的联系，因而能给纯逻辑的发展理论奠定基础。此外，数学不仅研究直接从客观现实中抽取出来的形式和关系，还研究逻辑上可能的、在已知的形式和关系的基础上确定的形式和关系。"数学可以定义为关于逻辑上可能的、纯粹的（即抽去了内容的）形式的科学，或者说是关于关系系统的科学。因为形式就是一个整体的各个部分之间的关系系统，而关系在数学中则总被当作任何抽象客体之间的关系系统"。

从 20 世纪 80 年代开始，数学共同体又重新探索"数学是什么"的问题。其中最有代表性的是将数学概括为"模式"的科学。美国数学家斯蒂恩说："数学是模式的科学。数学家们寻求存在于数量、空间、科学、计算机乃至想象之中的模式。数学理论阐明了模式间的关系；函数和映射、算子和映射把一类模式与另一类模式联系起来从而产生稳定的数学结构。"②"模式（Pattern）"一般指可以作为范本、模本、变本的式样，在英文中与"范式（Paradigm）"都有"范型"的含义。范式是美国科学家、哲学家库恩（1922—1996 年）在 1962 年提出的概念，他把范式

---

① （波兰）塔尔斯基．逻辑与演绎科学方法论导论．周礼全，吴允曾，晏成书，译．商务印书馆，2011：序言．

② L・Steen．The Science of Patterns．Science，1988(4)．

作为科学活动的实体和基础，其中包括科学的理论体系、科学共同体对特定模式的信念、自然观和世界观等。

将数学作为模式科学的定义，明确了数学研究问题的源泉可以是自然界的，也可以是数学"抽象世界的"，而且把"观察"到的"结构和对称性"作为数学的研究方法和研究结果。利用"范型"来解释"数学是模式科学"，可以包括"数学模式"与数学的"模式研究"两个方面：一方面，要从人类行为、自然现象与社会体系中，用科学研究方法建立数学模型，得到"数学模式"。譬如，从哥尼斯堡问题，欧拉得到了"图"的模式；关于随机现象问题的研究，数学家得到了"分布""概率"的模式等等。显然，"数学模式"是对物质世界中各类现实问题的概括而得到的抽象化的结构。另一方面，对于数学模式进行深入的"模式研究"，可以产生理论体系。这就是说，在数学中我们不仅要建构相对独立的（量化）模式，更要以这些模式为直接对象来从事客观世界规律的研究。现代数学的研究对象已经从具有明显直观背景的模式扩展到了可能的模式。由于模式的建构本身就意味着在一定程度上与真实脱离，因此，这事实上就可被看成所说的数学研究的"自由性"的最基本概念，而无须随时去顾及它们的真实意义。如由"分布""概率"等形成的概率与统计体系等。"模式研究"的本质是对数学自身问题研究的领域，一般使用演绎科学研究方法。20 世纪产生的结构数学是模式研究的典范。这就正如美国数学家斯蒂恩所指出的："模式提示了别的模式，并常常导致了模式的模式。正是以这种方式数学遵循着自身的逻辑：以源于科学的模式为出发点，并通过补充所有的由先前的模式导出的模式使这种图像更加完备。"①这样，数学科学的"模式"观就包括了应用数学与纯粹数学两个理论体系，并规定了它们各自的思维方式、数学信念和行为方式。譬如，在上述有关数学模式观念下，就为具体判定数学研究的意义提供了必要的准则：除在社会实践中成功应用这一"经验的标准"外，数学研究有着自己相对独立的特殊标准，这就是关于研究工作数学意义的分析——对此可特称为"数学的标准"。

数学观的转变，直接影响着数学共同体今后的研究方向。20 世纪初希尔伯特著名的 23 个问题，把数学研究的问题定位于数学内部或一些与数学相关的少数科学理论的领域。而 20 世纪末，数学研究则更多地在社会经济、科学理论、科学技术等与人类的社会生存与发展息息相关的广泛领域中寻找课题，力图使数学殿堂在人类文化宝库中放射出更加耀眼的光芒。

---

① L · Steen. The Science of Patterns. Science, 1988(4).

第四节 数学交流

人类文化的一个重要特征，是超越个体的"群体性"：文化物最初表现为少数人创造性思维的结果，但只有在相应的群体普遍接受这些个体的思维结果之后，它才能成为人类文化的组成成分。数学文化的形成也需要这种由个体向群体转移的过程。在数学共同体中，实现这种转移的重要途径就是数学交流。

古希腊学者在贵族民主政治的条件下，大兴街头辩论，导致了论证数学的诞生；笛卡尔的变量数学产生与梅森的"科学院"不无关系；欧拉、高斯等人用通信的方式传播着数学家的新发现，等等。18—19 世纪，一些国家相继成立了由宫廷和政府支持的科学院，如德国柏林科学院(1700 年)、俄国圣彼得堡科学院(1724 年)。这些科学院出版科学期刊、组织学术交流与评价，对数学发展起了积极的推动作用。然而那时的数学活动还只是在为数不多的人员之间进行。19 世纪下半叶，随着数学教育与研究规模的空前扩大以及数学家人数的迅速增加，产生了真正的民间团体的数学家组织——各国数学会。这些数学会通过出版数学刊物、组织学术交流、颁发数学奖励、普及数学知识等活动，大大促进了数学的交流。

1893 年，在纪念哥伦布发现美洲大陆 400 周年的博览会上。莫里斯·克莱因发出呼吁："数学家们必须继续前进。他们必须建立国际联盟……""全世界数学家联合起来！"1920 年，在第六次国际数学家大会(International Congress of Mathematician，简称 ICM)上，法、英等 11 个国家的代表发起成立最早的国际数学联盟。但由于第一次世界大战后政治气氛的不利影响，这个联盟没有什么活动。一直到 1950 年 22 个国家的数学团体重新发起成立国际数学联盟。1952 年，在意大利罗马正式举行了成立大会。到 1995 年，国际数学联盟(International Mathematical Union，简称 IMU)已有 59 个国家和地区成为该联盟的成员。中国数学会于 1996 年加入了 IMU。

1897 年，闵科夫斯基等 21 名数学家发起召开国际数学家大会。来自 16 个国家的 208 名数学家在瑞士苏黎世举行了第一次国际数学家大会，并决定以后定期召开这样的大会。1900 年，第二次国际数学家大会在巴黎举行。从那以后，国际数学家大会每隔四年举行一次，除两次世界大战其间未能举行外，从未中断过。现在国际数学家大会已经成为规模最大、水平最高的全球性数学科学学术会议，平均与会人数达 3 000 人左右。会议上的报告，反映当时数学科学中重要的成果与进展，每次大会，在开幕式上举行菲尔茨数学奖颁奖仪式。

20世纪30年代，中国现代数学教育与数学研究均已初步形成规模。辛亥革命前后就出现了中小型数学学术团体。这些团体多为地区性的，规模不大，存在时间短。从1934年开始，数学家何鲁、熊庆来、胡敦复、顾澄、范会国、陈建功、苏步青、朱公谨等发起并着手筹备全国性数学会。1935年7月25日，中国数学会宣告成立，并决定出版全国性数学刊物。1936年，《中国数学会学报》(即后来的《数学学报》)正式出版，同时出版的还有普及性数学刊物《数学杂志》(即后来的《数学通报》)。

20世纪纯粹数学的研究形成了影响数学全局的数学学派。如布尔巴基学派、波兰的集合论与泛函分析学派、莫斯科的函数论学派、哈代-李特尔伍德的剑桥学派等。这些学派是数学重要理论研究的生力军。如亚历山德罗夫和霍普夫的拓扑学、诺特的理想论、巴拿赫的赋范空间论、施瓦兹的广义函数论、嘉当的流行分析、陈省身的整体微分几何等。

20世纪之前，世界各国只有为数不多的数学奖项，如俄罗斯设立的罗巴切夫斯基奖。20世纪则出现了国际性专门数学奖——菲尔茨奖(1932年)与沃尔夫数学奖(1978年)。由于诺贝尔奖没设数学奖，因此有人将菲尔茨奖誉为数学中的诺贝尔奖。此外，尚有40余种国家性或地区性的数学奖项。

菲尔茨数学奖的提案人是加拿大数学家菲尔茨(1863—1932年)。他生于加拿大的渥太华，在多伦多上的大学，在美国的约翰·霍普金斯大学获得博士学位。以后重回多伦多大学执教。菲尔茨本人的工作集中在代数函数研究方面。1924年，菲尔茨卓越的组织才能使在多伦多召开的ICM取得了成功。正是在这次大会上，菲尔茨提出把大会结余下来的经费设立一个数学奖项。1932年8月菲尔茨去世前立下遗嘱，并留下一笔钱加到上述的剩余经费中，转交给1932年在苏黎世召开的ICM。这次大会决定接受菲尔茨的建议设立“菲尔茨奖”。首届菲尔茨奖于1936年奥斯陆国际数学家大会上颁发，此后由于第二次世界大战爆发而中断，1950年又恢复颁奖。按照惯例，该奖的获得者一般都不超过40岁。1974年温哥华ICM上，则明确规定该奖只授予40岁以下的数学家。从1936年开始，获菲尔茨奖的已有40余人。因为只有成就显著者才能获此殊荣，所以菲尔茨奖享有很高的声誉。与诺贝尔奖的100万美元相比，菲尔茨只有1 500美元和1枚金质奖章，似乎是微不足道的。但是，菲尔茨奖是由国际数学联盟(IMU)从全世界一流数学家中遴选出来的，就其权威性与国际性而言，任何奖项都无法与之相比。作为一种表彰纯数学成就的奖励，菲尔茨奖的获得者无论在哪一方面都可以作为当代数学家的杰出代表，他们的工作领域覆盖了纯数学主流分支的前沿。1978年，当代著名数学家，作为布尔巴基学派的创始人之一的迪多内发表了题为《论纯数学的当前趋势》的论文，该文对近20年(1958—1978年)纯数学各分支的前沿作了全面的概述和总结，他列举了13个目前处于主流的数学分支，其中12个分支中的部分重要工作都是由菲尔茨奖获得者作出的。因此，菲尔茨奖是一个窥视现代数学的“窗口”，在这里可以一睹现代数学的风采。

菲尔茨奖的授奖对象是40岁以下的年轻数学家，这样就不能对数学家一生的重大贡献给予评价。从1978年开始，沃尔夫数学奖弥补了这一点。捐设沃尔夫基金的沃尔夫博士(1887—1981年)，出生于德国汉诺威的犹太家庭，在德国学习化学。第一次世界大战前移居古巴。沃尔夫早年致力于从炼钢废物中提取有用金属的工艺研究，最后获得成功并因此致富。1961年，沃尔夫作为卡斯特罗革命的早期支持人之一，被任命为古巴驻以色列大使。当1973年古巴和以色列断交之后，沃尔夫留在了以色列并在那里度过余生。

沃尔夫基金会设立的目的是“促进科学和艺术以造福人类”。1978年首次颁发沃尔夫奖，在农业、化学、数学、医学、物理共五个领域，1981年增设艺术奖，每年颁发一次。每个领域的奖金额为10万美元。用于奖励“为人类利益和人民友好关系作出成就”的学者。获奖人员由一个3～5名专家组成的国际委员会评审认定。正式的颁奖仪式在耶路撒冷的以色列国会举行，由以色列总统颁奖。获奖者的学术水准很高，有6名沃尔夫医学奖获得者接着获得诺贝尔奖，沃尔夫医学奖几乎成了诺贝尔医学奖的“预演”。还有3位沃尔夫奖的得主后来也分别获诺贝尔物理学奖或化学奖。

由于数学没有诺贝尔奖，许多杰出的数学家一直没有机会得到国际数学大奖。因而前八届的沃尔夫数学奖获得者的年龄都很大，平均年龄为72岁(化学为61，物理学为58，医学为57.5)。沃尔夫数学奖的人选是根据候选人的数学成就，经过综合评价而确定的，获奖人获奖时多已蜚声数坛。迄今获奖者年龄平均在60岁以上，最年轻获奖年龄为43岁(英国数学家怀尔斯因为证明了费马大定理获1996年度沃尔夫数学奖)。沃尔夫数学奖与菲尔茨奖一样，成为当代全球数学研究成果的重要奖项。

第五节 数学文化的普及

数学作为一种文化，对全社会的成员有着潜移默化的作用。尽管数学在现代社会中的应用是广泛的，但却不易为大众所察觉。当人们惊叹原子弹的巨大威力时，却很难知道和真正理解它所依赖的“质能公式”：$E = mc^2$；当人们接受CT扫描仪的检查和诊断时，很少有人理解它的设计原理拉东变换（Radon 变换）；当人们尽情享受动画片的娱乐时，很少联想制作这些动画背后的数学方法。数学是无声的音乐，无色的图画。当今社会的科技进步对人们的数学能力提出了很高的要求。美国学者桑德斯（1980年）曾询问过代表美国整个经济领域100种职业的从业者，发现62%的职业必须有基本的算术知识，65%的职业还必须有统计知识；切皮亚尔和埃斯蒂（1980年）发现，没有基本的数学知识，就根本读不懂《纽约时报》头版中93%的文章。①

数学的重要性正日益被越来越多的人所感受，但是人们通过非正式的（除学校教育之外的）途径学到的数学知识是很有限的，数学的思维方式更远远没有被多数人所掌握。20世纪末，西方数学大国美国劳工部的一份报告中写道：美国高中毕业生还不具备一个现代工人所需要的“思考技能”。在美国专门委员会1984年的报告中则指出：“在现今这个技术发达的社会里，扫除数学盲的任务已经替代了昔日扫除文盲的任务，而成为当今教育的主要目标。”

在学校教育中普及数学文化的状况又是如何呢？以20世纪80年代英国的一份权威的调查报告《科克罗夫特报告》中的结论加以说明。这份报告从“满足学生今后的成人生活、就业需要和进一步学习”为数学教育的根本目的这一点出发，对学校数学教育作出了如下一些重要的结论：

其一，教数学的第一个理由，是人们以不同方式感受到数学的有用性，所有这些对数学有用性的理解都来源于这样的事实，即数学提供了一种有力的、简洁的和准确无误的交流信息的手段。数学可以用很多方式来表示信息，不仅是用数字和字母，而且也使用各种表格、图表、图形以及几何和技术制图。此外，数学中使用的数字和其他符号以系统的方式进行操作和结合，使得常有可能推断出与数学相关的情况的进一步信息。此外，同样的数学表达式可以来源于和表示很多不同的情况。这一点具有重要的意义。因为同样的数学命题能与不止一种情况相联系。因此，人们经常看到，解决从某一情况中所产生的问题得到的结果都可以被用于不同的情况。用这种方式，数学不仅可用来解释已发生事情的结果，而且可以预测未来所发生事情的结果。

其二，教数学的第二个重要理由，是它在很多领域的重要性和有用性。它对于自然科学和各种工程学的学习是基本的。它在医学和生物学、地理学和经济

① 吴庆麟.认知教学心理学.上海科学技术出版社，2000：300.

学、商业和管理学中的应用日益增长。数学对于工业和商业的运作,无论是在办公室还是在其他工作场所都是不可缺少的。

其三,常有人提出学习数学是为了发展逻辑思维、精确性和空间性的能力。学习数学虽然有益于培养这些能力,但其程度依赖于进行数学教学的方法。数学也不是唯一对此有价值的学科;很多其他活动和其他学科的学习也可以发展这些能力。因此,发展这些能力的需要本身并不构成为什么要学习数学而非其他学科的充足理由。

其四,由于广泛地使用符号表示法,数学提供了简洁的和精确无误的信息交流的手段。然而,正是使用和解释这种符号表示法并掌握以它为基础的抽象思想和概念的必要性,对很多人形成了一种障碍。事实上,符号表示法虽然能使数学用作交流的手段,有助于使数学"有用",但也会使数学难以理解和应用。

其五,就业中使用数学的方法和课堂中对相同的数学知识经常使用的方法之间存在的某些重要差别。例如,几乎所有就业类型的数学需要中都包括能够完成各种算术计算的需要。然而,工作中用笔算完成计算的方法往往不是在课堂上所教的传统方法。对几乎所有的工作而言,具有某种心算的能力是很有用的,而缺乏这种能力则常常是引起雇主抱怨的一个原因。调查发现这也是一些年轻雇员抱怨的一个原因,他们认为自己在小学和中学低年级具有心算的能力,但后来由于在课堂上缺乏实践而荒废了。又如,调查发现,代数很少明确地被使用。技术人员、技工、办事职员和一些操作工广泛地使用公式,有时用单一的字母表示变量,但更多的是用词或缩写的形式表示变量。

其六,对成年人生活数学需要的研究调查表明,使用数学的需要会使某些人感到焦虑和无能为力。它也表明很多人对学校数学学习的回忆是非常不愉快的。也有很多人(其中大多数并非是绝对的低能力者)不喜欢数学,看不到数学有什么用处,他们的批评主要有两方面:一个涉及数学课程的内容,另一个则涉及数学的教学方法。①

的确,学校教育如何推进数学文化的普及工作,是长期困扰人们的事情。其中面临的根本问题是如何正确处理好"数学科学"与"作为教育的数学"的关系。教育的实践表明,数学教育中只注重数学知识的教育是不行的,也是不必要的。美国数学家、数学教育家波利亚提到以下的事实:只有1%的学生会需要研究数学,29%的学生将来会使用数学。因此,学校教育要重视数学思想方法、数学精

---

① (英)科克罗夫.数学算数—英国学校数学教育调查委员会报告.范良火,译.人民教育出版社,1994:19-94.

神的普及。日本数学教育家米山国藏认为:“我搞了多年的数学教育发现,学生在初中、高中等接受的数学知识,因毕业进入社会后几乎没有什么机会应用这种作为知识的数学,所以通常是出校门后不到一两年,很快就忘掉了。然而,不管他们从事什么业务工作,唯有深深地铭刻于头脑中的数学精神、数学的思维方法、研究方法、推理方法和着眼点等(若培养了这方面的素质的话),却随时随地发生作用,使他们受益终身。”“无论是对于科学工作者、技术人员,还是数学教育工作者,最重要的就是数学的精神、思想和方法,而数学知识只是第二位的。”①

因此,数学文化教育肩负着数学知识、数学思想方法以及数学理性精神的传承与传播,这也是笔者撰写本书的初衷和目的。在数学文化的普及方面,山东大学已于2010年4月办起了国内第一本《数学文化》杂志,其目的是弘扬数学文化,推动数学教育。近年来国内有越来越多的数学名家加入到普及数学文化的行列中,例如,中科院的张景中院士、南开大学的顾沛教授、浙江大学的蔡天新教授等对推动我国数学文化的普及和传播作出了积极的贡献。最后,引用我国当代著名数学家齐民友的话作为这一章的结尾,他说:“历史已经证明,而且将继续证明,一种没有相当发达的数学的文化是注定要衰落的,一个不掌握数学作为一种文化的民族也是注定要衰落的。”②

---

① 米山国藏.数学的精神思想和方法.毛正中,吴素华,译.四川教育出版社,1986:序言.

② 齐民友.数学与文化.湖南教育出版社,1991:12.

第二章

数学精神的诞生：古希腊数学

数学作为一门有组织的、独立的和理性的学科来说，在公元前 600 年到公元前 300 之间的古希腊学者登场之前是不存在的①。但在更早期的一些古代文明社会（如古代巴比伦、古代埃及）中已产生了数学的开端和萌芽。从公元前 6 世纪开始，古希腊数学家在继承和发展古代巴比伦和古代埃及数学的基础上，把数学推向演绎数学的发展阶段。到公元前 300 多年，古希腊数学著作《几何原本》的出现，使数学成为科学史上第一门演绎科学。

古希腊是继中国、印度、巴比伦、埃及之后世界文明的又一发祥地，自公元前 6 世纪开始，古希腊数学开始走上自身发展的道路。在长达一个世纪的时期内，古希腊数学可分为两个不同的发展时期：

古典时期（约公元前 6 世纪—前 4 世纪末），这一时期的哲学研究推动了论证数学的诞生，创立了朴素的公理化方法和逻辑推理规则，并使用这些方法奠定了初等几何的理论体系基础。

亚历山大时期（约公元前 4 世纪—公元 6 世纪），这一时期又可细分为两个时段：亚历山大前期（约公元前 4 世纪末—前 30 年）和亚历山大后期（公元前 30 年—公元 6 世纪）。在亚历山大前期，欧几里得完成了伟大的数学著作《几何原本》，将人类早期的数学知识构建成最早的演绎体系。数学家用数学方法研究自然，使天文学、地理学、力学、光学和工程技术都获得了重大成就。几何学开始了定量的研究，在这个过程中阿基米德使用了最早的积分方法；阿波罗尼奥斯完成了《圆锥曲线论》的历史名著。在亚历山大后期，这一时期几何学抽象研究处于停滞状态，取代它的是由天文、地理、航海需要而发展起来的三角和代数学；与此同时，对前人研究成果进行了一些注释和整理，这对传承亚历山大前期的数学成果起到了积极作用。

---

① （美）莫里斯·克莱因. 古今数学思想（第一册）. 张理京，译. 上海科学技术出版社，2002：1.

第一节 毕达哥拉斯与勾股定理

一、毕达哥拉斯的“万物皆数”

毕达哥拉斯(约公元前580—前460年)出生在爱琴海的萨摩斯岛上一个富裕的宝石雕刻工匠家庭,从小他就爱好数学和音乐。青年时代到过埃及、巴比伦,曾就学于爱奥尼亚学派,学习了东方文明古国的数学、天文学和宗教知识。回国后,他创立了集政治、学术、宗教于一体的团体,被人称为“毕达哥拉斯学派”。该学派是以贵族式的观念形态作为基础,与当时萨摩斯岛的古希腊民主制的观念形态形成尖锐的对立,是具有神秘主义宗教色彩的组织。这个学派的主张和观念曾引起萨摩斯岛公民的不满情绪,毕达哥拉斯为了避开人们的舆论,只好离开自己出生的本土,逃往古希腊的移民区阿佩宁半岛,并定居在克罗托内城,重新建立学派。由于毕达哥拉斯与贵族党结盟,参与政治活动,后来遭到民主党势力的反对并被杀害。他死后,其门徒散居到希腊其他学术中心,继续传授他的教诲达200年之久。

毕达哥拉斯学派发现,物质世界的各种各样的现象,都显示出相同的数学特征,他们在数与数量关系中发现了各种现象的本质。于是,毕达哥拉斯学派提出了他们的哲学观点“万物皆数”,即世界上的一切事物都可以表现为数,把抽象的数作为万物的本原。

例如,毕达哥拉斯学派将1, 1+2, 1+2+3,…称为三角形数,如图2.1所示。并给出了正方形数,五边形数的概念,分别如图2.2和图2.3所示,从中就可以看出他们怎样巧妙地将形与数联系在一起。

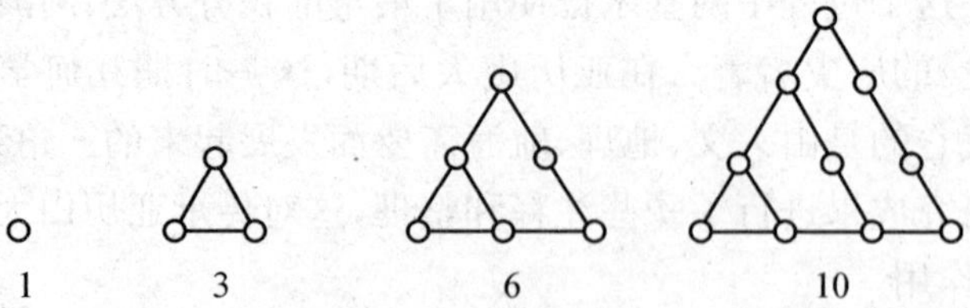

图2.1 三角形数

如果将三角形数的图形补画成菱形,那么图中的点数之和,便是高斯使用的等差级数公式 $1+2+3+\cdots+n=\frac{n(n+1)}{2}$。还有许多关于多边形数的有趣的

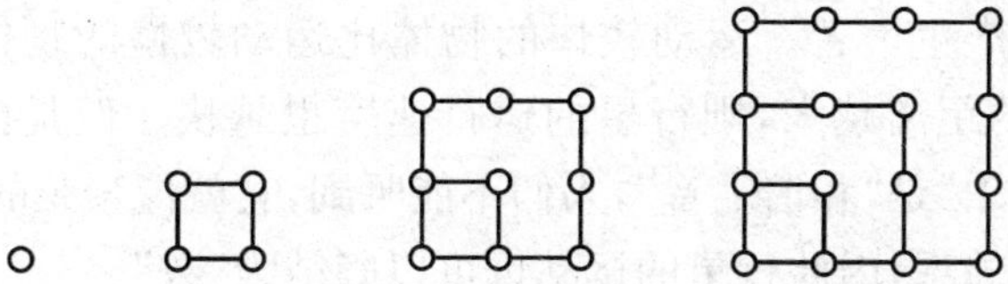

图 2.2　正方形数

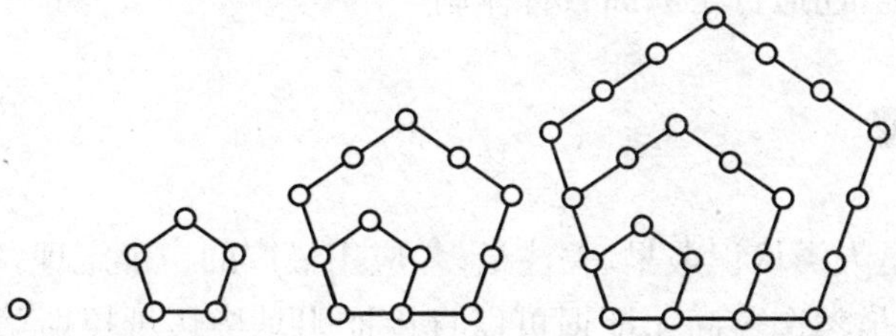

图 2.3　五边形数

结论，是很容易由相应数的图形表示中给出证明。例如，任何正方形数都是两个相继的三角形数之和；第 n 个五边形数等于 n 加第 $n-1$ 个三角形数的 3 倍；从 1 开始的任意多个相继的奇数之和都等于 1 个正方形数，等等。这些多边形数，借助于形的直观形象，找到了自然数序列构成的级数公式或规律。它是人类早期用形来认识数的成功范例。

除了图形表示数以外，毕达哥拉斯学派还赋予单个属性值以十分有趣的类比和解释：比如，“1”代表理性，因为理性只能产生于一个连续的整体；“2”代表观点；“4”代表正义；“5”是婚姻的象征，因为它是第一个奇数与偶数之和（他们认为，偶数是女性，奇数是男性的象征）；“7”代表健康；“8”代表爱情和友谊；“10”是一个理想数，因为它是连续 4 个整数 1，2，3，4 的和。此外，他们还定义了“完全数”“亲和数”等等。① 从这些事例中可以看出，毕达哥拉斯学派对抽象数字的迷恋。

毕达哥拉斯学派还把音乐归结为“数”，他们发现了如下事实：一根拉紧的弦发出的声音取决于弦的长度；每根长度成整数比的弦，则发出和谐的声音。例如，长度 1∶1 的弦产生的是同音，当比例为 2∶1 时产生的是八度和音，当比例为 2∶3 时产生的是纯五度和音。

此外，毕达哥拉斯学派将行星的运动也简化为数量的关系。他们认为物体

① （美）克莱因 M. 西方文化中的数学. 张祖贵，译. 复旦大学出版社，2005：76.

在空间中运动会产生声音。运动较快的物体比运动较慢的物体发出的音调要高，行星与地球的距离越大，则行星的运行速度也越快。但是由于宇宙是和谐的，这种"天体音乐"是"和谐之音"，人们不能听到，它就像琴弦的和声一样，不过是简化了的数量关系，因此行星的运动也可以归结为"数"。

这样，毕达哥拉斯学派就把算术（作为数的理论）、音乐（作为数的应用）、几何学、天文学称为"四艺"，作为学派的研究领域。这一"毕达哥拉斯四艺"传统一直持续到中世纪，还通行于欧洲教育体制。

二、勾股定理

勾股定理是人类认识最早、关注最多、应用最广的一个定理，享有"千古第一定理"的美誉。虽然迄今尚无证据可以直接证明是毕达哥拉斯第一个给出了勾股定理的证明，但西方各种文献都把这一定理称为毕达哥拉斯定理。

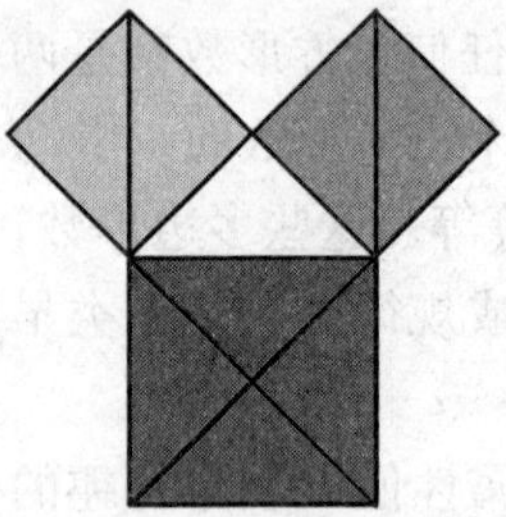

图 2.4　大理石地砖上的勾股定理

据说毕达哥拉斯是在参加一次朋友的宴会上发现这个定理的。相传在 2 500 年前的一天，毕达哥拉斯应邀参加一位富有政要的餐宴。这位主人豪华宫殿般的餐厅铺着赏心悦目的正方形大理石地砖。由于丰盛的菜肴迟迟未能上桌，一些饥肠辘辘的贵宾在一旁颇有微词，但唯有毕达哥拉斯略显得与众不同。这位善于观察和探索的数学家正在专心致志、若有所思地凝视着脚下这些排列规整、华丽肃穆的正方形大理石地砖。然而，吸引毕达哥拉斯的不只是欣赏美丽大理石地砖所产生的愉悦感，各块大理石地砖的组合与"数"之间的奇妙关系更吸引了他的注意。只见毕达哥拉斯迅速拿起画笔，蹲在地上，选了一块大理石地砖，以它的对角线为边画出一个正方形，他发现这个正方形的面积恰好等于两块大理石地砖的面积之和，如图 2.4 所示。这一发现令他更加好奇……于是当他再以两块大理石地砖拼成的矩形之对角线作另一个正方形时，他发现这个新正方形的面积恰好等于 5 块大理石地砖的面积，也就是以两股为边作正方形的面积之和。至此，经过认真求证的毕达哥拉斯作出了一个大胆的假设：任何直角三角形，其斜边的平方恰好等于另两边平方之和。

当然，现在不能确认是否是毕达哥拉斯证明了这个定理，还是这个学派后来的学者证明了这个定理。但据传，毕达哥拉斯找到了勾股定理的证明后，欣喜若狂，杀了 100 头牛来祭神，由此，这个定理又有"百牛定理"之称。

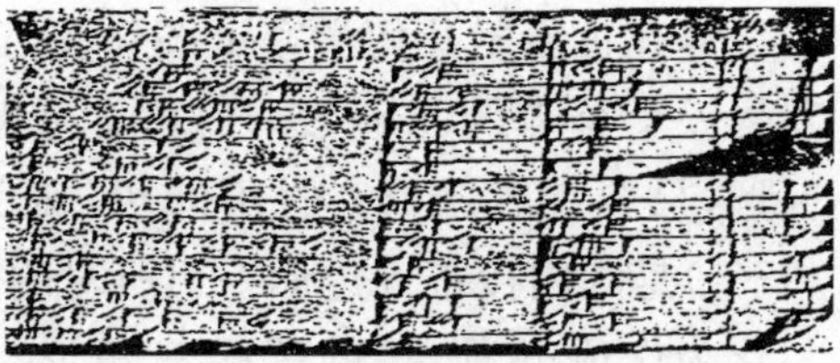

图 2.5 古巴比伦泥板文书“普林斯顿 322 号”

事实上，在中国古代的《周髀算经》中，就记载了勾股定理，“……故折矩，以为勾广三，股修四，径隅五”。意思是说：在方尺上截取勾宽为三，股长为四，则这端到那端的径长(弦长)为五。而在公元 3 世纪初，我国数学家赵爽在《周髀算经注》中给出了勾股定理的一般形式和几何证明。此外，毕达哥拉斯三元数组在古巴比伦楔形文字泥板上就已经出现了，现存于美国哥伦比亚大学。这块名为“普林斯顿 322 号”泥板文书的历史大约可追溯到公元前 1900 年—公元前 1600 年(图 2.5)。除此之外，在古印度建造祭坛时也有应用毕达哥拉斯定理。总之，有了勾股定理，毕达哥拉斯学派能够从细节上更深入地研究数与形之间的联系，并发现更多创造性的结果，其中无理数的发现就是其中之一。

三、无理数与黄金分割

对勾股定理的深入研究，使毕达哥拉斯学派发现了无理数。由于毕达哥拉斯学派倡导的“万物皆数”主要是指有理数，即可通约的，但毕达哥拉斯学派的一个门徒希帕索斯却发现了正方形对角线与边长之比是不可通约的，即无理数。

从后来亚里士多德的记述中可以知道，等腰直角三角形的斜边是无理数的证明是毕达哥拉斯学派给出的，运用的是归谬法。对于这一事实，欧几里得在《几何原本》里给出了证明。可以这样表述：

图 2.6 中，取边长为 1，设对角线 $d=\frac{m}{n}$，假定 m 与 n 没有公约数，则 m 与 n 中至少有一个是奇数。

依毕达哥拉斯定理，有 $1^2+1^2=2=d^2=\frac{m^2}{n^2}$，所以 $m^2=2n^2$ 是偶数，从而 m 必为偶数，于是 n 是奇数。设 $m=2p$，则 $4p^2=2n^2$，又有 $n^2=2p^2$。仿上述讨论，可知 n 为偶数。这就导致矛盾。于是古希腊人称这种数为不可通约量，即指今日的无理数。

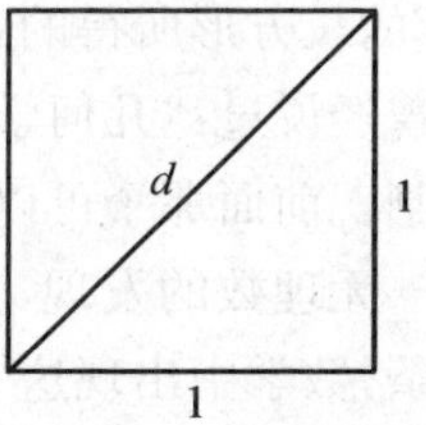

图 2.6 单位正方形的边长与对角线

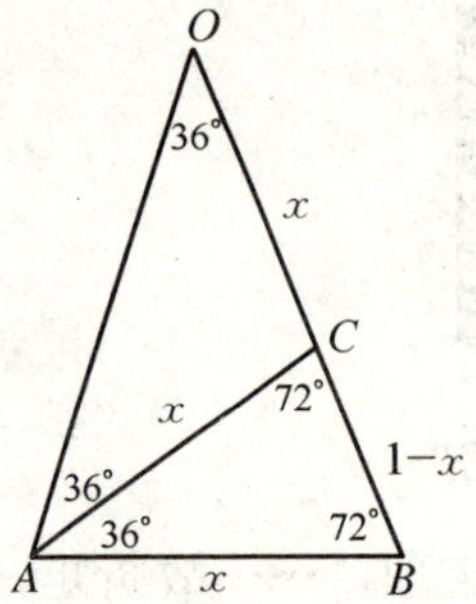

图 2.7 黄金比的几何作图

在古希腊几何学家试图作正五边形时，也曾遇到过另一个有趣的无理数——黄金分割数。为了作正五边形，只要能作出 36°的角即可，因为这个角的 2 倍（即 72°）是圆内接正五边形一边所对的圆心角。于是问题转化为作顶角为 36°的等腰三角形。为此，图 2.7 中，设 AC 平分底角 OAB。这时，$OC=AC=AB$，且 $\triangle BAC$ 与 $\triangle AOB$ 相似。

取 $OA=1$，设 $AB=x$，于是有

$$\frac{AB}{BC}=\frac{OA}{AB},\text{即}\frac{x}{1-x}=\frac{1}{x}$$

即

$$x^2+x-1=0$$

由此得到

$$x=\frac{\sqrt{5}-1}{2}$$

在数学中，无理数 $\frac{\sqrt{5}-1}{2}\approx 0.618$，称为“黄金比”。

由于毕达哥拉斯学派对正五边形以及正十边形都有研究，并把正五角星作为他们团体的标记。五角星的不相邻顶点的连线，都被相互地黄金分割，正十边形的外接圆半径与边长之比是黄金分割数。所以，毕达哥拉斯学派对这个数肯定也是了解的。

黄金分割数在艺术中与美有不解之缘。在雅典城内至今保存着一座公元前 5 世纪的神庙，它的宽和高的比是按黄金分割数设计的。以至于艺术家画的人像以及雕塑像，大多数是以这个数为比例。古希腊人认为一个有完美的（或理想的）体型的人是肚脐那一点能把自头到脚的人体进行“黄金分割”。1876 年，著名的德国心理学家费希纳对各种人群作过一次调查，他用 10 种不同的长宽之比的长方形，让被调查的人们从中选出一个最完美的，结果宽与长的比等于“黄金比”的长方形所得的选票最多，占总数的 1/3。对此，意大利天文物理学家开普勒曾经说过：“几何学里有两个宝库：一个是毕达哥拉斯定理，另一个就是黄金分割。前面那个可以比作金矿，而后面那一个可以比作珍贵的钻石矿。”

无理数的发现，大大撼动了毕达哥拉斯学派“宇宙万物皆依赖于有理数”的信条，数学中出现这一逻辑困难，被称为“第一次数学危机”。然而“逻辑上的矛盾”并未改变他们的哲学信条，毕达哥拉斯的信徒们将坚持“无理量”存在的门徒希帕索斯扔入了大海，并于公元前 370 年左右，由欧都克索斯通过给比例重新下

定义的方法，暂时“解决”了这一危机，维护了该学派的信条。

第二节 欧几里得的名著——《几何原本》

欧几里得(约公元前330—前275年)是亚历山大学派的奠基人，对于他的生活和性格人们知道的很少，估计他很可能在雅典的柏拉图学派受过数学训练。欧几里得的《几何原本》运用先人开创的公理化方法，选择5条公理和5条公设，推出了465个命题，将前人的几何研究成果整理成一个完整系统。以《几何原本》为标志，数学科学从哲学学科中分离出来，成为一门严谨的、独立的学科。

《几何原本》手稿早已失传，现在能看到的是根据后人的修订本、注释本、翻译本重新整理出来的。中国最早的汉译本是1607年意大利传教士利玛窦(1552—1610年)和徐光启(1562—1633年)合译出版的。据统计《几何原本》至今已出版了2 000多个版本。2 000多年来，许多学者，如阿基米德、牛顿、莱布尼茨、拿破仑、林肯以及罗素都对之作过研究。罗素在其自传中写道：“11岁时，我开始学习欧几里得的书。这是我生活中的一件大事，犹如初恋一般的迷人。”20世纪最杰出的科学家爱因斯坦也曾说过：“一个人当他接触欧几里得几何学时，如果不曾为它的明晰性和可靠性所感动，那么他是不会成为一个科学家的。”

约公元前300多年，古希腊数学家欧几里得《几何原本》的问世，标志着人类科学研究的公理化方法的初步形成，并以此建立了第一个数学理论体系——几何学。“原本”在古希腊是与“字母”一个词表示。古希腊人用“原本”来指在一门学科中具有广泛应用的那些最重要的命题，其作用如同“字母”，是语言构成的基本单位。欧几里得把他认为最重要的定理选入了《几何原本》，而将不值得收入《几何原本》的其他定理，写在自己的其他著作中。《几何原本》的内容几乎包括了欧几里得之前的所有数学成果，是他之前数学成果的整理和总结。全书共13卷，其中第1，3，4，6，11和12卷，是我们今天熟知的平面几何和立体几何的知识，其余各卷则是数论和(用几何方法论证的)初等代数知识。全书证明了465个命题。

一、《几何原本》的公理体系

演绎推理的方法最早出现在公元前6世纪的泰勒斯。经过300多年的发展，经过欧几里得的总结和整理，形成了《几何原本》的公理体系。在这部著作中，许多命题及其证明并非欧几里得的成果，然而全书的陈述方式却是他的独创：全书先给出若干条定义和公理，再按由简到繁的顺序编排出一系列的定理。

《几何原本》[①]共由 23 个基本定义、5 个公设、5 个公理和 465 个命题组成。由于公理和公设都是不证自明的真理，只是适用范围有所区分，后统称为公理。欧几里得的高明之处，就在于精心选定了 10 个公理，作为全书逻辑推理的起点。欧几里得继承了亚里士多德的观点，将这 10 个公理区分为“公理”和“公设”。其中公理是适用于一切科学的真理，而公设则只适用于几何学。《几何原本》给出的公理和公设如下：

1. 公理

(1) 跟一件东西相等的一些东西，它们彼此也是相等的。

(2) 等量加等量，总量仍相等。

(3) 等量减等量，余量仍相等。

(4) 彼此重合的东西是相等的。

(5) 整体大于部分。

2. 公设

(1) 从任一点到任一点作直线是可能的。

(2) 把有限直线不断循直线延长是可能的（注意，这里所谓的直线，相当于今天所说的线段）。

(3) 以任一点为中心和任一距离为半径作一圆是可能的。

(4) 所有直角彼此相等。

(5) 若一直线与两直线相交，且若同侧所交两内角之和小于两直角，则两直线无限延长后必相交于该侧的一点（现在称为平行公理）。

欧几里得对公设(5)的设置是十分精细的。这个公理是他在证明第 29 个命题时才开始应用的。这表明他认识到公设(5)在建立几何命题链时是不可或缺的。其次，公设(5)的陈述方式不如前 4 个公设那样具有自明性，它涉及无限远空间的概念。这在人们囿于经验认识，尚不能对无限远空间有清晰认识的时代，不能不是一种勇敢的设定。

欧几里得利用上述 10 个公理，推导出了全书的 465 个命题。使整个几何知识形成了一个演绎体系。这正是欧几里得的最大贡献，现今人们将《几何原本》中的几何学称为欧几里得几何学。

---

① （古希腊）欧几里得. 几何原本. 兰纪正，朱恩宽，译. 陕西科学技术出版社，2003.

二、《几何原本》中的数学方法

《几何原本》是最早系统记载古希腊数学成果的著作，从《几何原本》的数学方法中，可以发现古希腊数学家，特别是欧几里得的创造性工作，以及这些工作对此后数学发展的影响。概述如下：

1. 叠合法

《几何原本》卷一命题 14：若两个三角形的两边和夹角对应相等，它们就全等。欧几里得在它的证明中使用了叠合法，即将一个三角形的内角置于另一个三角形的对应角之上，使得对应的相等的边也重合，从而使这个三角形叠合于另一个三角形。在这个证明中，图形运动使用了刚体运动不变的性质，而这在欧几里得几何中是没有公理作证明的。所以，欧几里得的上述证明依然是建立在直观的基础之上的。

2. 归谬法

《几何原本》卷一命题 16：两底角相等的三角形是等腰三角形。即在 $\triangle BAC$ 中，$\angle ABC = \angle ACB$ 是给定的，要想证明的是 $BA = CA$。欧几里得用归谬法进行证明，假定 $BA > CA$，则在线段 BA 上取 $BM = CA$。根据卷一命题 14，$\triangle CBM$ 和 $\triangle BCA$ 全等，与 $\triangle CBM$ 只是 $\triangle BCA$ 的一部分矛盾。由此得出 BA 不大于 CA。类似地，CA 不大于 BA。由此得出 $BA = CA$。这是《几何原本》中第一次使用归谬法或间接法。在此处之后，欧几里得常用此法。

3. 代数式的几何证法

《几何原本》卷一命题 47 是毕达哥拉斯定理，《几何原本》使用几何的证法如下：如图 2.8 所示，已知直角 $\triangle ABC$ 中，$\angle A$ 为直角。在 $\triangle ABC$ 各边上，向三角形外做正方形。可以先证明 $\triangle ABD \cong \triangle FBC$，再推得矩形 BL 与正方形 GB 的面积相等；同理推得矩形 CL 与正方形 AK 的面积相等。故而有结论成立。

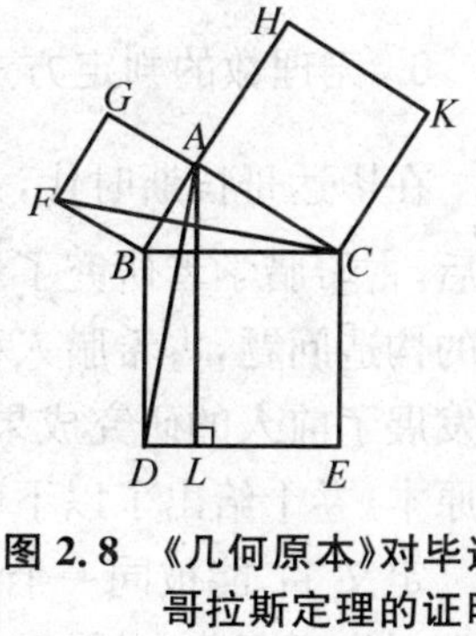

图 2.8　《几何原本》对毕达哥拉斯定理的证明代数式的几何证法

在《几何原本》卷二的 14 个命题中，都是用几何的形式叙述的代数问题，属于典型的“几何代数学”，其中将一个数(或量)用一条线段来表示，两数的积说成两条线段所构成的矩形，数的平方根说成面积等于这个数的正方形的一边。特别是命题 11：分已知线段为两部分，使已知线段与一小线段所构成的矩形等于另一小线段上的正方形。它相当于解方程 $x^2+ax-a^2=0$。这就是将线段分成"中末比"(后来叫"黄金分割")的著名问题。与黄金分割有关的命题在此后的各卷中又多次出现。如卷四命题 10：作一个等腰三角形，使底角是顶角的两倍。也就是作出 36°及 72°角，从而能作出正五边形和正十边形。卷六命题 30：截已知线段成中末比，都是同一问题的不同表现形式。可见欧几里得很重视黄金分割。

4. 穷竭法

此法最早由诡辩学派的安提丰创立，再由欧道克索斯给出严密的论证和成功的应用。穷竭法这个名词至 17 世纪以后开始使用。古希腊人的穷竭法专指一个图形被另一个图形填满的意思。譬如，欧道克索斯就用不断作正内接多边形的方法"穷竭"了圆的面积。在这个过程中，虽然并不含明确的极限步骤，但证明是严格的。所以，穷竭法是微积分产生之前进行面积计算的主要方法。欧几里得在《几何原本》卷十二中成功运用穷竭法证明了曲线(面)所围成的面(体)积的有关命题。其中包括：

(1) 圆内接相似多边形面积之比等于圆直径平方之比。

(2) 圆与圆面积之比等于其直径平方之比。

5. 比例理论

这是《几何原本》最突出的成就，它以欧道克索斯的理论为基础，成功地将不可公度量的处理变成现实。在《几何原本》卷六命题"等高的三角形面积之比等于它们的底的比"的例子中，其证明过程用到了卷一命题 38(等底且等高的三角形的面积相等)及其推论(等高的两个三角形，其底较大者，面积亦较大)。

6. 无理数的判定方法

在毕达哥拉斯时代，人们发现了无理数，并提出了如何认识无理数的问题。此后，古希腊学者研究了形如$\sqrt{n}$(n 为自然数)的无理数，用纯几何方法研究无理数的构造问题，古希腊人称之为不可公度量的构造方法。《几何原本》系统总结和发展了前人的研究成果，明确提出了无理数(即不可公度量)的判定方法。《几何原本》卷十给出了以下的定义：

定义 1：能被同一个量量尽的一些量叫作可公度量，而不能被同一个量量尽的量叫作不可公度量。

定义 2：当一些线段上的正方形能被同一个面量尽时，这些线段叫作正方可公度。否则，叫作正方不可公度。

定义 3：设给定了一条线段，凡与此线段是长度可公度、正方可公度或仅是正方可公度的线段都叫作有理线段；而凡与此线段按长度或正方都不可公度的线段叫作无理线段。

在上述定义中，欧几里得的有理线段有别于现代定义下的有理线段。这是由于按照上述定义 2，与 ρ 仅正方可公度的线段 σ 都可以表示为：

$$\sigma=\sqrt{\frac{m}{n}}\rho\text{（因仅正方可公度，}\sqrt{\frac{m}{n}}\text{ 是无理数）}$$

它实际上是无理线段的一个子集。所以欧几里得的可公度量与现代意义下的有理量不完全是一回事。

此外，《几何原本》还给出了不可公度量的判定法则：如果从两个不等量的大量中连续减去小量，直到余量小于小量，再从小量中减去余量，直到小于余量，当所余的量永远不能量尽前面的量时，则两个量不可公度。

三、《几何原本》的文化意义

1. 逻辑严谨数学体系的最早典范

公元前 3 世纪时，最著名的数学中心是亚历山大城。在亚历山大城，最著名的数学家是欧几里得。像伟大的古希腊几何学家欧几里得这样千古流传的人物在历史中寥寥无几，虽然他没有像恺撒那样建功立业，没有像柏拉图那样创立自己的学说，但他凭借一本教科书名声显赫。而在人类众多的书籍中，像《几何原本》这样影响巨大的教科书也是少见的。

《几何原本》的伟大历史意义在于它是用公理方法建立起演绎的数学体系的最早典范。由 5 个公理和 5 个公设，推导出那么多的数学定理来，这是一个奇迹！2 000 多年后，大科学家爱因斯坦仍然怀着深深的敬意称赞道：这是“世界第一次目睹了一个逻辑体系的奇迹”。而且，这些公理和公设，多一个显得累赘，少一个则基础不巩固，其中自有很深的奥秘。

欧几里得这种独创的陈述方式，后来一直为历代数学家所沿用。甚至在古希腊人中间，数学也被看作是科学的标准。亚里士多德特别强调，每一门科学都必须像欧几里得几何学一样，通过确立几条基本原理，以演绎的形式推导出真理。在柏拉图学院门口就有这样的箴言“不懂几何者请勿入内”，这反映了他们对待数学的态度。这部著作给后人以极大的启发，不仅由此引出了公理化演绎的结构方法，给数学以及其他自然科学以典范的作用，而且由于其中公设(5)的不可证明性质，引发了非欧几里得几何的出现。

2. 理性精神的诞生

“欧几里得几何的创立，对人类的贡献不仅仅在于产生了一系列美妙的定理，更主要的是它孕育了一种理性精神。人类任何其他的创造，都不可能像欧几里得那些显示出这么多的知识都是仅仅靠推理而推导出来的。这些大量深奥的结果，使得古希腊人和以后的文明了解到理性的力量，从而增强了他们利用这种才能获得成功的信心。”①受这一成就的鼓舞，西方人把理性运用于其他领域。

例如，牛顿的伟大著作《自然哲学的数学原理》就是用《几何原本》相类似的形式写成的，这本书把牛顿力学三定律和万有引力定理作为其论述的公理化基础；在狭义相对论中，爱因斯坦把整个理论建立在相对性原理和光速不变原理这两条公理之上；荷兰哲学家史宾诺莎的经典名著《伦理学》，结构完全仿照几何原本；而美国宪法《独立宣言》采用的也是《几何原本》的方法，首先写道：“我们认为下面这些真理是不言而喻的：人人生而平等。造物主赋予他们若干不可剥夺的权利，其中包括生命权、自由权和追求幸福的权利。”②甚至在神学领域，西方启蒙运动的倡导者之一洛克也企图用这种理性原则重建基督教。他提出了三个公理：全能上帝的存在，按照上帝的旨意行事以及来世的存在。虽然像“死而复活”这种超理性的真理不能使基督教的教义完全合理化，但从中可以看出这种欧几里得几何学遗留的理性思想对当时宗教文化的冲击和影响，以至后来出现了自然神论以及无神论的宗教观。

3. 作为一门美学的思维艺术

欧几里得几何学的重要性，远远超出了作为逻辑实践和推理模式本身的价值。随着清楚、明晰、简洁的欧几里得结构和精美推理的发展，数学变成了一门艺术。古希腊人是这样欣赏数学的，他们追求简洁、普遍、确定和永恒的知识，而数学领域的知识是最称心如意的。例如，通过观察太阳、月亮、星星的形状和运动轨迹，他们坚信球是最完美的形状，而这些星球运行的圆形轨道也使他们深信，圆和球具有同样美的魅力。因此，圆与球在欧几里得几何里占据重要的位

① (美) 克莱因 M. 西方文化中的数学. 张祖贵，译. 复旦大学出版社，2005：53.
② (美) 克莱因 M. 西方文化中的数学. 张祖贵，译. 复旦大学出版社，2005：327.

置。他们感叹宇宙的和谐之美，同时努力发现和寻求和谐的要素，并在其他领域里也表现出和创造和谐之美的特征。又如，在古希腊的古典文学创作中，可以看到简练、清晰、求实的古希腊风格；在建筑中，可以看到简单、质朴的古希腊庙宇，没有多余繁杂的服饰、军功勋章、花纹镶边的雕像，等等。这些都体现了古希腊文化的思维方式和世界观。

4. 欧几里得几何与古希腊文化

欧几里得几何经常被描绘成是封闭的和有限的。但这包含几层意思：第一，尺规作图的限制。欧几里得几何里的图形都能用尺规作出来，这保证了图形的存在性，比如，不能用尺规作出的三等分角在欧几里得几何里找不到位置。第二，欧几里得几何仅仅用 5 条公理和 5 条公设进行推理，其他再没有引进新的公理。第三，避免无穷的概念，所讨论的图形基本上都是封闭的、有限的。他们偏爱圆周运动，讨论直线并不对直线作整体考虑，而是将直线定义为一条可以向两个方向延伸至充分远的线段，他们似乎害怕直线这种永远不会终结的感觉。在处理无穷问题上，亚里士多德说："无穷是不完美的、未完成的，因而是不可想象的。"于是他倡导潜无限的观念，这与后来的康托的实无限观念形成鲜明的对照。这种封闭的、有限的特征，在希腊建筑上也占据了支配地位。希腊神庙的完美比例以及优美的整体结构让人一览无余，给人一种终极、完美而明快的印象。

欧几里得呈现的另一个特征是静态的。欧几里得研究的都是能够用尺规作出的图形，在整个图形给定之后才进行研究，并且它不研究变化图形的性质。这一特征反映在思想与精神处于宁静状态的古希腊神庙上，并且古希腊雕像也具有静态的、冷漠的气质。此外，古希腊戏剧也常常表现出静态特征，这不仅仅体现在形式上，结局也是能够为人们预先猜测到。古希腊悲剧强调命运、必然性的结果，好像与欧几里得演绎推理的先天必然性相一致。从前提出发，数学家不能自由地选择结论，只能不得不接受必然的结论。

第三节　古希腊三大作图问题与圆锥曲线

一、古希腊三大作图问题

《几何原本》的前三个公设，都是关于直线与圆的存在性的命题。而这些图形的存在性，是由古希腊人特有的作图工具——无度量单位的直尺和圆规予以保证的。古希腊人利用这两种作图工具成功地解决了许多作图问题，在《几何原本》中就呈现了许多这样的命题。然而，恪守尺规作图的古希腊学者也因此为三个作图问题所困惑。这三个问题是：倍立方，即求作一立方体的边，使该立方体的体积为给定立方体的两倍；三等分角，即分一个给定的任意角为三个相等的部分；化圆为方，即作一正方形，使其与一给定的圆面积相等。

1. “化圆为方”——一个囚徒的冥想①

公元前5世纪，古希腊数学家、哲学家安纳萨格拉斯(Anaxagoras，约公元前500—前428年)在研究天体过程中发现，太阳是个大火球，而不是所谓的阿波罗神。由于这一发现有违背宗教教意，安纳萨格拉斯被控犯下“亵渎神灵罪”而被投入监狱，并判处死刑。在监狱里，安纳萨格拉斯对自己的遭遇愤愤不平，夜不能眠。夜深了，月光透过正方形的铁窗照进牢房，安纳萨格拉斯不断地变换观察圆月的方位，一会儿看见圆月比方窗大，一会儿看见方窗比圆月大。最后他说：“算了，就算两个图形的面积一样大好了。”

于是，他把“求作一个正方形，其面积等于已知圆的面积”作为一个问题进行研究。化圆为方的问题解除了安纳萨哥拉斯的烦恼，使他在苦闷的牢狱生活中找到了精神上的寄托。不过，这个问题安纳萨哥拉斯终其一生也没有解决。

在西方数学史上，几乎每一个称得上是数学家的人都曾被化圆为方的问题吸引过，包括一些数学爱好者也为之神魂颠倒，连欧洲最著名的艺术大师达·芬奇也拿起过直尺和圆规，试图解决这个问题。它看起来是如此简单，却使无数的数学家束手无策。该问题直到1882年才被德国数学家林德曼(1852—1939年)证明为不可能。

2. 瘟疫、祭坛与“倍立方体问题”

公元前429年，古希腊首府雅典发生了一场大的瘟疫，导致1/4的居民死亡，古希腊的统治者裴里克里斯也因此而死。雅典人派代表到第罗(Delos)的太阳神庙祈求阿波罗神，询问如何才能免除灾难。一个巫师转达阿波罗神的谕示：由于阿波罗神神殿前的祭坛太小，阿波罗神觉得人们对他不够虔诚，才降下这场瘟疫，只有将这个祭坛体积放大成两倍，才能免除灾难。居民们觉得神的要求并不难做到。因为他们认为，祭坛是立方体形状的，只要将原祭坛的每条边长延长一倍，新的祭坛体积就是原祭坛体积的2倍。于是，人们按照这个方案建造了一

① 张文俊. 数学欣赏. 科学出版社，2011：187.

个大祭坛放在阿波罗神的神殿前。但是，这样一来，瘟疫不但没有停止，反而更加流行。居民们再次来到神庙，讲明缘由，巫师说道："他要求你们做一个体积是原来祭坛 2 倍的祭坛，你们却造出了一个体积为原祭坛 8 倍的祭坛，分明是在抗拒他的旨意，阿波罗神发怒了。"居民们明白了问题所在，但是他们绞尽脑汁却也始终找不到建造的方法。他们请教当时最有名的数学家柏拉图，可是这位宣称"不懂几何者不得入内"的专家和他的徒儿们用圆规和直尺在地上划来划去，无论如何也画不出一个不改变原有形状却能使原有体积增大到 2 倍的正方体来，这个问题就作为一个几何难题流传了下来。

其实，如果没有对作图工具的限制，这个问题并不难解决。公元前 3 世纪，古希腊一位叫埃拉托斯芬的数学家，曾用 3 个相等的矩形框架，在上面画上相应的对角线，顺利地解决了这个问题。后来，英国的牛顿、荷兰的惠更斯等都发明过一些巧妙的方法来解决倍立方体问题。问题是，要求只能用直尺和圆规作图，而且直尺还是没有刻度的。许多数学家为解决这个著名的问题而耗费了不少精力，但没有一个人成功。

这就是著名的"倍立方体问题"，该问题直到 1837 年才由万锲尔(1814—1848 年)给出否定的答案。

3. 公主的别墅与"三等分任意角问题"

公元前 4 世纪，托勒密一世定都亚历山大城。亚历山大城郊有一片圆形的别墅区，圆心处是一位美丽的公主的居室。别墅区中间有一条东西方向的河流将别墅区划分两半，河流上建有一座小桥，别墅区的南北围墙各修建一个大门。这片别墅建造得非常特别，两大门与小桥恰好在一条直线上，而且从北门到小桥与从北门到公主的居室的距离相等。

过了几年，公主的妹妹小公主长大了，国王也要为小公主修建一片别墅，小公主提出她的别墅要修建得像姐姐的别墅一样，有河、桥、南门、北门，国王答应了。小公主的别墅很快就动工了，但是，当建好南门，确定北门和小桥的位置时，却犯了难。如何才能保证北门、小桥、南门在一条直线上，并且，从北门到居室与从北门到小桥的距离相等呢？要确定北门和小桥的位置，关键是算出夹角$\angle NSH$。记 α 为南门 S 与居室 H 连线 SH 与河流之间的夹角，则通过几何知识可以算出 $\angle NSH=\dfrac{\pi-2\alpha}{3}$。

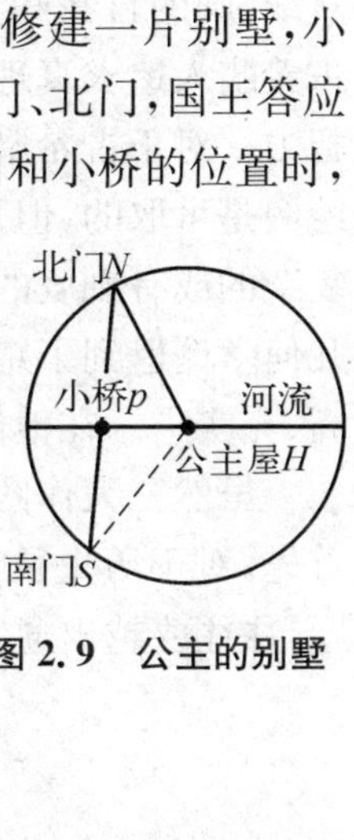

图 2.9　公主的别墅

这相当于：求作一个角，等于已知角的 1/3，这就是著名的“三等分任意角”问题。也就是三等分一个任意角的问题。工匠们试图用尺规作图法定出桥的位置，却始终未能成功。

公元前3世纪，古希腊最伟大的数学家阿基米德也曾拿起直尺和圆规，试着将角三等分。最后，阿基米德将角三等分了，可是人们却不承认阿基米德解决了三等分角的问题。因为阿基米德要了点小聪明，在直尺上作了记号。另外一位先生也把角三等分了，他是古希腊的尼哥梅德斯。尼哥梅德斯设计了一种工具，可以画出一种叫蚌线的图形来，用这个“蚌”，就可以三等分任意一个角。不过人们仍然不承认他解决了三等分角的问题，因为他没有按照游戏规则——只用没有刻度的直尺和圆规来划分。19世纪，有位叫斐耳科斯基的先生给出了一种“渐进”的方法，按照他的方法，作图的次数越多越准确。如果无限次地作下去，就可以精确地得到所求的三等分线。把角三等分，数学家们还是想出了许多办法，问题是没有人能够单纯地用尺规作图的方式将之作出来。2 000多年来，人们想把阿基米德的方法修改成符合尺规作图法则的方法，或者寻找其他的用尺规合法地三等分角的方法，最后都失败了。

这个问题流传下来，直到1837年才由万锲尔给出否定的答案。这才结束了无数人徒劳无功的尝试。

4. 三大作图问题的反思

看完这三大作图问题，可能大多数人会有一个疑问：古希腊人为什么非要要求用没有刻度的尺规进行作图呢？对作图工具的限制，表明了古希腊人对待数学的态度。第一，出于保持几何学的简单、和谐以及由此产生的美学上的魅力。我们知道，直尺与圆规是直线与圆的实物对应物。因此，古希腊人在研究几何时，都是仅仅限于直线与圆这两种图形，以及由此直接导出的图形。这种对于直线、圆的自我约束、非理性的限制，是为了保持几何学的简单、和谐与美，也是古希腊人追求真理、追求美的标志。第二，培养和锻炼人的逻辑思维能力，提高智力。对于古希腊学者来说，引入更复杂的工具来解决这些作图问题，对于手工绘图是可取的，但是对于一个思想家来说则是不足称道的。柏拉图认为：利用复杂的或有刻度的工具，“几何学的优点”就会荡然无存，因为这样我们又重新使几何学倒退到了感性世界，而不是思想中永恒的、超越物质的思维想象力去提高、充实它。在他们看来，上帝之所以为上帝，就是因为使用了这种图形。

虽然三大作图问题均以失败告终，但也不是没有意义的。这就启示人们：首先，对于历史长、影响深，经过一些著名数学家钻研而尚未解决的那些著名问题，往往要越出通常的方法才能解决。其次，问题本身的意义不仅在于这个问题的解，更在于一个问题的解决可以得到不少新的成果和发现新的方法。最后，几何三大作图问题的研究开创了对圆锥曲线的研究，发现了一些有价值的特殊曲线，提出了尺规作图的判别准则等。这些都比几何三大作图问题的意义深远得多。

二、圆锥曲线

对三大作图问题的深入探索，给古希腊几何学以巨大的影响，并引发出大量的发现。譬如，希波克拉底(约公元前 4 世纪)虽然没有解决化圆为方问题，但解决了下述相关的问题：

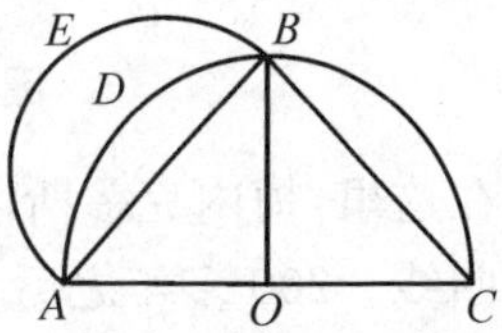

图 2.10　希波克拉底关于月牙形面积的证明

设$\triangle ABC$ 是一等腰三角形，如图 2.10 所示，并设它内接于中心为 O 的半圆。设 AEB 是以 AB 为直径的半圆。则

$$\frac{\text{半圆}\,ABC\,\text{的面积}}{\text{半圆}\,AEB\,\text{的面积}}=\frac{AC^2}{AB^2}=\frac{2}{1}$$

因此，$OADB$ 的面积等于半圆 AEB 的面积。现在把两者的公共面积 ADB 去掉，则知月牙形(阴影部分)的面积等于$\triangle AOB$ 的面积。这样，一个以曲线弧为边的月牙形面积等于一个直边图形的面积，而直边形的面积是能计算的。在这个证明里应用了圆面积之比等于其直径平方之比这一事实。

希波克拉底还将倍立方体问题简化为比例问题：设两给定线段 s 和 $2s$，如果令 x 和 y 表示两个比例中项，$s:x=x:y=y:2s$，在这比例式中：$x^2=sy$，$y^2=2sx$，消去 y 得 $x^3=2s^3$。于是，以 x 为边的立方体的体积就等于以 s 为边的立方体的体积的 2 倍。利用坐标几何知识，可知 x 和 y 就是两抛物线的交点或一抛物线和一双曲线的交点的坐标。

欧都克索斯的学生梅内克缪斯(约公元前 4 世纪)在研究了上述结果的基础上，最先发现了圆锥曲线：把直角三角形 ABC 中直角 A 的平分线 AI 作为轴，旋转一周可得曲面 $ABECE'B$，用垂直于 AC 的平面截此曲面，可得曲线 EDE'，梅内克谬斯称它为“直角圆锥曲线”(即抛物线)，如图 2.11(a)所示。在直角三角形 ABC 中，以两直角边中的长边 AB 为轴旋转，用垂直于 BC 的平面截曲面 $CB'EB$，其切口为一曲线，梅内克缪斯把它称为“锐角圆锥曲线”(即椭圆)，如图 2.11(b)所示。若以短直角边 AB 为轴，把三角形 ABC 旋转一周，所得到的曲面用垂于 BC 的平面来截，把切口所成的曲线叫作“钝角圆锥曲线”(即双曲线)，如

图 2.11(c)所示。

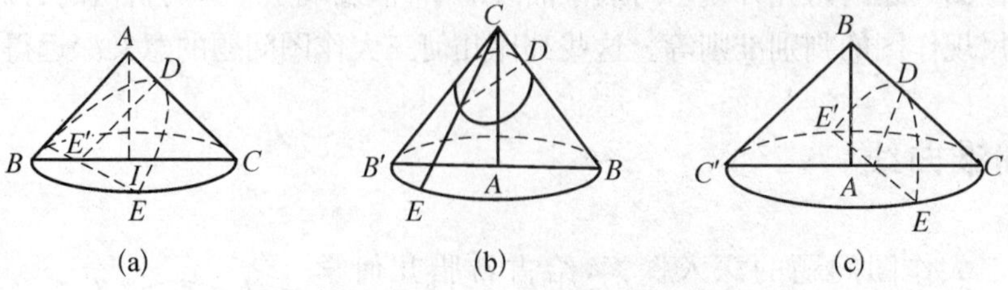

图 2.11 梅内克缪斯圆锥曲线的研究

在这里，梅内克缪斯以“圆锥曲面”的立体图形作为媒介，建立了 3 种不同的圆锥曲线。200 多年之后，古希腊数学家阿波罗尼奥斯又建立起系统的圆锥曲线理论。与梅内克缪斯不同的是，阿波罗尼奥斯采用的是截同一个圆锥，如图 2.12 所示，就可以得到圆、椭圆、双曲线、抛物线 4 种图形。

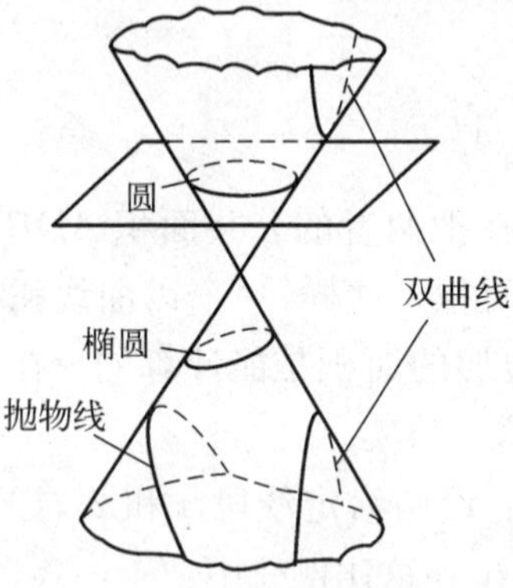

图 2.12 圆锥表面及其截取平面所得的曲线

阿波罗尼奥斯(约公元前 262—前 200 年)的主要数学著作是《圆锥曲线论》，一共 8 卷，现仍保存的有第 1 卷到第 4 卷，第 5 卷到第 7 卷只保留阿拉伯语译本，第 8 卷失传。这部著作借鉴欧几里得的研究方法，以《几何原本》的 10 个公理(设)为基础，从圆锥曲面的定义开始证明了 487 个命题，其逻辑结构浑然成为一体。几乎囊括了圆锥曲线的所有性质。

阿波罗尼奥斯在其著作中使用纯几何方法取得了今天高中数学中关于圆锥曲线的全部性质和结果。可以说，阿波罗尼奥斯的《圆锥曲线论》是古希腊时代演绎几何发展的最高顶点。美国数学史家莫里斯・克莱因认为：这确实可以看成是古典希腊几何的登峰造极之作，它是一个巍然屹立的丰碑，以至于后代学者至少从几何上几乎不能再对这个问题有新的发言权。① 我国数学史家李文林认为：阿波罗尼奥斯用纯几何的手段取得了今日解析几何的一些主要结论，这是令人惊叹的。② 但同时这种纯几何的形式也制约了其后数千年的几何学发展，直到 17 世纪笛卡尔坐标几何的出现才得以打破这一古希腊式的演绎传统。

---

① (美)莫里斯・克莱因. 古今数学思想(第一册). 张理京，译. 上海科学技术出版社，2002：102.

② 李文林. 数学史概论. 高等教育出版社，2002：61.

第四节　“数学之神”阿基米德

阿基米德(约公元前 287—前 212 年)出生于西西里岛上的叙拉古，他的父亲是位数学家和天文学家，他给了儿子良好的数学方面的家庭教育。阿基米德早年曾在亚历山大跟随欧几里得的门徒学习，对欧几里得数学的进一步发展作出了一定的贡献。阿基米德有“数学之神”的美誉。数学史学家贝尔(1883—1960 年)说：“任何一张列出有史以来三个最伟大的数学家的名单中，必定会包括阿基米德，另外两个是牛顿和高斯。但要是考虑到这些巨人各自生活的时代，数学和物理学的相对充足或贫瘠，并依据他们所处的时代背景来评价他们的成就，一些人会将阿基米德排在首位。”①这些赞美无不反映人们对阿基米德的崇敬。

阿基米德留下的数学著作有 10 多种，多数为古希腊文手稿。其中包括：《论球与圆柱》《圆的度量》《劈锥曲面与回转椭圆体》《论螺线》《平面图形》《数沙器》《抛物线图形求积法》《论浮体》《引理集》《群牛问题》。阿基米德的著作“论述的简单、完整，显示出巨大的创造性，计算技能和严谨的证明”。这些著作的体例深受欧几里得《几何原本》的影响，都是先设计若干定义和假设，再依次证明各个命题，各篇独立成章，论证严谨。

阿基米德既长于缜密的推理、严格的证明，又善于开辟新的领域，有着众多的发明创造，创立了著名的阿基米德浮力原理，还利用杠杆原理造出起重机，在物理学上也有许多建树。他曾发出这样的豪言壮语：如果给我一个支点，我将移动地球。他曾向叙拉古国王子奏称：“有些人认为砂粒是无限的，我的著作中所给出的一些数字不仅超过了地球的砂粒，而且还超过了大小等于宇宙的物体。”

马其顿帝国建立不久，很快就受到了来自古罗马人的威胁。阿基米德生活的时代，双方争夺领地的战争频频不断。在反对古罗马人的战争中，阿基米德制造各种机器和仪器，用于国家的防御。利用阿基米德的创造，叙拉古与古罗马人对峙了大约两年时间。叙古拉陷落时，传说阿基米德正在聚精会神地思考几何问题。当古罗马士兵跑到他跟前时，他说：“走开，不要动我的图。”恼怒的古罗马

① (美)埃里克·坦普尔·贝尔. 数学大师：从芝诺到庞加莱. 徐源，译. 上海科技教育出版社，2004：22.

图 2.13 阿基米德之死

士兵刺死了阿基米德，如图 2.13 所示。阿基米德的死亡标志着数学历史上一个伟大时代的终结，正如著名英国数学家、哲学家怀特海评论道："阿基米德死于一个普通罗马士兵之手，这标志着一个最重要的世界变革。罗马人虽然强大，但他们却为实用主义所累，缺乏创造性思维，他们没有足够的想象力得出全新的观点，而这原本能给予他们更多控制自然的基本力量。没有一位罗马人会因为全神贯注于数学图形的沉思而失去生命。"

阿基米德死后，古罗马的军事首领严肃处理了杀害阿基米德的士兵，又为阿基米德修墓立碑，按照阿基米德生前的遗愿，在碑上刻着球内切于圆柱的图形，聊表敬仰之情。历史上阿基米德的墓长期未被人发现，1965 年当地的一个旅馆挖地基时，人们意外地发现了这个墓碑。

阿基米德在继承前人工作的基础上完成了圆面积、球表面积、球体积以及一些重要命题的论证，并创造了独特的几何命题的发现方法。

阿基米德论证的命题主要有：

(1) 直圆柱的侧面等于以底圆直径和圆柱高的比例中项为半径的圆的面积。

(2) 等腰圆锥侧面等于一圆，该圆半径是圆锥母线与底面半径的比例中项。

(3) 任一球等于一个圆锥的 4 倍，该圆锥的底等于球的大圆，高是球的半径。

(4) 任意球面等于它的大圆的 4 倍。

(5) 所有等面积的球冠中，半球体积最大。

(6) 任何一个圆面积等于一个直角三角形的面积，它的夹直角的一边等于圆的半径，而另一边等于圆的周长。

(7) 圆面积同其直径上的正方形的比为 11∶14。

(8) 圆的周长同其直径的比小于 $3\frac{1}{7}$，而大于 $3\frac{10}{71}$。

(9) 任一抛物线弓形的面积是同底等高三角形面积的 $\frac{4}{3}$。

在证明这些定理时，欧几里得公理就不够用了，阿基米德又引进了 5 条公理

(假设)，这在几何学公理化的进程中是一项重要贡献。

其中包括：① 两点间的线中直线为最短；② 设有不相等的两个量，其中小的量重复相加(即 n 倍以后)时，一定会超过(大于)那个大的量。

阿基米德成功开创了数学与力学研究相结合的先河。他用公理化的方法建立了杠杆平衡理论、重心理论及静止流体浮力理论，成为力学的创始人。同时，他又利用力学原理(杠杆原理和重心理论)发现几何的结论，如球体积、抛物线弓形的面积等。在阿基米德的论著《处理力学问题的方法》(简称《方法》)的序言中，阿基米德总结了这种思想方法。他写道："用这种方法可能使你获得借助于力学方法来研究某些数学问题的出发点。我相信这种处理方法是不会没有用的，甚至对于定理证明本身也会有用，因为对我来说最初搞清某些事情用的就是力学方法。虽然，由于这种方法所进行的研究不能作为真正的证明，而还需要对它们用几何方法加以证明，然而当我们事先用这种方法得到问题的某些知识后再去提供证明，当然要比预先没有任何知识去寻找证明更容易得多。"

阿基米德发现和证明了一些面积和体积的公式。在他的《抛物线求积》一文中记载着这种方法的使用情况：

如图 2.14 所示，抛物线有内接三角形 PQq，抛物线上点 P_1，P'_1 与 QP，Pq 中点 V_1，V'_1 的连线平行于抛物线的轴。阿基米德从物理的方法发现：抛物线被 Qq 截得的抛物线弓形的面积，与三角形 QPq 的面积之比是 4∶3。阿基米德进而使用穷竭法证明如下：

对于抛物线弓形 PQq，阿基米德首先证明它可以被一系列三角形"穷竭"。易知$\triangle PQq$ 面积大于抛物线弓形 PQq 的一半。在弦 PQ 和 Pq 上作类似的分割，同样有：$\triangle PP_1Q$ 面积大于抛物线弓形 PP_1Q 的一半；$\Delta PP'_1q$ 面积大于抛物线弓形 PP'_1q 的一半。阿基米德又利用已知几何命题证明了

$$\triangle PP_1Q+\triangle PP'_1q=\frac{1}{4}\triangle PQq$$

重复这一过程，对其后的三角形，也有同样的面积关系。因此，抛物线的弓形 PQq 的面积可以用所有这些内接三角形的面积和来"穷竭"，也就是说可以用几何级数 $S+\frac{1}{4}S+\frac{1}{4^2}S+\cdots$ 的有限项之和来逼近(这里以 S 记 $\triangle PQq$ 的面积)。

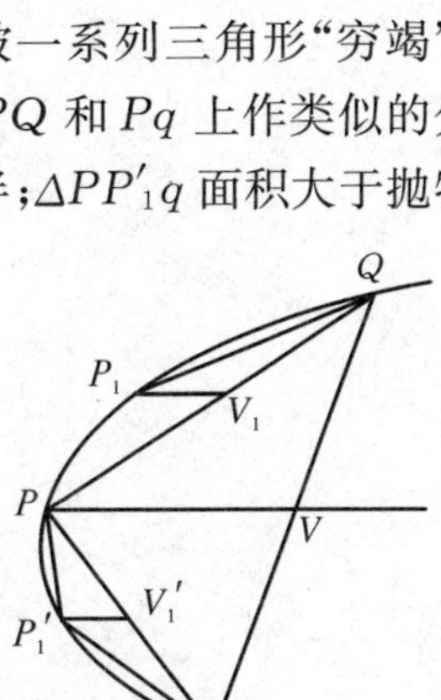

图 2.14　阿基米德的双重方法求面积

最后，阿基米德用间接证法来完成他的穷竭法证明。首先他指出对于公比为 $\frac{1}{4}$ 的几何数列前 n 项有 $A_1+A_2+\cdots+A_n+\frac{1}{3}A_n=\frac{4}{3}A_1$。在本例中 $A_1=S$；然后他证明抛物线弓形的面积 A 不能大于$\frac{4}{3}S$。假设这个命题不成立，即 $A>\frac{4}{3}S$，可以得到一组三角形使其面积和 S' 与弓形面积之差小于任意给定量，从而可以大于$\frac{4}{3}S$，即 $A>S'>\frac{4}{3}S$，若设 S' 有 m 项，则据前面所证又有 $S'+\frac{1}{3}A_m=\frac{4}{3}S$，从而 $S'<\frac{4}{3}S$，得出矛盾。同理可证 A 不能小于$\frac{4}{3}S$。

英国古希腊数学史家希思评述道：希腊的大几何家对他们发现定理所用的方法，没有作出一些暗示，这恰是他们的古典著作的特色，也足以令后人叹为观止又百思不解。这些定理作为完美的杰作流传下来，却没有留下任何形成时期的痕迹，也没有线索暗示推断它们所用的方法……《方法》却是个例外，从中可以撇开事物的表面洞察到阿基米德探求本质的思想。在《方法》中，他告诉人们他是如何发现关于求面积和体积的定理，同时他特别强调下述两者间的差别：其一，发现定理所用的方法虽然不能作为定理的严格证明，但却足以说明定理的真实性；其二，这些定理在最后被确认之前，必须经过无懈可击的几何方法的论证。用阿基米德本人的话说，前者使定理得以被研究，但不能用来证明之。该论文中明确指出，文中所用的，对于定理的发现如此有效的力学方法并不能提供定理的证明。

第三章

中国古代数学的辉煌

与西方数学的发展相比，中国数学在不同的社会、经济、文化背景下走上了一条迥然不同的发展道路。

自秦代开始至元代中期止，中国在封建社会条件下，形成了实用数学的传统，创立了以算法化、数值化为特征的数学方法和理论体系。这一时期，中国古代数学经历了以下主要的发展阶段：

(1) 数学知识体系的形成时期(公元前 3 世纪末—公元 1 世纪初)。

(2) 以理论研究为重点的发展时期(公元 1 世纪初—8 世纪初)。

(3) 古代数学发展的黄金时期(公元 11 世纪—14 世纪初)。

自元代中期开始，中国古代数学高水平的研究突然停止。到了明代，一些有名的数学家甚至不能真正理解宋元时期的数学成就。代之而起的是数学的歌诀化，以及珠算逐渐取代算筹而成为主要的计算工具。明末至清代中期(1607—1760 年)，国外初等数学传入中国，中西方数学开始融合，但形式基本上是中国的。此后的近百年间(1760—1850 年)，西方数学的传入工作逐渐停止，整理中国历史上的数学著作成为主流，但高水平数学成果十分有限。大约从 1850 年开始，西方古典高等数学传入中国，吸收西方数学成果才成为中国数学的主要发展方向。直到 20 世纪 30 年代，中国古代数学完全转变为西方数学，除珠算外，中国古代数学形式的影子已毫无踪迹。中国数学自此完全融入了世界数学发展的洪流。

第一节　中国古代数学名著——《九章算术》

一、《九章算术》简介

《九章算术》是中国传统数学的经典著作。按史料记载，秦代主管数学统计的官员张苍最先对当时的数学题简[1]进行了分类整理，以后张苍归顺刘邦，官至丞相，继续从事各种宫廷管理所需的算法的研制和推广工作，这便形成了《九章算术》的雏形。此后的200年间，西汉的官员出于管理的需要，不断对之进行补充，使之成为比较完善的官方管理手册。但直到西汉末年的王莽新政之前，尚无称为《九章算术》的数学著作。公元9年，王莽篡位，将当时负责历法、度量衡编制工作的刘歆委以重任，刘歆对当时国家收藏的简中的数学知识进行系统整理，使得《九章算术》成为定本。东汉中后期，精通或研习《九章算术》的官员和学者相当多，在这一时期《九章算术》已成为中国传统数学的经典著作。并且随着造纸术的成熟与推广，纸抄本的《九章算术》在民间得到了流传，大大推动了它的传播。

《九章算术》是以应用问题集的形式表述，一共收入246个问题。在编排上，把246个问题分为9章：第一章方田（分数四则运算和平面图形求面积），第二章粟米（粮食交易的计算方法），第三章衰分（比例分配），第四章少广（开平方与开立方），第五章商功（体积计算），第六章均输（运输中的均匀负担），第七章盈不足（盈亏类问题计算），第八章方程（一次方程组解法与正负数），第九章勾股（勾股定理的应用）。全书的编排方法是：先举出问题，再给出答案，通过对一类问题解法的考察，最后给出“术”。全书共有202个“术”。术是一类问题的一般算法描述，它是研究中国传统数学成果的主要依据。

《九章算术》的内容是由周代的“九数”发展而来的。《九章算术》各章的章目与《周礼》九数的名目大同小异，这表明《九章算术》是对古代中国数学知识的系统整理和传承发展。《九章算术》并非只涉及今天所说的“算术”内容。《九章算术》给出的上百个公式和解法中，有完整的分数四则运算法则，比例和比例分配算法，若干面积、体积公式，开平方、开立方程序，盈不足算法，方程术即线性方程组解法，正负数加减法则，解勾股形公式和简单的测望问题算法，其中许多成就在世界上处于领先地位，形成了以计算为中心的中国传统数学特点。确立了中国传统数学以术文（公式、解法）挈领应用问题的基本形式。公元元年前后，盛极一时的古希腊数学走向衰微，《九章算术》的成书标志着世界数学研究重心从地中海沿岸转到了中国，开创了东方以算法为中心的数学，并在千余年里占据了世界数学舞台的主导地位。《九章算术》如图3.1所示。

---

[1] 简是中国古代用竹、木制成的书写材料。它的流行期是公元前5世纪至公元3世纪。简用丝绳、麻绳、皮绳连成册，卷成书“卷”。简在书写文字前要用火炙干，称为“杀青”，使之便于书写，也有利于防腐防蠹。

现今人们能够看到的最早的《九章算术》是魏晋时代刘徽的《九章算术注》。《晋书》与《随书·律历志》都记载有“魏陈留王景元四年(即 263 年)刘徽注《九章算术》”。这一时期,经过汉末、三国时期的社会动乱,军阀士族割据,使两汉经学受到冷落,儒学衰微,知识分子比较能按自己的特长和社会的需要发挥才智,挣脱了追求功名利禄及代圣贤立言的精神枷锁的束缚,思想界出现了春秋战国百家争鸣之后所未有过的解放与活跃局面。这就打开了数学研究中发挥创造性的大门。

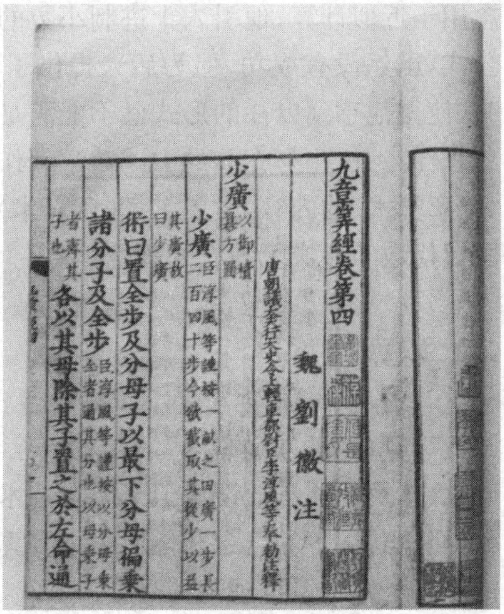

图 3.1 《九章算术》

刘徽是现今山东人,古代这里为齐鲁之邦,儒学的发祥地,春秋时代是百家争鸣的中心之一。刘徽生活的时代,这里出现了若干著名思想家、数学家,这就给刘徽少年师承贤哲,成年后“采其所见”深入研究准备了丰富的资料。刘徽治学严谨,实事求是,否定圣人创造世界的看法,善于汲取历代思想家的思想资料用于自己的数学创造,但是他从不迷信古人。《九章算术》在东汉时已是经典著作,刘徽为之作注,对之自然十分推崇。然而刘徽并不盲从。他在全面论证了《九章算术》的公式、解法的同时,指出了它的若干错误及不精确处。譬如,刘徽说“以周三径一为率,皆非也”。他批评前人“以 3 作圆周率”是不精确的。正是刘徽的这些个人素质使之完成了《九章算术注》,而成为中国历史上最伟大的数学家。

刘徽在《九章算术注》中,开始了其独特的推理论证的尝试。他称自己是“析理以辞,解体用图”。针对《九章算术》缺乏对概念进行定义的不足,刘徽在《九章算术注》中提出“审辨名分”,不但对自己提出的每一个新概念都给出界定,同时对《九章算术》中大量约定俗成的术语作了精确的定义。例如,他提出“幂”这个概念,接着就给出定义“凡广从相乘谓之幂”。又如,《九章算术》虽有正负数加减法则,但何谓正负则没有说明,刘徽则说:“今两算得失相反,要令正负以名之。”刘徽以“率”的概念为中心,建立了各种算法间的内部联系,证明了《九章算术》中大部分题目算法的合理性;为了阐明几何命题和证明几何定理,刘徽创立了“出入相补”的方法,为计算圆周率提出了“割圆术”,在中国数学史上首次将极限概念用于近似计算；他引入十进制小数的记法和负整数的知识；他试图建立球体积公式，虽然没有成功，但为后人提供了科学的方法；他对勾股测量问题的深入研究，使得他感到以往的形式已不能满足要求，故不得不重立新说，于是写成了《海岛算经》。这些与先前的中国数学著作的风格迥然有别。《九章算术注》丰富了《九章算术》的内容，发展了《九章算术》的方法，《九章算术注》的出现，标志着中国古代数学形成了独有的理论体系。

二、以率推术

《九章算术》中的"术"，即算法，除个别是错误的，绝大部分都具有完全的正确性、普及性和有效性。但是所有的术都没有给出推导的证明。刘徽《九章算术注》充分利用率的概念和性质对许多算法的正确性进行了证明，使《九章算术》中的算法上升到系统理论的高度。

率的概念，在中国古代数学中是分数的概念，并且中国很早就形成了成熟的分数运算的方法。刘徽推广了中国古代数学中率的概念，他给出率的定义是："凡数相与者(指线性相关)谓之率。"他"令每行为率"，这与现今的行向量概念相近。从这个定义出发，刘徽给出率的重要性质："乘以散之，约以聚之，齐同以通之。"即成率关系的一组量如有等数(即公因子)，则可以用此等数约所有的量，而不改变率关系，这就是"约以聚之"。相反，成率关系的所有数可以同乘某一数，亦不改变率关系，这就是"承以散之"。"凡所得率知，细则俱细，粗则俱粗，两数相抱而已"。即一组成率的数，在投入运算时，其中一个缩小或扩大某倍数，则其余的数必须同时缩小或扩大同一倍数，根据率的这一性质，刘徽提出了乘、约、齐同3种等量变换。

齐同术原本是一种分数通分的方法，最先由三国时代的赵爽提出，通过刘徽的研究形成了系统的理论。刘徽对齐同术的定义是："凡母互乘子谓之齐，群母相乘谓之同。"这是对一组分数说的，就是使分母相同，须对分子做相应的变动，这就是"齐同以通之"。例如，对分数 $\frac{a}{b}$ 和 $\frac{c}{d}$ 通分时，《九章算术》用 ad 和 cb 做分子，bd 做公分母。刘徽把 ad 和 cb 定义为"齐"；把 bd 定义为"同"。这个定义显然适合于多个分数的情形。刘徽还进一步解释说："同者，相与通共一母也；齐者，子与母齐，势不失本数也。"意思是说，"同"是一群分数的公分母；"齐"是由"同"而来，也是为了使每个分数之值不变。刘徽提出了用诸分数分母的最小公倍数去求"齐""同"的方法，完成了齐同术的理论。刘徽将率及齐同原理作为运算的普适方法，广泛用于许多算法之中，以下就是率和齐同的应用范例。

盈不足术是中国古代数学中的一大亮点。“盈不足”章第 1 题提出的问题是：要凑钱买一样东西，若每人出 8 元，则加在一起多 3 元；若每人出 7 元，则付出的总数比物价又少 4 元。问人数、物价各是多少？

盈不足术解之：设前、后两次每人付款数为 a_1 和 a_2，第一次付出时总数比物价多 b_1，第二次付出时比物价少 b_2，则

每人应付款数为 $$\frac{a_1b_2+a_2b_1}{b_1+b_2} \tag{3.1}$$

人数为 $$\frac{b_1+b_2}{a_1-a_2} \qquad (a_1>a_2) \tag{3.2}$$

物价为 $$\frac{a_1b_2+a_2b_1}{a_1-a_2} \tag{3.3}$$

刘徽对上述解法的解释为：依题目条件，如果买 b_2 个物，每人付 a_1b_2，总付款数比物价数要多出 b_2b_1；买 b_1 个物，每人付 a_2b_1，总付款数比物价数少出 b_2b_1。那么每人共付 $a_1b_2+a_2b_1$，买了 b_2+b_1 个物，就没有盈亏。故有式(3.1)。又如，题中付款总数从盈变到不足，付款总数变化幅度是 b_1+b_2，这种变化是由于每个人前后两次付款数有幅度 a_1-a_2 的变化所引起的。故式(3.2)成立。进而可得式(3.3)。

方程术是《九章算术》中最为突出的成就。刘徽用率给出方程的定义：“群物总杂，各列有数，总言其实。令每行为率，二物者再程，三物者三程，皆如物数程之，并列为行，故谓之方程。”其中“令每行为率”与现今向量的概念相近。刘徽还阐明了方程变形的性质：如果方程的两边都加上(或减去)同一数(即“举率以相减”)，那么所得的方程和原方程是同解方程(即“不害余数之课也”)。在“方程章”问题的解法中还可以发现下述方程变形的性质，即如果方程两边同乘以(或除以)一个不等于零的数，那么所得的方程和原方程是同解方程。

“方程章”第 1 题如下：

“今有上(等)禾(指稻或黍)三秉(指三束或三捆)，中(等)禾二秉，下禾一秉，实(指打下来的稻子或谷子)三十九斗；上禾二秉，中禾三秉，下禾一秉，实三十斗；上禾一秉，中禾二秉，下禾三秉，实二十六斗。问上、中、下禾实一秉各几何？”即，求每捆上、中、下等的稻子(或黍子)各打谷子多少斗。

方程章使用相减消元的解法，用现代数学的表述方法解释如下：

$$\xrightarrow{\text{① 列出矩阵}}\begin{bmatrix}1&2&3\\2&3&2\\3&1&1\\26&34&39\end{bmatrix}\xrightarrow[\text{减去 2 次右行}]{\text{② 中行乘以 3}}\begin{bmatrix}1&0&3\\2&5&2\\3&1&1\\26&24&39\end{bmatrix}$$

$$\xrightarrow[\text{3 减右行}]{\text{③ 左行乘以}}\begin{bmatrix}0&0&3\\4&5&2\\8&1&1\\39&24&39\end{bmatrix}\xrightarrow[\text{减 4 次中行}]{\text{④ 左行乘以 5}}\begin{bmatrix}0&0&3\\0&5&2\\36&1&1\\99&24&39\end{bmatrix}$$

$$\xrightarrow[\text{得下禾实数 }2\frac{3}{4}\text{斗}]{\text{⑤ 左行 4 与 11 约分，}}\begin{bmatrix}0&0&3\\0&5&2\\4&1&1\\11&24&39\end{bmatrix}\xrightarrow[\text{分母 4 再减左行}]{\text{⑥ 中行乘以下禾实的}}\begin{bmatrix}0&0&3\\0&20&2\\4&0&1\\11&85&39\end{bmatrix}$$

$$\xrightarrow[\text{得中禾实数 }4\frac{1}{4}\text{斗}]{\text{⑦ 中行 4 与 17 约分，}}\begin{bmatrix}0&0&3\\0&4&2\\4&0&1\\11&17&39\end{bmatrix}\xrightarrow[\text{左行使右行中间两数为 0}]{\text{⑧ 右行乘以 4 减中行乘以 2 再减}}\begin{bmatrix}0&0&12\\0&1&0\\4&0&0\\11&17&111\end{bmatrix}$$

$$\xrightarrow[\text{分得上禾实数 }9\frac{1}{4}\text{斗}]{\text{⑨ 右行 4 与 37 约}}\begin{bmatrix}0&0&4\\0&4&0\\4&0&0\\11&17&37\end{bmatrix}$$

刘徽在注释《九章算术》时，还使用了代入法并创立了“互乘相消法”求解线性方程组。他把“互乘相消法”也称为“齐同术”。如“方程章”第 7 题及其解法如下：

“今有牛五、羊二，值金十两。牛二、羊五，值金八两。问牛、羊各值金几何？”刘徽在注文中指出此题可以用相减消元法求解，但他却详尽地记述了齐同术解法。他解释道：“假令为同齐，头位为牛，当相乘左右行定，更置右行牛十、羊四，值金二十两；左行牛十、羊二十五，值金四十两。牛数等同，金多二十两者，羊差二十一使然也。以少行减多行，则牛数尽，惟羊与值金之数见（即出现），可得而知也。”对于刘徽的注文，用现代的方式表述如下：

$$\begin{bmatrix}2&5\\5&2\\8&10\end{bmatrix}\xrightarrow{\text{互 乘}}\begin{bmatrix}10&10\\25&4\\40&20\end{bmatrix}\xrightarrow{\text{相 消}}\begin{bmatrix}0&10\\21&4\\20&20\end{bmatrix}\xrightarrow{\text{约 简}}\begin{bmatrix}0&5\\21&2\\20&10\end{bmatrix}\xrightarrow{\text{互 乘}}$$

$$\begin{bmatrix} 0 & 105 \\ 42 & 42 \\ 40 & 210 \end{bmatrix} \xrightarrow{\text{相消}} \begin{bmatrix} 0 & 105 \\ 42 & 0 \\ 40 & 170 \end{bmatrix} \xrightarrow{\text{遍约}} \begin{bmatrix} 0 & 1 \\ 1 & 0 \\ \frac{20}{21} & \frac{34}{21} \end{bmatrix}$$

即牛、羊一头的金数分别为 $1\frac{13}{21}$ 两（1 两＝50 g）和 $\frac{20}{21}$ 两。

显然齐同术的计算过程远比相减消元法简洁。刘徽在注文中明确指出，齐同术可推广到更多元的方程组中去。他在注文中说：“以小推大，虽四、五行不异也。”这就是说，互乘相消法可以推广到解四元、五元的线性方程组，足见其应用之广。在国外，多元一次方程组解法最早见于 7 世纪初印度数学家婆罗门笈多（约 628 年）的著作中，其中有类似于《九章算术》的方程题目。在欧洲，法国数学家布丢在 1559 年才提出三元一次方程组的解法。1669 年，牛顿又给出了一种用减根变换原理解方程的方法。

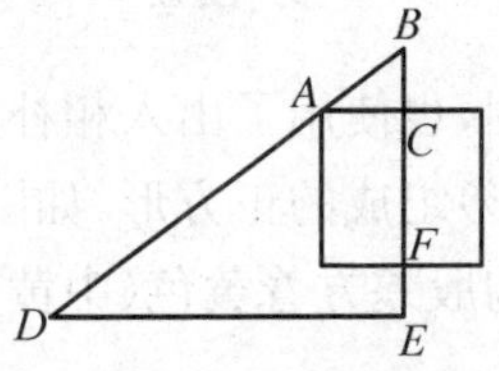

图 3.2　邑方问题的代数解法

刘徽将率的概念和性质广泛用于几何问题之中。例如，他指出在相似勾股形中，勾股弦“相与之势不失本率”，意指相似的两勾股形对应边成比例。这就是刘徽概括出的一个原理，并被他广泛用于解决勾股容方、勾股容圆和测望问题。“勾股章”的第 20 题：“今有邑方不知大小，各中开门。出北门二十步有木。出南门十四步，折而西行一千七百七十五步见木。问邑方几何？”如图 3.2 所示，其解法是以 $CB \times ED \times 2 = 71\,000$ 为“实”（常数项），以 $CB + EF = 34$ 为“从法”（一次项系数），然后“开方除之”。

这相当于今天令正方形边长为 x（邑方），利用直角三角形相似得到的关系式。解一个二次方程 $x^2 + 34x = 71\,000$。这种几何代数化的做法，经过刘徽和更晚的宋、元朝数学家的发展，成为中国古典数学的重要思想方法。

三、出入相补原理

出入相补原理又称以盈补虚法，是中国传统数学中证明面积和体积问题的主要方法。该原理是指一个平面图形从一处移植他处，面积不变。又若把图形分割成若干块，那么各部分面积的和等于原来图形的面积，因而图形移植前后诸面积的和、差有简单的相等关系。立体的情形也是这样。①

---

① 吴文俊.“九章算术”与刘徽.北京师范大学出版社，1982：58.

刘徽在《九章算术注》中概括并发展了出入相补原理。“出入相补”见之于刘徽为《九章算术》勾股术——“勾股各自乘，并而开方除之，即弦”所作的注：“勾自乘为朱方，股自乘为青方、令出入相补，各从其类，因就其余不动也，合成弦方之幂，开方除之，即弦也。”

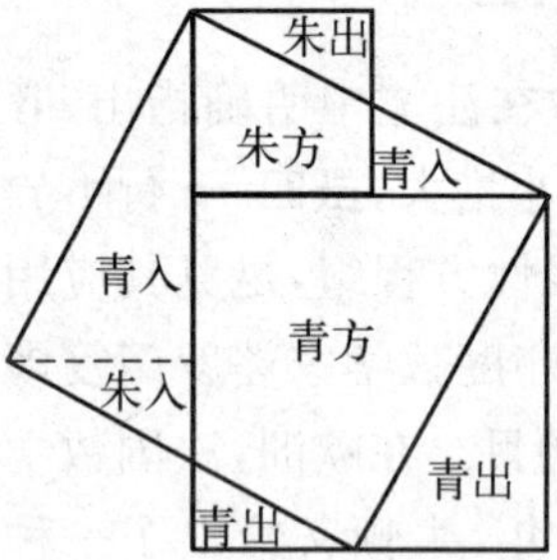

图 3.3 刘徽对勾股定理的“图证”

如图 3.3 所示，在直角三角形勾上作正方形，染上红色（朱方）；在股上作正方形，染上青色（青方）；再在弦上作正方形（弦方）。朱方、青方合起来，与弦方比较，朱方多给出一个三角形（朱出），青方多给出两个三角形（青出）。如果能将这多出的三块，恰好填入弦方中不足的部分，那么两者的面积相等。为此，将弦方中不足的大块分为两个三角形，将“朱出”填入“朱入”，“青出”填入“青入”，正好“出入相补”。故勾方（朱方）与股方（青方）之和等于弦方。

三国时代的赵爽创用“弦图”对勾股定理进行证明，也使用了出入相补原理。所谓“弦图”，是指由弦方和四个勾股形（直角三角形）组成的正方形，如图 3.4(a)所示。弦方中四个勾股形着红色（朱实），中间的勾股差方着黄色（中黄色）。

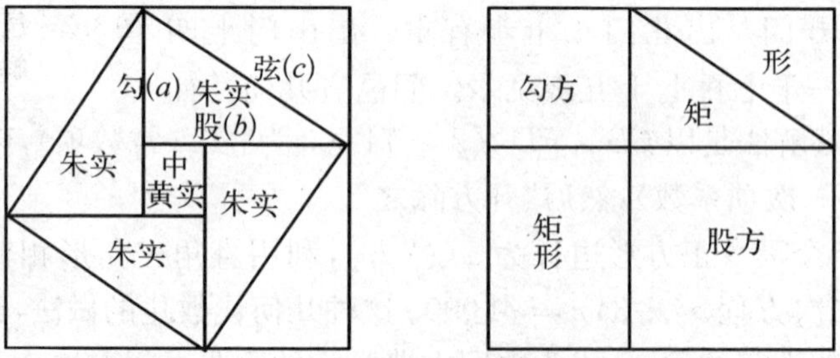

图 3.4 赵爽对勾股定理证明的“弦图”

赵爽用“弦图”来证明勾股定理的方法是：这个大正方形是由四个勾股形盘在弦方四周而成的，两个勾股形合成一个矩形，因而有

$$\text{大方} = \text{弦方} + 2\,\text{矩形} \tag{3.4}$$

另一方面，这个大方，是勾与股和的平方。由图 3.4(b)可以看出：

$$\text{大方} = \text{勾方} + \text{股方} + 2\,\text{矩形} \tag{3.5}$$

比较式(3.4)与式(3.5)，得弦方＝勾方＋股方。

这就是勾股定理的结论。在整个数学中，或许找不到哪一个定理的证明方法的数量能超过勾股定理。到目前为止，能够收集到的证明方法有近500种。

出入相补原理贯穿在刘徽的整个《九章算术注》中，这种一般性原理具有简明性和较强的直观性，用它能帮助人们把许多算法联系起来，并得出更多的有效算法。刘徽在开平方、开立方和解二次方程等算术，代数运算中也使用了出入相补原理。

利用出入相补原理，可以实现图形的互相转化，还可以实现数与形的互相转化，如勾股数和正方形面积的转化，方根和正方形边长的转化等等。这些转化包含了朴素的辩证思想。这也是中国各代数学思想方法的一大特色。

四、无穷分割方法

刘徽在《九章算术注》中，用割圆术计算圆的周长、面积以及圆周率。他从圆内接正六边形出发，将边数逐次加倍，并计算逐次得到的正多边形的周长和面积。刘徽指出："割之弥细，所失弥少，割之又割，以至于不可割，则与圆合体而无所失矣。"割圆术的基本原理如下：

如图3.5所示，设圆面积为 S_0、半径为 r，圆内接正 n 边形，其边长为 l_n、周长为 L_n、面积为 S_n。将边数加倍后，得到圆内接正 $2n$ 边形，其边长、周长、面积分别记为 l_{2n}，L_{2n}，S_{2n}。

刘徽首先指出，由 l_n 及勾股定理可求出 l_{2n}，事实上：

$$l_{2n}=AD=\sqrt{AC^2+CD^2}=\sqrt{\left(\frac{1}{2}l_n\right)^2+\left[r-\sqrt{r^2-\left(\frac{1}{2}l_n\right)^2}\right]^2}$$

其次知道了圆内接正 n 边形的周长 L_n，又可求得正 $2n$ 边形的面积：

$$S_{2n}=n\left(\frac{1}{2}AB\cdot OD\right)=n\frac{l_nr}{2}=\frac{1}{2}L_nr$$

刘徽还注意到，如果在圆内接 n 边形的每边上作一高为 CD 的矩形，就可以证明刘徽不等式：

$$S_{2n}<S_0<S_{2n}+(S_{2n}-S_n)$$

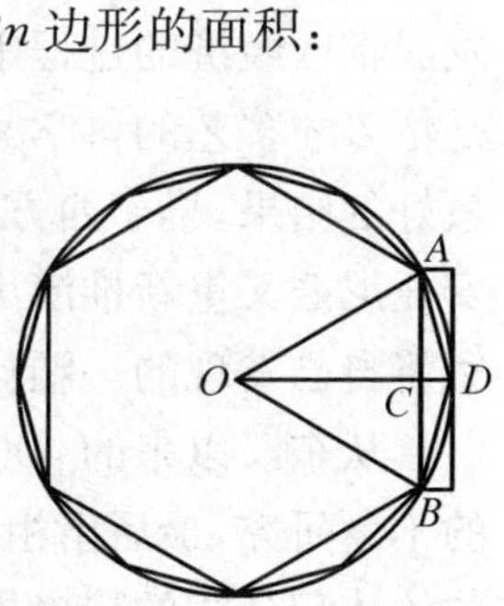

图3.5　刘徽的割圆术

这样，不必计算圆外切正多边形就可以推算出圆周率的上限和下限。在刘徽之前，人们以圆内接正六边形周长为长、圆半径为宽的矩形面积，近似表示圆的面积。这实际上取圆周率为3。刘徽从圆内接正六边形出发，并取半径 r 为1尺（1尺=0.3m），一直计算到圆内接正192边形，算出正192边形面积等于 $314\frac{64}{625}$ 寸^2（1寸=0.03 m）。此时取314寸^2 为圆面积 S 的近似值，求出圆周长："以半径一尺除圆幂，倍所得，六尺二寸八分，即周数。"接着"令径二尺与周六尺二寸八分相约，周得一百五十七，径得五十，则其相与之率也"。得出圆周率的近似值 $\pi\approx 3.14$，化成分数为 $\frac{157}{50}$，这就是有名的"徽率"。刘徽指出，将多边形边数增加，还可得出更精密的近似值来。至此，刘徽成为中国数学史上第一位利用理论方法推算圆周率的数学家。同时刘徽认识到，当圆内接正多边形的边数无限增大时，正多边形与圆周就会重合，于是"割之又割，以至于不可割，则与圆周合体而无所失矣"。

第二节　祖率与球体积公式

祖冲之（429—500年）祖籍为现在河北省涞源，出生于南北朝时期南朝的建康（今江苏南京）的官宦人家。祖父与父亲为官，谙熟历法。从青年时起，祖冲之就对天文学和数学产生了浓厚的兴趣，他"专攻数术、搜炼古今"，但决不"虚推古人"，他"亲量圭尺，躬察仪漏，目尽毫厘，心穷筹策"。对前人总结出来的结论进行仔细的研究，纠正其中的错误。祖冲之于462年编制出《大明历》，希望国家能采用，但直到去世亦未能如愿。其子祖暅继承父亲的遗志，通过对天象的实际观测，对《大明历》进行了校验，并请皇帝予以采用，经两代人的努力，终于在祖冲之去世后的第10年（510年）这部历法才得以正式颁布。祖冲之作为地方官员，在发展辖区经济的过程中，亲自设计了各种机械，如指南车、快船。他还通晓音律，是位多才多艺的科学家。在数学研究方面，密率（即祖冲之求得的 π 率）是当时最好的结果，早于西方同样的发现近千年。迟至16世纪，德国人奥托与荷兰人安托尼兹又重新推演出祖率。为了纪念祖冲之这一贡献，20世纪的日本天文学家将自己发现的一颗行星以祖冲之命名。

从东汉以来的400多年中，有关球体体积的计算公式，经过张衡、刘徽等人的不懈研究，最后由祖氏父子推出，成为中国数学史上的一件大事。祖氏父子对球体体积公式的精确推导，完成了刘徽未完成的工作，创立的"祖暅原理"和方法具有很强的理论意义。在今日的中学教材中，"祖暅原理"仍是各种体积公式证明的基本原理。令人遗憾的是,祖冲之的著作《缀术》早已失传,其成就只散见于古代的典籍之中。据史料研究认为:《缀术》的内容可能是一些有关二、三次方程的解法,并且其中的系数可正可负。假如这种推断是对的,那么可以说这些成果成为后世宋元时期中国数学家高次方程解法的先声。656 年,唐朝的国子监添设算学馆,规定《缀术》是必读书籍之一,学习期限为 4 年,是学习时限最长的一种,《缀术》还曾流传至朝鲜和日本,在朝鲜、日本古代教育制度、书目等资料中,都曾提到《缀术》。

据史书记载,祖冲之求得 π 值的取值范围为 $3.1415926 < \pi < 3.1415927$,但是史料中没有祖冲之推算这个值的记载,后人只能对其推导过程作出推测。由于当时除去刘徽的割圆术,没有其他求 π 值的方法,所以一般认为祖率也是利用割圆术得到的。祖冲之的圆周率用古代中国习惯使用的分数可以表示为:$\frac{355}{113}$(称为“密率”或“祖率”)和$\frac{22}{7}$(称为“约率”)。

祖氏父子关于球体体积公式的推导过程,被唐代李淳风记录在自己的《九章算术》注中,使人们得以了解到祖氏父子的具体研究方法。在祖氏父子的这一研究工作中,使用了“幂势既同,则积不容异”的祖暅原理。意思是两等高立体图形,若在所有等高处的水平截面积相等,则这两个立体体积相等。这一原理的一般形式刘徽已经发现,17 世纪意大利人卡瓦列里又独自提出,因而又称为卡瓦列里原理。这一原理对微积分原理的建立有着不容忽视的作用。

刘徽《九章算术注》中提出了刘徽原理:如果两个等高的立体,用平行于底的平面截得的平面面积之比为一定值,那么这两个立体的体积之比也等于该定值。根据这一原理,刘徽着手建立球体体积计算公式。刘徽先作球的外切立方体,同时用两个直径等于球径且互相垂直的圆柱从立方体内切贯穿,如图3.6(a)所示,这时球就被包含在两圆柱相交的公共部分中,而且与圆柱相切。刘徽将两圆柱的公共部分称为“牟合方盖”,如图 3.6(b)所示用水平截面去截球和“牟合方盖”,可知截面的面积之比恒为 $\pi:4$,于是由刘徽原理得到:$V_{球}:V_{牟}=\pi:4$,即 $V_{球}=\frac{\pi}{4}V_{牟}$。

如果“牟合方盖”的体积能够计算出来,那么整个问题就解决了。刘徽力图求出 $V_{牟}$,但是没有达到目的。祖冲之父子在刘徽研究的基础上,开始深入探讨球体体积的公式。他们沿着刘徽的基本思路,抓住关键性的“牟合方盖”的体积计算。但他们改变了着眼点,不直接计算牟合方盖本身,而是计算一个立方体,取出其内切牟合方盖的剩余部分。为方便起见,把它叫作“方盖差”。再把“方盖

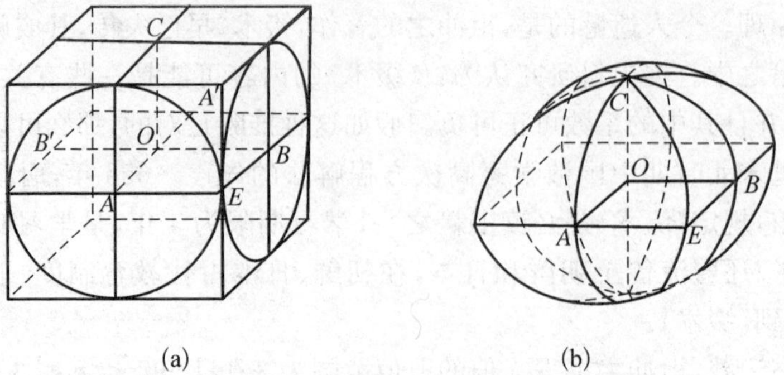

图 3.6　两圆柱内切于正方体与牟合方盖

差"自然分成 8 个相等的小立方体,每一个称为"小方盖差"。

祖氏父子从 1/8 立方体和所含的 1/8 的牟合方盖入手。在小牟合方盖中,如图 3.7(a)所示,PQ 是小牟合方盖被水平截平面得到正方形的一边,设为 a,UQ 是球半径 r,UP 是高 h。$\triangle QPU$ 是一个直角三角形,根据勾股定理得 $a^2 = r^2 - h^2$;这正是截平面 $PQRS$ 的面积。在同一位置上的小立方体的截面面积为 r^2,而 $r^2 - a^2 = h^2$,正是小方盖差在等高处的截面面积,如图 3.7(b)所示。这个面积正好是截面高度 h 的平方。祖氏父子抓住了这个特点,发现底边为 r,高也是 r 的倒正四棱锥的截面面积也有这个特点,如图 3.7(c)所示。这就是说,在等高 h 处作小方盖差与倒立正四棱锥的截面,其截面的面积总是相等的。根据祖暅原理可知:小方盖差和倒立正四棱锥的体积相等。

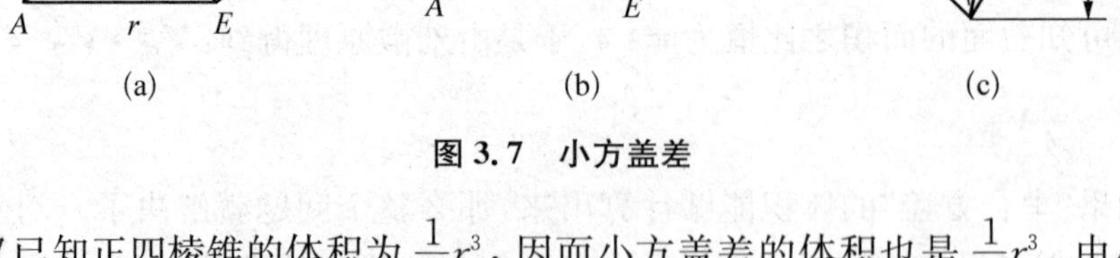

图 3.7　小方盖差

又已知正四棱锥的体积为 $\frac{1}{3}r^3$,因而小方盖差的体积也是 $\frac{1}{3}r^3$。由小立方体的体积减去小方盖差的体积,余下的就是 1/8 牟合方盖的体积。则有

$$\frac{1}{8}V_{牟} = r^3 - \frac{1}{3}r^3$$

故 $V_{牟} = 8r^3 - \frac{8}{3}r^3 = (2r)^3 - \frac{1}{3}(2r)^3 = \frac{2}{3}(2r)^3$。

利用刘徽已求出的 $V_{球} = \frac{\pi}{4}V_{牟}$，因而祖氏父子得到球体积公式 $V_{球} = \frac{4}{3}\pi r^3$。

第三节　一次同余式理论——中国剩余定理

关于中国古代对于世界科学史的贡献，经常被提起的不外乎四大发明之类，其实还有一些不著名的贡献，也确实是由中国人作出，并且得到西方学者承认的。例如，"中国剩余定理"——这是西方数学史著作中对一次同余式定理的称呼。因为关于这个问题最先出现于中国南北朝时期的数学著作《孙子算经》中，所以又被称为"孙子定理"。

一、中国剩余定理的由来——《孙子算经》

孙子是中国古代著名数学家之一，他姓孙，大家都尊称他为孙子，其生平事迹不详，但他与《孙子兵法》的作者、春秋末期的军事家孙武不是一人。《孙子算经》一书，大约成书于公元 1 世纪—3 世纪。书中有不少有趣的题目，其第 26 题是："今有物，不知其数。三三数之剩二，五五数之剩三，七七数之剩二。问物几何？"这便是世界闻名的"孙子问题"。

实际上，中国古代类似的问题也很多，如"韩信点兵"。韩信是中国古代一位足智多谋并善于用兵的将领，他辅佐刘邦，亡秦灭楚，完成西汉统一大业。有一道数学题叫作"韩信点兵"，便是借韩信的聪明才智出了一道难题。每当部队集合时，他只要求士兵 1～3，1～5，1～7 报数后，报告一下各次最后一个士兵的号数，便可知道部队出操人数和缺额。

韩信点兵的奥秘在哪里？其中的数学原理是什么？孙子在他的《孙子算经》中给出了这一类问题的解法。由于当时数学还未产生，没有用字母来代替数，其解法让人难以弄懂。到了明代，数学家程大位在其名著《算法统宗》一书中用一首诗歌概括了这种解法：三人同行七十稀，五树梅花廿一枝，七子团圆月正半，除百零五便得知。

这种解法的大意是说，用 3 除所得余数乘上 70，加上用 5 除所得余数乘上 21，再加上用 7 除所得余数乘上 15，结果如果比 105 多，便减去 105 的倍数，所得到的就是所求的数。列成算式就是：$70\times2+21\times3+15\times2-2\times105=23$。

为什么要这样计算？原来，70 是 5 和 7 的公倍数，而且被 3 除余 1，所以 2×70 被 3 除就余 2，并且能被 5 和 7 整除；21 是 3 和 7 的公倍数，被 5 除余 1，所以 3×21 被 5 除就余 3，且能被 3 和 7 整除；15 是 3 和 5 的公倍数，被 7 除余 1，所以 2×15 被 7 除就余 2，且能被 3 和 5 整除。因此，$2\times70+3\times21+2\times15=233$ 满足被 3 除余 2，被 5 除余 3，被 7 除余 2。而 $3\times5\times7=105$，即 105 是 3，5，7 的最小公倍数，从 233 中减去 105 的倍数，自然不会影响所求数被 3，5，7 除所得的余数。

二、中国剩余定理的集大成者——秦九韶的《数书九章》

秦九韶（1202—1261 年）是南宋人，因其父在四川做官，所以他出生于四川。南宋时期，朝廷内部政治斗争激烈，外部又有金、元的威胁，秦九韶生活在一个战乱频繁的年代。他本人曾多处历任地方官，受社会的影响，秦九韶攀附权贵，热衷于功名利禄，在官场落有“至郡数月，罢归，所携甚富”的骂名。但即使攻击他的人，也承认他“性极机巧，星象、音律、算术以至营造诸事无不精究”。秦九韶利用他优越的家庭条件，青少年时代“因得访习于太史，又尝从隐君子受数学”。是说他能从掌管历法的太史官员处学习天文历法，并从“隐君子”处学习数学。公元 1236 年以后，北方的元兵攻入四川，战乱使秦九韶在颠沛流离中接触到社会实际，积累了许多数学应用方面的知识。他转而攻书立著，并在为母亲守孝的 1244—1247 年间，写成了《数书九章》，总结了自己此前 10 年间探讨和研究的数学问题。此后秦九韶又多次担任官职，皆因贪暴，多次被罢官。1261 年卒于现今广东梅州的任上。

《数书九章》共 18 卷，约 20 万字。把 81 个应用题分为 9 类，每类 9 题，每道题包括答案、术和草。“术”是解题步骤，具有一般性；“草”是依据术文而具体写出的演算过程。《数书九章》的算法，是以算筹为计算工具的算法，它规定算筹的“布列”“运筹”方法。但由于《数书九章》引入了许多复杂的计算问题，常常需要多次反复地运用各种方法布列算筹，为便于理解和掌握算法，秦九韶在大多数题目中都作了演草并绘制了筹图，对算筹的布列方法作了示范，按图运筹就可以算出结果。秦九韶在数学上的主要成就就是系统地总结和发展了高次方程数值解法和一次同余组解法，提出了相当完备的“正负开方术”和“大衍总数术”，在世界数学史上占有很高的地位。

秦九韶在深入研究了“孙子问题”及其解法后，才从理论上给出了说明，定名为“大衍求一术”。在“大衍求一术”中，秦九韶给出了解类似“孙子问题”的一整套方法，完善了孙子开创的一次同余式组求解的方法和理论。“大衍求一术”写进了他的巨著《数书九章》之中。这部著作成书于 1247 年，内容丰富，精湛绝伦，特别是“大衍求一术”和高次方程的解法，在世界数学史上占有崇高的地位。

秦九韶在《数书九章》中创立的一次同余式组求解的方法，可用现代数学形式表述如下：

设一次同余式组为：

$$N \equiv R_i (\bmod A_i) \qquad i = 1,\ 2,\ \cdots,\ n \tag{3.6}$$

式中：A_i为已知数，今天称之为模，而秦九韶称之为“问数”；R_i是 N 除以 A_i 得到的余数；N 为所求数。

秦九韶用巧妙的算法，将问数 A_i化为两两互素的数 a_i，并称 a_i为“定数”，使上述式(3.6)化为等价的同余式组：

$$N \equiv R_i (\bmod a_i) \qquad i = 1,2,\cdots,n \tag{3.7}$$

秦九韶取各定数的乘积，称为“衍母”：$M = a_1 a_2 \cdots a_n$。然后用衍母 M 除以各定数，得“衍数”，$M_i = \dfrac{M}{a_i}$，$i = 1,\ 2,\ \cdots,\ n$。

各衍数累减各自定数的余数，称为“奇数”：$g_i = M_i - p_i a_i$，其中 $a_i > g_i$，且 p_i 为正整数，即

$$M_i \equiv g_i (\bmod a_i),\ i = 1,\ 2,\ \cdots,\ n$$

如果能求出一组数 k_i，使得

$$k_i g_i \equiv 1 (\bmod a_i), i = 1,2,\cdots,n \tag{3.8}$$

且 k_i为式(3.8)成立的最小“正整数”，那么，就可以求得式(3.6)的最小正数解：$N = N' - P \cdot M$，其中，P 为非负整数，且 $N' = \sum_{i=1}^{n} R_i k_i M_i$。

“大衍总数术”中的关键是 $k_i (i = 1,\ 2,\ \cdots,\ n)$ 的计算方法，秦九韶称 k_i 为“乘率”。为求得满足式(3.8) 的乘率 k_i，秦九韶把奇数 g_i 与定数 a_i 辗转相除，相继得商数 q_i 和余数 r_i，即

$$
\begin{aligned}
a_i &= q_1 g_i + r_1 \\
g_i &= q_2 r_1 + r_2 \\
r_1 &= q_3 r_2 + r_3 \\
&\cdots\cdots \\
r_{n-2} &= q_n r_{n-1} + r_n
\end{aligned}
$$

并可得到：

$$
\begin{aligned}
c_1 &= q_1 \\
c_2 &= q_2 c_1 + 1 \\
c_3 &= q_3 c_2 + c_1 \\
&\cdots\cdots \\
c_n &= q_n c_{n-1} + c_{n-2}
\end{aligned}
$$

秦九韶指出：当 $r_n = 1$ 且 n 为偶数时，则最后所得 c_n 就是乘率 k_i；当 $r_n = 1$，且 n 为奇数时，可将 r_{n-1} 与 r_n 相除后，形式上取 $q_{n+1} = r_{n-1} - 1$，那么余数 r_{n+1} 仍为 1，再做 $c_{n+1} = q_{n+1} c_n + c_{n-1}$，这时 $n+1$ 为偶数，则 c_{n+1} 就是所求 k_i，总之，当辗转相除得到余数 1 时，整个计算结束。秦九韶将他的方法叫作“求一术”，就是将求乘率的计算方法称为“大衍求一术”。

秦九韶将这种解法称为“大衍总数术”，是因为他认为这些问题与卜筮有关。“大衍术”源于《周易》上的筮法，“衍”同“演”。所以他在研究同余式组解法后，便从《易・系辞》中的“大衍之数五十，其用四十有九”摘取了“大衍”二字，冠在算法之上，称为“大衍总数术”。在《数书九章》中，秦九韶用“大衍总数术”解答了 9 个问题，其中包括如下问题：

有米铺，诉被盗去米一般三箩，皆适满，不记细数。今左壁箩剩一合，中间箩剩一升四合，右壁箩剩一合。后获贼，系甲、乙、丙三名，甲称当夜摸得马杓，在左壁箩，满舀入布袋。乙称踢着木履，在中箩，舀入袋。丙称摸着漆碗，在右壁箩，舀入袋，将归食用，日久不知数。索到三器，马杓满容一升九合，木履容一升七合，漆碗容一升二合。欲知所失米数，计脏结断三盗各几合？

答曰：共失米九石五斗六升三合（1 石＝10 斗，1 斗＝10 升）。甲米三石一斗九升二合，乙米三石一斗七升九合；丙米三石一斗九升二合。

应用大衍求一术求解方法如下：设每箩米数为 N，马杓、木履、漆碗三器所容为问数，各为 $a_1 = 19$，$a_2 = 17$，$a_3 = 12$，即模数。三箩被盗后所剩米数即为余数，所以得到一次同余式组为（以合为单位）：

$$\begin{cases} N \equiv 1 \pmod{19} \\ N \equiv 14 \pmod{17} \\ N \equiv 1 \pmod{12} \end{cases}$$

根据秦九韶的算法，可算出每箩原有米数为：$N = 3\,193$，即3石1斗9升3合。

与“孙子问题”及“大衍求一术”相类似的问题在世界许多国家都陆续出现过。例如，13世纪意大利数学家斐波那契讨论一次同余问题，但没能给出一般解法。瑞士数学家欧拉和德国数学家高斯分别在1743年和1801年研究求解一次同余式，才获得与我国“大衍求一术”相同的结果。

1852年“大衍求一术”传入欧洲，人们发现“大衍求一术”和高斯的定理是一致的，而中国人的研究早了1 000多年，于是欧洲人就将求解一次同余式称之为“中国剩余定理”或“孙子定理”。德国数学家康托称：发现大衍求一术的人是“最幸运的天才”。美国科学史家萨顿称赞秦九韶是“他那个民族、他那个时代，并且也是所有时代最伟大的数学家之一”。

“中国剩余定理”不仅完美地解决了“孙子问题”，而且提供了解决像“韩信点兵”这类“剩余”问题的一般方法，更为重要的是，它揭示了其中本质的算法结构，为一次同余式组求解理论奠定了科学基础，可谓数学史上的一大发现。“中国剩余定理”不仅在古代数学史上占有重要地位，其解法的数学原理在近代数学史上也占有重要地位，在现代电子计算机的设计中也起着重要作用。

第四节 中国古代数学的文化特征

中国古代数学受中国古代社会的政治、经济、文化的诸多因素影响，形成了自己独特的思想方法、基本模式及其特有的发展历程。在长达2 000年的时间里，中国古代数学不受外来数学文化的影响，在封闭的状态下走自我独立发展的道路。对此，英国现代著名学者李约瑟这样评述道：“中国和它的西方邻国以及南方邻国之间的交往，要比一向所认为的多得多，尽管如此，中国思想和文化模式的基本格调，却保持着明显的、从未间断的自发性。这是中国‘与世隔绝’的真正涵义。过去，中国和外界是有接触的，但是，这种接触从来没有多到足以影响它所特有文化以及科学的格调。”①中国古代数学的特征可以概括为：算法化、数

① 李约瑟．中国科学技术史(第一卷)．科学出版社，1975：337．

值化以及实用性的思想方法。

一、算法化、数值化特征

中国古代数学的各种成果几乎都呈现着算法化的形式。中国古代数学称为“算术”,这个名称恰当地概括了以算为中心的算法化特征。中国古代的数学著作承继《九章算术》的体例,大多是以应用问题集的形式表述。每一个应用问题都有“问”与“答”,“问”中一般给出具体数据,“答”就是把“问”中的具体数据代入由“术”给出的算法进行数值计算的结果。“术”则是一个“能行性”的程序化计算程序。

中国古代数学形成的算法化的特点,在技术上得益于成熟的计算工具——算筹。在2 000多年的时间里,算筹为中国传统数学发展提供技术工具,使中国在世界上最早采用了十进位值制记数法;同时由于算筹可以使计算变得程序化和自动化,很容易解决数值的计算问题,从而加速了中国古代数学朝着数值化、算法化的方向发展。《九章算术》及其刘徽注释,总结了历史上积累下来的数学知识和方法,并进行了有目的的分类整理,同时对算筹运演排列的操作方法给出了具体的程序,用“术”的形式给出了方法模式。例如,《九章算术》及其刘徽注释对中国古代分式运演的方法、开方的筹算运演方法、正负数的筹算运演方法、割圆术的极限思想方法、方程筹算解法等一系列内容都给出了“析理以辞,解体用图”这一中国独有的证明论述。筹算的方法,即用竹棍作为数学符号、作为运演操作的工具是中国古代文化对人类数学的一个独特贡献。这种运算操作不仅可以进行加、减、乘、除、开方、开立方的运算,而且在方程的运算方面更达到了令人惊奇的地步,后者与现代数学中方程理论的矩阵解法有极大的相似之处。在西方数学中,行列式、矩阵是18—19世纪开始发展形成的;但是,筹算这种特殊的手工操作运演,却以一种独特的方式展示了表格化、形式化的运算,从而就具有与现代数学矩阵初等变换极为相似的特征。由此也就可以理解筹算运演方法本身的创意性及其独特的理论形式。

数学的数值化、算法化,使数学的成果具有直观的合理性,容易被人们所接受。无论是从早期的爻卦揲法得出的数字,还是宋元时代由天元术或大衍总数术得到的数字,都毫无疑义地被人们认为是合理有效的说明相关问题的依据。在这种思想方法指导下,中国古代数学毫无顾忌地发展计算技术,使祖率、中国剩余定理处于世界领先水平的地位。

不妨以负数为例,作中外数学发展的比较。在古代数学发展中,负数常常是在代数方程的求解过程中产生的。在古代巴比伦的代数研究中发现，巴比伦人在解方程中没有提出负数根的概念，即不用或未能发现负数的概念。3世纪的希腊学者丢番图的著作中，也只给出方程的正根。然而，在中国传统数学中，较早形成负数和相关运算法则。在《九章算术》方程章中提出了负数的概念以及它们的运算法则：异名相除（异号两数相加，实际要做减法），同名相益（同号两数相加，实际要做加法），正无入正之（当异号两数相加，如果正数绝对值较大，其和为正），负无入负之（反之，如果负数的绝对值较大，其和为负）。在古代演算使用算筹进行的情况下，为了区分正负数，刘徽在注文中说："正算赤，负算黑，否则以斜正为异。"也就是在使用算筹时，规定用红色算筹表示正数，用黑色算筹表示负数。如无红黑算筹，只用同一色算筹时，那么在遇到正数时就把算筹正放，遇到负数时就在算筹上放一斜筹，以示区别。例如，$\not\perp$表示-6。这样，在演算时一看即知，不会混淆。

特别值得一提的是，元代朱世杰除了明确给出同号或异号两数的加减法法则外，他还给出了关于正负数的乘除法则："同名相乘为正，异名相乘为负。""同名相除所得为正，异名相除所得为负。"这样，在13世纪，中国就完整地建立起关于有理数的加、减、乘、除的四则运算法则。

在国外，认识并承认负数，较之中国要晚得多。在印度，数学家婆罗门笈多于628年才认识到负数可以是二次方程的根。而在欧洲14世纪最有成就的法国数学家丘凯把负数说成是荒谬的数。与中国古代数学家不同，西方数学家更多的是研究负数存在的合理性。16，17世纪欧洲大多数数学家不承认负数是数。帕斯卡认为从0减去4是纯粹的胡说。帕斯卡的朋友阿润德提出一种有趣的说法来反对负数，他说如果$(-1):1=1:(-1)$，那么较小数与较大数的比怎么等于较大数与较小数的比呢？直到1712年，连莱布尼茨也承认这种说法合理。英国数学家华莱士虽然承认负数，但同时认为负数小于零而大于无穷大（1655年）。他对此解释道：因为$a>0$时，$\frac{a}{0}=\infty$；而负数$b<0$时，$\frac{a}{b}>\infty$。英国著名代数学家德·摩根在1831年仍认为负数是虚构的。他用以下的例子说明这一点："父亲56岁，其子29岁。问何时父亲的年龄将是儿子的2倍？"他列方程$56+x=2(29+x)$，并解得$x=-2$。他称此解是荒唐的。当然，欧洲在18世纪排斥负数的人已经不多了。随着19世纪整数理论基础的建立，负数在逻辑上的合理性才得以真正确立。

中国古代数学长期坚持走算法化的发展道路，大大限制了数学方法的改进。《九章算术》集中地体现了中国古代数学的特征，它的方法、构造形式、解决问题的范畴成为中国古代数学的典范，后世的许多数学研究可以从《九章算术》中找到渊源。“从西汉初以迄清末，《九章算术》成为中算家这一跨时空的科学共同体的主要学术规范和一种富有生命力的研究传统。它不但为中算家准备了统一的语汇辞典和著作体例，而且还提供了多种多样富有启发意义的思维模型……正是由于《九章算术》示范作用的有效及研究传统的相对强固，中国古代数学中似乎未曾产生过足以摇撼其根基的挑战，当然也就不曾出现数学观念和方法的剧烈变革，即使际逢发展高峰时期的宋元数学也是如此”。① 宋元时期，中国算经中的“演草”不断增多，这可以看作算筹向笔算的演进，然而中国未能有突破性进展。在朱世杰的《四元玉鉴》中，代数的内容已有了很大发展，但在数学语言方面，不用符号用算筹，使四元术未能涉足更多元的方程组求解。算法化的技术工具——算筹的长期统治地位，阻碍了抽象符号的产生。没有抽象的符号的数学，很难达到现代数学的发展水平。同时，利用算筹进行数字计算，算筹摆放速度慢，占用的面积大，也不适应数学发展的需要。

二、实用性思想

中国古代数学表现出“与生活实际保持着直接联系的实用理性”，这种实用思想是中国古代“经世致用”思想的一个组成部分。“经世致用”主张经伦天下、治国济民。这就使得中国古代大多数数学著作都是以社会生产和生活实践中的问题为纲，这些问题基本按社会生活领域进行分类。这种体系持续了 1 000 多年，成为中国古代数学的一大特色。

天文历法是古代社会中十分重要的研究课题。天文学只有借助数学才能发展。历法的编算是我国古代天文学研究的中心，最早的科学著作就是天文学的专著《周髀算经》。并且在此后的一千多年中，天文历法一直是中国传统数学发展的重要依托。元朝征服中原后，忽必烈于 1271 年在北京建立了天文台，曾任命波斯的天文学家札马鲁丁为台长，使用伊斯兰的传统方法进行天文观测和历法计算。然而在元代郭守敬等人编制的《授时历》中还看不到阿拉伯数学和历法的任何影响。中国古代由于历法的推算与数据处理发展了代数（计算）的方法。中国古代历法所有天文数据基本都用分数来表示，分数运算成为古代历法中的很大项目。天文数据的处理又引导出内插法；观测天地又带来关于直角三角形性质的研究；“上元积年”的推算，产生了举世闻名的大衍总数。古代历法与数学

① 刘纯. 大哉言数. 辽宁教育出版社，1993：437－438.

相互影响、相互促进，数学的新成果不断应用于历法，而历法中发展起来的新算法在数学中也得到反映。

与古希腊数学注重逻辑演绎思维方式相比，中国古代数学的实践应用性要求使其充分发展和应用了人类在解决数学问题时所可能使用的各种思维方式，包括归纳、类比、直觉想象、灵感等。这些方法显然不是建立在概念、命题的逻辑体系之上，而是建立在一种以筹算操作形式之上“类推衍化”的类比、归纳之上。从而，总的来说，“中国数学不是建立在逻辑基础上的概念思维学说，自然在方法上也就具有更灵活性，没有必要为遵循逻辑原则而拒绝接受各式各样的新方法”。①

在中国古代，由于“罢黜百家、独尊儒术”的儒家学说取得了中国文化的主导地位，这种儒家文化决定了中国古代数学朝着实用性的方向发展。而中国两千年来大一统的封建社会，是形成中国传统数学的实用性思想及其发展模式的社会原因。早在奴隶制社会，中国社会就形成了王权至上的社会形态。商代帝王是“尺地莫非其有也，一民莫非其臣也”；到了周代，更是“普天之下，莫非王土；率土之滨，莫非王臣”。秦汉时期，通过一系列政治经济措施，封建大一统的国家臻于完善。中国大一统的宗法一体化结构，使官僚机构有能力将全国的财富聚敛在一起，把劳力集中起来，发展城市的繁荣和建造多项宏大工程。当西方还处于黑暗沉闷、生产力落后的中世纪封建社会的时候，中国已是一片生机勃勃景象。

自汉代以后，《周易》作为解释万物的哲学著作，其学术地位得到加强，而建立在筹算基础上的中国古代数学的实践应用地位也随之确立：筹算作为一门“技艺”而成为一种实践应用技能，是《周易》理性解释意义下的“应用九数”。筹算在中国文化中作为一种应用“技术”，无法在理性的意义上与古希腊文化中的数学相提并论。“纵观中国文化史，数学在中国传统学术中始终只是附庸地位。对中国文化产生重大影响的儒家、道家、佛家、阴阳家都不屑于谈及数学。诸子百家几乎没有一本数学著作流传于世”。② 北齐颜之推的著作《颜氏家训》则更告诫后人：“算术亦是六艺要事，自古儒士论天道，定律历者皆学通之，然可以兼明，不可以专业。”宋代的沈括，被誉为中国伽利略式的“百科全书”天才，他兼通工程技术、医学、天文、方志、律历、军事，为博学喜文之士。但他严格遵守儒家关于九数之流皆为技艺的古训，把他自己创造的可在中国古代数学史上占有一席之地的“隙积术和会圆术”放在他的《梦溪笔谈》的卷十八的技艺篇，与造弓术、活

① 袁小明. 数学思想史导论. 广西教育出版社，1991：148.

② 丁石孙. 数学与教育. 湖南教育出版社，1989：135.

版印刷、中医灸艾、散笔作书等排列在一起。由此可见，古代数学的实践应用地位是多么的根深蒂固！

自1303年朱世杰的《四元玉鉴》发表后，中国古代数学的发展便逐渐进入停滞状态。到了明代，珠算盘的广泛应用和蓬勃发展，筹算方法逐渐消失，这就使得建立在筹算基础上的天元术、四元术、高次方程和方程组的数值解法等数学成果被人们遗忘和抛弃了。其表现为：增乘开方法无人知晓，天元术无人理解，四元术无人问津，一次同余式问题无进展，否定割圆术、满足于周三径一，不用唐宋已广泛应用的小数方法。整个明代，高深的数学问题几乎无人再研究讨论。甚至像顾应祥(1483—1565年)这样的数学家在注释李冶的《测圆海镜》时说："虽经立天元一，反复合之，而无下手之术，使后学之士茫然无门路可入。辙不自揆，每章去其细草……"于是就把该书有关天元术的细草完全删去。对此，清代天文学家阮元评论说："删去细草一节，遂贻千古不知而作之讥，惜哉！"这一切都可以说明，宋元时期的数学成果此时几乎成为绝学。

中国古代数学自明代以后逐渐衰落，其中一个主要的原因，是明代封建统治者所制定的不利于数学发展的政策。隋代开创的科举制，到明朝日臻完备，这一时期不但建立了完善的层次考试制度，而且也限定了死板的科目和八股文程式。当朱熹集注的"四书"被捧上天时，数学内容却被全部砍去。同时，统治者利用知识分子的功名利禄观，并将其变成经书的附庸，从而远离自然科学。自明代初年起，朝廷就下令"国初学天文有历禁，习历者遣戌，造历者殊死"，法律也明确规定"私习天文者，杖罚一百"。虽然有人提出修改历法的建议，但均遭朝廷拒绝。严酷的禁令和长期的拒绝修改历法，使传统数学失去了来自天文历法的发展动力。在这种社会环境下，知识分子容易走上辅助天子平天下的仕途，以求功成名就，而不可能以超然的意识，来潜心研究和发展宋元时代留下的数学文化。对此，我国学者顾今用指出："中国古代数学至少自秦汉有记载以来，许多方面一直居于世界上的遥遥领先的地位，发展到宋元之世，已经具备了西欧17世纪发明微积分前夕的许多条件，不妨说我们已经接近了微积分大门。尽管历代都有儒法斗争，儒家思想的阻挠放慢了数学发展的速度，甚至使许多创造湮没不彰或从此失传，但我们还是有可能先于欧洲发明微积分的。然而，宋朝的程朱理学已使当时的一些优秀数学家(如杨辉)浪费精力于纵横图之类的数学游戏，陷入神秘主义，违反了我国自古以来的优良传统，到了明朝八股取士，理学统治了学术界的思想，我国的数学也就从此一落千丈了。"①

---

① 顾今用(吴文俊曾用过的笔名). 中国古代数学对世界数学文化的伟大贡献. 数学学报，1975，18(1).

实用性数学思想对中国古代社会发展起到了积极的作用，也曾为数学的发展创造了广阔的现实空间。然而，数学发展的趋势必然要朝着更高的层次迈进。中国古代数学在某些方面确实也达到了这种高度抽象的层次，但是这种高度抽象的结果却要以"应用问题"的形式表现出来。如秦九韶的《数书九章》中的"遥度圆城"题就是为了建立一个 10 次的数字系数的方程而编出来的"应用问题"，只有这样才能引出他的高次方程的数值解法。受当时的生产水平限制，很难找到需要高次方程解决的实际问题。"遥度圆城"题就不是必须使用 10 次方程求解的，实际上，它只需要用 3 次方程就能求解，因此秦九韶的这种处理方法引起了许多非议和争论。

中国古代数学过分重实用，也不利于抽象概念和命题的形成。数学上的概念大都是从逻辑上定义出来的，表示了超越感觉经验之外的推断。后人对中国传统数学的了解，主要是依靠算学家对算经的注释，由于这些经典的算经深奥难懂，注经者众，历代不乏其人，其中不少人因此而成为著名的数学家。中国古代数学教育从有《九章算术》以后，就一直以该书作为基本教材，师徒数代一直学习、研究、注释该书，保留了中国数学从《九章算术》开始所具有的鲜明特点，使得中国数学没有像巴比伦、古埃及的数学那样中断。然而，中国古代数学家不注重给概念下明确的定义，许多重要概念是直接提出来的，有时则用一些例子加以说明。后人不得不用自己的理解去揣摩。隔一段时间，就需要学者耗费巨大的精力去考证和注解。即使这样，仍不能完全明白原著的全部思想。这种后果是双重的：对概念不加明确定义的传统做法妨碍了演绎体系的建立，而且不能为后人提供一个简单明了的、便于使用和发展的数学思想方法。从国外近代数学发展的历史可以发现，数学内部矛盾运动是数学发展的推动力之一，数学理论的形成，是需要逻辑作武器的。数学理论的超前性（即抽象概念或理论往往超越了社会和时代的已有认知），也是凭借数学内部矛盾运动的结果。中国古代数学坚持走实用性的发展道路，是阻碍中国古代数学朝向现代数学发展的重要原因。

第四章

初等数论

“上帝创造了自然数，其他一切都是人的创造”。数学家克罗内克的这句名言揭示了数学的起源——即数学是从算术开始的，而自然数或正整数的数学理论就是众所周知的算术。我国哲人老子也表达了同样的思想：“道生一，一生二，二生三，三生万物……”

由于算术产生于计数的过程，因此，在文化发展的最初阶段就产生了最基本的自然数的概念。如 1，2，3，…在认识了它们并为它们取好名字之后，人们的注意力开始转向这些数和数之间有不同的关系，为了计算这些数，就产生了加、减、乘、除的方法，这四种方法就是四则运算。把数和数的性质、数和数之间的四则运算在应用过程中的经验累积起来，并加以整理，就形成了最古老的一门数学——算术。

在算术的发展过程中，由于实践和理论上的要求，提出了许多新问题，在解决这些新问题的过程中，古代算术在研究自然数四则运算方面得到了进一步的发展。古人在运算过程中发现，只有除法比较复杂，有的能除尽，有的除不尽，有的数可以分解，有的数不能分解，有些数有大于 1 的公约数，有些数没有大于 1 的公约数。为了寻求这些数的规律，从而发展成为专门研究数的性质的一个数学分支——整数论，或叫作初等数论，并在以后又有新的发展。

第一节 素 数

在涉及自然数的研究中，数论这门科学所能包容的范围是博大精深的。但它有一个最基本、最本质的概念就是素数。即如果一个整数比 1 大，而且不能写成更小的整数之积，那么这个整数就是素数。例如，2，3，5，7，11，13，17 都是素数。与素数相对的另一个概念是合数，它是除了 1 和它本身之外，还存在其他的整数因子约数，例如，4，6，9，21，…一般而言，2 是最小的素数，1 既不是素数也不是合数，它是最基本的整数单位。

在数论中，有一个最基本、最重要的命题——算术基本定理，即任何正整数(1除外)都能够用一种方式且只能用一种方式写成素数之积。这个定理包含两层意思：第一，素数是整数进行乘法分解的最基本元素，所有整数都是由这些基本元素构成的。素数在整数中扮演的角色如同化学元素在化合物中的角色类似，正如任何自然化合物都是由元素周期表中的一些元素按照某种组合一样，任何一个整数都可以分解成它的素数因子之积。例如，化合物 H_2O 分子可分解为两个氢原子和一个氧原子。类似地，合数 45 也可分解为两个素数 3 和一个素数 5 之积。模仿水的化学记法，可以把 45 写成 $45 = 3_2 5$，然而数学家更喜欢指数形式 $45 = 3^2 \times 5$。

第二，分解的唯一性。如同一个 H_2O 分子可分解为两个氢原子和一个氧原子，而不能分解为其他原子的组合一样。类似地，合数 45 也只能唯一地分解为两个素数 3 和一个素数 5 之积，不能分解为 2 或者 7 等素数之积，这就保证了素数不仅仅是基本元素，而且也是唯一的基本元素，这也是上面为什么说素数是最基本、最本质的概念之意。

既然素数是最基本的元素，那么面对一个自然数，我们自然而然要提出的几个问题：① 素数到底有多少个？是有限多个还是无限多个？② 如何确定一个数是素数还是合数，如果是合数，如何确定它的素数因子？如果是素数，素数有没有一个通用的表示形式？③ 这些素数在自然数列中的分布是杂乱无章的，还是有规律可循？这几个问题是数论研究的基本问题。下面就来回答这几个问题。

一、素数有多少个

实际上，早在古希腊时代，欧几里得在《几何原本》中就给出了“素数有无限多个”的巧妙证明。下面给出欧几里得反证法的阐述。

证明：首先假设素数是有限的，假设素数只有有限个，且最大的一个素数是 p。设 q 为所有素数之积加上 1，因为素数是有限个，则 $q = (2 \cdot 3 \cdot 5 \cdot \cdots \cdot p) + 1$ 就不是素数，它是一个合数。因此，q 就可以被 2, 3, …, p 中的某个数整除，而 q 被这 2, 3, …, p 中任意一个整除都会余 1，与上面的结论相矛盾，所以，素数是无限的。证明完毕。

关于“素数有无限多个”这个命题，匈牙利的数学大师保罗·艾多士(Paul Erdos, 1913—1996 年)也间接地给出了证明。保罗·艾多士是 20 世纪最多产的数学家，也是一个最古怪的传奇式人物，获得过 1984 年沃尔夫数学奖。保罗·艾多士说:“当我十岁时,我的父亲给我讲了欧几里得关于素数有无限个的证明后,从此我就上瘾了。”①在他 17 岁时,保罗·艾多士就因为给出了“两个整数 n 与 $2n$ 之间至少存在一个素数”的证明而在数学界赢得了声誉。虽然这个定理不是保罗·艾多士首先发现和证明的,但保罗·艾多士的证明是如此简单并且是出自一个 17 岁年轻人之手着实令人吃惊不小。这个定理表明,在 2 和 4,4 和 8,8 和 16 之间等等都有素数,因为 n 是无穷大的,故素数也一定是无穷的。这就给出了素数无穷的另一种证明。

保罗·艾多士游遍世界各地的数学研究中心,据说他从来不在一个城市呆超过 1 个月以上,他有一个名言:“Another roof, another proof.”这位漂泊的数学家不断四处游历,与许多数学同行联合发表论文,据统计,他一生与 384 个人合作发表了 1 450 多篇论文,这在历史上是无人能及的。保罗·艾多士获得沃尔夫数学奖时,获奖词这样写道:他激发了全世界的数学家的创造力。对此,数学界有一个说法叫作 Erdos 数,据说是为了回报保罗·艾多士对数学所作的贡献。保罗·艾多士本人,Erdos 数记作 0,与保罗·艾多士合作过的人,Erdos 数记作 1。与 Erdos 数为 1 的人合作过的人,Erdos 数记作 2,以此类推……就如同一棵大树一样,这棵保罗·艾多士树跨越了整个数学界。Erdos 数越小,说明此人和保罗·艾多士的学术关系越近。据说,当今世界 90%的还活跃的数学家的 Erdos 数小于 8。到了今天,数学家们聚在一起,还会互相炫耀一下自己的 Erdos 数。

二、如何确定一个数是素数还是合数

数学家高斯在他的名著《算术研究》中这样描述:“素数与合数的区分以及合数的素因子问题是算术中最重要且最有用的问题之一……这门科学本身的高贵性似乎要求人们应该探索每一个能够解决这一巧妙、著名问题的方法。”从古希腊学者到现代的数论专家都对这一问题进行了不懈的研究,取得了一些成果,但仍有相当多的问题还没有得到解决。

法国的神甫梅森(1588—1648 年)在 17 世纪数学科学中扮演了一个非常重要的角色,这不仅是因为他提出了“梅森数”而得名,而且他还承担了数学家之间的信息交流中介的角色。像当年的费马、笛卡尔、帕斯卡等数学大家都是通过梅森进行数学成果的交流,这在当时没有科学会议、专业期刊以及电子邮件的时

① (美) William Dunham. 数学那些事:思想、发现、人物和历史. 冯速,译. 人民邮电出版社,2011:11.

代,这样的信息交流通道的价值是无法估量的。

梅森提出了著名的梅森数 $M_p=2^p-1$,其中 p 为素数。当 $p=2, 3, 5, 7$ 时,M_p为素数。1644 年,梅森公布了 $p=13, 17, 31, 67, 127$ 和 257 时,M_p也是素数(后来把这种形式的素数叫作梅森素数)。可是人们发现梅森的结论并不都正确,M_{67}和 M_{257}都不是素数,而 M_{61},M_{89}和 M_{107}是素数。到目前为止,已发现的梅森素数共 43 个,其中从 $p=521$ 开始的素数 M_p是 1952 年以后用计算机陆续发现的。素数 $M_{21\,701}$和 $M_{23\,209}$是 1979 年由两个 18 岁的美国中学生尼克尔和诺尔发现的,他们经过 3 年的时间,用 CYBER 174 型计算机做了 350 h 的计算才得到了有 6 533 位数字的 $M_{21\,701}$。2005 年 12 月 15 日,中密苏里州立大学的两位学者发现了第 43 个梅森素数 230 402 45 7—1 这个新素数有 9 152 052 位数。中密苏里州立大学的发现来之不易,他们协调着超过 700 台计算机进行这项工作。这个新素数在 5 天内由法国学者独立验证。这次核算工作使用了超级计算机和最先进的计算程序。

另一方面,验证 M_{11}, M_{23}, M_{29}, M_{37}等都不是素数,并且这些数的素因子分解式都已求出,比如 $M_{11}=2^{11}-1=511=7\times73$,费马于 1640 年得到 $M_{23}=47\times178\,481$,欧拉于 1732 年得到 $M_{29}=233\times2\,304\,167$。与费马素数一样,人们猜想梅森素数有无限多个,但目前这还是个未解决的问题。

现代检验梅森数是否为素数的方法称为卢卡斯-莱默检验。它是莱默于 1930 年根据卢卡斯于 1876 年创立的基本思想给出的具体算法。这种算法是:假定已知 n 为素数,为检验梅森数 M_n 是否是素数,可按下述方法先计算 $U(0)$, $U(1)$, …, $U(n-2)$这些数:

$$U(0)=4$$
$$U(k+1)=(U(k)^2-2)\bmod M_n$$

若 $U(n-2)=0$,则 M_n是素数;若 $U(n-2)\neq0$,则 M_n不是素数。卢卡斯—莱默方法可以借助于计算机迭代方法加以实施。

例如,用卢卡斯-莱默检验判断 M_5 是否为素数,因 $M_5=2^5-1=31$,于是可作下述计算:

$$U(0)=4$$
$$U(1)=(4^2-2)(\text{mod }31)=14(\text{mod }31)=14$$
$$U(2)=(14^2-2)(\text{mod }31)=194(\text{mod }31)=8$$
$$U(3)=(8^2-2)(\text{mod }31)=62(\text{mod }31)=0$$

由于$U(3)=0$，M_5必为素数。

此外,为了寻找素数通用的表示形式,1640年,费马在给梅森的信中断言,形如$F_n=2^{2^n}+1$，$n=0$，1，2，…的数永远是素数,人们将F_n称为费马数。然而,费马关于费马数的结论是大错特错。欧拉在1732年证明了F_5不是素数,它有一个因子641,率先推翻了费马关于费马数的结论。后来人们又相继证明了从5到16的所有n,F_n都是合数。至今只知道$n=0$，1，2，3，4时,F_n是素数。人们进而希望解决的问题是：是否存在着无限多个费马素数。这是一个至今未解决的难题。虽然人们不敢断言费马素数只有5个,但倾向于认为费马素数是有限个。现代人解决这个问题也是相当困难的：即使是使用计算机验证一下,其工作量也大得令人吃惊。若要把F_{73}的各位数字打印在纸带上,那么这一纸带可绕地球赤道大约6×1 010圈。

尽管对费马素数的验证十分艰巨,但是,在利用费马素数时人们却得到了意想不到的丰硕成果。譬如,高斯利用费马素数,解决了欧几里得几何中的古老问题,得到了正多边形是可以用尺规作出的判定定理。早在古希腊时代,人们就知道如果有了正n边形,用圆规直尺就不难作出正$2n$边形,于是用尺规又可作出$n=6$，12，24，…和$n=10$，20，40，…的正n边形。那么对于哪些n值,用圆规直尺可以作出哪一些正n边形呢？1 000多年之后,高斯用尺规作出了正十七边形,于是也可以作正三十四边形、正六十八边形等等。大家可能已经注意到：3，5，17恰好是前3个费马素数。高斯指出,当且仅当n是有限个费马素数之乘积或者是它们的2倍、4倍、8倍……2^i倍,i为正整数时,都可以用尺规作出正n边形。高斯对他的这一发现极为自豪,希望能把正十七边形刻在他的墓碑上。虽然这个愿望未能实现,但后人在他的出生地(德国布伦瑞克)立了一块纪念碑,碑上刻了正十七边形,在他任教的哥廷根大学也立了一块碑,碑的基座底边也是正十七边形。在高斯之后,有人用80页纸给出正257(费马数F_3)边形的尺规作图方法,而赫尔梅斯作出正65 537(费马数F_4)边形,其手稿装满了1箱。

三、素数是如何分布的

在涉及素数的很多问题中,其中一个有趣的问题应该关于素数在整数中的分布问题。它们是随机分布的还是存在某些规律？比如,下面观察小于100的25个素数分布：

2，3，5，7，11，13，17，19，23，29，31，37，41，

43，47，53，59，61，67，71，73，79，83，89，97

如果存在某种模式的话，那么它们不是那样显然。比如，23～29，89～97之间都是没有素数的，还存在形如5和7，29和31，59和61这种背靠背的“孪生素数”。而从整体上看，素数的分布规律则不是那么明显。

实际上，在公元前250年，亚历山大的学者厄拉多塞就创造了“筛法”，用程序化的方法将有限数之内的素数网罗殆尽，可见古代数学对素数的分布研究已经相当深入。为了确定素数分布的规律，数学家从厄拉多塞筛法引申出一个复杂的算法：用不大于$\sqrt{n}$的素数逐个去试除n，如果试到$\sqrt{n}$还没有找到能整除n的数，那么n一定是素数。否则，n不是素数，则它可以表示成两个不大于n的2个因子的积，而其中至少有一个不大于$\sqrt{n}$。例如，要求小于100的素数，如图4.1所示。小于100的合数一定有一个小于$\sqrt{100}=10$的素因子，而小于10的素数只有2，3，5，7，那么首先用水平线(—)删去那些大于2且能被2整除的数，然后用斜线(/)删去除了3以外的能被3整除的数，用反斜线(\)删去5以外的能被5整除的数，最后用竖线(|)删去除了7以外的数。那么剩下的数除了1以外都是素数。

1	2	3	4	5	6	7	8	9	10
11	12	13	14	15	16	17	18	19	20
21	22	23	24	25	26	27	28	29	30
31	32	33	34	35	36	37	38	39	40
41	42	43	44	45	46	47	48	49	50
51	52	53	54	55	56	57	58	59	60
61	62	63	64	65	66	67	68	69	70
71	72	73	74	75	76	77	78	79	80
81	82	83	84	85	86	87	88	89	90
91	92	93	94	95	95	97	98	99	100

图4.1 厄拉多塞筛法求小于100的素数

这一方法对检验“不太大”的素数是实用的，若数字太大，它就变得十分笨拙，有时甚至是无效的。假如你在一个快速计算机上使用高效的程序进行试除。对于一个10位的数，运行程序几乎瞬间就能完成；对一个20位的数需要2 h；对于一个50位的数，则需要100亿年。

采用适当的计算设计可以提高计算机检验素数的速度。为了确定一个100位的数是否是素数，目前可用的最好方法是1980年前后发现的，由数学家阿德勒曼、鲁梅利、科恩和伦斯特拉研究出的一种非常复杂的方法。现在以他们名字的第一个字母命名为 ARCL 检验法。使用上面提到的计算机进行 ARCL 检验，对 20 位的数只需 10 s，对 50 位的数用 15 s，100 位的数用 40 s。如果要检查一个 1 000 位的数，一个星期够了。这种检验需要相当多的高深的数学知识，其中包括费马小定理：若 p 为素数，则 $a^p \equiv a(\mathrm{mod}\, p)$。

自 16 世纪下半叶开始，人们利用因数表研究素数。拉恩于 1659 年发表了 2.4 万以内的因数表；1668 年英国的佩尔将这个因数表扩大至 10 万；1776 年维也纳的一名中学校长费尔克尔给出了 40.8 万以内的所有数的因数表，奥地利帝国耗巨资出版了它。但由于很少有人订购，后来只得作为废纸来制造原子弹，用于对土耳其的战争。19 世纪不少学者算出了 1 000 万以内的所有数的因数，其中布拉格大学的库利克为此花费了 20 年的业余时间。

关于素数分布还有一个定性的素数定理：用 $\pi(n)$ 表示不超过 n 的素数的个数。由于素数有无限多个，这就是说，当 n 不断增大时，不超过 n 的素数也不断地增加。用极限的语言表述为，当 $n \to +\infty$ 时（趋于无穷大），$\pi(n)$ 也趋于无穷大，即 $\lim\limits_{n\to+\infty} \pi(n) = +\infty$。人们可以发现，顺着自然数的序列，越往后素数的“密度” $\pi(n)/n$ 就变得越小。表 4.1 就是一些特例：

表 4.1 特 例

n	$\pi(n)$	$\pi(n)/n$
1 000	168	0.168
10 000	1 229	0.123
100 000	9 592	0.096
1 000 000	78 498	0.078

1892 年，15 岁的高斯在对一个很大素数表的考察基础上，提出了猜想：

$$\lim_{n\to\infty} \frac{\pi(n)\cdot\log n}{n} = 1 \tag{4.1}$$

式中：$\log n$ 表示以 e 为底的 n 的自然对数。

此前，俄国数学家切比雪夫在 1849 年曾经证明了：对于充分大的 n 下列不等式成立：

$$0.921\,29\,\frac{n}{\log n} \leqslant \pi(n) \leqslant 1.105\,55\,\frac{n}{\log n}$$

这个结果与式(4.1)比较接近。许多人试图用切比雪夫的方法进一步证明式(4.1)，但都没有成功。1896 年，法国数学家阿达玛（1865—1963 年）与普森

(1866—1962年)利用解析数论的某些精妙的技术最终分别独立地证明了式(4.1),他们共同分享了建立这一数学里程碑的荣誉。式(4.1)被称为素数定理,是素数理论中一个十分重要的而且优美的结果。

第二节 数学猜想

数论研究的另一个重要方向是将一个整数表示为一些整数的和、差、积的问题。前面提到的算术基本定理"每个大于1的整数都可用唯一的方式分解为素数的乘积"就是这个方向所进行的第一步。

一、哥德巴赫猜想

1742年,德国数学家哥德巴赫在给欧拉的信中提出一个猜想:每个大于7的奇数都可表示成三素数之和的形式。欧拉在回信中说,上述猜想可以从另一个猜想推出。这个猜想是,每个大于4的偶数都是两个素数之和。由后面猜想推出前面猜想是显然的(若n为奇数并且大于7,则$n-3$为偶数并且大于4,若$n-3=p_1+p_2$是两个素数之和,则$n=3+p_1+p_2$是三个素数之和)。事实上,法国数学家笛卡尔早就提到过这个猜想。

现今的哥德巴赫猜想,一般是指记录在英国数学家华林的《代数沉思录》(1770年)的表述形式:每个偶数都是两个素数之和;每个奇数都是三个素数之和。华林在同一著作中还提出了他自己的一个猜想:任一自然数n可表示成至多r个数的k次幂之和,即$n=x_1^k+x_2^k+\cdots+x_r^k$,其中$x_1$,$x_2$,$\cdots x_r$为自然数,$r$依赖于$k$。此猜想以"华林问题"著称。华林问题1909年由希尔伯特首次证明,哥德巴赫猜想则至今悬而未决。

20世纪初,哥德巴赫猜想的研究取得了实质性的进展。1920年英国数学家哈代和李特尔伍德首先将他们创造的"圆法"应用于数论难题,并于1923年在广义黎曼猜想正确的前提下,有条件地证明了每个充分大的奇数都是三个奇素数之和以及几乎所有偶数都是两个奇素数之和。1937年,维诺格拉多夫利用圆法和他自己的指数以及估计法无条件地证明了奇数哥德巴赫猜想,即每个充分大的奇数都是三个奇素数之和。然而圆法用于偶数哥德巴赫猜想效果却并不好。此后,偶数哥德巴赫猜想的研究进展主要是依靠改进后的筛法。1919年挪威数学家布朗利用他的新筛法证明了:每个大偶数都是两个素因子个数均不超过9

的整数之和(记为 9+9,记号 $k+l$ 表示大偶数分解为不超过 k 个奇素数的积与不超过 l 个奇素数的积之和,下同)。以后大约半个世纪时间内,数学家们利用各种改进的筛法一步一步地向最终目标 1+1 逼近。布赫夕塔布的 4+4(1940 年)、瑞尼的 $l+c$(c 为一不确定大数)(1948 年)和库恩的 $a+b$($a=b\leqslant 6$)(1954 年);1953 年,中国数学家华罗庚组织领导了哥德巴赫猜想讨论班,这个讨论班取得了丰硕的成果,其中有王元的 2+3(1957 年)和潘承洞的 1+5(1962 年),到 1965 年,欧洲数学家邦别利等三人差不多同时证明了 1+3;1966 年,中国数学家陈景润宣布证明了 1+2(1973 年发表详细证明)。陈景润的结果被认为"是筛法理论的光辉顶点",它使数学家们离开哥德巴赫猜想的最终证明 1+1 似乎只有一步之遥,但就是这一步至今仍无任何进展。

二、费马猜想

17 世纪法国数学家费马是一位业余数学家,他的许多未加证明的结论和信件,是在他去世后由他儿子于 1670 年收集出版的。其中就有 1637 年费马读古希腊数学家丢番图的《算术》一书时,在写有方程 $x^2+y^2=z^2$ 的那一页的空白处,用拉丁文写下具有历史意义的一段文字:一个立方数不能分拆成两个立方数,一个四次方数不能分拆成两个四次方数。一般来说,除平方之外,任何次幂不能分拆成两个同次幂。我发现了一个真正奇妙的证明,但书上的空白太小,写不下。

这就是著名的费马猜想。用确切的数学语言来说,费马断言他证明了:对每个正整数 $n\geqslant 3$,方程 $x^n+y^n=z^n$ 均没有正整数解 (x,y,z)。

费马于 1659 年致朋友的信中提到自己用"无限下降法"证明了费马大定理 $n=4$ 时的情况,然而无详细说明。1676 年,费雷尼克依据费马的提示,在自己的著作中给出了详细的证明。无限下降法是一个证明有关正整数命题的一般方法,基本依据是自然数的最小数原理:自然数集 N 的每个非空子集 A 中一定有最小数。下面应用无限下降法证明 $\sqrt{2}$ 是无理数。

假定 $\sqrt{2}=\dfrac{a}{b}$,在这里 a 和 b 是正整数。由于 $\sqrt{2}+1=\dfrac{1}{\sqrt{2}-1}$,从而

$$\frac{a}{b}+1=\frac{1}{\dfrac{a}{b}-1}=\frac{b}{a-b}$$

且

$$\sqrt{2}=\frac{a}{b}=\frac{b}{a-b}-1=\frac{2b-a}{a-b}=\frac{a_1}{b_1}$$

但是，因为 $1<\sqrt{2}<2$，以 $\frac{a}{b}$ 代替$\sqrt{2}$后，再在不等式两边乘以 b，即 $b<a<2b$。又因为 $a<2b$，因而有 $0<2b-a=a_1$，并且 $b<a$，从而有 $a_1=2b-a<a$。重复上述过程，得 $\sqrt{2}=\frac{a_2}{b_2}$，在这里，a_2 又是小于 a_1 的正整数。此程序可以无限地重复。因为正整数不能无限减小，所以$\sqrt{2}$不能是有理数。

费马本人利用无限下降法证明了下述命题：对于正整数 x，y，z 若 $x^2+y^2=z^2$，则对应的三角形面积值$\frac{1}{2}xy$ 一定不是完全平方数。并进而利用这一结论仍证明了 $n=4$ 时，则费马猜想成立。然而遗憾的是，费马在丢番图的《算术》书的页边上又给了这样的批注“页边空白太小，我无法写出完全的证明和所有细节”。今天我们可以利用简单的代数技巧来弥补费马留下的这个缺憾：

设方程 $x^4+y^4=z^4$ 有一组解。取 $a=y^4$，$b=2x^2z^2$，$c=z^4+x^4$，$d=y^2xz$。利用代数恒等式有

$$\begin{aligned}a^2+b^2&=(z^4-x^4)^2+4x^4z^4\\&=z^8-2x^4z^4+x^8+4x^4z^4\\&=(z^4+x^4)^2\\&=c^2\end{aligned}$$

又
$$\frac{1}{2}ab=\frac{1}{2}y^4\times 2x^2z^2=(y^2xz)^2=d^2$$

于是，$a^2+b^2=c^2$，且$\frac{1}{2}ab=d^2$。但费马已经证明这是不可能的。因此所作的假定“方程 $x^4+y^4=z^4$ 有解”必定是错的。

欧拉在研究费马的工作中，证明了费马许多未加证明的论断，其中包括了费马猜想对于 $n=3$ 的情形(1753 年)。1825 年年仅 20 岁的德国数学家狄利克雷和年过七旬的法国数学家勒让德各自独立地证明了 $n=5$ 的情形；1839 年法国数学家拉梅证明了 $n=7$ 的情形。

显然，欧拉之后的数学家都只研究 n 为奇数的情况。这是由于：如果方程 $x^{nm}+y^{nm}=z^{mn}$ 有正整数解 $(x,y,z)=(a,b,c)$，即 $a^{nm}+b^{nm}=c^{nm}$，那么 (a^m,b^m,c^m) 就是方程 $x^n+y^n=z^n$ 的正整数解。换句话说，如果费马猜想对指数 n 成立，即 $x^n+y^n=z^n$ 无正整数解，那么对 n 的每个正倍数 nm，费马猜想也成立。每个大于 2 的正整数 n 或者有因子 4，或者有奇素因子。由于 $x^4+y^4=z^4$ 已经证明没有正整数解，所以为了完全证明费马猜想，只需要证明 $n(n\geqslant3)$ 为任意奇素数

p 时，$x^p+y^p=z^p$ 没有正整数解。

值得一提的是，欧拉的上述证明中无意使用了下述命题：在由 $a+b\sqrt{-n}$ 形式的数所形成的数系（记为 $\{a+b\sqrt{-n}\}$，a，b 为任意整数）中，有唯一因子分解定理成立，即每一个整数都可唯一地分解为这个数系中数的乘积。这种认识，包括 19 世纪的许多数学家，如柯西，都认为是正确的。后来才知道，对形如 $\{a+b\sqrt{-n}\}$ 的数系，唯一因子分解定理并不总是成立的。例如，在数系 $\{a+b\sqrt{-5}\}$ 中，$6=3\times2=(1+\sqrt{-5})(1-\sqrt{-5})$ 就有两种分解方式。事实上，能保证唯一因子分解定理成立的数系 $\{a+b\sqrt{-n}\}$ 只有 9 种，而欧拉证明中使用的 $\{a+b\sqrt{-3}\}$ 恰在其中。显然欧拉对 $n=3$ 费马猜想的证明，多少是靠了运气才没有铸成错误。

对于较小的 n，数学家们使用代数中因子分解的技巧，证明了费马的猜想。如对 $n=3$ 情况，欧拉使用了因子分解式 $x^3+y^3=(x+y)(x^2-xy+y^2)$。然而随着 n 的增大，被分解的因式中的幂次就越高，单凭技巧来解决费马的猜想，已经使得人们不堪重负。狄利克雷在证明了 $n=5$ 的费马猜想之后，在进行 $n=7$ 的猜想证明中（1832 年）就因技巧要求过高而未能成功。在后来，经过法国数学家拉梅（1795—1870 年）和德国数学家库默尔（1810—1893 年）的相关研究，证明了在 100 以内的所有素数，费马猜想都能成立。

20 世纪以来，数论的发展为费马猜想的证明提供了强大的技术支持。譬如，库默尔凭借手工计算只验证了小于 164 的素数，并找到其中包括的理想数（又称正则素数）。20 世纪人们借助计算机又检验了小于 125 000 的素数的正则性（1976 年），并且发现，对于一个较大的 n，它包括的正则素数约占所有小于 n 的素数的 39%。这就是说，在一大批正则素数上，费马猜想是成立的。又如，1983 年西德 29 岁的数学家法尔廷斯（1954—）证明了费马方程 $x^n+y^n=z^n$ 如果有整数解，那么只有有限个整数解。这一证明使他获得了 1986 年的菲尔茨特别奖。

费马猜想最终是借助于椭圆曲线的理论研究解决的，人们将费马猜想与形如 $y^2=x(x+A)(x+B)$ 的椭圆曲线联系在一起。在关于椭圆曲线的许多悬而未决的重要猜想当中，有一个叫作志村-韦伊-谷山猜想，它是由日本数学家志村（1930—）、谷山和法国数学家韦伊于 1950 年前后共同提出的。1985 年，德国数学家弗赖在一次会议上宣布：他可以构造出一条椭圆曲线（后来称之为弗赖曲线），借助这条曲线证明了费马猜想与志村-韦伊-谷山猜想是等价命题。也就是说，若费马猜想不成立则可推出志村-韦伊-谷山猜想也不成立。反过来说：由志村-韦伊-谷山猜想可以推出费马猜想。

1986 年，英国数学家怀尔斯(1953—)了解到弗赖的这项工作之后，便默默地开始了证明志村-韦伊-谷山猜想的工作。1993 年 6 月 22 日—24 日，怀尔斯在英国剑桥大学牛顿数学研究所作了三个上午的演讲。他宣布证明了志村-韦伊-谷山猜想。也就是说，他完全证明了费马猜想。怀尔斯的文章长达 1 000 余页，由少数几个专家仔细审查。到了下半年，便传说证明中仍有漏洞。迟至 1993 年 12 月 4 日，怀尔斯发出一个电子邮件承认“在审稿过程中发现了一些问题”。1994 年 9 月 19 日，怀尔斯与他的学生泰勒合作找到了克服困难的代数方法，10 月 4 日，他把改进后的 104 页的论文“模曲线和费马最后定理”送交当代最权威的杂志——普林斯顿的《数学年刊》，1995 年 5 月正式发表。至此，费马猜想终于成为定理，它被称为费马大定理或费马最后定理。

图 4.2　怀尔斯

怀尔斯在证明费马定理的过程中，综合地使用了在数论、代数与几何方面近年来取得的重要成果和方法。如此复杂的求解方法，在费马生活的 17 世纪是难以想象的。这是纯数学在 20 世纪取得最辉煌的成就。

著名数学家希尔伯特称，费马猜想是只“会下金蛋的鹅”。显然，数学猜想对数学发展有着重要的推动作用。正如高斯指出的：“若无某种大胆放肆的猜测，一般是不可能有知识的进展。”“自然科学只要思维，它的发展形式就是假设。”费马大定理的证明是引人注目的，它给数学带来无限的生机。与此同时，怀尔斯成功的证明也是令人仰慕的，因为他高超的证明技巧达到了几百年来人们可望而不可及的最高境界。怀尔斯结束了由费马猜想到费马定理的艰难历程，也使由猜想到证明数学创造过程得到了完整的体现。

最后，用现代数学家的话来解读数学猜想与证明的关系。1966 年菲尔茨奖获得者、英国数学家阿蒂亚(1929—)认为：“与其他自然科学的情况一样，数学中的一些发现也要经过几个阶段才能实现，而形式证明只是最后一步。最初阶段在于鉴别出一些重要的事实，将它们排列成具体含义的模式，并由此提炼出看起来很有道理的定律或公式。接着，人们用新的经验事实来检验这种公式。只是到了此时，数学家们才开始考虑证明问题。”①在这场争论中，1958 年菲尔

① 阿蒂亚 M F. 数学与计算机革命. 数学译林，1991：62-67.

茨奖获得者、突变理论的创立者、法国数学家托姆用半开玩笑的语气说:“严格性是一个拉丁名词。我们会想起僵死(Rigormorits),即僵化的尸体。我要把数学分为以下的三类:第一,以婴儿摇篮为标记。这是‘活的数学’允许改变、澄清、完成证明、反对、反驳。第二,以十字架为标记。这是坟墓上的十字架。作者声明它已完全严格,具有不朽的正确性。这类工作将构成‘坟墓数学’。第三,以教堂为标记。这是外部的权威,由高级教士组成,判断哪些工作已成为‘坟墓数学’。”

第三节 数论的应用

高斯曾说:“如果数学是科学的皇后,那么数论则是数学的皇后。”可见他把数论这门学科分支看得如此重要和高贵。但是,不像几何学、微积分、微分方程等学科会给现实与工程技术带来直接的帮助,研究整数的数论属于纯粹思想的产物,它有实际的用处吗?

一、哈代——温伯格定律

现代纯粹数学家、英国数论专家哈代(1877—1947 年)就提出这样的观点:“很多的初等数学,都相当的实用。但是,真正的数学家的‘真正的’数学,像费马、欧拉、高斯、阿贝尔和黎曼的数学几乎统统是‘不实用的’。”但是另一位数学家莫里斯·克莱因则提出相反的论调:“数学的首要价值不在于这门学科本身提供了如此之多的东西,而在于它能够帮助人类实现对物质世界的认识。”

尽管许多人也许认为莫里斯·克莱因的说法有些言过其词了。如果真如其所说,一旦哪天自然科学家突然得到了他们所需要的所有数学知识,那么数学家就会清理办公桌,打包回家。当然,大多数数学家也不会因为哈代坚定的不实用论的信仰而有丝毫的退缩。因为职业数学家有这样一种共识,即数学不仅仅是科学的仆人。因为数学的历史已经揭示出并不断反映出这样一种现象:数学家有时仅仅是出于理论研究的目的,绝对没有考虑过理论的实用性问题。但是在几十年后(甚至是几百年后)人们突然发现,他们的理论出人意料地为物理现实问题提供了解决方案。你可能要问这怎么可能呢?我们还是以这位声称“数论无用论”的怪人哈代为例来说吧!

哈代曾断然宣称:“我的发现没有一项已经或者将要给世界带来丝毫影响,

无论这种影响是直接的还是间接的，有益的抑或是有害的。”①猜猜结果如何？他错了！遗传学学科有一个基本的问题是：人们的某些遗传学病（如色盲），在一个群体中是否会由于一代一代的遗传而患者越来越多？20世纪初有些生物学家认为确会如此。如果是这样，那么势必后代每个人都会成为患者。哈代利用简单的概率计算，指出这种说法是错误的。他证明了，如果一个基数很大的人口群体随机婚配（不包括人口迁移、基因突变和选择性婚配），基因构成将保持恒定，而且不因世代变化而变化。同时，德国的一位医师温伯格也得到了同样的结论。这一研究成果就以哈代和温伯格的名字命名，被称为“哈代—温伯格定律”，这个定律是遗传学家研究人口进化的基础。表面上，哈代研究的是抽象的数论，却出乎意料地被发现解决了现实问题。

在哈代1940年出版的名著《一个数学家的辩白》中声称：“任何人都不可能将数论用于战争。”很明显，他又错了！密码学在现代军事信息传递中绝对不可或缺。因此，即使像哈代这位最有名的实用数学批评者也被“拽入”研究具有实用价值的数学理论。如果他还在世的话，一定会对此高声抱怨！另外，1973年，英国数学家柯克思利用数论在密码学领域内取得了突破性进展，柯克思的研究成果再次证明了哈代言论的过时。

二、华罗庚破译日军密码

哈代指出：“任何人都不可能将数论用于战争。”作为对这种观点的辩解，我国数学家华罗庚（1910—1985年）如何利用数论破解日本军队密码的故事就很能说明问题。据华罗庚的弟子袁传宽在接受《往事》节目专访时回忆称，华罗庚先生早在20世纪40年代，曾经成功地运用数论方法破译了日军密码。在抗日战争时期，华罗庚先生一次出国考察前曾在庐山集训。当时国民党政府的兵工署署长俞大维特地上山，看望华罗庚先生，并请华罗庚先生帮忙破译日军密码。俞大维说：“已经研究了好几个月了，仍然一筹莫展。”华罗庚先生答应“试试看”。俞大维很高兴地要求马上让人把他们近来的工作送来，以供华罗庚先生参考。华罗庚先生说：“不必了，但需要给我几份你们近日截获的密码原文。”②

日军那时使用的密码技术，是把原来的文件，俗称“明文”，用数学方法变换一下，谓之“加密”。加密后的文件俗称“密文”。“密文”传输出去，即使被截获，

① （美）Mario Livio. 数学沉思录：古今数学思想的发展与演变. 黄证，译. 人民邮电出版社，2010.

② 巧妙破译日军密码. 躬身授课优选法. http://real.joy.cn/video/2029323.htm.

别人也如同雾里看花，难解其意。看过截获的日军密文，华罗庚以他那过人的智慧、对数论的精通、对数字的敏感和对密码原理的洞察力，极快地就发现了日军密码的秘密：从明文变换到密文的加密过程，日军使用的原来是数论中的“缪比乌斯函数”。就这样，华罗庚仅仅一夜之间就把日军的密码破解了。

华罗庚是研究数论的，他的杰出贡献是世界公认的。但是华罗庚先生后来在“文革”期间，却身处逆境。在极左思潮纵容之下，数论这种纯粹理论学科被扣上“理论脱离实际”的帽子，从事纯粹理论研究的人，就有“对抗革命”之嫌。因此“文革”中，就有人借批判数论攻击华罗庚先生。虽无力拨乱反正，但华罗庚先生仍然谆谆教导学生数论如何重要，让学生不要随波逐流，迷失方向。华罗庚先生对否定数论十分不以为然，私下对他的学生袁传宽说：“数论虽然是很抽象的理论，可它非常有用。能不能把它派上用场，那要看自家的道行。自家没有本事，反怪罪‘数论’，滑稽！”后来他又说：“我就是用上了数论中的‘缪比乌斯函数’破解日军密码的！”等他神采飞扬地讲完这个故事后，再次叮嘱学生：“数论有大用！”让我们记住华罗庚先生的忠告吧！

第五章 数系

第一节　数系的扩充

数，是数学中的基本概念，也是人类文明的重要组成部分。一个时代人们对于数的认识与应用，反映了当时数学发展的水平。从古代算术到初等代数，再到高等代数与抽象代数的发展过程，数的概念也得到了进一步的发展。在算术中讨论的整数和分数的概念进一步扩充到有理数、实数、复数的范围。数的概念的不断扩充，不仅是代数的一项重要内容，而且数的概念的每一次扩充都标志着数学的巨大飞跃。

数系的扩充可以从两方面来看：第一，从社会生活来看，数的概念的不断发展主要是为了满足生活和生产实践的需要；第二，从数学内部来看，数集是在按某种“规则”不断扩充的。从根本上来说，数的产生是由于社会生产发展的需要而推动的，但是这些推动是通过数学自身矛盾的发展而实现的。可以说，社会需求是外部动力，数学的内部矛盾是杠杆，两者缺一不可。下面就从这两个方面来看看数学的扩充。

一、数系的自然扩充

1. 自然数

自然数是“数”出来的。自然数是人类历史上最早出现的数，其历史最早可以追溯到5万年前。自然数在计数和测量中有着广泛的应用，如物品的个数、时间（如年月日）的计数、长度的测量等等；人们还常常用自然数来给事物标号或排序，如城市的公共汽车路线、门牌号码、邮政编码等。

2. 负数

负数是“欠”出来的。负数概念的产生有着深刻的社会背景，与早期的经济活动有关,它是由于借贷关系中量的不同意义而产生的。早在秦汉时期的汉简中,可以发现很多有关“少”与“负算”的记账方式。“算”是汉代赋税的单位名称,在统计边疆戍卒家属的口粮时,计算结果出现不足便记作“少若干”或“负若干算”。“负”是缺少、亏欠的意思,与“得”相反,它们为正负数概念的形成作了准备。

我国数学家刘徽首先给出了负数的定义、记法和加减运算法则。在《九章算术》中,为了解决“遍乘直减”过程中的不足减的矛盾,于是引入负数概念,以使“遍乘直减”的机械程序可以顺利地进行下去。刘徽注释道:“今两算得失相反,要令正负以名之。正算赤,负算黑,否则以邪正为异。”意思是说,正算与负算是相反意义的量。运算时,“加正等于减负,减正等于加负”,分别用红筹和黑筹,或者用正筹和邪筹来表示正负数。

3. 分数

分数是“分”出来的。分数的产生与人类早期社会的分配以及交易活动有关。原始社会的分配情况与分数使用情况,在各民族的早期文献中均可以见到有关分数的文字记录。如在我国的甲骨文和金文资料中,可以找到“分”“半”等与分数有关的文字。在《九章算术》里,还给出了分数的定义:实如法而一,不满法者,以法命之。同时还给出了分数的运算法则,如“合分术”“课分术”“齐同术”“约分术”“减分术”“乘分术”“经分术”“通分术”“通其率术”等。在中国传统数学中,首先规定了 10 进、10 000 进的大数与小数名称。中国古代的数就是通过这些大数和小数来表示的,虽然没有引用小数点,但是如果规定某一单位为整数第一位。则它们的表示效果与今天的小数表示法是一样的。

4. 无理数

无理数是“推”出来的。“无理数”的发现是数学发展史上的一个重要的里程碑。

在古希腊文明中,最为突出的特征是其具有高度的理性化与抽象化,毕达哥拉斯学派是其中的典型代表。毕达哥拉斯学派在数学上最大的贡献是发现并证明了毕达哥拉斯定理,但正是应用了这个定理,他们发现了无理数。毕达哥拉斯学派信仰“万物皆数”,不过他们所称的数是自然数。他们将这种数的理论应用于几何,并且认为,对于任何两条线段,总可找到一条同时量尽它们的单位线段,并称此两线段为可公度的。这种可公度性等价于“任何两条线段之比为有理数”。他们在几何推理中总是使用这条可公度性假定。在公元前 4 世纪,毕达哥拉斯学派的信徒希帕索斯发现存在某些线段之间是不可公度的，例如，正方形的边长与其对角线之间就是不可公度的。根据毕达哥拉斯定理，很容易证明它们之比并非是自然数之比。据说，由于希帕索斯的这一发现，触犯了毕达哥拉斯学派的信条而被视为异端，为此他被其同伴抛进大海。

尽管希帕索斯的不可公度观念未被希腊人所接受，但由此而引发了数学史上的第一次数学危机，它对古希腊的数学观点有着极大的冲击，整数的尊崇地位受到挑战。于是几何开始在古希腊数学中占有特殊地位，同时，人们开始不得不怀疑直觉和经验的可靠性，从此古希腊几何开始走向公理化的演绎形式。

5. 虚数

虚数是"算"出来的。从古代起，人们便能够解二次甚至某些高次方程，然而一个最其貌不扬的二次方程 $x^2+1=0$ 却使得数学家狼狈不堪。难道存在平方为-1的数吗？经过长期的犹豫、徘徊，1637 年，法国数学家笛卡尔把这样的数叫作"虚数"（"想象中(Imaginary)的数"）。1777 年，瑞士数学家欧拉在其论文中作出了大胆选择：首次用符号"i"表示为虚数单位，并从而建立了一个复数系。

二、数系扩充的内部规则

从数学内部来看，随着数系的扩张，数域在不断扩大：自然数集→整数集→有理数集→实数集→复数集。而数域的每一次扩张，都遵循某种"规则"，数系是在按某种"规则"不断扩充的。

(1) 自然数中作减法运算产生负数⇒整数系统。

(2) 整数中作除法运算产生分数⇒有理数系统。

(2) 自然数中作开方运算产生无理数⇒实数系统。

(4) 负数中作开方运算产生虚数⇒复数系统。

从上面可以发现，数系的每一次扩充，基本都是运算的需要。这其中，逆运算在数系的扩充中扮演着极为重要的角色；逆运算的运算法则来源于正运算，因此比正运算困难，以致可能出现无法进行的现象，从而必须引进新知识，使数系得以扩展。这是一种数系扩展的方式，称为"添加元素法"，就是把新元素添加到已经建立的数系中，形成新的数系。中小学课本上学习的数的概念的扩展走的就是这条路。

第二个数系扩充的方法是公理法（或构造法），是按照代数结构的观点和比较严格的公理系统，先从理论上构造一个集合，然后指出这个集合的某个真子集与已知数系同构，达到数系扩展的目的。

一般地，数系 B 是数系 A 的扩张，指的是它们应该满足下面四条原则：

(1) A 是 B 的真子集，即 $A \subset B$。

(2) A 的元素间所定义的一些运算或基本关系，在 B 中被重新定义，而且对 A 的元素来说，重新定义的运算和关系与 A 中原来的意义完全一致。

(3) 在 A 中不封闭的某种运算，在 B 中是封闭的。

(4) 在同构的意义下，B 应当是 A 的满足上面三条原则最小扩张，而且由 A 唯一确定。这句话的意思是说，B 的元素是以 A 的元素为材料来构造的。

第二节　复数理论与超复数

如前所述，在人类关于数系的认识过程中，形成了自然数系、整数、有理数、实数以及复数的五大数系。到了 19 世纪，五大数系的严格理论逐渐形成，实数理论的严密化的研究取得了重大突破，复数的逻辑结构、性质及意义也得到了深入的研究。此外，对数的理论研究还导致众多数类的发现，如各种超复数、向量、矩阵等，开辟了一系列新的数学领域。

一、复数的逻辑结构

虚数是负数开平方的产物，它是在代数方程求解过程中逐步为人们所发现的。公元 3 世纪的丢番图在求解特殊的二次方程时，只接受正有理根而忽略所有其他根，甚至当二次方程有两个正根时，他也只给出较大的一个。当一个方程在求解过程中明显看出要有两个负根或虚根时，他就放弃这个方程，并称它是不可解的。原因是在他那个时代，是不承认负数的，当然负数的平方根更不会被承认。12 世纪印度的婆什伽罗也遇到了负数平方根问题，对此他仅指出："负数没有平方根，因为负数不可能是平方数，"而没有深入研究。

当欧洲还没弄清无理数、负数时，又晕头晕脑地陷入虚数的"太虚幻境"之中。最早遇到虚数的人也正是曾把负数说成是荒谬的数的法国数学家丘凯。第一次认真讨论这种数的是文艺复兴时期意大利有名的数学家"怪杰"、三次方程解法获得者之一的卡当。在他的名著《大术》(1545 年)中，曾经研究了这样一个问题："把 10 分成两部分，使其乘积为 40。"列出方程是 $x(10-x)=40$，他求得的根是 $5+\sqrt{-15}$ 和 $5-\sqrt{-15}$。这使卡当迷惑不解，他说这要受到良心的责备。

于是，卡当称负数的平方根是“虚构的”“超诡辩的力量”。

与卡当同时期的意大利数学家邦贝利(1526—1572 年)，规定了负数的四则运算，它和现代的表述形势基本一致。在其《代数运算》一书中，发现方程 $x^3 = 7x + 6$ 按卡当求根的公式求根时，有

$$x = \sqrt{3 + \sqrt{9 - \frac{343}{27}}} + \sqrt{3 - \sqrt{9 - \frac{343}{27}}}$$

他指出，在上面方程不可约情况下，方程存在明显的虚根。他承认 $\sqrt{9 - \frac{343}{27}}$ 是确实存在的数。虽然邦贝利承认了虚数的存在，但是对虚数的本质仍然缺乏认识，他认为虚数“无用”而且“玄”。

17 世纪，尽管用公式法解方程时经常产生虚数，但是对它的性质，当时仍没有认识。1632 年笛卡尔在解方程中，给负数的平方根取了一个名字叫“虚数”，把方程的根区分为实根和虚根，他也给出了“复数”的名字。可能是由于虚数缺乏物理意义，牛顿也不承认复数是有意义的。莱布尼茨虽然在形式运算中也使用复数，但他也不理解复数的性质，他说：“那个我们称之为虚的 -1 的平方根，是圣灵在分析奇观中的超凡显示，是介于存在与不存在之间的两栖物，是理想世界的瑞兆。”

进入 18 世纪，由于在微积分运算中经常用到复数，因而推动了复数的研究。欧拉试图去理解复数究竟是什么，在他的《代数的完整的介绍》(1700 年)中说：“因为所有可以想象的数都或者比 0 大，或者比 0 小，或者等于 0，所以，很清楚，负数的平方根不能包括在可能的数(实数)中。然而这种情况使我们得到这样一种数的概念，它们就其本性说来是不可能的数，因而通常叫作虚数或幻想中的数，因为它们只存在于想象之中。”虽然欧拉把复数叫作不可能的数，但却承认它们是有用的。

1772 年法国数学家棣莫弗(1667—1754 年)得到著名的公式：

$$(\cos\varphi \pm \sqrt{-1}\sin\varphi)^n = \cos n\varphi \pm \sqrt{-1}\sin n\varphi\text{（}n\text{ 为正整数）}$$

欧拉又把此定理推广到任意实数 n。并于 1748 年给出著名公式：$e^{ix} = \cos x + i\sin x$。1777 年欧拉用 i 来表示虚数单位 $\sqrt{-1}$。1801 年高斯系统地使用此符号。

17—19 世纪的数学家们也有“眼见为实”的天性，他们不断通过几何的直观来认识复数。首先作出尝试性工作的是英国数学家华莱士。他于 1685 年提出

一种用几何直观表示实数系二次方程复根的方法：画一条数轴，将根的实部在数轴上表示为一点，在此点处做一线段垂直于数轴，其长度等于$\sqrt{-1}$的系数，即表示根的虚部。接着，丹麦自学成才的数学家韦塞尔(1745—1818 年)于 1788 年做了改进，在已有数轴上，做与之垂直的虚轴，并以$\sqrt{-1}$为单位，这样就建立了复平面，对于每个复数$a+bi$，都对应着一个由坐标原点出发的向量。韦塞尔用几何方法的向量运算规定了复数的四则运算，这些定义在现今的教材中也仍保留着。最后，高斯在 1811 年提出$a+bi$可用点(a,b)表示，并于 1831 年阐述了复数的几何加法与乘法。同时他指出，在这个几何表示中人们可以看到复数的直观意义已完全建立起来。复数的几何表示促使人们改变了对虚数的神秘印象，成为直观上可以接受的数学对象。

1799 年、1815 年及 1816 年，高斯在代数基本定理的证明中都用了复数，并假定了直角坐标上的点与复数一一对应。鉴于高斯崇高的数学声望，他对复数的使用巩固了复数在数学领域的地位。到 18 世纪末，以欧拉为首的一批数学家创立了“复变函数论”，使几百年来令人们感到“虚幻”的数大显身手。

用平面上的点和有向线段解释复数，给复数提供了直观的几何表示，但是如果一种理论过于依赖几何直观，那么其基础是不巩固的。建立复数理论的逻辑基础，便成了数学家新的追求。1837 年英国数学家哈密顿指出，复数$a+bi$不是 2+3 意义上的和，复数$a+bi$只不过是实数的有序偶(a, b)，i 在复平面上可表示为$(0,1)$。哈密顿的定义，不再涉及虚数，直接用实数演绎出复数。他还用有序偶给出复数四则运算的定义，设$a+bi$与$c+di$是两个复数，a, b, c, d是实数，则

$$(a, b) \pm (c, a) = (a \pm c, d \pm d)$$

$$(a, b) \cdot (c, d) = (ac - bd, ad + bc)$$

$$\frac{(a, b)}{(c, d)} = \left(\frac{ac+bd}{c^2+d^2}, \frac{bc-ad}{c^2+d^2}\right)(c, d \text{ 不同时为零})。$$

在这种定义下，通常的结合律、交换律及分配律，都能用实数的有序偶推导出来。经过哈密顿的努力，复数理论的逻辑基础终于在实数的基础上牢固地建立起来了。

二、哈密顿与四元数

1. 哈密顿简介

哈密顿(1805—1865 年)，他父亲是都柏林市的一个律师。哈密顿自幼聪

明，被称为神童。他 3 岁能读英语，会算术，5 岁能译拉丁语、希腊语和希伯来语。14 岁时，因在都柏林欢迎波斯大使宴会上用波斯语与大使交谈而出尽风头。哈密顿自幼喜欢算术，计算很快。1818 年遇到美国“计算神童”——Z・科耳本后对数学产生了更深厚的兴趣。到 1820 年，哈密顿已阅读了牛顿的《自然哲学的数学原理》，并对天文学有强烈的爱好，常用望远镜观测天体；还开始读拉普拉斯著作《天体力学》，并于 1822 年指出了此书中的一个错误。1823 年，哈密顿以入学考试第一名的成绩进入著名的三一学院。他在 1823—1824 年间完成了多篇有关几何学和光学的论文，送爱尔兰皇家科学院会议，引起科学界的重视。1827 年，年仅 22 岁的学生哈密顿破例被任命为敦辛克天文台的皇家天文研究员和三一学院的天文学教授。

哈密顿工作勤奋，思想活跃，发表的论文一般都很简洁，别人不易读懂，但手稿却很详细，因而很多成果都由后人整理而得。仅在现存于三一学院图书馆中的哈密顿手稿，就有 250 本笔记及大量学术通信和未发表的论文，爱尔兰国家图书馆还有一部分他的手稿。哈密顿研究工作涉及不少领域，成果最大的是光学、力学和四元数。他研究的光学是几何光学，具有数学性质，力学则是列出动力学方程及求解，因此哈密顿主要是数学家。由于哈密顿的学术成就和声望，1835 年在都柏林召开的不列颠科学进步协会上被选为主席，同年被授予爵士头衔。1836 年，因他在光学上的成就，皇家学会授予他皇家勋章。1837 年，哈密顿被任命为爱尔兰皇家科学院院长，直到 1845 年。1863 年，哈密顿是新成立的美国科学院的 14 个国外院士之一。

与哈密顿的事业形成鲜明反差，他的家庭生活却不幸福。早在 1823 年，他爱上了一位同学的姐姐，但遭到她的拒绝，这使哈密顿终身不能忘情。在恋爱生活中一再碰壁之后，他于 1833 年草率结婚。虽然生育二子一女，终因感情不和长期分居。哈密顿经常不能正规用餐，而是边吃边工作。他去世后，在他的论文手稿中找到不少肉骨头和吃剩的三明治残物。

2. 四元数的发现过程

哈密顿关于复数逻辑结构的研究工作，揭示了数的概念具有维数差别的特征，实数是一维的，复数是二维的。这样就开辟了用公理化方法创造多维数系的研究方向。由于复数与平面上的点一一对应，所以复数可以表示为一有序实数对，因此，有人把复数称为“二元数”。那么，寻求建立新的数系的一个自然途径就是设法建立“三元数系”。这个“三元数系”应当承袭复数系的运算和运算律，复数系可以看作是三元数系的子数系。哈密顿在给出了复数域的定义之后，仍希望利用“域扩张”的方法，寻找新的数域。使复数作为新数域的子集，并且能有类似复数(a, b)那样的运算性质。今天人们把具有这样性质的新数域称为超复数域。高斯等人就研究过这个问题。而哈密顿则捷足先登，在寻求“三元数”的过程中却创造出一类称之为“四元数”的超复数。

为此，哈密顿模仿复数$a+b\mathrm{i}$的写法，把这个可能存在的新数用$a+b\mathrm{i}+c\mathrm{j}$来表示，其中$a, b, c$为实数，这种新数的几何表示是三维空间的一点$(a,b,c)$。然后，他设法在两个新数之间规定一种乘法运算，使之能保留复数域所有的性质。由于任意两个复数(a, b)与(c, d)都有$(a, b)\times(c, d)=(ac-bd, ad+bc)$且满足“模法则”$(a^2+b^2)(c^2+d^2)=(ac-bd)^2+(ad+bc)^2$。要使复数域成为新数域的子集，就必须保证新数域满足“模法则”。在新的数域上，两个新数$(a+b\mathrm{i}+c\mathrm{j})$，$(x+y\mathrm{i}+z\mathrm{j})$相乘得到一个新数，它所对应的（三维空间）向量的长，恰好是原先两数所对应的向量的长的积。这就是哈密顿所称的新数应满足的“模法则”。即对于$(a^2+b^2+c^2)$与$(x^2+y^2+z^2)$，是否可以找到(u, v, w)，使得

$$(a^2+b^2+c^2)(x^2+y^2+z^2)=u^2+v^2+w^2$$

哈密顿的这种设想完全是不可能实现的。此前，18世纪的法国数学家勒让德的名著《数论》一书里就举例说明“模法则”在新的数域中不可能成立。譬如，$3=1+1+1$及$21=16+4+1$都可以表示为三个平方数的和，可是$3\times21=63$却不能表示为三个平方数的和。事实上，凡是形如$8n+7$的整数都不能表示为三个平方数的和。然而哈密顿在不知晓勒让德的这一结论的情况下，开始了自己艰难的尝试。

假设$1, \mathrm{i}, \mathrm{j}$表示三元数的单位向量$(1, 0, 0)$ $(0, 1, 0)$ $(0, 0, 1)$。由于新的数$a+b\mathrm{i}+c\mathrm{j}$构成的集合应包含复数为子集，所以保留复数的性质$\mathrm{ii}=-1$。哈密顿首先假设$\mathrm{i}^2=\mathrm{j}^2=-1$，并设想$\mathrm{ij}=\mathrm{ji}$由此计算出

$$\begin{aligned}&(a+b\mathrm{i}+c\mathrm{j})(x+y\mathrm{i}+z\mathrm{j})\\&=(ax-by-cz)+(ay+bx)\mathrm{i}+(az+cx)\mathrm{j}+(bz+cy)\mathrm{ij}\end{aligned}$$

为了确定ij的具体形式，哈密顿考察ij的平方：

$(\mathrm{ij})^2=(\mathrm{ij})(\mathrm{ij})=\mathrm{i}(\mathrm{ji})\mathrm{j}=\mathrm{i}(\mathrm{ij})\mathrm{j}=\mathrm{i}^2\mathrm{j}^2=(-1)(-1)=1$，所以$\mathrm{ij}=1$或者$\mathrm{ij}=-1$。

但是无论$\mathrm{ij}=1$或$\mathrm{ij}=-1$，都不能使这种新数满足他所要求的“模法则”。因此最初假定$\mathrm{ij}=\mathrm{ji}$是不能得到所需要的结果。于是哈密顿转而考虑最简单的情况：

$$(a+b\mathrm{i}+c\mathrm{j})^2=a^2-b^2-c^2+2ab\mathrm{i}+2ac\mathrm{j}+2bc\mathrm{ij}$$

现在取上式右边向量1,i,j的系数$(a^2-b^2-c^2)$,$2ab$,$2ac$的平方并取和,哈密顿发现:

$$(a^2-b^2-c^2)^2+(2ab)^2+(2ac)^2=(a^2+b^2+c^2)^2$$

这刚好就是“模法则”的形式,于是哈密顿假设$\mathrm{ij}=0$。但是这种规定也有不妥当的地方,因为i,j的模都是1,依据“模法则”ij的模应该是1,因此设$\mathrm{ij}=0$不合理。

哈密顿又重新规定:$\mathrm{ij}=-\mathrm{ji}$,并设$\mathrm{ij}=\mathrm{k}$。使得这种新数自身相乘时的“模法则”成立,同时将问题转变为确定$\boldsymbol{k}$的表达式。为此,对于任意的两个新数的乘积:

$$\begin{aligned}&(a+b\mathrm{i}+c\mathrm{j})(x+y\mathrm{i}+z\mathrm{j})\\&=(ax-by-ca)+(ay+bx)\mathrm{i}+(az+cx)\mathrm{j}+(bz-cy)\mathrm{k}\end{aligned}\tag{5.1}$$

如果设$\mathrm{k}=0$,由左式可得

$$(a^2+b^2+c^2)(x^2+y^2+z^2)\tag{5.2}$$

由右式可得

$$(ax-by-ca)^2+(ay+bx)^2+(az+cx)^2\tag{5.3}$$

进而哈密顿由式(5.2)减式(5.3)得到$(bz-cy)^2$。

这刚好是k系数的平方,如果把k看作同时垂直于1,i,j的向量,即两个属于三维空间的向量乘积,却跑到四维空间来。这令哈密顿觉得莫名其妙。由此哈密顿开始想到自己所求的新数应该是“四元数”,于是他就对$a+b\mathrm{j}+c\mathrm{j}+d\mathrm{k}$进行研究。他仍然假定$\mathrm{ij}=-\mathrm{ji}=\mathrm{k}$,结果导致了更复杂的问题,那就是要规定ik,ki,jk,kj究竟是什么。

1843年10月16日是爱尔兰皇家科学院集会的日子,而且哈密顿必须主持会议,他沿着“皇家运河”走向开会地点时,仍然在想他的“四元数问题”的关键:寻找i,j,k这三数之间乘积的关系式。突然间在他脑海中出现了一个这样的公式$\mathrm{i}^2=\mathrm{j}^2=\mathrm{k}^2=\mathrm{ijk}=-1$。他马上掏出记事簿把这个公式写下来,如图5.1记载。

哈密顿进而设想i,j,k之间乘积的结果可能是:$\mathrm{ij}=\mathrm{k}$,$\mathrm{jk}=\mathrm{i}$,$\mathrm{ki}=\mathrm{j}$,$\mathrm{ji}=-\mathrm{k}$,$\mathrm{kj}=-\mathrm{i}$,$\mathrm{ik}=-\mathrm{j}$,如图5.2所示。

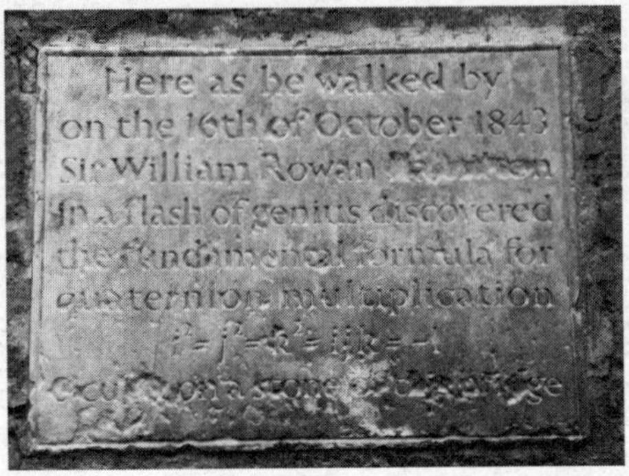

图 5.1 皇家运河布鲁穆桥石板上的哈密顿方程

×	1	i	j	k
1	1	i	j	k
i	i	-1	k	−j
j	j	k	-1	*i*
k	k	j	-*i*	-1

图 5.2 四元数的乘法法则

晚上回家后，哈密顿做了进一步的验算。由于

$$
\begin{aligned}
&(a+b\mathrm{i}+c\mathrm{j}+d\mathrm{k})(\alpha+\beta\mathrm{i}+\gamma\mathrm{j}+\delta\mathrm{k}) \\
&=(a\alpha-b\beta-c\gamma-d\delta)+(a\beta+b\alpha+c\delta-d\gamma)\mathrm{i}+ \\
&(a\gamma-b\delta+x\alpha+d\beta)\mathrm{j}+(a\delta+b\gamma-c\beta+d\alpha)\mathrm{k}
\end{aligned}
$$

他发现右式的 1，i，j，k 前的系数的平方之和，恰好等于 $(a^2+b^2+c^2+d^2)(\alpha^2+\beta^2+\gamma^2+\delta^2)$，即采用这种方式定义乘法，可以使四元数满足“模法则”。

哈密顿经历了 15 年锲而不舍的努力，终于使一个新的超复数域诞生了。这种四元数也像实数和复数那样可以施行加、减、乘、除的运算，但是却不能满足乘法交换律。正如已经看到的，$\mathrm{ij}\neq\mathrm{ji}$。由于这样的性质，四元数的应用受到了很大的限制。

哈密尔顿当年寻找四元数的动机本来是更简洁地描述力学和电磁学。但是后来的发展表明，19 世纪中叶流行起来的矢量分析更适合描述物理学。因而对四元数的研究渐渐地只局限于纯数学的部分领域，成为非主流。然而，四元数的创生拓展了人们对“数”的认识，开启了对非交换的乘法结构的系统研究。正是由于四元数的发展及对其(看来似乎是劳而无功的)深入的研究，导致了线性代数和线性结合代数这两个重要的数学分支的创立和发展。发展至今，四元数成为连接诸多数学研究子领域的桥梁。

三、超复数

在哈密顿完成四元数的研究之后，他的好友格拉夫斯和著名的数学家凯莱(1821—1895 年)分别发现了“八元数”，这是一种包含四元数的新数。八元数可以实施加、减、乘、除运算，并满足“模法则”，但“八元数”乘法的性质更差，它既不满足乘法交换律，也不能满足乘法结合律，即 $(XY)Z \neq X(YZ)$。然而，毕竟这样的运算存在于八维空间之中。

四元数的诞生，使数系的构造方法脱离了由实际计算产生新数的模式。由于 $n=1, 2, 3$ 时，对应的复数、四元数、八元数已经被发现。按着四元数创立的方法，人们进一步设想构造“2^n 元数”。并且从理论上弄清这种创造的可能性及其限度的问题就迫切需要给出解答。

(1) 维尔斯特拉斯于 1861 年证明：能保持普通代数所有基本性质不变，而比复数域更大的数系是不具备这些基本性质的。

(2) 弗罗宾纽斯于 1878 年证明：能满足除乘法交换律之外的一切代数基本性质的超复数域，只有四元数一种。

(3) 1958 年，三位著名的拓扑学家波德(R. Bott)、米诺(J. Milnor)、科威尔(Kervaire)运用代数拓扑方法最终证明了：能施行加、减、乘、除的数系只有四种，他们分别是一维的实数域、二维的复数域、四维的四元数域及八维的八元数域。

上述的这些研究结果表明，用扩域方法来构造数域，是不可能无限制地进行下去的。

第三节　无穷集合的比较

按照恩格斯所说，数是数学的两大基本柱石之一，整个数学都是由此提炼、演变与发展起来的。而由不同类型的数组成的集合自然成了现代数学研究的理论基础。那么，各类数集之间是否能够像数一样比较大小？各类数集之间是否有一些彼此独立或相同的性质？这些都是我们关心的问题。

一、自然数集

发现自由落体运动规律的数学物理学家伽利略，提出过这样的数学问题：是全体自然数多，还是全体自然数的完全平方数多？一方面，完全平方数 1，4，9，16，25，…仅仅是自然数的一部分。从 1 到 10 000 的自然数里，它们仅仅占 1/100。从 1 到 1 亿这些自然数里，它们仅仅占 1/10 000。似乎应当说完全平方数少。但是，另一方面，有一个自然数，平方后便得到一个完全平方数。一对一，应当说一样多！这个问题使数学家困惑了 200 多年！

另一个有类似发现的是德国数学家波尔查诺(1781—1848年),他是一个布拉格的牧师,1850年出版的《无穷的悖论》中,波尔查诺指出:像伽利略发现的那样的悖论不仅在自然数中存在,而且在实数中也存在。例如,一条单位长度的线段上的实数个数与长度是它两倍的线段上的实数个数相同。但是遗憾的是,他的这一想法很久以后才被人们发现。战胜无穷之悖论的这一重任落在了伟大的德国数学家康托身上,他不仅理清了无穷之悖论产生的根源,并最终建立了集合论基础,为现代数学的发展奠定了坚实的基础。

康托(1845—1918年)出生于俄国圣彼德堡,祖籍是丹麦,12岁随家人移居德国法兰克福。1867年在柏林大学获博士学位,曾从师于维尔斯特拉斯、克罗内克。康托早期研究的领域是数论和经典分析学。对集合论的研究源于他对三角级数的研究。由于这类研究涉及无穷多个元素的集合,而传统的观点反对把无穷集合看作一个实体,数学之王高斯就持这种观点。因而康托的研究是具有开拓性的,他背离了数学传统中对无穷概念的理解。

康托关于无穷的深奥理论,引起了激烈的争论和反对派不绝于耳的谴责。再加之康托偏执的神学说教,也使世人深感困惑。除去反对派不说,他与某些有影响的数学家的关系也相当紧张。在他与对手相互的攻讦中,康托毫无克制,既攻击了敌人,也得罪了朋友。1869年,康托开始在哈雷大学任教,10年后升为教授,直到去世。哈雷是个小地方,薪金微薄,这使得拥有5个子女的康托的生活十分拮据。他希望到薪金较高、声望更大的数学中心柏林大学任教,但受到当时柏林大学的领袖人物、其老师克罗内克的百般阻拦。

克罗内克是当时德国数学界的"无冕之王"。他丰硕的数学研究成果,使他在德国有着很高的威望。克罗内克的数学观念是"构造性证明",排斥一切非构造性存在定理。他反对同代人维尔斯特拉斯的数学风格,甚至不承认π的存在;反对使用实无限,因而是康托集合论的最大反对者。失意和对无穷领域这个高度形式化领域的艰苦跋涉,导致康托患上双重狂郁性精神病:他无论受到人身攻击,还是遇到数学困难,都会造成他的精神崩溃。他第一次发病于1884年,当时他正在证明"连续统假设"。此后来自家庭和事业的双重压力使他旧病复发,1902年再次入院治疗。1904年,他在两个女儿的陪伴下出席了第三次国际数学家大会,在会上受到强烈刺激,被立即送往医院。1918年1月6日,康托因精神病发作,不幸逝世。

康托从1874年开始研究无穷集元素多少的比较问题。他从最基本的概念入手:要问是不是一样多,首先要弄清什么叫作一样多?对于两个有限数集来说,比较大小的基本思想是一一对应,这个结论是显然的。但是对于无限集合,就像伽利略的困惑一样无法确定。但是在 1874 年，康托给了这个难题一个出人意料的简单的回答，即一一对应的思想同样适用于比较无穷集的元素多少问题。

康托认为，自然数与其完全平方数是一样多的，因为它们能够建立起一一对应的关系。

1	2	3	4	5	6	7	8…
↕	↕	↕	↕	↕	↕	↕	↕
1^2	2^2	3^2	4^2	5^2	6^2	7^2	8^2…

此外，康托还发现，自然数还和正偶数也是一样多。于是康托就把像自然数这样可以排成一列或者可以一个一个数下去的无限集叫作可数集。因此，自然数集、偶数集、平方数集都是可数集，并且数目一样多。

二、有理数集是可数的还是不可数的

利用一一对应方法，康托进一步证明了有理数集也是可数集。他的方法是这样的：首先，将正有理数按照一定的规律全部排列出来。然后，将之与自然数集一一对应起来(采用对角线的对应方法)，如图 5.3 所示。

1	2	3	4	5	6	7	…
$\frac{1}{2}$	$\frac{2}{2}$	$\frac{3}{2}$	$\frac{4}{2}$	$\frac{5}{2}$	$\frac{6}{2}$	$\frac{7}{2}$	…
$\frac{1}{3}$	$\frac{2}{3}$	$\frac{3}{3}$	$\frac{4}{3}$	$\frac{5}{3}$	$\frac{6}{3}$	$\frac{7}{3}$	…
$\frac{1}{4}$	$\frac{2}{4}$	$\frac{3}{4}$	$\frac{4}{4}$	$\frac{5}{4}$	$\frac{6}{4}$	$\frac{7}{4}$	…
$\frac{1}{5}$	$\frac{2}{5}$	$\frac{3}{5}$	$\frac{4}{5}$	$\frac{5}{5}$	$\frac{6}{5}$	$\frac{7}{5}$	…
$\frac{1}{6}$	$\frac{2}{6}$	$\frac{3}{6}$	$\frac{4}{6}$	$\frac{5}{6}$	$\frac{6}{6}$	$\frac{7}{6}$	…

……

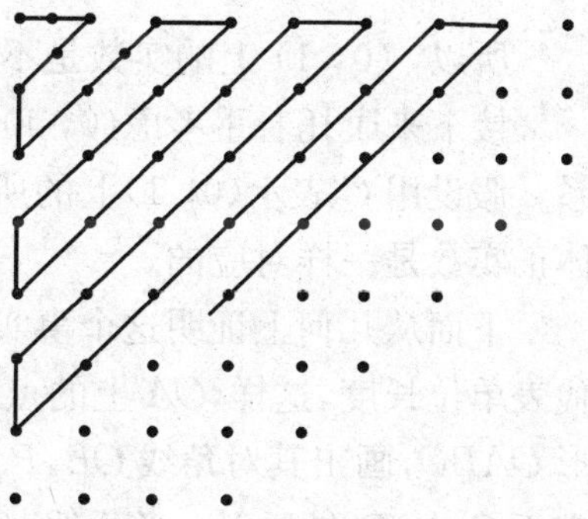

图 5.3　有理数的对角线对应法则

这样就证明了正有理数是可数集，同样负有理数也是可数的。即有理数与自然数也是一样多。

既然有理数是可数的，那么一个自然的问题就是无理数是否是可数的？康托给出了这个问题的一般答案，他回答了实数是否可数的问题，自然地，无理数是否可数的答案也就水落石出了。

三、实数集是不可数的

1874 年康托就提出，没有任何实数区间能与自然数构成一一对应，并在 1891 年对此给出了非常简单的证明。即便非常“简单”，技巧也很高。他先证明了(0,1)的实数是不可数的。为此将(0,1)上的实数用小数表示，若它们是可数的，则先把(0,1)内的数进行编号：

$$r_1 = 0 \cdot a_{11}a_{12}a_{13}a_{14}a_{15}\cdots a_{1n}\cdots$$
$$r_2 = 0 \cdot a_{21}a_{22}a_{23}a_{24}a_{25}\cdots a_{2n}\cdots$$
$$r_3 = 0 \cdot a_{31}a_{32}a_{33}a_{34}a_{35}\cdots a_{3n}\cdots$$
……
$$r_n = 0 \cdot a_{n1}a_{n2}a_{n3}a_{n4}a_{n5}\cdots a_{nn}\cdots$$
……

再选实数 $r = 0 \cdot a_1a_2a_3\cdots a_n\cdots \in (0, 1)$

其中 $a_j \neq a_{jj}$，$\forall j = 1, 2, 3, \cdots, n, \cdots$

因此 $r \neq r_j$，$\forall j = 1, 2, 3, \cdots, n, \cdots$

所以，(0, 1) 上的实数是不可数的。

接下来康托着手考虑(0, 1)上的实数是否能够和全体实数构成一一对应关系。假设用 C 表示(0, 1)上的所有实数的数目，他首先证明了：这个集合与全体正实数是一样对应的。

下面从几何上证明这个事实：直线 L 上点 O 右边的点代表所有正实数，OA 代表单位长度，这样，OA 上的点就与(0, 1)之间的实数一一对应。画一个长方形 $OABC$，画出其对角线 OB，P 是 O 右边的任一点。画出 CP 使得它与 OB 相交于 Q，从 Q 向 L 引一条垂线，这样得到 P'。按照这样的构图方式，就决定了一种对应关系。如图 5.4 所示。

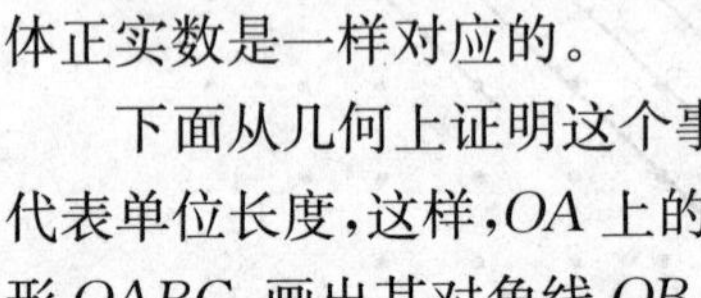

图 5.4 单位线段上的点与半直线上的点一一对应

L 上点 O 右边的任一点 P，对应且只对应于 OA 上的一点 P'。反之，如果在 OA 上确定一点 P'，然后再画出一条在 P' 与 OA 垂直的垂线，则这条垂线将与 OB 交于 Q 点。然后画出直线 CQ，这样 CQ 将与 L 相交于 P，因此，就有点 P 对应于 P'。由于 OA 上的点与直线 L 上右边的所有点一一对应，这样 OA 上的点的数目就与右半轴直线上的点的数目完全一样。即正实数集合与(0, 1)之间的实数一一对应，因此，正实数的所有数目也是 C。

接着，康托又证明了：集合 C 与全体实数也是一一对应的。如图 5.5 所示，我们把从 0 到 1 而不包括端点的线段，在 1/3 和 2/3 处折弯，再从一点投影，这样就得到了(0, 1)之间的实数与所有实数都能一一对应。因此，所有实数的数目也是 C。

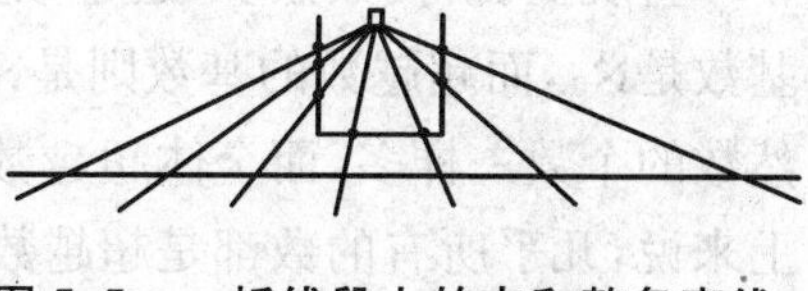

图 5.5 一折线段上的点和整条直线上的点一一对应

一个单位长度线段上点的数目与整条直线上的点的数目是相等的。实际上，无论 OA 是任何其他有限长度，得出的结论都是相同的。康托的理论明确告诉我们：任意两条线段，无论它们的长度如何，都具有相同数量的点。更加令人惊奇的是，康托发现这个结果与维数无关。单位线段与单位正方形或单位立方体等都具有相同数目的点。实质上，单位线段与整个三维空间具有相同数目的点。在 1877 年康托写给戴德金的一封信中，他说："我发现了这一结果，但我不能相信它。"不幸的是，当时很多人也对此持有疑问，他的老师就是其中之一。

利用实数集的不可数性，不难证明无理数集合也是不可数的。事实上，实数集是由有理数集与无理数集的并集构成的。如果无理数集是可数的，那么由于有理数集也是可数的，实数集必然是可数的。这显然矛盾。

四、无限集合的基数

我们知道：自然数集、整数集、奇数集、偶数集、平方数集、有理数集、实数集等都是无限集——它们的元素都有无穷多个。但是它们也有区别，比如，有理数集等都是可数集，而实数集是不可数集。因此，从对等的角度来看，实数比有理数更多一些。

我们把描述一个集合元素个数多少的量叫作这个集合的基数。可数集的特征是：其元素可以排成一列或者可以一个一个数下去。其基数记为$\aleph_0$(读作：阿列夫零)。因此，自然数数集、偶数数集、平方数集、有理数集等的基数都是$\aleph_0$。由于实数集是不可数的，其基数记为$\aleph_1$。因此，无理数集、任何长度的线段的点的集合都是$\aleph_1$。由于$\aleph_1$是不可数的，$\aleph_0$是可数的，根据一一对应的思想，$\aleph_1 > \aleph_0$。

那么,是否还存在其他的可数集和不可数集呢？实际上,在数学中经常还会遇到这样两个概念：代数数与超越数。代数数是能够成为整系数代数多项式(代数方程)的根的数,它包括像$\sqrt{2}$这样的数,但不包括π;而超越数则是指不是代数的数,如π，e等。数学家刘维尔早在1851年就证明了超越数的存在。随后数学家赫米特在1873年证明了e的超越性,而林德曼则于1882年证明了π的超越性。因此也对能否用尺规化圆为方的这个古希腊时代的作图问题给出了否定的答案。

直观上看,代数数多,超越数少,且不易被人理解。但康托证明了代数数的基数是$\aleph_0$,而超越数的基数则是$\aleph_1$。这告诉我们：全体代数数的个数与所有自然数的个数一样多,而全体超越数的个数与全体实数个数一样多。从某种意义上来说,几乎所有的数都是超越数。这给人能带来多大的震撼呀!

五、连续统假设

我们知道,$\aleph_0<\aleph_1$,自然会问,有没有介于$\aleph_0$与$\aleph_1$之间的其他基数?

1878年,集合论的奠基人康托提出了著名的Cantor猜想：没有介于$\aleph_0$与$\aleph_1$之间的其他基数。

1900年,著名数学家希尔伯特在巴黎举行的第二届世界数学家大会上所做的重要演讲中提出了23个著名数学问题,其中第一个就是上述Cantor关于连续统基数的猜想,被称为“连续统假设”。

1938年,奥地利数学家哥德尔(1906—1978年)证明了：连续统假设决不会引出矛盾！即连续统假设与现有的集合论公理是相容的。

1963年,美国斯坦福大学的数学教授科恩(1934—)证明了：连续统假设是独立的！即否定连续统假设,也不会导致矛盾。连续统假设不可能被证明。

100年的历史,可以简单地写成：

(1) 康托问：有没有介于$\aleph_0$与$\aleph_1$之间的其他基数?

(2) 哥德尔与科恩的回答：有也行,没有也行。

(3) 无怪乎数学家外尔对此评论道：“上帝是存在的,因为数学无疑是相容的;同样魔鬼也是存在的,因为我们不能证明这个结果。”①连续统假设至今悬而未决。

---

① (美)克莱因 M.数学：确定性的丧失.李宏魁,译.湖南科学技术出版社,2007：342.

无穷的理论是19世纪最伟大的数学创造之一，而创始人康托就在这个数学中最抽象的领域里作出了卓越的贡献。它是人类纯粹理性高度发展的标志，也是人类理性精神不断战胜自我、超越自我的又一伟大胜利。虽然其中所包含的内容几乎对大多数人来说是稀奇古怪的，但它是合乎逻辑的、有用的。康托的工作曾经遭受了巨大的非议，特别是他的老师克罗内克的尖刻的批判，致使他一辈子都没有机会到柏林大学任教。就连当时最著名的数学家庞加莱也说："后人将把康托的集合论当作一种疾病，而人们已经从中恢复过来了。"在经历了几次这样的攻击之后，甚至康托本人也开始怀疑起自己的工作来了，他因此变得十分沮丧，最后导致了精神分裂症。

但是，康托的工作还是最终得到了承认。数学家、数学哲学家罗素认为"康托的工作可能是这个时代所能夸耀的最巨大的工作"。数学家希尔伯特也说："没有人能把我们从康托为我们创造的乐园中赶走，这是数学思想的最惊人的产物，在纯粹理性的范畴中人类活动的最美的表现之一。"①今天，康托的工作已经被完全、广泛地接受了，许多思想深刻的数学家们都十分愿意致力于解决由于康托的工作随之出现的一系列进一步的问题。

① （美）克莱因 M. 数学：确定性的丧失. 李宏魁，译. 湖南科学技术出版社，2007：264.

第六章

初等代数

在第四章中，谈到了古代算术如何发展为初等数论。实际上，在算术的发展过程中，还进行着另外一个发展方向。为了能够应对实践中提出的问题的要求，在古代算术中，就需要讨论各种类型的应用问题，以及对这些问题的解法。当算术里积累了大量的、关于各种数量问题的解法后，这就启发人们去寻求系统性的、更普遍的一般方法，以解决各种数量关系的问题。于是，就产生了以字母表示数，以解方程为中心问题的初等代数。

方程求解是初等代数、乃至高等代数研究的主要问题。在早期的各民族数学中，就已经涉及求解方程的问题，但都是使用自然语言表述求解的过程，缺乏抽象的符号表示。用自然文字语言表示代数的研究对象，难以揭示代数对象之间的关系结构，不利于代数学的发展。因此，代数学与几何学相比，前者迟迟未能成为独立的数学分支，而且发展相当缓慢。迟至公元 3 世纪，代数语言的符号化开始崭露头角，人们使用一种文字缩写的方式来表示代数对象：除去数字的符号化之外，未知量、运算关系的表示方法相继问世。但是到 16 世纪之前，这种缩记符号代数的发展是缓慢的，就连今日最普及的加、减号也没有出现，因此，这一时期的缩记符号只是不完备的代数符号体系。自 16 世纪中期开始，缩记符号代数学迅速朝着符号代数学发展，逐渐形成了初等代数的理论体系，并且在方程求解的研究中创立了抽象代数。

因此，初等代数是古代算术的继续和推广。之后，初等代数学进一步向两个方面发展：一方面是研究未知数更多的一次方程组；另一方面是研究未知数次数更高的高次方程。这时候，代数学已由初等代数向着高等代数的方向发展了。如今，高等代数又发展为以研究关系和结构为主的抽象代数了。

第一节　“代数之父”丢番图

亚历山大文明的后期，古希腊数学家丢番图（公元 250 年左右享有盛名）的著作《算术》是人类最早的代数学巨著，在历史上与欧几里得的《几何原本》齐名。这是由于，在丢番图之前，人们常常是从某一个具体实际问题出发提出一个代数问题，而在丢番图的《算术》中，是从数学中提出一些数学问题。在这样提出的问题中，自然会遇到零根、负根和虚根的情况，人们也不得不进一步思考这类新问题。《算术》共 13 卷，现尚存前 6 卷。这是一本问题集，现存部分包括 130 个问题的解法。在这本著作中，丢番图研究了许多种类型的方程，特别是对不定方程作了广泛而深入的研究。他善于把各类方程化为能解的形式，从全书中可以归纳出 50 余种解题方法。所用方法多得令人目不暇接，显示出丢番图惊人的构思。

这部书的历史功绩，主要是在求解代数问题中采用了未知数以及一整套符号。丢番图将未知量称为“题中的数”，并用记号 d 表示，相当于现在的 x_0，未知量的平方记为 Δ^y，“Δ”是希腊单字“ΔYNAMIE”(Dynami，幂)的第一个字母。未知量的立方记为 K^y，“K”是单词希腊单字“KYBOE”(Cubos，立方)的第一个字母。未知量的四次方，丢番图用 $\Delta^y\Delta$ 来表示，他称之为“平方平方”；五次方用 ΔK^y 表示，称为“平方立方”；六次方用 K^yK 表示，称为“立方立方”，以此类推。他还用一些符号表示分数，例如，他用 S^x 表示 $\frac{1}{x}$，减号很像 V 的倒置，再加上这个角的平行线。在一个表达式中，L^a 表示等号，加法是用并列来表示的，而乘法和除法则通过累加累减去进行。在他的符号系统中，没有加法、乘法和除法的运算记号。所有的负项集中到一起，前面写一个减号。任何未知数之幂的数字系数用相应的希腊字母来表示，写在表示这个幂的符号之后。如果存在常数项，则用 $\mathring{M}$ 来表示，$\mathring{M}$ 是希腊文中“Monads”(意为“单位”)一词的缩写。

丢番图将解一次方程的方法叙述为：如果将方程两边遇到的未知数的幂相同，但是系数不同，那么我们应该由等量减去等量，直到得出含未知数的一项等于某个数为止。如果在方程的一边或两边有减项，那么应该向两边加上这个项，使两边只有加项。然后需要再一次等量减等量，直到得出未知数等于某个数为止。

如同今天的标准解法一样，丢番图是把已知数项移到等式的一边，而把未知数的项移到等式的另一边，再合并同类项，两边除以未知数的系数。所不同的是，丢番图也像整个古代数学家一样，避免除法运算，而用重复的减法代替除法。

丢番图的墓志铭被记录在其后的古希腊诗集中，它是一个妙趣横生的一元一次方程问题：“过路人！这儿埋着丢番图。他的童年占一生的 1/6；过了 1/12 以后他开始长胡须；再过 1/7 以后结了婚；婚后 5 年得子。可惜儿子只活到父亲年龄的一半，丧子 4 年之后老人也渡完了风烛残年。”显然，他活了 84 岁。我们对他的了解仅此而已，其生平别无可考。

丢番图还解决了以下 5 类二次方程问题：

$$ax^2 = bx,\ ax^2 = b,\ ax^2 + bx = c,\ ax^2 + c = bx,\ ax^2 = bx + c$$

并且对每一类的方程都作出了解答。对于其他任意给定的二次方程，丢番图使用各种技巧将它归入上述的某一类方程加以解决。更为重要的是，丢番图《算术》中绝大多数是关于求解不定方程的问题，这使他成为此类研究的创始人，后人则称这类方程是丢番图方程。

丢番图的解题过程完全是通过算术运算来完成，而不是靠几何的直观去说明的。这与早先的古希腊学者有很大的不同。但是在丢番图的《算术》里还没有形成二次或更高次方程的一般解法，他的代数还没有完全脱离开算术的思维方式，注意力放在解题技巧上，而没有寻求一般规律和发现各种方法间的内在联系上。他只是一个一个地解决，而每个方程的解法都有其特殊的思路，找不出有哪些一般性的规律。对此，德国数学家汉克尔评论道：“近代数学家研究了丢番图的 100 个题后，去解第 101 个问题时仍然感到困难。”

以下是《算术》中的一些有代表性的问题和解法（用现代符号表述）：假设一个数的平方数是 16，试将这个平方数分为两个平方数。

丢番图的解答：令一个平方数是 x^2，另一个就是 $16-x^2$。为使 $16-x^2$ 是一个平方数，假定 $16-x^2=(2x-4)^2$，即 $16-x^2=4x^2-16x+16$。最后得 $x=16/5$。

于是 $$16=\frac{256}{25}+\frac{144}{25}=\left(\frac{16}{5}\right)^2+\left(\frac{12}{5}\right)^2$$

上述的丢番图问题涉及求解不定方程 $x^2+y^2=z^2$。这个问题后来被 17 世纪的法国数学家费马加以推广，他提出：当 n 是一个大于 2 的整数时，不定方程 $x^n+y^n=z^n$ 没有正整数解。这就是著名的费马大定理。

第二节 阿拉伯的代数学

一、花拉子米的代数学

第一部阿拉伯算术著作是花拉子米（约 783—850 年）写的。他出生于现今的乌兹别克斯坦的花拉子模，早年在家乡接受初等教育，后到中亚细亚古城默夫深造，到过阿富汗、印度等地讲学，不久成为远近闻名的科学家。阿巴斯哈里发王朝统治下的巴格达是一个伟大的文化中心，在这里建成了称为“智慧之所”的学院，一个能够查询已成书的文献而且能够举行演讲和学术会议的地方。这个学院最鼎盛的时期是第七代阿巴斯王朝哈里发马蒙统治的时期，花拉子米就生活在这个时期，并且是“智慧之所”学术工作的主要领导之一，直到去世。

花拉子米研究的范围十分广泛，涉及数学、天文、历史、地理等诸多领域。来自花拉子米的代数论文《移项与化简的科学》题目中的术语“al-jabr（还原）”是“代数学”（Algebra）名称的由来，“还原”与“化简”是花拉子米提出的解方程的基本变形法则。

在数学方面，他最著名的著作是《代数学》。这部书以其逻辑严密、系统性强、通俗易懂和联系实际等特点成为代数教科书的典范。在这部书中，花拉子米用十分简单的例题讲述了一次和二次方程的一般解法，并用几何方法给出这些方法的证明。花拉子米基本上建立了解方程的方法，并指出了这门科学的方向是解方程，因此，方程的解法作为代数的基本特征，被长期保存下来。其中的配方法，给出了解一元二次方程的公式，并得到了二次方程的两个根。尽管这些方法在花拉子米的著作中是用实际问题的解法被记录下来的，但它们具有求解方程的一般方法的意义。如果把丢番图的《算术》看作是从算术向代数学的过渡，那么花拉子米的著作标志着代数学的诞生。此外，应该指出的是，花拉子米的解题过程完全使用语言叙述，不用字母符号，这与丢番图相比是一种退步。此外，花拉子米的《代数学》所列举的问题过于简单，远远赶不上丢番图的《算术》水平。

在花拉子米的代数著作里，首先系统地研究了六种类型的一次和二次方程及其解法，然后再用例子说明如何把其他方程化为六种标准形式。花拉子米给出的六种类型的方程用现代代数符号表示为：

$$ax^2=bx,\ ax^2=c,\ ax=c,\ ax^2+cx=c,$$
$$ax^2+c=bx,\ bx+c=ax^2$$

其中 a, b, c 都是正数。花拉子米已知道二次方程必有两个根，但是他只给出正根，并且可以是无理根。

对于前三种类型方程，花拉子米是把方程 $ax^2=bx$ 看作线性方程，抛弃了零根，这种处理方法一直延续到 17 世纪。对于后三种类型方程，花拉子米的解法相当于现在的配方法。花拉子米首先叙述了用根号表示方程根的法则，然后给出它的几何证明。

在讲述了六种类型的方程及其几何证明之后，花拉子米讨论了一般形式的方程。他指出，通过“还原”与“化简”两种变换，所有其他形式的一次、二次方程都能化为这六种标准方程。例如，对于问题“把 10 分为两部分，使其平方之和等于 58”，列方程为

$$x^2+(10-x)^2=58$$

$$\text{或}\quad 2x^2-20x+100=58$$

将“$-20x$”移到方程右端，变成“$+20x$”(即“还原”)，得

$$2x^2+100=58+20x$$

再从方程两端同消去 58(即“化简”)，得

$$2x^2+42=20x$$

再除以 2，得标准方程 $x^2+21=10x$。

显然，花拉子米提出的“还原”与“化简”两种变换，就是现代解方程的两种基本变形：移项与合并同类项。事实上，还原和化简在丢番图时代就已经发现。图默在科学传记辞典中说：“花拉子米的科学成就其实很平庸，但是它们的影响力是巨大的。”与古巴比伦的解法相比，花拉子米虽然也是在求解实际问题过程中使用了一元二次方程的求根公式，但他用几何方法得到了一元二次方程求根公式的推导过程，条理清楚，通俗易懂，能起到举一反三的作用，所以一直为后世著作所采用。对此有人说，方程 $x^2+10x=39$ 像一条金项链，贯穿着几百年的代数学。

二、海雅姆解三次方程的几何方法

11 世纪的波斯数学家海雅姆(约 1044—1123 年)的著作《代数学》，比花拉子米的代数著作有明显的进步，他的方法是中世纪数学的最大成就之一，也是古希腊圆锥曲线论的发展。其中详尽地研究了三次方程，并指出了用圆锥曲线解三次方程的方法。

说起解三次方程，最早可追溯到古希腊的倍立方体问题，这在第二章已经谈到过。即求作一个立方体，使其体积等于一直立方体的两倍，转化为代数方程就是 $x^3=2a^3$。古希腊的梅内克缪斯发现可以将这个解方程问题转化为求两条抛物线的交点，或一条双曲线与一条抛物线的交点。而海雅姆的功劳在于，他考虑了三次方程的所有形式，并一一给予解答。

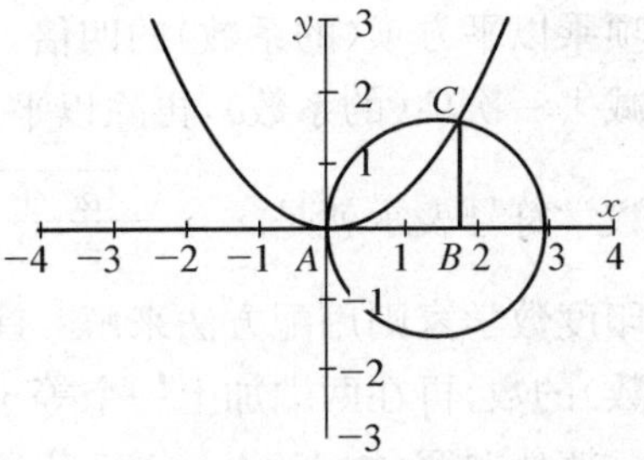

图 6.1 海雅姆解三次方程的几何方法

具体来说，海雅姆把三次方程分为 14 类，其中缺一、二次项的一类，只缺一次项或二次型的各 3 类，不缺项的 7 类，然后通过 2 条圆锥曲线的交点来确定它们的根。如图 6.1 所示，以方程 $x^3+ax=b$ 为例，它可以改写成 $x^3+c^2x=c^2h$，这个方程恰好是抛物线 $x^2=cy$ 和半圆周 $y^2=x(h-x)$ 交点 C 的横坐标 x，因为从后两式中消去 y，就得到了前面的方程。①

海雅姆也用几何作图方法给出了这类方程 $x^3+b^2x+a^3=cx^2$ 的解答，其中 a, b, c, x 被看成是一些线段的长度，x 是待求未知量。这类方程的几何表述形式为："一个立方体、一些边和一些数，等于一些正方形。"用几何作图方法求解可以表述为：给定一个单位线段和三个线段 a,b,c，作线段 x，使得关于 a,b,c,x 的上述关系式成立。单单使用直尺和圆规来求解 x，一般是不可能的，而在作图过程中的某一步，必须允许画某一特定的圆锥曲线。

海雅姆是第一个察觉到三次方程式可能有多个解，但没有意识到可以有 3 个解。他也承认他的研究是不完全的，并且寻求类似于解二次方程式的公式来给出三次方程式以及更高次方程式的一般代数解，却没有成功。但他在《代数学》中预见："对于那些不含常数项、一次项或二次型的方程，或许后人能够给出算数解法。"从接下来后面几节可以看到，三次和四次方程的一般代数解法由之后的意大利数学家给出。而 5 次或 5 次以上方程的一般解法，则在 19 世纪被数学家阿贝尔证明是不存在的。海雅姆的分析几何学是阿拉伯人将代数和几何融合在一起的产物。直到 400 年后，笛卡尔的研究才使分析几何学得到了进一步的发展。

第三节　印度的代数方法

从公元 5 世纪到 12 世纪，印度数学出现了求解二次方程的一般方法，并允许方程的系数为负数。对于二次方程 $ax^2+bx=c$，婆罗摩笈多(约 598—660 年)给出的求根法则是："把常数项放在未知数的平方项和一次项的另一边，将常

① 蔡天新. 数学与人类文明. 商务印书馆，2012：142.

数项乘以平方项(的系数)的四倍,加上一次项(的系数)的平方,所得结果的平方根减去一次项(的系数),再除以平方项(的系数)的二倍,就是一次项的值。"用现代数学符号表示就是 $x=\frac{\sqrt{4ac+b^2}-b}{2a}$。显然这里只给出方程的一个解。另一位印度数学家则用配方法来解:首先将方程两端乘以一个等于四倍平方项(的系数)的数,再在两端加上一个等于未知数的原系数之平方的数,然后开方。

婆什迦罗(约 1114—1185 年)对二次方程讨论更为深入。在他的名著《丽罗瓦提》中列举了各种二次方程的求解,特别是无理数方程的处理。我们看一例:"一群天鹅,其总数的平方根的 $\frac{7}{2}$ 在池畔歇息,其余的两只仍在水中嬉戏,请告诉我这群天鹅的总数。"这个问题用现代方法处理,可以设 x 为天鹅的总数,则有 $x-\frac{7}{2}\sqrt{x}=2$。

婆什迦罗的解法是:"把(平方根)前的系数的一半的平方加到给定的数上,取其和数的平方根,把这个平方根加上或减去系数的一半再平方起来,就是所求之数。"即

$$x=\left(\sqrt{\left(\frac{7}{4}\right)^2+2}+\frac{7}{4}\right)^2=16(\text{只})$$

这个方法显然与同解二次方程紧密联系的。

在印度数学中,有时也能看到一些特殊的高次方程。婆什迦罗在他的著作中曾提到三次方程和双二次方程,他的三次方程是 $x^3+12x=6x^2+35$ 只需改写成 $x^3-6x^2+12x-8=27$ 就很容易求解。他的双二次方程也是特殊类型:$x^4-2x^2-400x=9\,999$,他在方程两边同加上 $4x^2+400x+1$,则得 $(x^2+1)^2=(2x+100)^2$。所以,$x^2+1=2x+100$,即 $x=11$。这里,婆什迦罗舍弃了 $x^2+1=-(2x+100)$,但他给出了 $x-1=-10$,即 $x=-9$,只是在实际问题中不予采纳。

印度数学在求不定方程时使用了辗转相除法。这类问题最初出现在印度天文研究中,为了求得某些星座出现在天空的时间,他们开始了不定方程整数解的研究。与丢番图不同的是,他们不满足于仅仅求出不定方程的一个有理数解和寻得某一具体问题的特殊解法,而是努力找出一般规律。从这一点意义上讲,他们远远地超过了丢番图。此外,印度在求 $x^2+y^2=z^2$ 整数解(即勾股数)的研究中,婆罗摩笈多给出了勾股数的通式。即有理直角三角形的诸边可以写成:$a=2mn$,$b=m^2-n^2$,$c=m^2+n^2$。

印度人也用缩写文字和一些记号来描述运算，对问题和解答都用缩记符号方式书写，比丢番图的缩写代数用得多。所不足的是，印度代数著作中只是写出了运算步骤，却没有说明理由或者给出证明。虽然印度人的这套记号不多，也不完整，但基本上属于符号性代数。

第四节 韦达的符号代数

直到16世纪代数学研究的中心内容依然是探究各种代数方程的解法。随着研究的深入，各种特殊形式的代数方程也随之迅速增长，例如，卡当《大术》一书中方程的种类有66种之多。然而方程的表示方法仍然是半符号化的缩记形式。缺乏抽象符号的代数学，难以发现其本质的属性，因而对每一种方程都需要一种特殊的技巧，这无疑要耗去数学家们的巨大精力。随着大量特殊形式的代数方程不断地增加，而每种方程都得寻找特定的解法。这无疑对当时的数学家们提出了很大的挑战，法国数学家韦达就是试图寻找出一种求解各种类型代数方程的通用方法的数学家其中之一。

韦达(1540—1603年)生于法国东部地区的一个贵族家庭，青年时期攻读法律，毕业后在家乡做律师。宗教战争爆发后，韦达开始从事政治活动，成为一名出色的国务活动家。由于国务活动繁忙，数学就只能是他的业余爱好。但由于他对数学爱得至深，韦达几乎把所有的空闲时间都花费在研究数学上。韦达于1579年写出了《标准数学》(又名《三角学的数学基础》)一书，在书中他把平面三角形和球面三角形的公式收集在一起，整理出已知三个元素的条件下解三角形的完整的方法。此后，韦达利用政治生涯间歇的五年时间献身于数学研究，完成了《分析方法引论》一书。在这本书里他有意识地、系统地使用了字母，使代数学真正成为符号的数学。今天，大家比较熟悉的是以他的名字命名的方程根与系数的关系法则——韦达定理。韦达还曾研究用直尺和圆规作出导致某些二次方程的几何问题的解。较早地将倍立方和三等分角问题转化为解三次方程的问题，并给出两个用三角方法解三次方程的命题。

韦达认真研究了塔塔利亚、卡当、斯蒂文、邦别利和丢番图等人的著作，从而获得了灵感。他认识到：要实现自己的设想，首先要使方程具有一般的形式，而其中关键的一步就是用字母来表示数和未知量。因此在他的名著《分析方法引论》一书中，第一次有意识地、系统地使用了字母。

在这部著作中，韦达不仅用字母表示未知量和未知量的乘幂，而且还用来表示方程的系数。通常他用辅音字母来表示已知量，用元音字母表示未知量。现今用字母表的后面字母表示未知数，用前面字母表示已知量的做法，是笛卡尔于1637年引进的。韦达还用拉丁语表示各次方幂。例如，现在的 a, a^2, a^3，韦达记作 a, a quadratum, a cubum，有时还缩写减化为 a, aq, ac。韦达使用了"+"和"−"分别表示加法与减法，但没有使用固定符号来表示乘号和等号，仍然用文字来说明。如恒等式 $a^3+3a^2b+3ab^2+b^3=(a+b)^3$，韦达的写法是

$$a \text{ cubum} + b \text{ in } a \text{ quadr. } 3 + a \text{ in } b \text{ quadr. } 3 + b \text{ cubo equalia } \overline{a+b} \text{ cubum.}$$

韦达把他的符号化的代数称为"类的算术"，以区别于"数的算术"，并明确指出：类的算术是施行于事物的类或形式的运算，而数的算术仅仅与具体的数字有关。韦达的这些论述，第一次将代数与算术区分开来，使类的算术（即代数）成为研究一般类型的数学形式和方程的学问。在引入字母符号之后，韦达就发现了三、四方程一般解的方法。

韦达发现塔塔利亚、卡当求解三、四次方程方法都是一些缺省项的方程。于是他采用置换法消去方程中仅次于最高次的项，从而找到任何三次或四次方程一般求解的方法。例如，对于三次方程

$$x^3+bx^2+cx+d=0$$

韦达先设 $x=y-\frac{b}{3}$。置换结果得约简三次方程

$$y^3+py+q=0$$

进而它再作一次变换，令 $y=z-\frac{p}{3z}$，得 $z^3-\frac{p^3}{27z^3}+q=0$。

然后他解出这个关于 z^3 的二次方程，得

$$z^3=-\frac{q}{2}\pm\sqrt{R}\text{，其中 }R=\left(\frac{p}{3}\right)^3+\left(\frac{q}{2}\right)^2$$

韦达改进了费拉里解四次方程的方法。对一般的四次方程

$$x^4+bx^3+cx^2+dx+e=0$$

设 $x=y-\frac{b}{4}$，带入得

$$x^4=-r-px^2-qx$$

两边加 $x^2y^2+\frac{1}{4}y^4$ 得

$$\left(x^2+\frac{1}{2}y^2\right)^2=x^2(y^2-p)-qx+\left(\frac{1}{4}y^4-r\right)$$

当 $q^2=y^6-py^4-4ry^2+4pr$ 是 y^2 的三次式时，上式的右边便为 $(Ax+B)^2$ 的形式，于是方程可解。

代数表示法从文辞的、缩写的进入到符号的，除有元素符号外还必须有运算符号、关系符号以及某些约定和辅助符号，因为它们都是简化逻辑推理所不可缺少的。近代运算符号和关系符号是在缩写符号的基础上发展起来的。"＋""－"号开始是作为非缩记符号的形式引入的，被理解为"超过"和"不足"，由德国数学家维特曼于 1489 年引进，直到 1514 年，荷兰数学家赫克才赋予它加、减号的意义。乘号"×"是英国数学家奥特里德于 1631 年在《数学的关键》一书中首先使用的。1698 年莱布尼茨又创用了点乘号"·"。除号"÷"是瑞士数学家拉恩于 1659 年首先使用并由牛顿、瓦里士提倡的，据说，它是由曾经用作除号的"—"与"："的重新组合。关系符号"＝"是英国数学家雷科德于 1557 年引入并由莱布尼茨倡导的。雷科德说："最相像的两件东西是两条并行线，所以这两条线应该用来表示相等。"辅助符号圆括号始见于 1544 年，方括号是瓦里士首先使用的，花括号是韦达于 1593 年引入的。正是由于这样三类符号的出现，代数在 17 世纪才从自然语言文辞的、缩写的阶段进入到符号化的阶段。

随着数学符号的不断增加，人们越来越多地利用这些具有特定数学内涵的符号来发展数学理论。正如韦达开创的"类的算术"——代数学，在过去的几个世纪中，人类借助于各类抽象化符号，创立和丰富了众多的数学分支理论，使数学逐渐成为一门"符号科学"。

第五节　高次方程的可解性理论

一、三次和四次方程的公式解

1. 塔塔利亚的贡献

有关二次方程的公式求解方法，这在古巴比伦、阿拉伯数学中就已经出现了，三次方程的几何解法也在 11—12 世纪产生，但作图的技巧性很难形成三次方程求解的通法。真正意义上的三次方程求解公式，出现在 16 世纪意大利数学中。

1494 年，卢卡·帕西奥利的《算术大全》一书，重点讨论了一、二次方程的解法。不久希皮奥内·德尔·费罗(1465—1526年)发现了形如 $x^3+mx=n$(缺省三次方程)的解法,并传给了自己的学生菲奥里。

塔塔利亚(1499—1557年)是第二个得到三次方程求解法则的数学家。他出生于意大利的布里西亚城,原姓丰坦那。幼年时法国士兵占领了他的家乡,父亲被打死,他的颌部和舌头被法国士兵砍伤,致使他的一生丧失了准确的说话能力,所以人们叫他"塔塔利亚",意思是"发音不清楚的"。塔塔利亚的母亲没有钱让他受到良好的教育,14岁的塔塔利亚只上了2个星期的学,就因交不起学费而辍学。他在母亲的指导下,完全凭借自学和顽强的毅力在数学上取得很大的成就。起初他是这门学科的教师,1535年他在与菲奥里的公开学术论战中,战胜了对手。这给塔塔利亚带来了轰动一时的荣誉。1545年卡当的《大术》发表,塔塔利亚为卡当的"失信行为"所激怒,于1946年出版了题为《各种问题和发明》的著作。其中以纪实的手法陈述了在三次方程解法的发现过程中与卡当等人的交往活动,斥责卡当的失信行为(详见109页)。由此激怒了卡当的仆人、学生、四次方程代数解法发明者——费拉里,费拉里代替主人出面,提出了通信解题比赛的挑战。随着论战的升级,1548年8月10日,塔塔利亚和卡当又在米兰教堂附近举行了公开辩论,从上午10点一直持续到晚饭间。由于费拉里已经掌握了四次方程的代数解法,这次辩论使塔塔利亚的学术声誉受到很大打击。《论数字与度量》是塔塔利亚最重要的数学著作,书中包括大量商业算术、数值计算和圆规几何等初等数学多个分支的理论,被称为数学百科全书和16世纪最好的数学著作之一。塔塔利亚培养了许多学生,他们在数学、力学等方面继承并发扬了塔塔利亚的理论,使之在意大利乃至整个欧洲产生了广泛影响。

塔塔利亚解决了不含一次和二次项的两类方程。1530年,教师科伊向塔塔利亚提出两个问题:求一个数,它的立方加上它的平方的3倍等于5;求三个数,第二个数比第一个数多2,第三个数比第二个数多2,三个数的积是1 000。它们分别是三次方程 $x^3+3x^2=5$ 与 $x^3+6x^2+8x=1\,000$。

塔塔利亚找到了第一种方程(缺少一次项)的一般解法,得到一个正实根,并承认后一种方程的解法还未找到。这件事传到菲奥里那里,菲奥里不相信塔塔利亚会解三次方程,便向塔塔利亚提出挑战,要求进行公开辩论。菲奥里于1534年2月22日向塔塔利亚提出30个问题,约定一年后进行公开辩论。这些问题与塔塔利亚已解决的缺少一次项的方程不是一种类型,都是缺少二项式的三次方程 $x^3+px=q$。

就在公开辩论的前不久,1535年2月12日塔塔利亚找到了该类方程的解法。作为应战,塔塔利亚也向菲奥里提出30个问题,头两个就是缺少一次项的

三次方程 $x^3+mx^2=n$ 与 $x^3+n=m^2x^2$。而这类方程菲奥里并不会解,最终塔塔利亚获胜。

2. 卡当的贡献

卡当(1501—1576 年)是第三位对三次方程求解作出重大贡献的数学家,现在的三次方程求解公式就是以他的名字命名的。卡当出生于意大利帕维亚,是一个法官和一个寡妇的私生子。卡当在青少年时代,努力钻研数学、物理、赌博,而后进入帕维亚大学学习医学,毕业后,开始行医。后来又在米兰和波伦亚教书,并成为闻名全欧洲的医生。他同时还是一位哲学家和数学家,在意大利几所大学担任过数学教授。卡当的数学贡献主要表现在算术和代数方面。他在各种知识领域里都显示出出众的天赋,被誉为"百科全书"式的人物。他一生共写了各种类型的文章、书籍 200 多种。现存的材料就约有 7 000 页。他的智力超群,性情孤僻,职业多变,著述鱼龙混杂。卡当的坎坷经历使他的性格颇为奇特,因而常常被描述为科学史上的怪人。他在数学、哲学、物理学和医学中都有一定成就,同时也一直醉心于占星术和赌博的研究。1570 年因给耶稣算命(说耶稣的一生都是受天上的星宿的支配)而受到宗教法庭的监禁,被起诉为异教徒。几个月后,宣誓放弃异端学说获释出狱,但失去了教学职位和学术出版权。他作为赌徒和占星术士留下的名声不大好(甚至传说卡当为了证实他对自己死期占卜的正确而在预言的那天自杀身亡),但他的著作在 16 世纪下半叶及后来被许多学者引用。

话说塔塔利亚与菲奥里公开辩论获胜的消息传到米兰时,卡当也在研究三次方程的问题,准备写一部关于代数问题的专著。他当即托人打听塔塔利亚的方法,1539 年又亲自写信讨教,并邀请塔塔利亚到米兰作客。塔塔利亚来到米兰,卡当当面再三请求,并发誓对此保密,塔塔利亚才将他关于方程 $x^3+px=q$ 和 $x^3+q=px$(p、q 为正数)的解法写成一首 25 行的诗告诉卡当。塔塔利亚在 1541 年又找到 $x^3+px^2=q$, $x^3=px^2+q$, $x^3+q=px^2$(p、q 为正数)等几类三次方程的解法,但没有告诉别人。

卡当详细研究了塔塔利亚的解法,并用几何方法证明了其正确性。继而,卡当又找到了其他类型的三次方程解法及其证明方法,并进一步提出了三次方程的不可约情形,即运用求解法则时遇到负数开方的问题,并由此提出虚数问题,它对方程理论的研究具有重要意义。这些研究远远超过了塔塔利亚已有成果的水平。卡当与他的学生费拉里(1522—1565 年)学习和继承了塔塔利亚的三次方程求解方法,在此基础上,费拉里成功地发现了解四次方程的方法。1545 年,卡当出版了《大术》一书，全书共 40 章。《大术》中记载了下面的三次方程的解法：

对含有 x^2 项的方程 $x^3+ax^2+bx=c$，若令 $y=x-\frac{a}{3}$ 就可以消去 x^2 项，因此求解三次方程的问题就转化为求解形如 $x^3+mx=n$（其中 m 与 n 是正数）的问题。对于这种缺少二次项的三次方程，卡当在书中给出的解法是：

引入 t 与 u 两个参数量，并令 $$t-u=n \tag{6.1}$$

以及 $$tu=\left(\frac{m}{3}\right)3 \tag{6.2}$$

然后他断言 $$x=\sqrt[3]{t}-\sqrt[3]{u} \tag{6.3}$$

他利用式(6.1)及式(6.2)进行消元并解所得的二次方程，得

$$t=\sqrt{\left(\frac{n}{2}\right)^2+\left(\frac{m}{3}\right)^3}+\frac{n}{2},u=\sqrt{\left(\frac{n}{2}\right)^2+\left(\frac{m}{3}\right)^3}-\frac{n}{2}$$

这里取正根。求出 t 和 u 后，用式(6.3)给出 x 的一个值。据认为这就是塔塔利亚所得出的一个根。卡当还用几何方法证明了这个结果。

在《大术》中还出现了下列特殊类型的三次方程：

$$x^3=n+mx,\ x^3+mx+n=0,\ x^3+n=nx$$

但每类方程解法以及相应的几何说明都各不相同。由于这一时代尚未出现用字母和符号表示方程，他们尚未能认识三次方程求解的一般公式。

在《大术》中，记载了费拉里解四次方程的方法，共给出 20 种不同的四次方程。其中，解含有 5 项的四次方程方法如下：

$$x^4+bx^3+cx^2+dx+e=0$$

移项后得 $$x^4+bx^3=cx^2-dx-e$$

在左边加上 $\left(\frac{1}{2}bx\right)^2$ 配成平方，得

$$\left(x^2+\frac{1}{2}bx\right)^2=\left(\frac{1}{4}b^2-c^2\right)x^2-dx-e$$

两边再加上 $\left(x^2+\frac{1}{2}bx\right)y+\frac{1}{4}y^2$，得

$$\left(x^2+\frac{1}{2}bx\right)^2+\left(x^2+\frac{1}{2}by\right)y+\frac{1}{4}y^2$$
$$=\left(\frac{1}{4}b^2-c+y\right)x^2+\left(\frac{1}{2}by-d\right)x+\frac{1}{4}y^2-c \qquad (6.4)$$

若使右边这个 x 的二次式的判别式等于零,就能使这一边成为 x 的一次式的完全平方。于是设

$$\left(\frac{1}{2}by-d\right)^2-4\left(\frac{1}{4}b^2-c+y\right)\left(\frac{1}{4}y^2-e\right)=0 \qquad (6.5)$$

这是 y 的一个三次方程。选取这个三次方程的任一个根代入式(6.4)中的 y。根据左边也是个完全平方这一事实,取平方根,得到 x 的一个二次式,解出这 2 个二次方程得到 x 的 4 个根。若从式(6.5)中选取另一个根就会从式(6.4)引出一个不同的方程,但会得到同样的 4 个根。

如同三次方程求解,卡当只是通过一些具体例子给出了上述解法,而没有给出一般的四次方程的求解公式。值得注意的是,卡当和费拉里共写的《大术》中,对如何求解五次方程也作了探讨,其指导思想是用降幂法化作为四次方程求解,但未能达到目的。

二、四次以上方程无根式解

16 世纪数学家解决了用根式求解五次以下的方程,而且依赖于三次方程而得到一般四次方程的根式解。这就促使人们在寻求四次以上方程的解的过程中,企图将一般高次方程的求解划归为低一次的方程的求解,然而这种努力却失败了。譬如,人们发现在五次方程求解时,将面临先得到一个六次的辅助方程。这就使得用“降低方程的次数”的努力宣告破灭。

在这种“不成功”的探索中,人们得到了方程可解性的定性研究成果。首先 1799 年,年仅 22 岁的高斯(1777—1855 年)给出了代数基本定理的证明。这个定理是说每个实系数和复系数方程至少有一个实根或复根。在这个定理的基础上可以进一步证明: n 次代数方程一定有 n 个根。在高斯之前,存在性都是通过实际获得或显示出问题中的量而建立起来的。与以往的做法有很大的不同,高斯的方法不是去计算一个根,而是去证明它的存在。高斯对代数基本定理的证明方法开创了探讨数学中存在性问题的新途径。其次,法国数学家拉格朗日(1736—1813 年)在分析已有的成果之后,首先预见到一般方程的可解性的问题,将归结为方程诸根的某种排列置换问题。拉格朗日在分析三次方程和四次

方程解法时所考虑的“拉格朗日预解式”：

$$a+b\varepsilon+c\varepsilon^2+\cdots+l\varepsilon^{n-1}$$

其中 a, b, c, …, l 是方程的根，ε 是任一 n 次单位根。他明确指出这些式子与用根式解方程有密切关系。他甚至感觉到方程根的排列理论比方程根式解的理论更有意义，是“整个问题的真正核心”。实际上拉格朗日已涉及一个新的数学概念，即置换群的概念。他的这种思想成了后来数学家向世界难题发起攻击的导火索。沿着这条思路，拉格朗日的学生鲁菲尼(1766—1822 年)首先“证明了”一般五次方程不可能有根式解。然而他在证明中所使用的关键命题是未加证明的。显然，鲁菲尼得到了正确的结论，但证明过程却不完善。年轻的数学家阿贝尔接下来完成了鲁菲尼的工作。

阿贝尔(1802—1829 年)出生于挪威的一个穷牧师家庭。15 岁时数学家洪堡对他给予了热心指导，使他对数学产生了浓厚的兴趣。大约 1824 年左右，他首先证明了用公式解一般五次方程是不可能的，并将这一结果写进论文《论代数方程，证明一般五次方程的不可解性》中。他将论文浓缩成 6 页的文稿，寄给数学家高斯，但未受到后者的重视。由于这篇论文成功地证明了被鲁菲尼忽略的关键命题，解决了百年来困扰数学家们的难题，阿贝尔得到一笔数目不大的奖学金，这使他有机会到德国、意大利、法国求学旅行。1825 年，阿贝尔在柏林结识了业余数学家克莱尔，阿贝尔一生中的大部分数学著作发表于克莱尔的《纯粹数学与应用数学杂志》上，但没有引起数学家们的重视。此后他集中研究高于五次的初等代数方程，研究哪些可以用公式求解。1826 年，阿贝尔来到巴黎，他会见了柯西、勒让德、狄利克雷和其他人，然而这些数学家并没有真正认识到他的天才。但他仍然坚持数学的研究工作，撰写了“关于一类极广泛的超越函数的一般性质”的论文，提交给巴黎科学院。阿贝尔在给洪堡的信中，非常自信地说：“已确定在下个月的科学院例会上宣读我的论文，由柯西审阅……不过，我认为这是一件非常有价值的工作，我很想尽快听到科学院权威人士的意见，现在正昂首以待……”可是，负责给阿贝尔审稿的柯西把论文放进抽屉里，一放了之(这篇论文原稿于 1952 年在佛罗伦萨重新发现)，一直等到年底，仍然了无音信，阿贝尔一气之下离开巴黎。在柏林作短暂停留之后阿贝尔回到挪威。由于过度疲劳和营养不良，在旅途上感染了肺结核，这在当时是不治之症。他一边与病魔作斗争一边继续进行数学研究。他原希望回国后能被聘为大学教授。可是他的这一希望又一次落空，他只好靠给私人补课谋生，一度当过代课教师。由于他一生贫穷，颠沛流离的生活损坏了他的健康，未满 27 岁的阿贝尔因肺炎病逝于挪威的费罗兰。

就在阿贝尔死后的第二天，一封被耽搁的聘书送到了，柏林大学向他提供了教师职位，但已为时太晚。在今日挪威首都奥斯卡的皇家公园里，耸立着纪念阿贝尔的一尊雕塑：平行六面体的底座上，矗立着手掷铁饼的裸体青年，在其脚下踏着两个被推倒的雕塑——它们可能代表了阿贝尔一生解决的重要数学问题。他的朋友克莱尔在纪念文章里是这样赞扬阿贝尔的："阿贝尔在他所有的著作中都打下了天才的烙印和表现出了不起的思维能力。我们可以说他能够穿透一切障碍深入问题的根底，具有似乎无坚不摧的气势……他又以品格纯朴、高尚以及罕见的谦逊精神出众，使他人品也像他的天才那样受到人们不同寻常的爱戴。"今天，常说阿贝尔积分、阿贝尔积分方程、阿贝尔函数、阿贝尔群、阿贝尔级数、阿贝尔部分和公式、阿贝尔收敛判别法、阿贝尔"可和性"，很少有几个数学家能使他的名字同数学中的这么多概念和定理联系在一起。

再把话题转回来。当阿贝尔阅读了拉格朗日和高斯的著作之后，他试图用求解一些特殊高次方程的方法解决一般高次方程的可解性问题。起初，他相信这个问题可以得到肯定的解决，并构成了一个证明。在发现自己的错误之后，阿贝尔改变了方向，试图给问题以否定的解决。他从拉格朗日的著作中受到启发，着手考察可用根式求解的方程的根具有什么性质。他修正了鲁菲尼证明的错误，在 1824—1826 年首先证明，如果一个方程可以根式求解，则出现在根的表达式中的每个根式都可以表示成方程的根和某些单位根的有理数。接着又利用这个定理证明了现在以他的名字命名的定理：一般高于四次的方程不可能代数地求解。

三、方程有根式解的充要条件

阿贝尔证明了一般四次以上方程根式求解的不可能性，并没有排除特殊高次方程的根式可解性。例如，高斯就给过一类二项方程 $x^p-1=0$（p 为素数）能用根式求解，阿贝尔自己也找到了一类很广泛的、所谓循环方程及更一般的阿贝尔方程也能用根式求解。因此，需要确定哪些方程可用根式求解，这或许比阿贝尔不可解定理更有意义，即要寻找方程能用根式解的充要条件。这个问题最终由另一个年轻的天才数学家伽罗瓦彻底解决。

伽罗瓦(1811—1831 年)出生于法国巴黎附近一个小镇长的家里。母亲是一个有教养的妇人，在给儿子的启蒙教育中，不仅传播知识，而且灌输了英雄主义。他 15 岁上中学。后来两次报考著名的综合工艺学校，两次落选。伽罗瓦在中学开始接触数学，立即“被数学鬼魂迷住了心窍”，全部精力集中于攻读数学。由于厌恶当时的教科书注重技巧和形式而缺乏深刻的思想，他便直接阅读数学大师们的著作。他那顽强的钻研精神和惊人的理解力，受到老师里查教授的赏识。15 岁时，伽罗瓦就熟悉了包括阿贝尔在内的当时著名数学家的著作。他于 1829 年考上巴黎高等师范学校，当年将自己一篇方程求解的论文呈送法国科学院，并被转交柯西审察，柯西却将论文遗失了。伽罗瓦又于 1830 年 1 月写了另一篇论文，呈交给法国科学院秘书傅立叶。不久随着傅立叶的去世，论文又不知下落。接着伽罗瓦又于 1831 年提交了题为《关于用根式解方程的可能性条件的论文》，同时附信给科学院院长：不要因为我是学生就先入为主地认为论文无价值。科学院于 1831 年 1 月 17 日收到稿件后，交数学家泊松和拉克鲁阿审阅。由于文章提出群、域等诸多新概念，泊松批复，不知所云！责其再详尽阐述一遍。伽罗瓦此时已没有时间完成这一工作了。作为资产阶级革命的狂热支持者，伽罗瓦公开抨击不支持革命的学监而导致入狱半年。获释后 1 个月，21 岁的伽罗瓦因爱情纠纷卷入一场决斗，死于非命。伽罗瓦在决斗前夜，彻夜伏案，将自己的思路记录下来，并托付给了朋友。在遗嘱中他预言，自己的理论在百余年之后将成为重要的数学分支。他死后，尽管保存他全部手稿的朋友四处奔走，却一直找不到愿意发表的人。直到 1846 年，著名数学家刘维尔才在自己的杂志上发表了他的著作。在伽罗瓦去世 40 年后，人们采纳了他的思想方法，并很快形成了代数结构的一般理论。

受拉格朗日的影响，伽罗瓦相信方程能否有根式解与方程根的排列（置换）的性质有内在的联系。一个 n 次方程的 n 个根 x_1，x_2，…，x_n 的每一个变换，叫作一个置换。n 个根共有 $n!$ 个可能的置换，它们的集合关于置换的乘法构成一个群，叫作根的置换群。方程的可解性可以在根的置换群的某些性质中反映出来。基于这一认识，伽罗瓦把方程论的问题转化为群论的问题来解决。

四、伽罗瓦的历史贡献

伽罗瓦的历史贡献在于：他给方程可解性问题提供了全面而透彻的解答，解决了困扰数学家达数百年之久的问题；伽罗瓦的工作也给出判断几何图形能否用直尺和圆规作图的一般判别法，解决了这个领域中长期未解决的著名问题。

伽罗瓦的这种思想用于解决尺规作图问题时，对于某个作图问题，只要将它归结到代数方程，看此方程能否用平方根解出。因为直尺和圆规只能作直线和圆，由解析几何知直线和圆的方程只是一次、二次的代数方程，其解只可能是系数经过加、减、乘、除和正数开平方这 5 种运算的结果,即解中最多带有平方根。这样,由尺规可以作出的量的充要条件是给定量(即全体系数)的加、减、乘、除和正数开方得到的形如 $p+q\sqrt{k}$(p, q, k 属于系数域)的数。由伽罗瓦理论可以得到下述定理:一个方程能用平方根求解的充要条件是方程的伽罗瓦群的阶是 2 的方幂。由这个判别法可以证明:素数 p 边的正多边形能用尺规作出的充要条件是 p 具有 $2^{2^n}+1$ 的形式。由此可知当 $n=0$, 1, 2, 3, 4 时,即 $p=3$, 5, 17, 257, 65 537 时,正 p 边形可尺规作图;n 大于 4 时,p 不一定为素数,对于 $p=7$, 11, 13, … 素数则不能尺规作正多边形。

有了伽罗瓦的理论,历史上几何的三大作图问题也转化为代数根式解的存在性判定问题。1837 年,法国数学家万策尔证明了三等分任意角和立方倍积问题都是几何作图不能解决的问题。化圆为方问题相当于用尺规作出 π 的值。1882 年法国数学家林德曼证明了 π 是超级数,从而证明了化圆为方的不可能性。

此外,伽罗瓦在他的证明中完全用群论的方法进行处理,这一思想具有重要的方法论意义。当一个问题难以处理时,可将它置于一个整体结构之中来考虑,甚至可以将它置于另一个同构的数学结构中去考察。如上述可解性的讨论,就是将解方程问题转化为讨论与系数有关的代数结构——群的问题来研究。这一思想方法在近代数学研究中广为应用,也引起物理学家的兴趣。矿物学家布拉维为了晶体的可能结构而研究运动群。借助于群这一数学工具,他于 1849 年作出了在矿物中只能找到 32 种晶体的预见,开创了在物质结构研究中应用群论的先例。伽罗瓦提出了"置换群""子群""正规子群""极大正规子群"等全新的数学概念,后来都发展为近代抽象代数学的基本概念。从伽罗瓦时代起,代数学已不再以解方程作为研究的主要问题,而是以这些全新的概念作为研究的对象,使代数学进入抽象代数的发展阶段。

第七章

数形结合

数学研究的对象是现实世界中的数量关系与空间形式。按照恩格斯的说法,数与形,这两个基本概念是整个数学的两大柱石。整个数学就是围绕着这两个概念的提炼、演变与发展而发展着的。数学在各个领域中千变万化的应用也是通过这两个概念而进行的。数学家拉格朗日强调:“只要代数与几何分道扬镳,他们的进展就缓慢下来,他们的应用就狭窄了。但是,当这两门科学结合成伴侣时,它们就互相吸取对方的新鲜活力,并迅速地趋于完善。”

但是在17世纪以前,代数与几何似乎并没有太多的交集,各自按照自己的轨迹发展着。在古希腊时代,毕达哥拉斯学派提出了“万物皆数”,以数字为主的代数占据了上风。但由于过于痴迷于数的逻辑定义,导致他们不能对自己发现的$\sqrt{2}$给予合理的解释。为了解决这个逻辑难题,随后的数学家欧多克索斯创造了量与比例的理论,于是无理数在几何中获得了新生。但$\sqrt{2}$作为数仍然没有严密的逻辑基础,这直接导致了几何学从此之后占据了数学的统治地位,这种状态甚至一直延续到19世纪。代数虽然在亚历山大后期有所发展,在阿拉伯人海雅姆那里得到进一步延续,中世纪后期在卡当、韦达这些数学家那里又得到了新的进展,但代数都是为了几何服务的,它处于一种附属地位。改变这种状况的是法国的两位数学大师笛卡尔和费马,他们用自己伟大的思想构筑了代数与几何互通的桥梁,创造了现代意义下的应用数学。数学史家莫里斯·克莱因说:“两位伟大的思想家创立了应用数学,一位是思想深刻的哲学家,另一位是思想界的斗士……他们两人在许多领域的工作都将流芳千古。”①

---

① (美)克莱因 M.西方文化中的数学.张祖贵,译.复旦大学出版社,2005:158.

第一节 “解析几何之父”笛卡尔

一、笛卡尔简介

笛卡尔(1596—1650年)出生于法国的拉哈耶,父亲是相当富有的律师。母亲在他出生后的第二年去世,给他留下一笔丰厚的遗产,使他的一生有了可靠的经济保证。笛卡尔8岁时,父亲把他送到教会学校,希望他成为王权和神权的继承人。因为他身体不好,学校允许他早上在床上读书和思考问题,这种习惯他一直保持到老。笛卡尔16岁离开家乡出外读书,20岁毕业于普瓦捷大学,从事律师工作。

笛卡尔有独特的读书方式:读书只看开头部分,一旦知道了著者的意图,就自己研究,这使他很早就养成了研究的习惯。在他大学毕业的时候,他遇见了梅森和迈多治神甫,他花了一年的时间和他们一起研究数学。但他却越发变得不安起来,变得十分困惑。他写道“当我学完了可以跻身于学者行列的全部教材时……我只得到一个好处——越发懂得揭穿自己无知的老底。”他认为自己已经学会了可以学到的一切书本知识,渴望找到更多的真理,于是他下决心投入社会这个大课堂。当时正值欧洲历史上第一次大规模的国际战争时期,第一个资产阶级共和国刚成立,位于现在的荷兰、比利时、卢森堡和法国北部一带。虽然战事已经基本平息,但军队仍未解散。笛卡尔于1617年首先去了荷兰的布莱达,投身于奥兰治亲王莫里斯的军队。在军队里,笛卡尔依然以读书和搞研究为主。由于笛卡尔解决了荷兰部队驻地布莱达大街的招贴牌里的一个挑战性的问题,使他结识了当地的哲学家、医生兼物理学家贝克曼。两人共同探讨哲学、自然科学和数学问题。贝克曼家中丰富的藏书,使笛卡尔得以系统研究了韦达的著作,从韦达的代数符号体系到把代数方法用于几何研究的工作中,笛卡尔意识到代数可以成为一种有效的推理方法,并且可以使推理和运算具有程序性、简单化的特点。但问题是:当时代数学的逻辑基础尚未建立,而缺乏清晰的概念和严密的推理的结果是不为人承认的。对此,笛卡尔认为自由创造必须发生在规范化和逻辑基础的前面。

思想观念突破了,随之而来的是不可回避的技术问题:用代数方法推证几何问题,必须用数表示几何对象。虽然阿波罗尼奥斯曾推导了圆锥曲线的性质,但对几何问题不具有一般性,且相当麻烦,这便要求有一个全新的工具。在布莱达期间，笛卡尔与贝克曼都没能想出什么解决问题的办法。1618年出现了欧洲历史上大规模的地域性战争，德国和奥地利地区是战争的中心，笛卡尔赶到德国参加战争。军队驻扎在多瑙河岸边的小村庄的冬营里。在那里，笛卡尔找到了他一直在寻找的答案：安宁和平静。他独处自省，他发现了自己，并引发了自己一生中最大的“转变”。

在1619年11月10日，笛卡尔做了3个奇怪的梦。他自己说，这些梦改变了他整个的生活方向。在第一个梦中，笛卡尔被邪恶的风从他在教堂或学院的安全居所，吹到风力无法摇撼的第三个场所；在第二个梦中，他发现自己正用不带迷信的科学眼光，观察着凶猛的风暴，他注意到一旦看出风暴是怎么回事，它就不能伤害他了；在第三个梦中，呈现在笛卡尔面前的是一幅祥和静穆的画面，当他四处环顾时，发现这个房间里有一张桌子，桌子上有书时隐时现，这些书包括一部名为《诗人集成》的诗歌选集和一部百科全书。他随手打开了那本诗集翻到了其中一页，一眼看到的正是公元4世纪罗马诗人奥索尼乌斯的一首诗，首句是“我将遵循什么样的生活道路?”此时，一个人神秘地从空气中闪现出来，他引用了另一句诗：“是又不是。”笛卡尔想给他看看奥索尼乌斯的诗歌，但是整本书却消失在了虚空中。

一般情况下，梦境总是似是而非、颠三倒四，它的意义并不在其具体的内容，而在于做梦的人对它们的解释。笛卡尔对这3个神秘的梦的理解和解释产生的影响是令人震惊的。据说第二天早晨醒来，笛卡尔脑海中还浮现出梦境中的情景。他异常兴奋，一反常态，一骨碌就起身下床。他一会拿起笔来做计算，一会在房间里踱步沉思。对于第二个梦，后来他对别人说，像一把打开自然宝库的钥匙。这把钥匙是什么？笛卡尔没有明确向别人透露过。不过一般相信，这至少是把代数应用于几何，这是坐标几何或者按早先的称呼“解析几何”的一种简单说法；或者更一般地，是用数学来探索一切自然现象，这就是后世的数学物理学。于是，1619年11月10日被公认为解析几何的光荣诞生日，也可以说是近代数学的伟大诞辰。不过解析几何的思想还要经过整整18个寒暑，才正式公诸于世。对于第三个梦，他认为百科全书代表了科学知识的集合，诗集则代表了哲学、发现和热情。“是又不是”，笛卡尔认为这代表了真理和虚妄。笛卡尔绝对相信，这个梦表明人类所有的知识在理性思维的帮助下可以统一为一体。

1625年，笛卡尔退伍回到巴黎，参加了“梅森科学院”的讨论。梅森神甫博学多才，他所在的修道所是当时科学家聚会的地方，又是有关科学问题的探讨信件的中心，是法国科学院的前身。这里集聚了许多有志于数学研究的青年，比笛卡尔小3岁的费马也是这个团体的成员。在浓厚的学术氛围中，笛卡尔汲取着创造性的思想火花。1628 年笛卡尔移居荷兰，得到较为清净自由的学术环境，开始了长达 20 年的潜心研究和写作生涯。笛卡尔花费了 5 年的时间完成了他的著名传世之作《方法论》，这是一本关于一般科学哲学的著作。其中包括 3 个应用实例，现今一般称作 3 个“附录”：《折光学》《大气观象》和《几何学》，发表于 1637 年。1649 年秋天，笛卡尔受邀到瑞典做女皇的教师，每周有 3 天必须在清晨 5 点赶到皇宫为女皇讲授哲学，这打破了他多年的生活习惯。1650 年 2 月 1 日他受了风寒，很快转为肺炎，10 天后就去世了。

二、数形结合的方法论

笛卡尔是近代著名的方法论大师，是 17 世纪知名的哲学家。在他的关于科学哲学的论著《更好地指导推理和寻求科学真理的方法论》(1639 年)中，他明确指出，要把逻辑、几何、代数三者的优点结合起来建立一个“真正的数学”或“普遍的数学”。他认为，欧几里得几何学虽然建立在严密的逻辑推理基础之上，但它过于抽象，过于依赖图形，束缚人们的思想。他说：“我决心放弃那个仅仅是抽象的几何。这就是说，不再去考虑那些仅仅是用来练习思维的问题。我这样做，是为了研究另一种几何，即目的在于解释自然现象的几何学。”笛卡尔对当时的代数学也提出了自己的看法，认为它过于法则化和公式化，太死板。他批评代数学的目的仅仅就是为了求出那些孤立的未知数。因此，笛卡尔在他的《方法论》三个附录之一的《几何学》中寻求可行的方法把几何和代数结合起来，凭借他对代数知识的深刻理解，他希望能用代数方法改变欧几里得几何方法，从而产生“真正的数学”。

作为这种追求的结果，笛卡尔在《几何学》中完善了数的运算与线段之间运算的对应关系，为使用代数方法研究几何问题奠定了基础。

自古希腊到笛卡尔所处的时代，人们习惯于将数学问题几何化，并借助严格的几何证明，保证数学问题解决的严谨性。但是，在笛卡尔之前，线段之间的加、减是有意义的，两个或三个线段的乘积被解释为面积或体积，而三个以上线段的乘积就没有意义了。所以，线段集合对于通常的加、减、乘、除、开方的算术运算是不封闭的。笛卡尔打破了幂是几何对象这一传统的观点，而把幂看成是数。他认为，与其把 x^2 看作面积，不如把它看作比例式：$1:x=x:x^2$ 的第四项，从而，只要 x 是已知的，x^2 就可以用适当长度的线段来表达。这样，只要给定一个单位的线段，就能用线段的长度表达一个变量的任何次幂或任意多个变量的乘积，而当变量的值被指定时，就能用尺规工具准确地作出所需长度的线段。

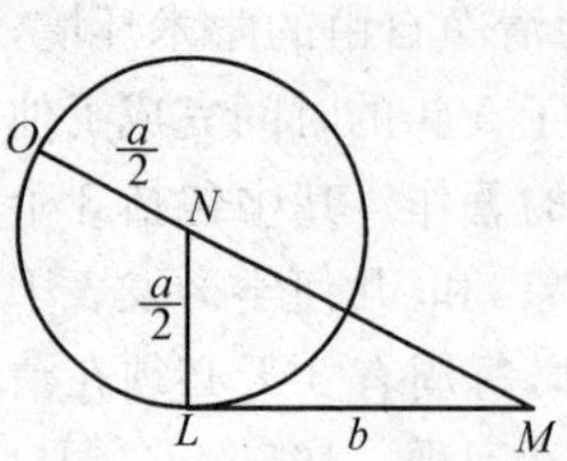

图 7.1 笛卡尔几何作图问题的代数解法

为了使数之间的这些运算在线段集合中都有与之对应的方法，笛卡尔从解决作图的问题入手。笛卡尔指出，几何作图实质是对线段作加、减、乘、除或平方根的运算，所以它们都可以用代数的术语表示。因此，在考虑作图问题时，用字母表示那些作图所必需的已知和未知的线段；弄清楚这些线段之间的相互关系，就得到一个方程，然后说明怎样利用代数方程求出未知线段。

例如，假定某几何问题归结为寻求一个未知长度 x，经过代数运算知道 x 满足

$$x=\frac{a}{2}+\sqrt{\frac{a^2}{4}+b^2}$$

其中 a,b 是已知长度。笛卡尔不考虑负根，他画出求 x 的方法如图 7.1 所示，作直角三角形 NLM，其中 $LM=b$，$NL=\frac{a}{2}$，延长 MN 到 O，使 $NO=NL=\frac{a}{2}$。于是 x 就是 OM 的长度。

《方法论》开创了数学的新纪元，改变了科学的历史进程，也为笛卡尔赢得了巨大的荣誉。这部巨著以其秀美清逸的文笔和巨大的思想魅力吸引读者。它不但成为科学上的不朽名著，同时是哲学和文学的经典著作，即使在非科学家中也大受欢迎。随着时间的推移，《方法论》越来越显示出它的极端重要性。人们纷纷来学习和钻研它的思想，使这部杰作跻身于 17 世纪最出名、最有影响的著作之列。他的哲学著作的精装本，甚至成为当时贵妇们梳妆台上的点缀品。

第二节 曲线与方程

17 世纪早期，数学实质上还是一个几何体系，代数居于附庸的地位，这个体系的核心是欧几里得，而欧几里得本身则局限于由直线和圆所组成的图形。但是到了 17 世纪，挣脱了中世纪宗教的压抑和束缚，经过文艺复兴运动的推动，科学技术有了很大的发展。例如，开普勒发现行星绕太阳运行的轨道是椭圆的；伽利略认识到子弹从塔上平射出去的轨道是抛物线；大气层中光线的弯曲路径；望远镜、显微镜、眼镜的曲度亟待研究；物体本身的形象和物体运动的轨迹也大都

是曲线。因此，对这些曲线进行定量研究已经成为迫切的需要。

这个时候，笛卡尔出现了。笛卡尔毕生致力于寻找一种“包含代数和几何两门学科的好处而没有它们的缺点的方法”来解释自然现象，他正是在这种历史背景下创立了坐标几何。

一、曲线与方程的结合

一开始，笛卡尔仿照韦达，用代数来解决几何的作图问题，如图 7.1 所示。进一步，他研究不确定的问题。笛卡尔采用了他处理问题的一般方法原则——即所有问题都要由简到繁。由于几何中最简单的图形是直线，所以他就设法通过直线对曲线进行研究，然后再找到研究曲线的方法。因而，笛卡尔找到了一条数形结合的重要途径。

如图 7.2 所示，OQ 是参照线，在 OQ 上方任意给出一条曲线，这条曲线可以看作是由位于一条垂线 PQ 上的 P 点形成。由于 P 点随着曲线的形状上下移动，这就产生了变数的思想，这些点就变成了具有特定性质的曲线。在代数上，由于 P 点代表了 x 和 y，因此相应地，可以得到曲线关于 x 和 y 的方程。这样就把几何图形与代数方程联系起来了。笛卡尔最早建立的坐标系是斜坐标系，而且 x 和 y 只取正值，因此，图形局限在第一象限内。不过笛卡尔已经知道，坐标系选取得好，可以简化曲线的方程，而图形的几何性质和坐标系的选取无关。后来他研究了一些具体的曲线类型，也相应地致力于代数方程理论的研究，得到不少有意义的结果。

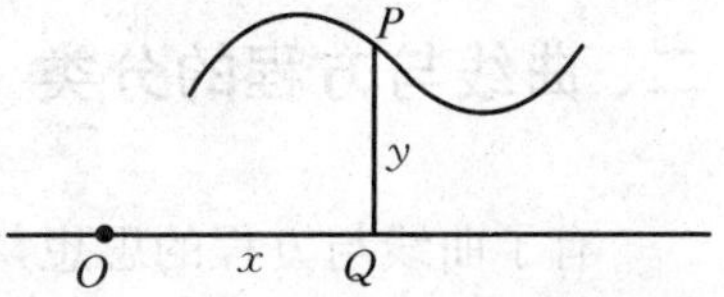

图 7.2 由可变长度组成的直线段所形成的一条曲线

笛卡尔在解决几何轨迹问题的过程中，通过引入变量，建立了曲线与方程的联系。在《几何学》中，笛卡尔给出了今天解析几何学中常见的方法。《几何学》第二卷题 1 及其解法如下：

问题 1：如图 7.3 所示。GL 是一个直尺，G 端是固定的（L 端可以绕 G 端旋转），CKB 是直角三角板（可以沿 AK 上下移动）。三角板上下移动时，使直尺始终通过三角板 BK 边上的固定点 L，求直尺 GL 同三角板 CK 边交点 C 的轨迹。

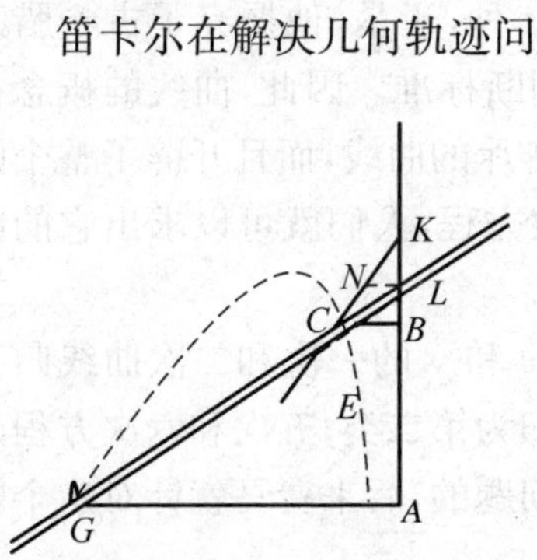

图 7.3 笛卡尔求轨迹的方法

笛卡尔认为，当C点到AB的距离(y)和到AG的距离(x)也在按一定规律变化，笛卡尔称CB和BA是两个未知和未定的量，用y和x表示它们。

设$GA=a,KL=b,NL=c$，由$c:b=y:BK$，可推导出

$$BK=\frac{b}{c}y,BL=\frac{b}{c}y-b,AL=x+\frac{b}{c}y-b$$

又由于$CB:BL=y:\left(\frac{b}{c}y-b\right)=GA:AL=a:\left(x+\frac{b}{c}y-b\right)$

由此又可以导出：$\frac{ab}{c}y-ab=xy+\frac{b}{c}y^2-by$，或$y^2=cy-\frac{c}{b}xy+ay-ac$.

用现在的观点看，在平面直角坐标系中这个方程表示的正是一个二次曲线方程。

二、曲线与方程的分类

有了曲线与方程的思想，笛卡尔就进一步发展这个思想。他批判古希腊人关于平面曲线、立体曲线和机械曲线的分法。古希腊人认为，平面曲线是能够用尺规画出的曲线，立体曲线是圆锥曲线，其余的都是机械曲线，如蚌线、螺线和割圆曲线等，因为它们需要借助某些特殊机械工具才能画出来。但是笛卡尔说，这种说法是不准确的。因为直线和圆也需要工具，而机械工具的准确性是无关紧要的，数学是靠推理说话的。于是笛卡尔提出："几何曲线"是那些可用一个唯一的含x和y的有限次代数方程来表达的曲线。因此，像蚌线是几何曲线，如螺线、割圆曲线等他都叫作"机械曲线"。

笛卡尔坚持认为曲线是具有代数方程的那一种，于是，他摒弃了古希腊人"只有用直尺和圆规画出的曲线是合法的"这个判断标准。因此，曲线的概念在笛卡尔面前变得宽广起来，他不但接纳了以前被排斥的曲线，而且开辟了整个的曲线领域。因为只要任意给定一个x和y的代数方程，人们就可以求出它的曲线，从而得到一些全新的曲线。

笛卡尔的进一步工作是给曲线分类，他把含x和y的一次和二次曲线归于第一类，即最简单的类；三次和四次方程的曲线，归为第二类；五次和六次方程的曲线归于第三类，以此类推。当然这种方法是有问题的，后来费马就针对这个问题批评了他。

把"数"和"形"紧密联系在一起的坐标几何，成为一把锋利无比的双刃刀。

几何概念可以用代数表示，几何的目标可以通过代数达到；反过来代数语言有了几何的解释，可以直观地掌握这些语言的意义，从中得到启发去提出新的结论。从此以后，数学就以前所未有的速度趋向完善。可以说，17 世纪以来数学的巨大进展，在很大程度上要归功于坐标几何的创立。

三、费马的坐标系

与笛卡尔共同创造坐标几何的是同时代的另一位数学家费马(1601—1665 年)，他出生于法国的一个皮革商之家，儿时受到良好的家庭教育，入大学后学习法律，毕业后出任律师。30 岁之后利用业余时间钻研数学，在微积分、解析几何、概率论和数论等方面均有开创性的贡献，被称为“业余数学家之王”。他生前未公开发表过任何论文和成果，但他与同时代的许多数学家保持着通信联系，并且以这种方式给他的同行相当大的影响。例如，他在与数学家帕斯卡的通信中，正确地解决了“点的问题”，为概率论奠定了基础。在费马去世后，他的儿子整理出版了他的研究成果，这使费马成为 17 世纪法国最伟大的数学家。

与笛卡尔因批判性思考而创造坐标几何不同，费马则是通过对阿波罗尼奥斯圆锥曲线的研究，建立了圆锥曲线的代数表述式。

费马对于任意曲线和它上面的一般点 J 的位置，如图 7.4 所示，用 A，E 两字母表示：A 是从点 O 沿底线到点 Z 的距离，E 是从 Z 到 J 的距离。他所用的坐标就是所说的倾斜坐标，但是 y 轴没有明白出现，而且不用负数。他的 A，E 就是 x，y。费马还指出：“只要在最后的方程里出现了两个未知量，我们就得到了一个轨迹，这两个量之一，其末端就描绘出一条直线或曲线。”费马使用“D in A aequetur B in E”(用今天的记法就是 $Dx = By$)，这代表一条直线。他又给出(以下用今天的写法)$d(a-x) = by$，并肯定它也代表一条直线。方程 $B^2 - x^2 = y^2$ 代表一个圆，$a^2 - x^2 = ky^2$ 代表一个椭圆，$a^2 + x^2 = ky^2$ 和 $xy = a$ 各代表一条双曲线，而 $x^2 = ay$ 代表一条抛物线。因费马不用负坐标，他的方程不能像他所说的那样代表所有曲线，但他明确指出，一个联系着 A 和 E 的方程，如果是一次的，就代表直线轨迹，如果是二次的，就代表圆锥曲线。

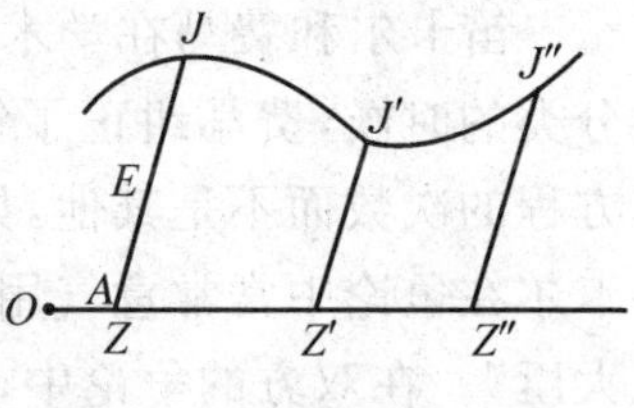

图 7.4 费马的斜坐标系

四、两者工作的比较

费马和笛卡尔各自独立地发明了坐标几何。他们对在数学历史上占统治地位的欧几里得几何方法都提出了挑战，奠定了解析几何学的基础。应该指出的是，笛卡尔与费马研究坐标几何的目的和方法是完全不同的。

费马着眼于继承古希腊人的思想，重新表述阿波罗尼奥斯的工作。尽管他的工作比笛卡尔更全面地叙述了解析几何的基本原理，但费马的工作主要是技术性成就：利用韦达的用字母代表数的思想方法，完成了阿波罗尼奥斯的工作。笛卡尔则抛弃了古希腊人的思想方法，使代数的方法成为数学的一种普遍方法。笛卡尔的代数方法，不但能够迅速证明关于曲线的任何性质，而且当后人使用字母代表数时，就有可能把综合几何中必须利用特殊技巧分别处理的情形，用代数方法进行统一处理。从历史发展的角度可以认为，笛卡尔的方法更具有突破性。

此外，笛卡尔还提出了以数学为楷模的理性演绎方法。这种方法强调在数学中由少量极清晰的概念出发，经确定的推理得到大量确凿的结论。笛卡尔同时认识到，这种方法也适用于其他科学。笛卡尔明确指出，数学应研究“一切事物的次序和度量性质”，不管它们是“来自数、图形、星辰、声音或其他任何涉及度量的事物”，因而在实际上提出了今天所说的“科学数学化”的任务。

笛卡尔和费马在学术上的分歧导致双方长期的激烈争论。在对曲线进行分类的时候，费马纠正了笛卡尔的一个错误。他指出：对曲线分类应该根据方程的次数而不是其他，如一次方程表示直线，二次方程代表圆锥曲线。而笛卡尔在争论中常常意气用事，语言尖刻，甚至讽刺费马是“我们的极大和极小大臣”。在双方的争论中，当时的一些著名数学家也加入其中，如帕斯卡站在了费马这边，而笛沙格则站到了笛卡尔那边，费马的朋友给笛卡尔写了尖刻的信。可是这位大律师始终心平气和，保持着应有的礼貌。后来他俩的关系有所缓和。费马在1660年写了一篇文章，在指出笛卡尔的《几何学》中的一处错误的同时，诚恳地说，他是这样佩服笛卡尔的天才，即使他有错误，他的工作甚至比别人没有错误的工作更有价值。可惜已经去世的笛卡尔不像费马这样宽宏大量。

第三节 坐标几何的文化意义

一、对于科学的发展

坐标几何的显著优点，在于它恰好提供了科学久已迫切需要的，而且在17世纪一直公开要求着的数学设备。这个设备就是数量的工具。研究物理世界，似乎首先需要几何。物体基本上是几何的形象，运动物体的路线是曲线。笛卡尔明确表示他相信数学是科学的精髓。他认为："除了几何学或抽象数学中的原理外，他不承认也不希望有任何物理学原理，因为用这些原理就可以解释自然界的所有现象，有些现象还可以证明。"对他来说，客观世界是几何学的具体化，因而其性质可以从几何学的第一原理推导出来。并且笛卡尔说："给我广延和运动，我将造出整个宇宙。"但是，历法计算、天体运行轨迹、抛体运动等等也需要数量的知识。这样，坐标几何使人能够把形象与路线表示为代数的形式，从而导出数量知识。

例如，在几何上，椭圆、抛物线和双曲线是外形极不相似的三种曲线，很难看出它们之间有什么内在的联系。可是从代数上说，它们的方程却有二元二次方程这种统一的形式：

$$Ax^2+2Bxy+Cy^2+Dx+Ey+F=0$$

当方程的系数适合 $B^2-AC<0$ 时，它表示椭圆；当 $B^2-AC=0$ 时，它表示抛物线；当 $B^2-AC>0$ 时，它表示双曲线。代数式 B^2-AC 值的变化超过某一界限会引起曲线类型的改变；而这些曲线在代数上的区别只在于方程系统 B^2-AC 的正负号。

根据这个分析，不难理解，为什么当人造卫星的初速度等于第二宇宙速度的时候，卫星的轨道是抛物线；小于第二宇宙速度的时候，轨道变成椭圆；而大于第二宇宙速度的卫星轨道就成了双曲线的一支。

笛卡尔的坐标几何为几乎科学上所有事物系统化的数学处理推开了一扇门。有了坐标几何的帮助，犹如给科学增添了翅膀，从此科学开始在大自然中向更高、更广的天空翱翔。随后的一个重大成果就是牛顿万有引力定律，它是对所有自然现象都要遵循的行为方式给出了数量关系描述的代数形式。这样，不仅各种各样不同的自然现象都可以用数学来描述，甚至数学本身也变得更为广阔、更为丰富、更为统一了。

二、对于代数学的发展

从古希腊到1600年，几何统治了数学，代数居于附庸的地位。1600年以后，代数成为基本的数学部门，甚至代数变得比几何更为重要。虽然笛卡尔认为它只是一种工具，但随后代数的飞速发展可能是他没有想到的。解析几何为代数与几何的作用的更替铺平了道路，在这个过程中，其中决定性的因素是微积分。

牛顿和莱布尼茨都认为微积分是代数的扩展，它是关于"无穷"的代数。但是到了18世纪，由于高超的代数技巧的介入，微积分的作用和威力被越放越大。产生了无穷级数、微分方程、微分几何、变分法、复变函数等一系列称为"分析"的分支学科。大数学家欧拉和拉格朗日都认识到分析方法具有更大的有效性。拉格朗日在他的《解析函数论》中说，微积分及其以后的发展只是初等代数的一个推广，并且在他的《分析力学》的序言中写道："……在这项工作中找不到图形。我在其中阐述的方法，既不要求作图，也不要求几何的或力学的推理，而只是一些遵照一致而正规的程序的代数运算。喜欢分析的人将高兴地看到力学变为它的一个新的分支，并将感激我扩大了它的领域。"

大数学家欧拉非常崇尚代数，被同时代的人称为"分析的化身"，在他的《无穷小分析引论》中，赞扬代数大大优越于古希腊人的综合法。欧拉作为一个算法学家从来就没有人超过他，也许甚至从来没有人能与他匹敌。据说欧拉在家人两次叫他吃饭的半小时左右的间隔中，他就能草就一篇数学文章。"欧拉计算毫不费力，就像人呼吸、或者鹰在风中保持平衡一样"。欧拉直到临终前那一刻仍旧神志清醒、思维敏捷，还在计算气球上升的规律问题，就像法国数学家康多西描述的那样："他停止了计算，也停止了生命。"

解析几何使代数得到了比以往任何时代更高的关注。虽然代数的逻辑基础还不严密，但是进一步的发展是使数从几何里分离出来，并且强调了数系、代数以及分析本身的真正的理论基础。这个问题到了19世纪开始变得更为突出，并最终解决了代数基础的逻辑问题。

三、对于几何学的发展

解析几何的创立，对费马来说，是阿波罗尼奥斯工作的翻版。对笛卡尔来说，它几乎是一个偶然的发现，这个发现，是他继续韦达和其他人的工作，利用代数来解决确定的几何作图问题时得到的。解析几何没有能够像笛卡尔希望的那样——解决全部的几何问题，但其解决的问题比笛卡尔预想的多得多。

方程与曲线的联系，的确不仅仅只是打开了一个新的曲线世界，它还带来了认识新空间的需要。扩充到三维空间的思想，立刻就凸显出来。在这之后，数学家们就不断地向更高维空间发起挑战。

笛卡尔坐标系研究的是二维空间的平面几何；推广到立体，就得到关于三维空间的几何。像球、柱面、锥面、抛物面、双曲面等曲面方程和性质，可以通过具有相似性质的曲线方程自然推广而得到；再进一步地推广，就是四维几何。类似地处理，可以四个点的坐标、四个相互垂直的直线建立思维空间的坐标系。如可以称 $x+y+z-w=8$ 为超平面方程，$x^2+y^2+z^2+w^2=25$ 为超球面方程。但是四维几何在现实中并没有真实的存在，只能用思想来代替“眼睛”去观察它。爱因斯坦的相对论给出了四维几何的一个物理解释：任何事件都是在一定的地点和一定的时间发生。因此，空间中的位置由三个数表示，再加上第四个数时，就能准确无误地表示事件。这四个数就是四维时-空世界中的一个点的坐标。这样，人们就把关于事件的世界想象为一个四维世界，而且按照这种方式研究物理事件。

关于四维空间的话题，有许多奇谈怪论。例如，有人宣称，在一个四维空间中，不打破蛋壳就能吃到鸡蛋；不用穿过墙、楼顶或地板，人们就能不经门窗而进入或离开房间。这些都是基于低维空间所作的类比推理，读者可以想想其中的道理。看到图 7.5 和图 7.6 两个图形，大家也许就明白了。

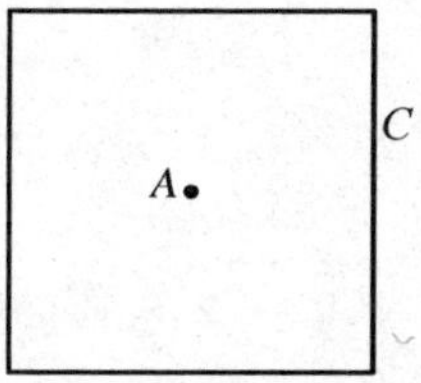

图 7.5　二维平面内从 A 到 B

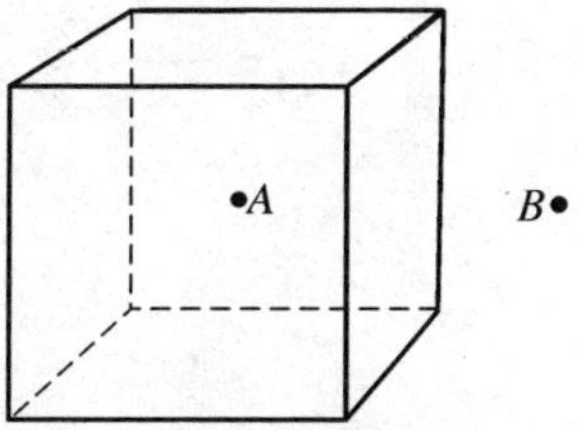

图 7.6　三维空间内从 A 到 B

至于其他的高维空间，科学家目前仍在进行积极地探索。例如，哈佛大学物理学家蓝道尔(Lisa Randall)提出一个大胆的设想：人类世界中存在一个第五维空间。通过 9 年的精心研究和实验，蓝道尔于 2010 年 5 月 3 日向媒体宣布她的实验结果，称灵魂确实存在。全球物理学界为之震惊。“在我的一次实验中，一些微粒莫名其妙地消失了，我认为它们是跑到了我们看不到的另外的空间里去了。它们其实离我们并不遥远，只是很好的隐藏了起来。”[①]蓝道尔说，她将这个“我们看不到的空间”称为“第五维空间”。

与此同时，加拿大的学者保罗·韦森(Paul Wesson)则认为[②]，五维空间是存在的，其中四维是我们生活于斯的时空，而第五维对这个四维时空的作用是产生许多有质量的额外维粒子。这一方案可能解释长期困扰粒子物理学界的一个难题：质量是如何产生的？同时该理论也解决了大爆炸的奇点问题。对于六维空间，有人提出可以有两个时间维度。由于数学上已经知道八元数的存在(见第六章)，八维空间的研究者就认为八元数是能够自然存在的空间。并且由八元数组成的矩阵可以构成一种叫作 E8 特殊李群的数学结构，这种数学结构是某种弦理论的核心内容。2007 年，E8 特殊李群成为热门话题，物理学家加勒特·里西(Garrett Lisi)构造出了统一引力和其他三种相互作用力的统一理论，他的理论正是基于 E8 特殊李群的数学结构。十维空间，被称为弦理论的世界。弦理论是目前尝试统一量子力学和广义相对论的最热门理论，也是“万有理论”的最热门候选人。该理论认为构成物质的粒子和传递相互作用力的粒子都是由弦构成的，弦的不同振动模式对应于不同的粒子。弦是一维的，它却在由 1 维时间和 9 维空间构成的 10 维时空中振动，还有 11 维的 M 理论……

由于 n 维空间的内容已远远超出了笛卡尔和费马的工作，超出了人们生活在三维空间的几何直观。我们所能获得的是从他们的工作中所得出的教益。所以笛卡尔不是改造几何，而是创立了一种新的几何。这种几何带给我们的不仅仅是优越的方法，科学的进步，更是人类理性思维的结果。这也许是笛卡尔的理性哲学带给我们最大的收益吧！

① 美国公共广播公司 PBS 的知名夜间访谈节目 Charlie Rose——“对话哈佛美女教授 Lisa Randall 和她的第五维空间”. http://www.tudou.com/programs/view/yjhRh8aAtBI. 2012.12.22.

② 多维时空观 MKII. http://yuruixintj.blog.163.com/blog/static/10182012420116865185 22.

第八章

微积分理论的创立

第一节 微积分先驱

古代希腊，古代中国、印度的数学家们，在求面积、体积和曲线长过程中就创造了最早的积分方法，涉及无穷小、极限等微积分基本概念。如果说 17 世纪解析几何是对古典数学研究的结果，是数学内部矛盾运动的产物，那么，几乎是与近代力学同时产生和发展起来的微积分的思想和方法，为解决天文、力学研究的问题，和自然科学研究，提供了必要的数学工具。如果说变数的引进同代数方法的结合，产生了解析几何学，那么变数与无穷小算法的结合，就产生了 17 世纪的微积分方法。

一、刘徽的极限思想——“割圆术”

极限概念是现代微积分的基本概念，任何其他的微积分概念、命题或方法，都建立在它的基础之上。极限理论形成于 19 世纪下半叶，但朴素的极限观念在古代最早的数学文化中就已经出现。古代中国、希腊的哲学思想中就有了极限观念，虽然那时不可能有清晰的数学极限的概念，但凭借这种朴素的思想方法，人们已经论证了许多数学的事实。刘徽用割圆术建立了圆的面积公式，并求得了较好的 π 的近似值。

刘徽利用割圆术建立弓形面积公式的过程，其中就隐含着极限的思想观念。刘徽以弓形的弦 a_1 为底、高 h_1 的端点为顶点在弓形内作内接等腰三角形，求出其面积 $\Delta_1=\frac{1}{2}a_1h_1$。再以此三角形的两腰为底作小弓形的内接等腰三角形，每一个小弓形的面积为 $\Delta_2=\frac{1}{2}a_2h_2$。因为两个小弓形的面积相等，故有 $2\Delta_2=$

a_2h_2。以此类推下去，到第 n 次就有 $2^{n-1}\Delta_n=2^{n-2}a_nh_n$。把这些三角形的面积加起来，设 S_n 为其和，则

$$S_n=\sum_{i-1}^{n}2^{i-1}\Delta_i=\sum_{i-1}^{n}2^{i-2}a_ih_i$$

刘徽对这个过程指出："割之又割，使至极细，但举弦矢相乘之数，则必近密率矣。"这可以用极限的方法表示为：设 S 为弓形面积，就有

$$S=\lim_{n\to\infty}S_n=\lim_{n\to\infty}\sum_{i=1}^{n}2^{i-1}\Delta_i$$

刘徽在体积研究中和开方中也都用到了极限概念。例如，在棱锥的研究中，就是逐次分割棱锥体，使每个小分割体的体积都可以计算出来，这样的分割进行到无穷次，问题就解决了。刘徽多次用极限方法处理问题，而且运用比较熟练，说明他已经对极限有了相当的认识。

二、阿基米德的积分方法——"平衡法"

早在古希腊原子论学派德谟克利特时代，人们就有分割求和的方法。它将待求的面积或体积先分割为同维的小元素，然后求和。到了公元前 3 世纪，阿基米德在给厄拉托塞的一封信中，阐述了自己使用了一种所谓的"平衡法"，推导出球体积的公式。阿基米德平衡法的手抄本是在一个重新书写的羊皮文件中发现的，这个长期失传著作的发现可谓是现代数学史上最惊人的发现之一，它是由丹麦语言学家海伯格(Heiberg)于 1906 年在土耳其君士坦丁堡发现的，后以《阿基米德方法》为名刊行于世。经考证，该文稿是在 10 世纪书写上的，13 世纪被洗去而重新书写了宗教经文。幸运的是，第一次书写上的原文的大部分得到了修复，才使我们能够了解平衡法的具体内容。其中包含着积分方法的雏形，这使阿基米德成为数学史上创立"积分求和"思想的第一人。

利用平衡法计算物体的面积或体积，是依据原子论思想先把面积或体积分成很多窄的平行条或薄的平行层。进而阿基米德假设把这些薄片挂在杠杆的一端，使它们平衡于容积和重心都为已知的一个图形，而且已知图形的面(体)积一般都是容易求得的。阿基米德用这种方法建立球体体积公式的过程如下：

令 r 为该球体的半径。把这个球的两极直径放在水平 x 轴上，如图 8.1 所示使北极点 N 与坐标轴原点重合。作 $2r\times r$ 的矩形 $NABS$ 和等腰直角$\triangle NCS$，其中 $CS\perp NS$。让它们围绕 x 轴旋转，得到圆柱和圆锥。然后，从这三个立体上

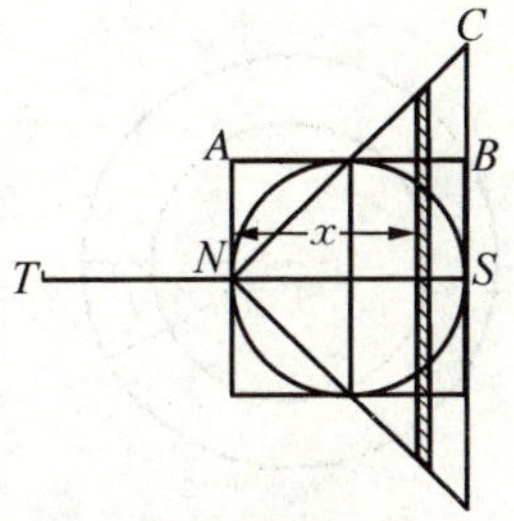

图 8.1 用“平衡法”计算球体积

切下与 N 的距离为 x、厚度为 Δx 的竖立的薄片，并假设它们是扁平的圆柱体。这些薄片的体积分别近似地为：

球体：$\pi x(2r-x)\Delta x$

（若设球片底面半径为 R，则 $R^2=r^2-(x-r)^2=x(2r-x)$）

柱体：$\pi r^2\Delta x$

锥体：$\pi x^2\Delta x$

把球体和锥体的薄片挂在 T 点（在这里 $TN=2r$）上。阿基米德巧妙地将线段 TNS 看成是一根支点在 N 的杠杆，它们关于 N 的组合力矩（一个体积关于一个点的矩，是该体积与此点至此体积重心的距离的乘积）为：

$$(\pi x(2r-x)\Delta x+\pi x^2\Delta x)2r=4\pi r^2 x\Delta x$$

注意：这是从柱体上切下来的薄片放在右边与 N 的距离为 x 处的力矩的 4 倍。把所有的这些薄片加到一起，得

$$2r(\text{球体体积}+\text{圆锥体积})=4r(\text{圆柱体积})$$

即

$$2r\left(\text{球体体积}+\frac{8\pi r^3}{3}\right)=8\pi r^4$$

所以，球体体积 $=\dfrac{4\pi r^3}{3}$。

把一个量当作由大量极微小部分组成的原子论思想，在平衡法中获得了精确的结果。这是由于平衡法体现了近代积分法的基本思想，极限理论可以保证其方法的有效性、结果的精确性。在没有建立极限理论的时代，阿基米德意识到这种方法不够严密，所以当他用平衡法求出一个面积或体积之后，总要用穷竭法给以证明。这种“发现”与“求证”的双重方法，是阿基米德独特的思维模式。

三、开普勒的积分思想——“量分割法”

1615 年，德国天文学家、数学家开普勒在酒桶体积测量中，给出了由圆锥曲线生成的旋转体体积的计算方法。开普勒在继承阿基米德求积思想的基础上，发展了用无数个“同维数”的无穷小元素之和来求面积和体积的方法。他把待求

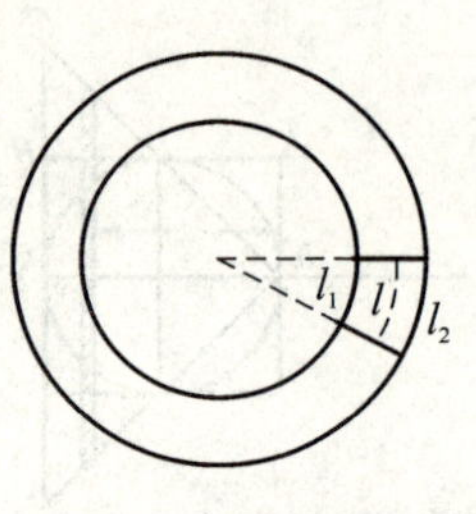

图 8.2 开普勒计算圆环体积

的体积分割为无数小的同维元素。例如，球体积是无数个小圆锥体积之和，而圆锥又可看成是极薄的圆盘之和。在这种分割思想方法下，开普勒得到了一些旋转体体积的正确公式。下面是开普勒对圆环体积公式的推导过程：

如图 8.2 所示，设半径为 R 的圆围绕其所在平面上且与圆心距离为 d 的垂直轴旋转而形成圆环。开普勒证明，用通过旋转轴的平面，可以把圆环分成无穷多个内侧较薄、外侧较厚的垂直薄圆片，而把每一个薄圆片又分成无穷多个横截面为梯形的水平薄片，进而先推导出每个圆片的体积是 $\pi R^2 l$，其中 $l=\frac{l_1+l_2}{2}$ 是圆片最小厚度 l_1 与最大厚度 l_2 的平均值，亦即圆片在其中心处的厚度。然后他进一步推算圆环的体积。

$$V=\pi R^2\sum l=(\pi R^2)(2\pi d)=2\pi^2R^2d$$

四、卡瓦列里的不可分量原理

意大利数学家卡瓦列里于 1635 年提出了“不可分量原理”，第一次给出了积分的一般方法。

亚里士多德曾对空间的形体进行过分类，认识到几何图形只有线、面、体三种。卡瓦列里针对这三种形体，提出了“不可分量”的概念：线上的点是线上的不可分量，就像由珠子串成的链；平面上的弦是平面的不可分量，就像布是由线织成的；立体的一个平面截面是立体的不可分量，就像书是由书页组成的。这样几何图形都是由比它低一维的、无穷多的几何元素构成的。卡瓦列里进而得到了以其名字命名的不可分量原理。

第一原理：有两个平面片处于两条平行线之间，在这两个平面片内作任意平行于这两条平行线的直线，如果它们被平面片所截得的线段长度相等，则这两个平面片的面积相等。

第二原理：有两个立体处于两个平行平面之间，在这两个平行平面之间作任意平行于这两个平面的平面，如果它们被立体所截得的面积相等，则这两个立体的体积相等。

卡瓦列里原理在计算面、体积中有很大的实用价值。譬如，对于被置于同一个直角坐标系上的椭圆和圆。

$$\frac{x^2}{a^2}+\frac{y^2}{b^2}=1(a>b),\ x^2+y^2=a^2$$

从上述每一个方程中解出 y，得

$$y=\frac{b}{a}(a^2-x^2)^{\frac{1}{2}},\ y=(a^2-x^2)^{\frac{1}{2}}$$

由此看出：椭圆和圆的对应的纵坐标之比为 $\frac{b}{a}$。这就意味着，椭圆和圆的对应垂直弦之比是 $\frac{b}{a}$，根据卡瓦列里不可分量的第一个原理，有椭圆和圆的面积之比也是 $\frac{b}{a}$。即

$$\text{椭圆的面积}=\frac{b}{a}(\text{圆的面积})=\frac{b}{a}(\pi a^2)=\pi ab$$

又如，图 8.3 中，左图是一个半径为 r 的半球，右图是半径和高均为 r 的一个圆柱和以圆柱的上底为底、以圆柱下底的中心为顶点的圆锥。把半球和挖出圆锥的圆柱放在同一个平面上，用平行于底面、与底面距离为 h 的平面截这两个立体。截面分别呈圆形和环形。用初等几何知识不难证明：这两个截面的面积都等于 $\pi(r^2-h^2)$。根据卡瓦列里不可分量的第二个原理可知，两个立体有相等的体积。所以，球体的体积为：

$$\begin{aligned}V&=2(\text{圆柱的体积}-\text{圆锥的体积})\\&=2\left(\pi r^3-\frac{\pi r^3}{3}\right)=\frac{4\pi r^3}{3}\end{aligned}$$

卡瓦列里不可分量方法被数学家广泛用于积分公式的推导过程，他们中间包括费马、帕斯卡、托里拆利、巴罗等人，得到了诸如 $\sin\theta$，$\sin^2\theta$，$\theta\sin\theta$ 等表达式的积分结果。

卡瓦列里的第二个不可分量原理，就是中国古代数学中的刘徽原理的特殊

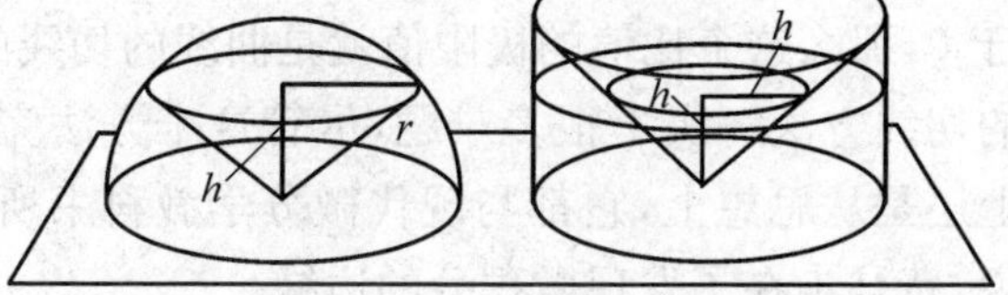

图 8.3　用不可分量原理计算球体积

形式——祖暅原理。在现今学校几何课程中,它是推导各种立体体积公式的基本依据。但是,卡瓦列里的不可分量方法,完全建立在对几何对象的无限剖分的基本假设之上,其原理对于平面图形的论述(即第一原理)的普适性存在明显的不足。

第二节　近代微积分方法的发展

在古希腊阿波罗尼奥斯的圆锥曲线的研究中,就曾讨论过曲线切线的定义以及它的作法。那时(圆锥)曲线的切线是被定义为只与曲线交于一点且位于在曲线的一侧的直线。然而到了17世纪,随着大量复杂曲线的出现,原有的切线定义已不能适应数学发展的需要,于是产生了近代的微分方法。

一、微分方法的创立

1. 费马的切线法

与现代微分学中求切线方法基本一致的方法是费马创立的。在1637年的手稿《求最大值和最小值的方法》中,他给出了切线的具体求法。

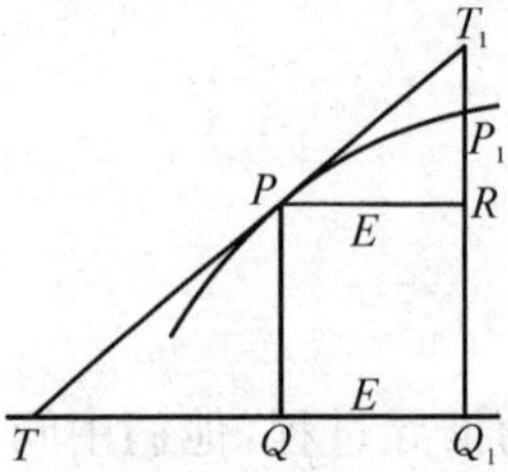

图 8.4　费马求切线法

例如,图8.4中,设 PT 是曲线上一点 P 的切线,QQ_1 是 TQ 的增量且长度为 E,因为 $\triangle TQP$ 与 $\triangle PRT_1$ 相似,就有 $TQ:PQ=E:T_1R$。但是费马认为,T_1R 与 P_1R 是差不多的长度。因此有 $TQ:PQ=E:(P_1Q_1-QP)$。

用现代的符号,令 $PQ=f(x)$,于是就有 $TQ:f(x)=E:(f(x+E)-f(x))$

因此,$TQ=E\cdot f(x)/(f(x+E)-f(x))$

所以,$\tan\angle PTQ=\dfrac{PQ}{TQ}=\dfrac{f(x)}{TQ}=\dfrac{f(x+E)-f(x)}{E}$

如果令 E 趋于0,那么这个比值的极限值就是曲线的切线的斜率。

费马应用他的切线方法解决了很多难题,尽管这个方法完全依赖于极限理论。无论从形式上还是从思想上,它都与现代微分学教科书所定义的标准方法是一致的。可以说,费马走在了发现微积分的边缘。

2. 笛卡尔的圆法

与费马同时代的笛卡尔,则采用代数形式给出了求切线的方法,它不涉及极限的概念,此法被称为圆法或重根法。具体方法如下:

为求出曲线 $y=f(x)$ 过点 $P(x, f(x))$ 的切线,先确定曲线在点 P 处的法线与 x 轴的交点 C 的位置,然后作该法线的过点 P 的垂线,便可得到所求的切线。

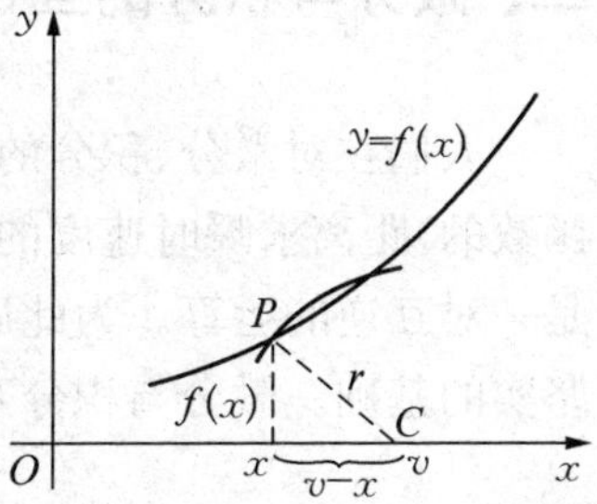

图 8.5 笛卡尔求切线的圆法

如图 8.5 所示,以 C 点为圆心作半径为 $r=CP$ 的圆,因为 CP 是曲线 $y=f(x)$ 在 P 点处的法线,那么点 P 应是该曲线与圆 $y^2+(x-v)^2=r^2$ 的"重交点"(在一般情况下所作圆与曲线还会相交于 P 点附近的另一点)。如果 $(f(x))^2$ 是多项式,且有重交点,则 P 点的横坐标 x 是下列方程的重根

$$(f(x))^2+(v-x)^2=r^2$$

而具有重根 $x=e$ 的多项式的形式必须是 $(x-e)^2\cdot\sum c_i x^i$,笛卡尔把上述方程有重根的条件写成:

$$(f(x))^2+(v-x)^2-r^2=(x-e)^2\cdot\sum c_i x^i$$

然后用比较系数法求得 v 与 e 的关系,代入 $e=x$,就得到用 x 表示的 v,这样过点 P 的切线的斜率就是 $\dfrac{v-x}{f(x)}$。

例如,对于抛物线 $y^2=kx$,有 $y=f(x)=\sqrt{kx}$,则方程

$$kx+(v-x)^2=r^2$$

有重根的条件为

$$kx^2+(v-x)^2-r^2=(x-e)^2$$

圆法在令等式两边 x 的系数相等,得 $k-2v=-2e$,即 $v=e+\dfrac{1}{2}k$。代入 $e=x$,于是 $v-x=\dfrac{1}{2}k$,故而求得抛物线在点 $(x, \sqrt{kx})$ 处的切线斜率是 $\dfrac{v-x}{f(x)}=\dfrac{k/2}{\sqrt{kx}}=\dfrac{1}{2}\sqrt{\dfrac{k}{x}}$。

本质上将切线视为割线的极限位置，这与现代的切线概念相一致。但重根的计算过程十分复杂。1658 年，荷兰数学家为圆法提供了一套程序化的算法，使得圆法成为最早的、利用纯代数方法研究微分的成功范例。

二、微分与积分的互逆性

人们在对微分、积分的研究中逐渐发现，如同加、减运算那样，由(作为时间函数的)距离求瞬时速度的微分方法，与它的逆问题求解的积分方法，可以看成是一对互逆的运算。为此后牛顿、莱布尼茨进行系统的微积分理论研究打下了坚实的基础。微分与积分互逆性是通过特征三角形发现的。

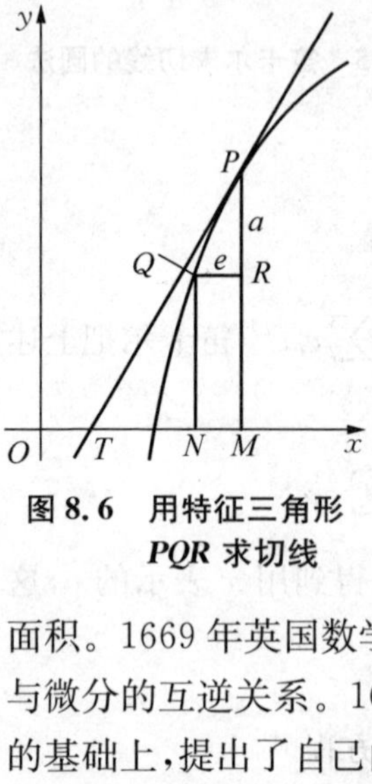

图 8.6 用特征三角形 *PQR* 求切线

牛顿的老师巴罗提出了著名的“特征三角形”，在现代的教科书中又称为“微分三角形”，如图 8.6 所示的直角三角形 PQR，这对后来牛顿发现微积分有很大影响。严格地讲，特征三角形是指增量 NM 所引起的一个三角形 PRQ，从微积分的观点来看，特征三角形就是由自变量增量 Δx 与函数增量 Δy 为直角边所组成的直角三角形。利用这个三角形的两直角边的商 $\dfrac{\Delta y}{\Delta x}$，可以决定变化率，即导数。此外，巴罗还得到了一些相当于定积分的等式关系。

17 世纪中叶，帕斯卡利用特征三角形求得曲线下的面积。1669 年英国数学家巴罗利用它找到了求切线的几何方法，并发现了积分与微分的互逆关系。1673 年，莱布尼茨在对帕斯卡著作中的特征三角形的研究的基础上，提出了自己的特征三角形并利用它建立起大量的定理。利用特征三角形得到的第一个定理是：“由一条曲线的法线形成的图形，即将这些法线(在圆的情形就是半径)按纵坐标方向置于轴上所形成的图形，其面积与曲线绕轴旋转而成的立体的面积成正比。”他的证法如下：

如图 8.7 所示，在给定曲线 c 上点 P 处作特征三角形。n 是曲线在 P 点的法线长。利用图示的两个三角形的相似性得 $\dfrac{\mathrm{d}s}{n}=\dfrac{\mathrm{d}x}{y}$，即 $y\mathrm{d}s=n\mathrm{d}x$，求和得 $\int y\mathrm{d}x=\int n\mathrm{d}x$。

当然莱布尼茨当时还没有微积分的符号，他只是用语言陈述他的结果。

莱布尼茨在关于特征三角形的研究中认识到：求曲线的切线依赖于纵坐

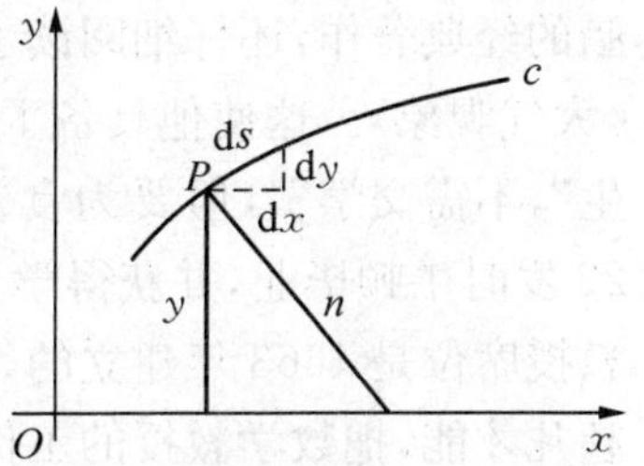

图 8.7 用特征三角形建立的积分定理

标的差值与横坐标的差值，以及当这些差值变成无限小时它们的比值；而求曲线下的面积时，则依赖于无限小区间上的纵坐标之和（指纵坐标乘以无限小区间的长度再相加，因而也相当于宽度为无限小的矩形面积之和）。莱布尼茨也看出了这两类问题的互逆关系。并且建立起一种更一般的算法，将以往解决这两类问题的各种结果和技巧统一起来。

第三节 牛顿与莱布尼茨的微积分理论

17 世纪上半叶，许多科学家一系列前驱性的研究探索工作，沿着不同的方向朝向微积分的大门逼近。但所有这些努力还不能使微积分成为一门独立学科。他们的方法仍然缺乏足够的一般性，因此，17 世纪中叶数学家们面临的任务，是站在更高的高度、将以往零散的学术成果概括为统一的理论。牛顿与莱布尼茨成为这个时代的巨人。他们使微积分成为独立的学科，并给整个自然科学带来革命性的影响。

一、牛顿的工作

1. 牛顿简介

牛顿（1643—1727 年）出生于苏格兰一个不富裕的农场主家里，在牛顿诞生前不久，他的父亲就离开了人间。3 岁时母亲改嫁，牛顿与祖母生活在一起。18 岁时，牛顿到剑桥大学三一学院就读。这所已有 400 年历史的高等学府，这时已失去了昔日的荣耀，成了庸才的庇护所。一些教授可以 50 年不讲一节课，不写一本书；学生们热衷于在遍布校园的酒店里消磨时光。大学原本是知识的创造和传播的主要机构，但牛顿就读的大学却不是这样，它被国家的官方宗教控制着，吸收新的知识非常缓慢。大学只教一点算术、代数和几何。1616 年出生的瓦里士曾进入剑桥大学学习数学，并且准备当一名大学教授，但他中途离开了剑桥，“因为没有一个专业是为这门课的教师开设的”。然而，正是在这种环境下，走出了科学巨人——牛顿。正如爱迪生所说：发明是百分之一的灵感，百分之九十九的毅力。学习期间，牛顿经常在烛光下工作到深夜。他不仅熟读了古希腊的经典著作，还仔细阅读了笛卡尔的《方法论》及其附录《几何学》《折光学》和《大气观象》。这使他具备了进军新领域的能力。在学校里，牛顿是一个"半公费生"，不需交学费，但要为食堂布置餐桌和端菜，还要为同学打扫房间、洗衣服。22岁时牛顿毕业，并获得学士学位。3年后被授予硕士学位。剑桥大学的数学教授席位是1663年建立的，巴罗是第一任教授。1669年，巴罗最先发现牛顿的超凡才能，把数学教授的工作让给了他。牛顿担任教授一直到1701年。牛顿作为教授开始工作之前，他就有了一系列的发现。牛顿为人类知识的各个领域开辟了崭新的途径。1665—1666年是牛顿创作的高峰年。这一时期，由于鼠疫流行，迫使牛顿离开剑桥，单独一人回到了家乡。此间，牛顿萌发了万有引力的想法：假定任何一个落到地球上的物体被地球的一个力所吸引，这个力与这个物体到地球中心距离的平方成反比。后来牛顿确认了这个想法，并把自己的这个结论广泛应用到行星运动、潮汐现象，甚至是彗星运动上。

1665年初，牛顿提出了"广义二项式定理"，找到了展开式系数的一般公式，并成为牛顿把某些其他的函数展开成无穷级数的基础，牛顿的自然数幂的二项式展开公式的严格证明，以后由雅各布·伯努利作出，欧拉提供了分数指数和负指数幂的不严格证明，1811年由高斯给出了分数和负指数幂的严格证明。

牛顿在1666年发现了"逆流数法"（即积分学），并写出了《曲线求积论》，在1670年写出了题为《流数术和无穷级数方法及其对几何曲线的应用》的论文（这两部著作相当迟才出版）。牛顿在这两部著作中叙述了数学分析的方法。牛顿最终运用自己的新方法，正确地解决了实际问题。其中最典型的是哈雷彗星的发现。哈雷曾于1684年拜访过牛顿，按照牛顿万有引力定律，哈雷推算出彗星运行轨道不是传统理论中的抛物线，而是椭圆轨道，所以彗星应该在一个周期后重新出现。1758年，整个欧洲的科学及天文爱好者，都将目光注视着广阔无垠的天空。因为按照已故英国天文学家哈雷（1656—1742年）的预言，这一年将有一颗76年前出现的彗星重新归来。到了这一年年末，这颗盼望已久的彗星终于姗姗而来。自此人们将这颗彗星命名为哈雷彗星。人们在现实中印证了牛顿万有引力定律这一理论。许多科学家把微积分称为天地间通用的数学。

在哈雷的资助下，牛顿于1687年出版了其科学巨著《自然哲学的数学原理》。此书一经出版，牛顿在整个英国越发受到尊敬。1689年他从剑桥被推选进了国会，1696年他获得了造币厂主管人的职位，自此53岁的牛顿步入官场，3年后他被任命为皇家造币局局长的终身职位，年俸2 000英镑，是他在剑桥大学当教授年薪的10倍。在当时的英国，年收入100英镑就属于中产阶级，因此，牛顿晚年生活十分富裕。1703年他出任英国皇家学会会长，直到他去世。1705年被封为爵士，英国女王亲临授勋。1727年3月30日牛顿在睡眠中逝世。他的葬礼享受到英国宫廷成员的待遇，被安葬威斯敏斯特大教堂——这里安葬着英国历代君王和对英国作出过杰出贡献的人士。后来诗人亚历山大·波普(Alexander Pope)为牛顿的墓志铭写下这段优美的诗句：

自然和自然的定律都隐藏在黑暗之中；
上帝说："让牛顿降临吧！"
于是，一切豁然开朗。

2. 牛顿的微积分研究

牛顿微积分理论研究的工作大致经历了三个阶段：第一阶段，像他的前人那样使用静态的无穷小量观点，凭借二项式定理的推广形式，使微积分的计算方法变得程序化；第二阶段，用变量流动生成法，创造了流数术基本概念体系；第三阶段则用"最初比与最末比"方法完善其流数术的思想。在不断的发展和变化中形成了其特有的微积分理论体系。

对于 $(a+b)^n$ 的展开式中系数的表述，在杨辉(1261年)和帕斯卡(1653年)的著作中已经出现。而牛顿对它的贡献在于：给出了求二项式系数的公式，并且将指数 n 从整数推广到了有理数和负数(大约150年后，挪威数学家阿贝尔证明了所有复指数都成立的二项式定理)。尽管牛顿没能对自己的发现提供完整的证明，但他的见识和直觉，以及巧妙的应用，都十分令人叹服。1676年，牛顿在给友人的信中，提到了自己早年发现的二项式定理，使用现代的方法它可以表示为：

$$(1+Q)^{\frac{m}{n}}=1+\frac{m}{n}Q+\frac{\frac{m}{n}\left(\frac{m}{n}-1\right)}{2}Q^2+\frac{\frac{m}{n}\left(\frac{m}{n}-1\right)\left(\frac{m}{n}-2\right)}{3\times 2}Q^3+\cdots$$

其中牛顿写道："用这一定理进行开方运算非常简便。"例如，求 $\sqrt{7}$ 的近似值的方法如下：

$$7=9\left(1-\frac{2}{9}\right)，则\sqrt{7}=3\sqrt{1-\frac{2}{9}}=3\left(1-\frac{2}{9}\right)^{\frac{1}{2}}$$

代入牛顿二项式定理,并取前 6 项,得

$$\sqrt{7}=3\left(1-\frac{1}{9}-\frac{1}{162}-\frac{1}{1\,458}-\frac{1}{52\,488}-\frac{1}{4\,723\,922}\right)=2.645\,76$$

如果取二项式展开式中更多项,就可以得到更精确的近似值。

牛顿二项式定理是他在 1665 年大学期间得到的,其中涉及无穷级数,这为他的微积分研究提供了工具。牛顿应用无穷级数,建立了曲线下面积的计算方法,其基本原理相当于现今的积分法则"和函数的积分是各函数积分的和"。这使得积分学的研究取得了突破性的进展。

1669 年牛顿写了第一篇有关微积分的论文《无穷多项方程分析》(1711 年出版)。这篇论文沿袭了费马、巴罗所使用的无限小算法思想,借助于二项式定理而拓广了无限小算法的应用范围。在这篇论文中,牛顿采用了面积无限小矩形(牛顿称之为"瞬"),亦即无穷小增量的思想。他指出:如果平面曲线下的曲边梯形面积表达式是 $Z=a\left(\frac{n}{m+n}\right)x^{\frac{m+n}{n}}$,则曲线的表达式是 $y=ax^{\frac{m}{n}}$。

事实上,假如横坐标的瞬或无限小增量为 o,则新的横坐标是 $x+o$,面积为

$$Z+oy=a\left(\frac{n}{m+n}\right)(x+o)^{\frac{m+n}{n}}$$

用二项式定理把 $(x+o)^{\frac{m+n}{n}}$ 展开,减掉 $Z=a\left(\frac{n}{m+n}\right)x^{\frac{m+n}{n}}$,然后用 o 除两边,最后舍去那些包含 o 的项,结果就是 $y=ax^{\frac{m}{n}}$。

牛顿进一步指出:反之,如果曲线是 $y=ax^{\frac{m}{n}}$,则曲线下的曲边梯形的面积便是 $Z=a\left(\frac{n}{m+n}\right)x^{\frac{m+n}{n}}$。

牛顿运用二项式定理进行微积分的计算,使他的方法可以适用于更加广泛的函数,而不再像费马等人的方法只适用于有理函数。在牛顿以前都是把求积问题归结为无限小量求和问题,而牛顿则首先确定面积的瞬间变化率,这个量就是曲线的纵坐标,然后把这一关系颠倒过来而达到求积分的目的。求切线问题与求积问题是互逆关系,牛顿的老师巴罗已经知道,并给出了一条纯粹几何的命题。牛顿的贡献,是把它转化成微分和积分两种运算的互逆关系。

在这篇论文中,牛顿还给出了求不定积分运算的若干条性质,用现在的符号表示是:$ky\,\mathrm{d}x=k\cdot y\,\mathrm{d}x$,$y_1\,\mathrm{d}x\pm y_2\,\mathrm{d}x=(y_1\pm y_2)\,\mathrm{d}x$,等等。

1671 年,牛顿在其《流数法与无穷级数》(1736 年出版)中给出了流数法的概

念和符号。据牛顿讲，他是在 1665 年和 1666 年形成了流数法思想。牛顿把一条曲线看作是由一个点的连续运动生成的，而时间是基本的自变量。依照这个概念，生成点的横坐标和纵坐标，一般是变动的量。变动的量被称为流(Fluent)，流的变化速度(即变化率)称为它的流数(Fluxion)。如果一个流(如生成一条曲线的点的纵坐标)用 y 表示，则这个流的流数用 $\dot{y}$ 表示。它相当于现在的符号 $\frac{\mathrm{d}y}{\mathrm{d}t}$，在这里，$t$ 表示时间。

牛顿还引进另一个概念，他称之为流的矩，指的是流(如 x)在无穷小的时间间隔 o 中增加的无穷小量，即在无限小时间内流的增量。于是，流 x 的矩由乘积 $\dot{x}o$ 给出。牛顿指出：诸流动量的矩可与诸流动速度或增加速度同样地看待。而且在任何问题中，可以略去所有包含 o 的二次或二次以上幂的项。这样，就能得到曲线生成的坐标 x 和 y 与它们的流数 $\dot{x}$ 和 $\dot{y}$ 关系的方程。《流速法与无穷级数》中使用流数法的一个例子如下：

考虑三次方程 $x^3-ax^2+axy-y^3=0$，以 $x+\dot{x}o$ 代替 x，以 $y+\dot{y}o$ 代替 y，得

$$x^3+3x^2(\dot{x}o)+3x(\dot{x}o)^2+(\dot{x}o)^3-ax^2-2ax(\dot{x}o)-a(\dot{x}o)^2+axy+ay(\dot{x}o)$$
$$+a(\dot{x}o)(\dot{y}o)+ax(\dot{y}o)-y^3-3y^2(\dot{y}o)-3y(\dot{y}o)^2-(\dot{y}o)^3$$

然后利用 $x^3-ax^2+axy-y^3=0$，把余下的项除以 o，再舍弃所有包含 o 的二次或二次以上幂的项，便可以得

$$3x^2\dot{x}-2a\dot{x}x+a\dot{y}x+a\dot{x}y-3y^2\dot{y}=0$$

由此不难解得 $\frac{\dot{y}}{\dot{x}}$，求出今天所谓的微分 $\frac{\mathrm{d}y}{\mathrm{d}x}$。

在牛顿的流数法中，将无穷小增量“瞬”作为基本单位，在和别的量一起参加运算时，有时用它做除数，有时又将含“瞬”的项舍去不计。这样，“瞬”就成了既是零又不是零的量。显然在逻辑上是矛盾的。牛顿在 1676 年写的论文《曲线的求积》以及 1687 年出版的《自然哲学的数学原理》一书中，力图回避开实无限小量，对“瞬”概念重新加以说明，引进了“最初比”与“最末比”的概念，从实无限小量观点转向了极限观点。

在这些著作中，牛顿不再强调数学的量是由不可分割的最小单元构成，而认为它是由几何元素经过连续运动生成的，他写道：“我认为数学量不是由最小单元构成的，而是由连续运动生成的，直线并不是由最小单元构成的，而是由点运动而成；面由直线运动而成，立体由面运动而成，角由边旋转而成，时间由连续运

动而成;等等。”在此基础上给流数概念下了定义之后,牛顿写道:“流数之比非常接近于在相等但却很小的时间间隔内生成的流量的增量比,确切地说它们构成增量的最初比。”牛顿还借助于几何解释把流数理解为增量消逝时获得的最终比。他举例说明了这种新思想:

为了求 $y=x^n$ 的流数,设 x 经均匀流动变为 $x+o$,x_n 则变为

$$(x+o)^n=x^n+nox^{n-1}+\frac{n(n-1)}{2}o^2x^{n-2}+\cdots$$

构成两变化的“最初比”为

$$\frac{(x+o)-x}{(x+o)^n-x^n}=\frac{1}{nx^{n-1}+\frac{n(n-1)}{2}x^{n-2}o^2+\cdots}\cdots$$

然后设增量 o 消逝,即令 $o\to 0$ 时,得到它们的最末比就是 $\frac{1}{nx^{n-1}}$。这也是 x 的流数与 x^n 的流数之比,即变化率。

这就是所谓的“最初比与最末比方法”。它相当于求函数自变量与因变量变化之比的极限,为以后极限理论的创立提供了潜在的基础。

在上述解法中,牛顿将“略去含 o 的项”改为“当增量 o 消逝”,这是他思想方法的一大改变。他在《自然哲学的数学原理》中指出:所谓消逝量这个说法中蕴含着默认连续量没有不可分割部分的存在,而连续量之所以连续就在于它可以无限制地被分割。这个说法还蕴含着承认在无限分割步骤中消逝的过程,这就从原先的实无限小量观点摇摆到量的无限分割过程即潜无限观点上去了。牛顿预见到最初比与最末比的方法可能遭受的批评,并意识到争论的焦点将在于“最末比”概念,于是对什么是“最末比”作了进一步说明:“消逝量的最末比实际上并非最末量之比,而是无限减小的量之比所趋向的极限。它们无限接近这个极限,其差可小于任意给定的数,但却永远不会超过它,并且在这些量无限减小之前也不会达到它。”

二、莱布尼茨的工作

1. 莱布尼茨简介

莱布尼茨(1646—1716 年)出生在德国的莱比锡,他的父亲是莱比锡大学的道德哲学教授。6 岁时父亲去世,莱布尼茨在母亲的培养下成人,直至他 18 岁时母亲去世。莱布尼茨从童年时代起便能利用他父亲良好的藏书条件,自学了

拉丁文、经院哲学以及笛卡尔的哲学思想，并对数学问题特别感兴趣。莱布尼茨15岁时进入莱比锡大学，在大学里他选择了法学作为主要专业。1667年获法学博士学位。莱布尼茨一生主要从事社会政治活动。1672年莱布尼茨作为外交官到达巴黎，调解法、德关系。在那里他结识了荷兰科学家惠更斯(1629—1659年)，以及其他许多杰出的学者，自此开始了他的学术生涯。他意识到自己在数学方面的知识仅限于阅读了一些古典名著，强烈的好奇心和很高的天资，使他很快投入到数学研究中。当他1676年离开巴黎时，已由初出茅庐的新手成为一个数学巨人。

莱布尼茨的微积分研究工作发表在两本著作中，即《一种求极大值与极小值和切线的新方法》(1684年)和《潜在的几何与不可分量及无限的分析》(1686年)。在第一本著作中叙述了微分学的基本原理，其中包括微分的定义及和、差、积、商的微分运算法则，以及微分方法的应用。在第二本著作中，他由曲线为界的图形面积出发得到积分的概念，初步论述了积分与微分的互逆关系，并引入积分的符号，这个符号一直沿用到现在。但是"微分"名称的出现比较迟，它是由约翰·伯努利提出的。除此之外，莱布尼茨发明了二进位制，开始构造符号语言，在历史上最早提出了数理逻辑的思想。

莱布尼茨被认为是西方历史上最博学的学者之一。《不列颠百科全书》的评语写道："莱布尼茨是德国自然科学、数学、哲学家。他广博的才能影响到诸如逻辑学、数学、力学、地质学、法学、历史学、语言学以致神学等广泛领域。"然而他的最后40年是为德国汉诺威(当时是英国人的殖民地)的布伦瑞克公爵做政客。一度同时被布伦瑞克、维也纳、柏林、彼得堡四个王室雇佣。但是在莱布尼茨去世前的1714年，汉威诺公爵继承了英国王位，成为英国汉威诺王朝的创立者——乔治一世。莱布尼茨恳求乔治一世在英国宫廷中给他一个职位，被拒绝了。可以想象，微积分发明的优先权之争，是莱布尼茨进入英国乔治王朝的最大障碍。这时的牛顿已成为英国人的光荣，已成为英国国王的乔治一世又怎么会为了一个莱布尼茨而去损害自己子民的自尊心呢？从这里可以看到，在学术成就上，莱布尼茨的微积分最终战胜了牛顿的微积分，也使此后恪守牛顿微积分的英国数学家一落千丈。但是在莱布尼茨的有生之年，没有从个人的学术成就中获得什么好处。2年后，凄凉之极的莱布尼茨在胆结石、痛风以及腹绞痛的折磨下离开了人世。莱布尼茨去世时，葬礼十分凄凉，送葬者叹息道：他是这个国家的荣耀，但今天却强盗般入土。

2. 莱布尼茨的微积分研究

如果说牛顿是从二项式定理的推广开始研究微积分，那么，莱布尼茨则是从数列的阶差入手研究微积分的。

1666 年，莱布尼茨发现帕斯卡的算术三角形和调和三角形中，存在着有趣的关系。在帕斯卡三角形中，任何元素是所有在上面一行左边各项之和，也是紧靠它下面的两项之差。而在其调和三角形中(图 8.8)，任何元素是在下一行右边的各项之和，同时也是紧靠它上面的两项之差。

$$\frac{1}{1}\quad\frac{1}{2}\quad\frac{1}{3}\quad\frac{1}{4}\quad\frac{1}{5}\quad\frac{1}{6}\cdots$$
$$\frac{1}{2}\quad\frac{1}{6}\quad\frac{1}{12}\quad\frac{1}{20}\quad\frac{1}{30}\cdots$$
$$\frac{1}{3}\quad\frac{1}{12}\quad\frac{1}{30}\quad\frac{1}{60}\cdots$$
$$\frac{1}{4}\quad\frac{1}{20}\quad\frac{1}{60}\cdots$$
$$\frac{1}{5}\quad\frac{1}{30}\cdots$$
$$\frac{1}{6}\cdots$$

图 8.8　调合三角形

继而莱布尼茨在《组合艺术》一文中讨论过数列问题并得到许多重要结论，例如，他考察了平方数序列：

$$0,\ 1,\ 4,\ 9,\ 16,\ 25,\ 36,\ \cdots$$

及其一阶差　$1,\ 3,\ 5,\ 7,\ 9,\ 11,\ \cdots$

与二阶差　$2,\ 2,\ 2,\ 2,\ 2,\ \cdots$

同时他注意到，一阶差的前若干项之和就是原序列的最后一项。显然，这里序列的求和运算与求差运算存在着互逆的关系。

从 1672 年开始，莱布尼茨将他对数列研究的结果与微积分运算联系起来。借助于坐标系，莱布尼茨可以把曲线的纵坐标用数值表示出来，并想象一个由无穷多个纵坐标值 y 组成的序列，以及对应的 x 值的序列，同时考虑任意两相继的 y 值之差的序列。这使他发现："求切线不过是求差，求积不过是求和。"

莱布尼茨在 1676 年完成(1684 年发表)的论文中清晰地阐明了它的微分思想，并给出了今天仍在使用的微分学符号和求导数的许多法则。这表明莱布尼茨已系统地形成了的微分思想和方法。

莱布尼茨在这篇论文中写道：已知坐标轴 AX 和一些曲线 VV，WW，YY，ZZ，如图 8.9 所示。垂直于轴的 VX，WX，YX，ZX 的坐标分别为 v，w，y，z。轴上的线段 AX 为x。设切线 VB，WC，YD，ZE 分别交轴于 B，C，D，E 处。现在任选一线段叫作 $\mathrm{d}x$，而那个同 $\mathrm{d}x$ 之比相等于 v(或 w，或 y，或 z)同 XB(或 XC，或 XD，或 XE)之比的线段，叫作

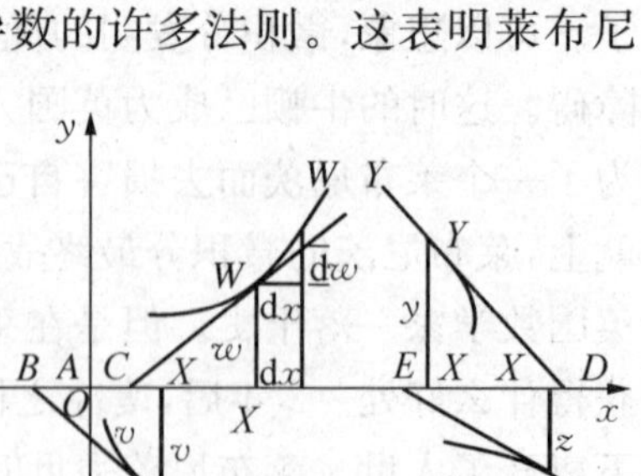

图 8.9　莱布尼茨绘制的微分概念图

dv(或 dw,或 dy,或 dz),也就是 v(或 w,或 y,或 z)的微分。

莱布尼茨凭借着对数列的洞察力,建立了自己的积分方法。譬如:对于函数 $y=x$,他把 x 用来表示相邻两项的次序,并取序数差为 1,设 1 为两相邻项的实际差。莱布尼茨用拉丁文 omnia 的缩写 omn. 表示和,则有 $omn.1 = y$。

1686 年,莱布尼茨又发表了他的积分学论文,初步论述了积分或求积问题与微分或切线问题的互逆关系。莱布尼茨分析道:"研究不定求积或其不可能性的方法,对我来说不过是我称之为反切线方法的更广泛的问题的特殊情形(并且事实上是比较容易的情形),而这种反切线方法包括了整个超越几何的绝大部分。"在这篇积分学论文中,积分号 $\int$ 第一次出现于印刷出版物上。莱布尼茨还特别对他微分符号 dx 作了一段说明:"我选用 dx 和类似的符号而不用特殊字母,因为 dx 是 x 的某种变化……并可用表示 x 与另一变量之间的超越关系。"他引进的符号 d 和 $\int$ 体现了微分与积分的"差"与"和"的实质,后来获得普遍接受并沿用至今。

三、优先权之争

1699 年,瑞士数学家德迪勒断言:牛顿比莱布尼茨先发明了微积分,而后者可能是剽窃。于是掀起了一场发明微积分的优先权的论战。拥护莱布尼茨的欧洲大陆派与拥护牛顿的英国数学家之间开始了长达 1 个多世纪的争论。

客观上讲,牛顿的微积分学思想是在 1665—1666 年间形成的,而莱布尼茨思想的形成是在 1673—1676 年间形成的,但两人都没有公开发表文章。莱布尼茨第一篇文章是 1684 年正式发表,而牛顿的第一篇文章是 1687 年发表。更为重要的是,从思想方法上看,他们是从不同的角度阐明了现代微积分学的一些基本原理,为现代微积分学体系的形成奠定了基础。具体地说,牛顿的"流数术"是建立在运动学基础上的微积分;莱布尼茨则是在费马、巴罗等人的研究基础上,以无限小量为基础而创立的微积分学。这就是说,牛顿在微积分方面的研究虽然早于莱布尼茨,但莱布尼茨成果的发表则早于牛顿;他们是各自独立地创立了微积分,并各有特色。牛顿的工作方式是经验的、具体的和谨慎的,在符号方面不甚用心;而莱布尼茨则是富于想象和大胆的,力图运用符号建立一般法则,善于把具体结果加以推广和普遍化。这使得莱布尼茨的微积分方法成为现代微积分学的雏形。

正如已经指出的，在牛顿、莱布尼茨作出他们的伟大成就之前，17 世纪上半叶的许多数学家已经对微积分问题探索过，从这个意义上讲，他们是微积分的先驱。而牛顿与莱布尼茨只是站在历史巨人肩膀上的伟人。对此，牛顿有着清醒的认识。他在概括自己的工作时曾经指出："如果我比别人看得远些，那是因为我是站在巨人的肩上。""我只不过是一个在海滨玩耍的小孩，不时地为比别人找到一块更光亮、更美丽的卵石和贝壳而感到高兴，而在我面前的真理的海洋，却完全是个谜。"

微积分发现的优先权争论被认为是"数学史上不光彩的一页"。它导致 18 世纪英国与欧洲大陆国家在数学发展上的分道扬镳。由于英国数学家固守牛顿的流数术而使自己逐渐远离分析学的主流。欧洲大陆国家的数学家在发展莱布尼茨微积分较为方便的符号系统的基础上取得了辉煌的成就，并且英才辈出。

瑞士数学家雅各布·伯努利与约翰·伯努利是莱布尼茨微积分的追随者，为微积分的发展作出了突出的贡献。伯努利家族是瑞士巴塞尔的数学家族，从 17 世纪开始，在近百年中为世界培育了十几位第一流的数学家和科学家。这个家族显赫的纪录开始于这个家族的雅各布·伯努利和约翰·伯努利。

雅各布·伯努利(1654—1705 年)遵照父亲的嘱咐，为当一个受人尊敬的牧师而进行早期的学习。17 世纪，由于自然科学的大发展，作为一个好的牧师，必须熟悉、甚至要精通一些数学知识。雅各布·伯努利自学了笛卡尔的《几何学》、华莱士的《无穷的算术》及巴罗的《几何讲义》。他不仅熟知这三位数学大师的高深理论，而且对其作了很好的改进。莱布尼茨称赞他与他的兄弟约翰·伯努利为微积分所做的工作跟自己一样多。雅各布·伯努利于 1691 年创造性地发明了极坐标，而后他利用微积分对对数螺线、悬链线、摆线和后来以他的名字命名的伯努利双曲线等进行了深入细致的研究。这些曲线对 18 世纪微积分的发展起了巨大的推动作用。雅各布·伯努利首先提出了现在称作曲率半径的公式。1731 年雅各布·伯努利出版的《猜测术》是概率论方面的巨著。书中有以他的名字命名的伯努利分布和伯努利大数定理，并为概率的计算方法提供了必不可少的理论。1686 年，雅各布·伯努利成为瑞士著名大学——巴塞尔大学教授，直到去世。

约翰·伯努利(1667—1748 年)比哥哥雅各布·伯努利小 13 岁。最初由父亲送去学习经商，但当他看到哥哥在数学界里叱咤风云时，也决定像哥哥那样而改学数学，并且决心要赶超哥哥。由于他有哥哥的热心指导，30 岁时，受聘为荷兰格罗根大学数学教授。8 年后当哥哥逝世时，巴塞尔大学按雅各布·伯努利临终时的推荐，聘请他接替了哥哥的职务，直到去世。约翰·伯努利是一位多产的数学家。他与哥哥一起对无穷级数作出了重大贡献，还在微积分理论的直接增补、微分方程理论方面多有建树。约翰·伯努利首先给出了求分子、分母都趋于零的分式极限的法则，现今被称为洛比达法则。1702年约翰·伯努利首先引入了“部分分式积分法”。在微分方程方面，约翰·伯努利连续解决了哥哥雅各布·伯努利在这个领域中提出的挑战。其中第一个问题是雅各布·伯努利1690年提出的：一根柔软但不能伸长的弦，自由地悬挂于两固定点，求该弦所形成的曲线。约翰·伯努利成功得出了正确的答案——悬链线，而哥哥却没有解决由其自己提出的这个问题。作为对约翰·伯努利的回敬，哥哥雅各布·伯努利于1697年提出等周问题的征解。这个问题是在给定周长的所有封闭曲线中求一条曲线，使它所围成的面积最大。约翰·伯努利在1697年和1701年2次作出的解答都没有取得成功，受到哥哥无情批评，而哥哥雅各布·伯努利于1700年发表了问题的正确解答——这是一个圆。约翰·伯努利后来沿着哥哥的思路继续深入研究了这一问题，于1718年给出了一个精确、漂亮的解法，并且创立了变分法的概念。约翰·伯努利在最速降线、等周问题和测地线问题研究的出色工作，使之成为变分法的创立者之一。与同时代的数学家相比，约翰·伯努利是一位更好的老师。他培养出了欧拉、洛比达这样世界有名的数学家。约翰·伯努利的3个儿子尼古拉第二、丹尼尔第一、约翰第二在父亲的教育下，也都赢得了18世纪数学家和科学家的盛名。

回到微积分优先权之争这个话题，在争论中，虽然莱布尼茨与牛顿并不是很好的朋友，他们之间也曾有过非常激烈的争论，但他还是表现得很大度，他说：“从世界的开始直到牛顿生活的时代为止，对数学发展的贡献绝大部分是牛顿作出的。”但是他的学生约翰·伯努利为了维护师道尊严，决定站在莱布尼茨的一边，对牛顿进行了多次攻击。1696年约翰·伯努利提出了著名的最速降线问题，以问题征解的方式发表在《教师学报》上，向世界数学家提出公开挑战。这个问题是求一条曲线，它连接不在垂直方向上的两点，使得质点沿着这条曲线(在摩擦和空气阻力都忽略的情况下)从上方的给定点下滑到下方点所用的时间最短。据说约翰刻意将这一问题转告了牛顿。信中写道：“……很少有人能解出我们的独特的问题，即使那些自称通过特殊方法……不仅深入探究了几何学的秘密、而且还以一种非凡的方式拓展了几何学领域的人，这些人自以为他们的伟大定理无人知晓，其实早已有人将它们发表过了。”

牛顿当时已是造币局局长，此时的牛顿已不是当年的牛顿了。他自己也承认，他的头脑已经不如20年前那么机敏了，而且还整天忙于造币局的凡俗事务。关于此事可以看看牛顿的外甥女凯萨琳记述的内容：“1697年的一天，收到伯努利寄来的问题时，伊萨克·牛顿爵士正在造币局里忙着改铸新币的工作，很晚才精疲力竭地回到家里。但是，直到解出此道难题，他才上床休息，这时已经是凌晨4点钟。”

即使是在晚年，而且忙了一天的本职工作，牛顿还是用几个小时就解决了许多欧洲数学家都无法解出的难题！这位伟大天才的功力可见一斑。牛顿感到了自己作为一代宗师的荣誉和名望都受到了挑战，对手正等着看他笑话，因此牛顿当仁不让，仅用几个小时就解决了此题。显然牛顿被激怒了，据说他说过：“在数学问题上，我不喜欢……被外国人戏弄。”

1697年复活节的截止期限，约翰·伯努利共收到了5份答案，他自己和其老师莱布尼茨各一份，第三份是他的哥哥雅各布·伯努利的，这肯定使得约翰·伯努利很不爽，因为他们兄弟两个从来都是谁也不服谁，互相较劲。洛比达是第四个。最后一份答案的信封上盖着英国的邮戳，有意思的是，竟然是匿名的，但答案完全正确！显然这封信来自一位绝顶天才，非牛顿莫属。据说，约翰·伯努利半是恼怒，半是敬畏地放下这封匿名答案，会意地说：“我从他的利爪认出了这头狮子。”虽然这个问题得到了5份正确的解答，但解法各异。实际上，这是一条上凹的旋轮线。因为这个问题的解决，旋轮线又多了一个名称——捷线。

第九章

微积分理论的严格化

第一节　极限论的创立

17—18 世纪数学分析的创造者们，把一种出色的、用于研究各种现象的工具交给了人类，但是对这种工具的结构原理未提供足够清楚的说明。1820 年以前，在微积分中占优势的是无穷小方法：导数是无穷小之比，积分是无穷小之和，至于什么是无穷小，当时并没有一个公认的精确定义，而是随着运算的进行，无穷小时而为零，时而又非零。这使微积分基础本身缺乏严密性，内部存在着深刻的危机，微积分学中某些概念的基础严重不足，而这些概念却又是新方法、新分支的基本依据。这使得微积分从 17 世纪诞生之日起就受到攻击，同时也对建立在微积分基础上的众多新的数学分支的可靠性存有疑虑。人们完全有理由怀疑，以微积分为基础的新方法的成功应用是否纯属偶然。

英国主教、哲学家、思想家贝克莱(1684—1753 年)，在他的著作《分析学家》中激烈地反对无穷小量的学说，并特别攻击牛顿的方法。他说："首先，理智无法理解这些最后的'瞬时'或'最后的增量'。""什么是流动？是消失增量的速度？那么这些消失增量又是什么呢？这不是有限数，不是无穷小量，甚至什么也不是。我们是否能把他称作为死去量的幽灵？"随着微积分内在缺陷的不断被揭示，数学史上出现了所谓"无穷小量"的第二次危机。

自 18 世纪末期开始，人们开始用古老的极限概念建立微积分的基础。产生了用极限定义导数的方法：导数是函数增量同自变量增量之比的极限，这个极限不是牛顿两个消逝量的最末比，而是作为一个不能拆开的单一变量的极限。由此就避开了神秘的无穷小数和有争议的符号 $\frac{0}{0}$。例如，捷克数学家波尔查诺(1781—1848 年)给出的导数定义(1817 年)如下：

函数 $f(x)$ 对于任一 x 值的导数 $f'(x)$，是当 Δx 无论是正或负地趋于零时，比值 $\frac{f(x+\Delta x)-f(x)}{\Delta x}$ 无限趋近的量。

摆脱无穷小数的困扰，系统运用极限概念建立微积分学的基础，是由法国数学家柯西(1789—1857年)完成的。

1821年柯西给出的极限定义：当一个变量的取值无限趋近一个固定值时，使变量最终的值与固定值的差要多小有多小，那么，该值就称为所有其他值的极限。柯西将无穷小数与变量联系在一起，并用极限定义无穷小。他说："无穷小是一个变量，其绝对值无限减小而收敛于零。"在此基础上柯西用极限概念严格定义了函数的连续、导数和积分，研究了无限级数的收敛性。在这些研究中，柯西成功地避免在当时使用"无穷小"这样含糊不清的词。例如，柯西给出新的连续函数的定义是：如果在某一区间内，对于变量 x 的无穷小量 Δx，函数 $f(x)$ 总有无穷小量 $f(x+\Delta x)-f(x)$ 则 $f(x)$ 在这个区间内连续，这一定义同波尔查诺的定义虽然在语言上相似，但因柯西使用了无穷小语言，而无穷小又是通过极限定义的，所以柯西的连续定义有更严格的逻辑根据和精确的数学形式。柯西继承并发展了古代已有的积分作为微元和的思想，与定义无穷、连续和导数一样，他从极限概念出发定义积分。他假定函数 $f(x)$ 在区间$[x_0, x]$上连续，并用分点 $x_i=(i=1, 2, 3, \cdots, n, x_n=x)$ 对其分割，柯西认为和式 $S_n=\sum_{i=1}^{n} f(x_{i-1})(x_i-x_{i-1})$ 当$|x_i-x_{i-1}|$无限减小时，S_n"最终达到某个极限值"，这个极限值就是 $f(x)$ 在该区间上的定积分。应用傅里叶的符号表示就是

$$\lim_{n\to\infty}\sum_{i=1}^{n} f(x_{i-1})(x_i-x_{i-1})=\int_{x_0}^{x} f(x)\mathrm{d}x$$

柯西特别指出，符号$\int$不能理解为一个和式，而是这种形式和的极限。

柯西关于微积分的理论，在当时引起数学界的轰动。这时正值拉普拉斯《天体几何》五卷巨著完稿之时，拉普拉斯知道柯西的成果后便隐居起来，仔细审阅书中每个细节。

第二节 分析学的严格化

柯西的极限定义，使分析学的基础建立在实数上。但柯西给出的极限的定义的不足之处在于："趋近""要多小有多小"是阐述点的移动和相互接近的"直观"概念；使用的"无限"概念缺少确切的含义，而且定义是使用文字叙述的，缺少清晰、简洁、明确的数学符号表示。

一、维尔斯特拉斯的分析算术化

1. 维尔斯特拉斯简介

维尔斯特拉斯(1815—1897 年)是一位把严格的论证引进分析的数学大师，他的批判精神对 19 世纪产生了巨大的影响。但他的传奇的励志故事可能对数学专业和非数学专业的学生更具有吸引力。

维尔斯特拉斯的父亲是一名政府官员，受过高等教育，颇有才智，但对子女相当专横。为使孩子长大后进入普鲁士高等文官阶层，于 1834 年 8 月把维尔斯特拉斯送往波恩大学攻读财务与管理，为谋得政府高级职位创造条件。

维尔斯特拉斯不喜欢父亲给自己选的专业，于是把很多时间花在大学生自由自在的放纵生活上，如击剑、宴饮、夜游。不过，这段时间中阿贝尔的工作深深吸引了他，使他立志终身研究数学。4 年后，当他离开波恩大学时，他没有取得学位，使父亲极度不满。幸亏父亲的一位爱好数学的朋友出来调解，建议把维尔斯特拉斯送到神学哲学院，然后参加中学教师任职资格国家考试。维尔斯特拉斯遂于 1839 年 5 月 22 日在该院注册。1842 年秋，维尔斯特拉斯转至西普鲁士克隆的初级文科中学任教。除数学、物理外，他还教德文、历史、地理、书法、植物，1845 年还教体育！繁重的教学工作使他只能在晚上钻研数学，而且科研条件极差：乡村中学没有像样的图书馆；校内没有可以与之讨论的同事；经济拮据，无力订阅期刊，甚至付不起邮资。在当中学教师的 15 年中，尽管教学任务繁重，工作条件很差，维尔斯特拉斯仍坚韧不拔、孜孜不倦地钻研数学，经常达到废寝忘食的程度。例如，一天早上，他该去上课的教室中起了骚动，校长走去一看，原来是教师未到。校长赶快去维尔斯特拉斯的寝室，发现他还在烛光下苦苦思索，根本不知道天色早已大明。

1854 年维尔斯特拉斯发表于《克雷尔杂志》上的“阿贝尔函数论”。这篇出自于一个名不见传的中学教师的杰作，引起数学家的瞩目。1855 年秋，维尔斯特拉斯被提升为高级教师并享受 1 年研究假期。1856 年 6 月 14 日，柏林皇家综合工科学校任命他为数学教授；在库默尔的推荐下，柏林大学聘任他为副教授；同年 11 月 19 日，他当选为柏林科学院院士。1864 年成为柏林大学教授。

在柏林大学就任以后，维尔斯塔拉斯即着手系统建立数学分析(包括复分析)基础，并进一步研究椭圆函数论与阿贝尔函数论。这些工作主要是通过他在该校讲授的大量课程完成的。几年后他就名闻遐迩，成为德国以至全欧洲知名度最高的数学教授。1869 年维尔斯特拉斯讲授阿贝尔函数，注册时为 107 人，但后来听众竟达 250 人，不少人只得席地而坐。在他的学生（包括参加讨论班的人）中，后来有近 100 位成为大学教授。考虑到当上德国大学教授的难度，这实在是一个惊人数字。他的学生中有一大批后来成为知名数学家。维尔斯塔拉斯于 1873 年出任柏林大学校长。1897 年初，维尔斯特拉斯因病辞世。

2. 维尔斯特拉斯的“$\varepsilon-\delta$”语言

19 世纪初，一般认为，每一个连续函数都是可微的，只是在某个孤立的点可能例外。并且从直观上看，由于动点要经过其轨迹曲线上的每一点，因而轨迹的曲线是连续的；再加之动点在它的轨迹的每一点处都有确定的运动方向，即曲线上每一点处都有切线，因而曲线对应的函数处处是可微的。

1861 年，德国数学家维尔斯特拉斯在柏林大学的讲义中提出了一个“处处连续，但处处不可微”的病态函数：

$$f(x)=\sum_{n=0}^{\infty} b^n \cos(a^n \pi x)$$

式中：x 为实数；a 是奇整数，$0<b<1$，$ab>1+\frac{3\pi}{2}$。

在发现病态函数之前，函数总是作为动点运动轨迹曲线的一种代数表示方法。病态函数的发现，大大冲击人们的传统观念。自第一个病态函数被发现以后，人们相继又构建出许多这样的函数，如黎曼函数（所有无理值是连续的，而所有有理值是不连续的），狄利克雷函数等。

病态函数的出现，告诫人们不能过分依赖直观，并使人们更清楚地认识到，柯西的极限理论是建立在实数系的简单直觉观念上，必须对此作进一步的完善。对此，维尔斯特拉斯提出一个设想：实数系本身首先要被逻辑地推导出来（实数必须严格化）；然后再以此数系去定义极限、连续性、可微性、收敛和发散等概念，达到分析严密化的目的。这就是“分析的算术化”。分析的算术化一方面是指分析的严密化，“算术”不是对一般的常量的算术，而是无穷小算术。分析的算术化也就是要把分析建立在纯算术的概念和思维的基础上。另一方面，算术化也是针对自古以来强调的“几何化”而提出的。18 世纪以后，人们要求的是必须排除几何的直观和不严谨的语言叙述，通过严密的逻辑推理论证和精确的计算得到的结论才是真正可信的。

维尔斯特拉斯在分析算术化方面的工作改进了波尔查诺、阿贝尔和柯西的结果，其关键是完成了柯西引进的用不等式描述极限的符号化定义。维尔斯特拉斯对于极限概念给出了纯算术的表达，这标志着分析算术化过程的结束。

1856 年，维尔斯特拉斯用 $\varepsilon-\delta$ 方法，给出极限的定量化的定义。他首先把变量 x 解释成一个字母，该字母表示数集中的一个数，接着对连续变量 x 作了静态的定义：如果对某数集中任一个 x_0 和一系列无论怎样小的 δ_i，在区间 $[x_0-\delta_i, x_0+\delta_i]$ 内总有该数集中另外的值，就称 x 为连续变量。函数 $f(x)$ 在 x_0 处连续的定义是：如果对于任意的一个 $\varepsilon>0$，都存在一个 $\delta>0$，使区间 $|x-x_0|<\delta$ 内的所有 x，有 $|f(x)-f(x_0)|<\varepsilon$ 成立，即 $f(x)$ 在 $x=x_0$ 处连续。若把连续定义中的 $f(x_0)$ 用 L 代替，就称 L 为 $f(x)$ 在 $x=x_0$ 的极限。这就是今天极限论中的“$\varepsilon-\delta$”方法，而这个方法是维尔斯特拉斯 1856 年在柏林大学的一次讲演中首次提出的。

自微积分诞生以来，人们对变量能否到达它的极限曾有过激烈的争论，有人主张能达到，有人主张达不到。根据极限的“$\varepsilon-\delta$”定义，极限概念并不包含“趋近”和能否到达的问题，而是一个静态问题。所以“$\varepsilon-\delta$”方法的提出，不仅在数学中排除了模糊的运动概念和有争议的无穷小概念，而且还回避了极限能否到达的问题。用“$\varepsilon-\delta$”方法叙述数学分析中一系列重要概念，如极限、连续、导数和积分等，就建立了现代分析学科的严格体系。

二、实数理论的深化

在维尔斯特拉斯的分析学算术化的设想中，提出了建立严密实数理论的要求，这不仅涉及分析学理论严密化的问题，而且关系到 19 世纪整个数学基础的严密化的问题。并且许多代数分支的无矛盾性也依赖于实数的无矛盾性。这一切都表明，实数系对于数学的基础是太重要了。实数理论的深化工作主要是由数学家皮亚诺、戴德金、康托完成的。下面主要看看皮亚诺的自然数公理体系和戴德金的有理数分割理论。

1. 皮亚诺的自然数公理体系

1859 年，维尔斯特拉斯提出了在自然数基础上建立有理数的见解，即两个整数比（分母上的整数不为 0）是一个有理数的定义。这样，有理数的逻辑基础就建立在自然数的可靠性上。

在自然数公理体系的众多设计中，最简捷而又与直觉相一致的公理体系，是由意大利数学家皮亚诺(1858—1932 年)于 1889 年给出的。称之为自然数的"皮亚诺公理",它包含三个原始概念(自然数,数 1,后继数)和五条公理:

(1) 1 是一个自然数。

(2) 每一个确定的自然数 a,都有一个确定的后继数 $a+$,而 $a+$ 也是一个自然数。

(3) 1 不是任何自然数的后继数,即 $1 \neq a+$。

(4) 一个数只能是某一个数的后继数,或者根本不是后继数,即由 $a+=b+$,一定能推得 $a=b$。

(5) 任何一个自然数的集合,如果包含 1,并且假设包含 a,也一定包含 a 的后继数 $a+$,那么这个集合就包含所有的自然数。

最后这条公理就是数学归纳法公理。

皮亚诺还采用了自反(即 $a=a$)、对称(如果 $a=b$,则 $b=a$)和传递(如果 $a=b$, $b=c$ 则 $a=c$)等公理,并定义了自然数 a 和 b 的加法:

$$a+1=a+,\ a+(b+)=(a+b)+$$

乘法:

$$a\cdot 1=a,\ a(b+)=ab+a$$

于是就建立了人们所熟悉的关于自然数的性质,如顺序性质,加法和乘法运算的性质等。

2. 戴德金的有理数分割理论

在第二章里,我们知道毕达哥拉斯学者希帕索斯发现了无理数,但是由于古希腊人对于无穷的不确定性的恐惧,致使他们不是大胆地去面对无理数的逻辑难题,而是选择了回避。于是他们抛弃了代数科学而选择独自陶醉在欧几里得编织的几何乐园里。在随后的数学发展中,虽然无理数被作为有理数的近似值随意使用,但一旦遇到根本性的问题,数学家便束手无策。例如,对微积分的定义。因此,一直到了 19 世纪,数学家终于感觉到要正视这一问题,力图搞清楚无理数的本质特征。

要真正理解什么是无理数,就要搞清楚无理数与有理数之间的区别。有理数是形如 m/n 的数,其中 m 和 n 是整数。如果把有理数化为小数,则很容易确定:要么为有限小数(如 3/5=0.6),要么为无限循环小数(如 3/11=0.272 727 27…);与之相反,无理数则不能写成整数比的形式,像 $\sqrt{2}$ 和 π 就是这样的非有理数,它既不是有限小数，也不是循环小数，而是无限不循环小数。虽然有了这样的区别，但是仍然不清楚它们到底具有什么样的本性。1872 年，德国数学家戴德金(1831—1916 年)和康托(1845—1918 年)同时对这一问题发表了研究论文。这一研究对数学界产生了重大的影响。

戴德金考虑的是给定实数数轴上有理数与无理数的区别，他通过在线段上定义切割来建立实数的连续性。例如，把数轴想象成无限长的管子，管中按顺序排列着有理数；一个切割把这个管子切割成 A 和 B 两个部分，并把管子的两个切面露在外面，这就是集合 A 和 B 的断点。通过观察两个切面，如果面上有数字的话，外面可以读取面上的数。如果没有读到数，那么外面就说实现了一个无理数的切割。用这种方法，戴德金就利用集合 A 和 B 定义了无理数，而不是把无理数作为一个序列。下面就把这个无理数的逻辑定义写下来：

将有理数集合划分成两个非空不相交的集合 A 和 B，使得 A 中的任意的数都小于 B 中的任一数。A 和 B 的分割记为 $(A|B)$。这样的分割可能产生三种情况：

(1) 在 A 中没有最大的数，而 B 中有最小的数 r。

(2) 在 A 中有最大的数 r，而在 B 中没有最小的数。

(3) 在 A 中没有最大的数，在 B 中也没有最小的数。

在前面两种情况中，分割产生有理数，或者说分割界定了有理数。在第三种情况中，界数不存在，分割不能界定任何有理数。这时规定：任何属于第三种情况的分割就界定了一个无理数。

戴德金的这种切割方法不仅定义了无理数，而且给出了实数是连续的这一重要结论，它成了实数理论的第一个重要定理。直观地讲，在数轴上随便砍一刀，不会落在空隙中，一定会砍在某一实数上，这个数不是有理数就是无理数。而数轴是连续不断的，这就是连续性与完全性的直观含义。这样，数轴上的点就与实数集合建立了一一对应关系，实现了代数与几何的完全统一。

皮亚诺、戴德金和康托等人的工作，实现了分析算术化的目标。美国现代数学家柯朗和罗宾对此评论道："数是近代数学的基础……古希腊人选取点和线的几何概念作为他们的数学基础，但是今天，所有的数学命题最终必须转化为有关自然数的命题并已成为指导原则。'上帝创造自然数；其余一切都是人为的。'在这个格言中，克罗内克指出了数学大厦赖以建立的可靠基础。"①

① 柯朗 R. 什么是数学. 复旦大学出版社，2006：6.

第三节 微积分的深化与拓展

一、外微分形式

除了分析算术化运动之外,微积分的发展还有一个重要的发展阶段——就是外微分形式的建立。因为有了外微分形式的建立,而且只有用了外微分,才能真正说清楚微分和积分在高维空间中是一对矛盾,这就是多元微积分中的斯托克斯公式。有了这个公式,才使微积分最终划上一个句号,到达了终点,而同时它也成为近代数学入口处之一。龚升认为:一元微积分的微积分基本定理的建立标志着微积分的诞生;分析算术化的胜利标志着微积分严格化的完成;外微分形式的产生,建立了多元微积分的微积分基本定理,标志着微积分的完成,并从古典走向近代。①

19 世纪末,庞加莱(1854—1912 年)指出了多重积分的体积元素应有一个正负定向,这个重大发现,导致了外微分形式的出现。1899 年嘉当(1869—1951 年)明确定义了外微分形式和外导数等。1922 年,他十分明确地写出了斯托克斯公式。1899 年,庞加莱给出了著名的庞加莱引理及其逆。后经庞加莱、嘉当及古萨(1858—1936 年)等人的发扬光大,尤其将它应用于微分几何、微分方程等学科上获得了很大的成功,成为近代数学的重要篇章。外微分形式是近代数学中必不可少的工具与方法。

二、非标准分析

在牛顿与莱布尼茨建立微积分的阶段,他们往往任意使用无穷小,但在实数域中是没有无穷小的位置的。实际上,对任给的一个非零实数 a,其绝对值的整数倍构成的数列 $|a|, |2a|, \cdots, n|a|, \cdots$ 可以超过任何界限,即任给 $m>0$,不论 m 有多大,一定可以找到充分大的正整数 n,使得 $n|a|>m$。这个性质叫作阿基米德性质。实数域 R 就是具有这个性质的数域。在微积分中,按照柯西的定义,无穷小量是指无限接近于零的变量,因此乘以任一正整数 n 以后,仍为一无穷小量,即无穷小量不具有阿基米德性质,所以不属于 R。牛顿与莱布尼茨

---

① 龚升. 微积分五讲. 科学出版社,2004:8.

当时进行实数运算时,任意运用一个在实数域中不存在的无穷小,以至产生了一会儿是零,一会儿又不是零。对“$\frac{0}{0}$”的解释也不能令人满意。也正因为如此,那时的微积分就遭到一些人的非难与攻击。经过了近200年的努力,分析算术化的成功,有了ε-δ,ε-N这一套语言,虽然为微积分打下了牢固的基础,但是同时,无穷小量却被完全抛弃了,并且无穷小方法所具有的直观、简洁、生动活泼的优点也一起被抛弃了。例如,瞬时速度本来人们直观可以理解的概念,且客观存在,但为了应用ε-δ语言,需要定义它。

在微积分建立300年后,已经被赶出微积分100多年的无穷小又回到了微积分中。1960年,美国著名数学家罗宾逊(1918—1974年)运用现代数理逻辑中模型论的方法建立了实数理论的非标准模型,并在它的论域中引进了实无穷小,创立了非标准分析这一新的数学分支。他创立的新理论既克服了原有理论的局限性,又继承和发展了原有理论的优点,推动了微积分理论的辩证发展。

罗宾逊主要将实数域扩充到包含有数不清的无穷小及无穷大等非标准数的超实数域R^*。而R^*与R一样,其中的元素可以进行四则运算,且遵循一些算术法则。在R^*上重新讨论微积分、度量空间及拓扑空间等,以及应用这种思想于别的数学领域。

非标准分析的诞生告诉我们:分析算术化不是微积分严格化的唯一途径。非标准分析在逻辑严谨上是无懈可击的,因为它们本来就是建立在数理逻辑的基础上的。从某种意义上讲,他的工作复活了300年前牛顿和莱布尼茨的无穷小分析;为18世纪的数学作了有力的辩护,为曾经被19世纪数学家嘲笑的无穷小方法重新恢复了名誉。

值得一提的是,1976年出版了第一本由罗宾逊所著的《非标准分析》。随后可供大学生用的“非标准微积分”教材也先后在美国一些大学试用。但是用非标准分析来讲微积分,往往要用到很多数理逻辑的知识,这比通常的微积分课程难于理解。总之,非标准微积分的思想和方法,对大学生学习“标准微积分”课程还是具有一定的启迪和帮助的。

三、微积分严格化之后

随着康托、戴德金、皮亚诺等人对实数理论的不断完善,这标志着分析算术化运动的胜利完成,也标志着微积分严格化的胜利完成。微积分现行教材就是以柯西、维尔斯特拉斯、黎曼等为代表的数学家们经过基础严格化后形成的形式来编写的。虽然已经经历了100多年，但大多数教材形式依旧。微积分基础完成了严格化之后，整个数学的面目都焕然一新。微积分更为深入、广泛地渗透到数学的各种分支中去。已有的分支得到了更为深刻的发展，新的分支不断产生。但以微分与积分作为主要基础的微积分理论该怎样往前发展？走向何处？

1. 微积分拓展之一——实变函数

由于原有微积分固有的一些缺陷逐渐显示出来，使微积分的发展受到了很大的局限性。为了克服这些缺陷，必须深化与拓展微积分的概念。由勒贝格等人经过艰苦努力建立了一整套理论，使微积分的面貌焕然一新，其核心部分是勒贝格积分理论。这整套理论现今称为实变函数或实分析，成为现代数学中的重要内容，且成为重要的一种数学语言。实分析在概率论、数理统计、调和分析、泛函分析等各种学科中的作用尤其显著。

勒贝格积分与黎曼积分本质上的不同，也许用勒贝格自己的说法来说明是最为恰当的。他说：假如我欠了人家许多钱，现在要还，此时，先按钞票面值的大小分类，然后计算每一类的面额总值，再相加，这就是我的积分思想。如不按面值大小分类，而是按从钱袋中摸出的先后次序来计算总数，那就是黎曼积分的思想。

由于这套理论的建立，使微积分能在一个更为广阔的天地中发挥它的作用。而对微积分本身的理解，与原有的认识相比，也达到了更为深刻的地步，这套理论将微积分推向到一个更高的层次。

对勒贝格积分有兴趣的读者可进一步参阅实变函数课本。

2. 微积分拓展之二——复数域上的微积分

在实数域上建立了微积分后，作为微积分自身的理论，试图将它拓展到复数域上是理所当然的事。对复数的认识早已有之，如对方程 $x^2+1=0$ 的解，代数方程的解等，但认真理解它，研究它是从18世纪才开始。而到了19世纪，复数域上的微积分，即复变函数论或复分析，成为了这个世纪中最有影响的数学分支之一，可以说是这个世纪中占统治地位的数学分支之一。以至高斯曾说过这样的话：$\sqrt{-1}$ 所具有的真正的超现实性是难以捉摸的。

复分析既然是复数域上的微积分，那么它的内容应有两个部分：一部分是从实数域上的微积分直接平行推广过来的，这部分的建立往往无多大的困难；另一部分是实数域上的微积分所没有的，不能直接地推广过来的。前一部分当然重要，但后一部分往往更为引人注意。

原有微积分是由三个部分组成，即微分、积分以及微积分基本定理，这些都可以直接推广到复数域上来。值得一提的是，微积分基本定理到了复数域上将会如何？在复平面上，这成为了复形式的格林公式：记 Ω 的边界为 $\partial\Omega$，则 $\int_{\partial\Omega}\omega=\iint_{\Omega}\mathrm{d}\omega$。由此出发，就可以得到著名的柯西积分公式与柯西积分定理。柯西积分公式说：若 L 是一条逐段光滑的封闭约当曲线，$f(z)$在曲线上及由曲线包围的内部连续，且在其内部解析，则在区域内的任一点 z，有 $f(z)=\frac{1}{2\pi i}\int_{L}\frac{f(r)\mathrm{d}r}{r-z}$ 成立。柯西积分定理说：假设如上，则 $\int_{L}f(z)\mathrm{d}z=0$。不难证明：柯西积分定理与柯西积分公式是相互等价的。

1825 年及 1831 年柯西两条定理的建立，标志着复分析作为一门独立学科的诞生，也标志着复分析中三个主要内容之一——柯西理论的开始。从这两条定理出发，可以得到一系列重要的结果，愈来愈显示出复分析与原有微积分之间的质的不同。但另一方面，从上面的叙述中，也可以看出柯西理论与原有微积分的血缘关系。

就在柯西为建立复分析而努力的时候，另外还有两位大数学家也正在从不同的角度为建立复分析而努力。

一位是维尔斯特拉斯，他从幂级数出发考虑复分析。对一个幂级数，就有收敛圆，在收敛圆中每一点，再由幂级数展开，于是又有收敛圆，如果后一个收敛圆越出原来的收敛圆，这就是解析开拓，这样步骤一直进行下去，直到不能解析开拓为止。这样他就定义了一个完全解析函数。这是他建立复分析的出发点之一。

另一位数学家黎曼，他从几何的观点来考察复分析，即将函数看作从一个区域到另一个区域的映射。为了研究多值函数理论，他还引入了一个全新的几何概念，即黎曼面。这套理论是原有微积分中所没有的。1851 年，黎曼的博士论文是数学史上一篇重要文献。正如著名菲尔茨奖获得者数学家阿尔福斯(1907—1996 年)所说的，这篇论文不仅包含了现代复变函数论主要部分的萌芽，而且开启了拓扑学的系统研究，革新了代数几何，并为黎曼自己的微分几何研究铺平了道路。

1825 年、1831 年开始的柯西理论，1841 年开始的维尔斯特拉斯级数理论，1851 年开始的黎曼几何理论及黎曼面理论，这三套相对独立又紧密联系着的理论，构成了复数域上的微积分——复分析，成为数学中独有的理论，它是 19 世纪中最有影响的数学分支之一。

将实数域上的微积分拓展到复数域上，成了内容丰富的复分析，那么是否可以将复数域再拓展，成为更一般的域，在这些域上来建立微积分的理论呢？当然也可以在四元数代数及八元数代数上建立微积分理论，但至今进展甚微，由于四元数代数是不可交换代数，八元数代数是不可交换又不可结合的代数。

如同一元微积分拓展到多元微积分那样，单复变数函数论可以拓展到多复变数函数论。多元微积分与一元微积分的根本差别在于有外微分形式，从这点上来看，这两者有质的差异。同样，多复变数函数论或多元复分析，与单复变数函数论或一元复分析相比有本质上的飞跃，它决定不是一元复分析的平行推广。

3. 微积分拓展之三——流形上的微积分

上面简要介绍了将实数域上的微积分拓展到复数域上。也可以这样说，将实 Euclid 空间上的微积分拓展到复 Euclid 空间上。从几何的角度来说，另一个重要的拓展是将实 Euclid 空间拓展到微分流形上，即建立起微分流形上的微积分，微分流形是现代数学中最为重要的基本概念之一。大量的现代数学都是在这上面展开的。但要严格地说清楚什么是微分流形上的微积分要花很大的力气，也实在太费篇幅，关于微分流形上的微积分有很多写得很好的书可供参阅。

什么是微分流形？这是一个具有微分结构的局部 Euclid 空间。微分流形是一个十分广泛的概念，Euclid 空间不过是它最为简单的例子，所以将微积分从实 Euclid 空间拓展到微分流形上的本质上的一步拓展，说明微积分已从古典走向了现代，它的影响所及远远超出了分析的范围。它是如此有力的工具，不但可以对已有的分析理论有更深刻的理解，而且由此产生了很多不同分支的优美的理论，使得数学翻开了崭新的一页。

在微积分严格化之后，作为微积分自身的理论的发展也就介绍这些了。由于这些内容都已不属于通常理解的微积分的范围，而是分别成为一门门独立的学科存在，因此，它们都不能作为微积分发展的一个阶段来看待。

在微积分严格化之后，还有一个重要的拓展在这里没有提到的，那就是将有限维实 Euclid 空间上的微积分拓展到无穷维空间上去，这属于泛函分析的内容。

第十章

几何学的近代发展

第一节 射影几何

在笛卡尔和费马引进解析几何学以后的百余年里，代数的和分析的方法统治了几何学，几乎排斥了传统的欧几里得几何学的综合方法。然而，综合方法优美和直观上的清晰性，吸引着人们，使他们使用这种方法创造出与解析几何相媲美的射影几何学。

在文艺复兴时期，伴随着绘画和建筑业的辉煌成就，人们开始研究透视问题。在寻找透视截景之间的数学关系的过程中，逐渐形成了画法几何和射影几何学。图 10.1 表示的就是同一投影的两个不同截景。

17 世纪法国建筑工程师、数学家笛沙格(1593—1661 年)则是射影几何的创始人。在他去世之后的 1845 年，人们从巴黎旧书店的一本手抄本中发现了笛沙格生前的一本关于圆锥曲线的著作，这个论著成为综合法射影几何学早期的经典著作，其中包括对合、调和变换、透射、极轴、极点、透视等现代射影几何的基本原理。笛沙格用射影的方法，将直线的平行与直线的相交统一在一起，圆柱与圆锥统一在一起，证明了著名的笛沙格基本原理：如果两个三角形(在同一平面上或不在同一平面上)的对应顶点的连线共点，则他们的对应边的交点共线；反之亦然。如图 10.2 所示。

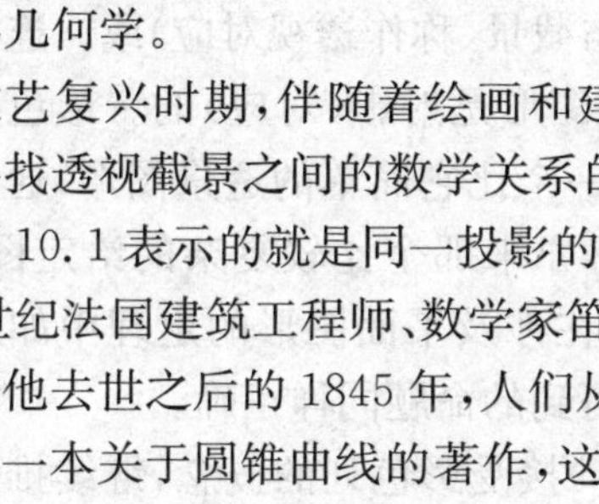

图 10.1　同一投影的两个不同截景图

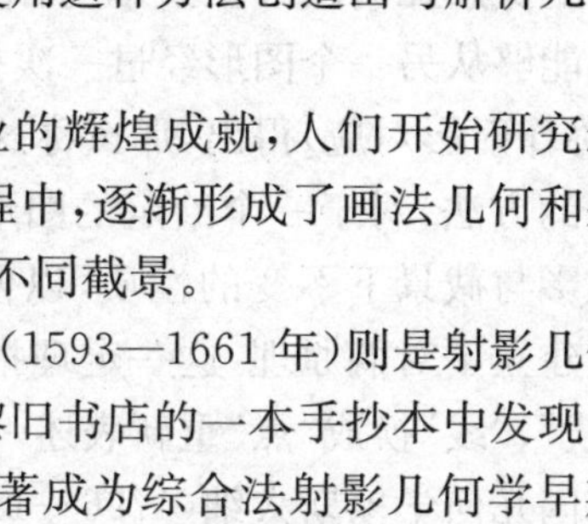

10.2　笛沙格定理

1639 年的一本著作中，笛沙格还明确记载了下列命题：

(1) 直线可以认为是无限延长的并且在相反的两个端点重合。

(2) 平行线相交于无穷远处。

(3) 一组平行线上有一条公共的无穷远线，即所有平行平面交于无穷远线。

由于把无穷远元素引入几何学，笛沙格不再把二次曲线看作是圆锥与平面的交线，而是理解为圆的透视形，把圆变换成开口的抛物线或双曲线，仍然看作是封闭的，只不过是有一点跑到无穷远而已。

法国数学家彭色列(1788—1867 年)从画法几何学出发研究了射影的性质，使用综合方法对这门学科的发展作出了重要的贡献。如果说笛沙格是出于建筑师和绘图员的需要，开创了射影几何，而他的继承者们，则从射影几何的内在潜力出发促进了该学科的发展。画法几何学是研究怎样把三维物体正交投影到水平和垂直的平面上的方法，以便从这个投影推断三维空间物体的性质。彭色列从理论上探索几何图形在投影与截景下保持不变的性质。彭色列指出，如果一个图形能够从另一个图形经过一次投射与截景(称作透视对应)或一连串投影与截景(称作射影对应)得出，那么称这两个图形是射影(对应)的。彭色列运用透射图形的方法，对于一个给定的图形，找一个比它简单的透景图形，通过研究后者在投影与截景下不变的性质，以便获得原来那个比较复杂的给定图形性质。彭色列建立了对偶原理，这一定理指出：在涉及平面图形的定理中如果把“点”换成“线”、“线”换成“点”重新表述一遍，得到的命题同样正确。

德国几何学家斯太纳(1796—1863 年)接受彭色列的概念，继续推进了射影几何的发展。他运用射影概念从简单的图形(如点、线、线束、面束)构成更复杂的图形。例如，他把圆锥曲线定义为射影对应的两个线束的所有交点的集合。斯太纳使用对偶原理，把点曲线的定义对偶化，得到了一种新结构，称为线曲线，例如，从两个(非透视对应)成射影对应的点列出发，则连接这两个点列中对应点的线族，称为线圆锥曲线。利用对偶概念，可以把许多圆锥曲线的定理对偶化。斯太纳通过把图形分类和注重对偶命题而系统地发展了射影几何。

在综合几何学家们发展射影几何学的同时，代数几何学家们用代数的方法也研究这一学科。他们给出了点与线的坐标，用代数方法研究射影的性质，将综合法中的不变式理论、无穷远点(线)表达成代数表达形式，同时也为射影几何向高维推广提供了可能。

在射影平面上两个一次曲线建立射影对应即可得出二次曲线，例如，前面已经提到的圆锥曲线的射影定义，它就是由两个成射影对应的一次曲线(即两个线束)对应直线的交点构成的。类似的当一个一次曲线与一个二次曲线建立射影对应时,则对应曲线的交点可以得出三次曲线。当两个二次曲线建立射影对应时,则曲线的交点可以得出四次曲线。以此类推,即可得出高次曲线而称为二维空间的代数流形。将二维射影空间推广到 n 维射影空间,将 n 维空间的直线、二维平面、三维平面、$n-1$ 维平面叫线性流形。然后再将二维空间的代数流形推广到 n 维空间上去。于是关于这些线性流形及代数流形的射影性质的研究就组成 n 维射影几何。由于引进了代数方法,不仅有利于 n 维射影几何学的研究,也为后来运用代数公理来开拓射影几何学的疆域作好了准备。

第二节 罗巴切夫斯基几何学的创立

非欧几里得几何起源于近 2 000 年来人们对欧几里得《几何原本》中第五公设的研究。自欧几里得的《几何原本》问世之后,把第五公设作为一条定理从其余 9 条"公理"和"公设"导出的尝试使几何学家们忙碌了 2 000 多年。

到了 19 世纪 20 年代,罗巴切夫斯基、J·鲍耶和高斯发现了第一个非欧几里得几何,在宣告第五公设只能是公理的同时,又创造了新的几何学:这是从欧几里得第五公设的否定命题出发,利用公理化方法得到的新几何体系。罗巴切夫斯基以其毕生的精力系统地研究了非欧几里得几何思想方法,使第一个非欧几里得几何学被称为罗巴切夫斯基几何学。

一、第五公设的等价命题

从《几何原本》的 9 条公理和公设出发,证明第五公设的努力一直持续到 18 世纪。欧几里得第五公设的语言表述不如其他 4 个公设简洁,缺乏"自明"的特征。同时它是《几何原本》第 17 个命题的逆命题,并且看起来更像个命题而不像公设。再则,《几何原本》在前面 29 个命题证明中,一直没有用过这条公设。数学家自然会想:这条公设是否真的必要,也许它能作为一条定理从其他 9 条"公理"和"公设"导出,或者它能被可接受的等价物取代。2 000 年中,虽然不止一次地有人宣布已经获得成功,可是人们很快就发现这些"成功者"的证明,无一例外地都出了毛病。他们大都在证明中,或明或暗、自觉不自觉地使用了"代替第五公设的公设"。这无疑地等于用要证明的命题来证明它自身,是显而易见循环定义的逻辑错误。公元 5 世纪,欧几里得几何学的著名注释者、古希腊学者普罗克鲁斯在试证第五公设时,就发现公元 1 世纪古希腊天文学家托勒密的"证明"中,使用了"过直线外一点只能作一条直线平行于该直线"的命题，这个命题正是18世纪苏格兰数学、物理学家普莱菲尔又重新发现的第五公设的等价命题。对此，18世纪的数学家达朗贝尔曾将第五公设的证明称为"几何原理中的家丑"。人们从正面证明第五公设的努力虽然失败了，但无意之中却找到了它的许多等价命题。除上述普莱菲尔的平行公理外，第五公设主要的等价命题还有：

(1) 三角形三个内角之和等于两个直角。

(2) 每个三角形的内角和都相同。

(3) 四边形的内角和等于四个直角。

(4) 通过一角内任一点可以作与此角两边相交的截线。

(5) 过不在一直线上的三点可作一圆。

(6) 垂直于锐角的一条边的直线，必与此锐角的另一条边相交。

(7) 平行于已知直线的直线，与已知直线的距离处处相等，等等。

下面给出第五公设一个等价命题的证明：如果任意三角形内角和都等于π，那么过线 a 外一点 A 只能引进一条直线与 a 不交。

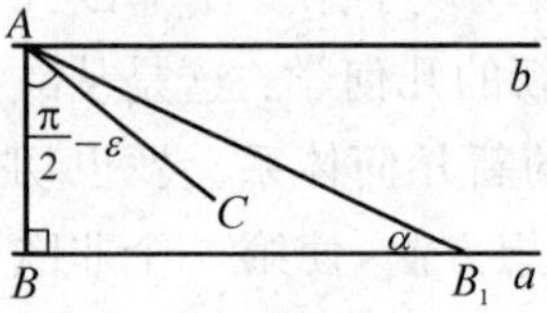

图 10.3 第五公设等价命题的证明

事实上，过 A 引 a 的垂线 AB，并过 A 引 AB 的垂线 b，则 a 与 b 必定不交。

如图 10.3 所示。假如另有一条直线 AC 与 a 不交，记锐角 $\angle BAC$ 为 $\frac{\pi}{2}-\varepsilon$，在直线 a 上取点 B_1，使 B_1、C 在 AB 同侧，且使 $\angle AB_1B=\alpha<\varepsilon$。

按假设，直角 $\triangle ABB_1$ 内角和等于π，所以

$$\angle B_1AB=\frac{\pi}{2}-\alpha>\angle CAB=\frac{\pi}{2}-\varepsilon\text{（因为 }\alpha<\varepsilon\text{）}$$

于是，作得一个 $\triangle ABB_1$，而直线 AC 经过其内部，所以 AC 必与底边 BB_1 相交。这与 AC 与 a 不相交的假设矛盾。

二、非欧几里得几何思想的萌芽

当人们长期采用正面证明而屡遭挫败之后，18世纪后半叶的数学家开始从反面证明第五公设，意大利耶稣会教士、数学家萨凯里（1667—1733年）于1733年第一次发表了其极具特色的成果。

萨凯里使用归谬法，从著名的"萨凯里四边形"出发来证明第五公设。萨凯里四边形是一个等腰双直角四边形，如图 10.4 所示，其中 $AC=BD$，$\angle A=$

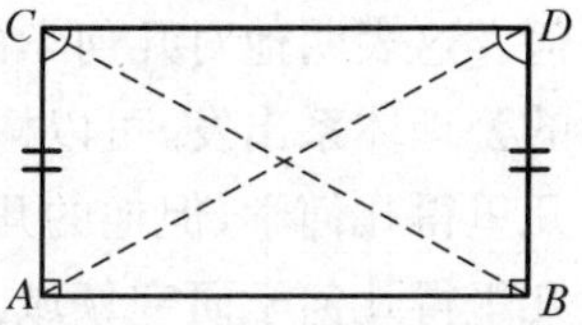

图 10.4 萨凯里四边形

$\angle B$ 且为直角。萨凯里需要证明的是 $\angle C=\angle D$ 且为直角。

萨凯里指出，不用平行公设容易证明 $\angle C=\angle D$，并且它们有三种可能性：$\angle C$ 和 $\angle D$ 是直角，$\angle C$ 和 $\angle D$ 是钝角，$\angle C$ 和 $\angle D$ 是锐角。可以证明，直角假设与第五公设等价，萨凯里的计划是证明后两个假设导致矛盾，根据归谬法就只剩下第一个假设成立，这样就证明了第五公设。

在《几何原本》中，承认直线是可以无限延长的。萨凯里在这个前提条件下，很容易否定了钝角假设。然后考虑锐角假设。在这一过程中他获得了一系列新奇有趣的结果。譬如，在锐角假设成立的前提下，可以得到：三角形三内角之和小于两个直角；过给定直线外一给定点有无穷多条直线不与该给定直线相交，等等。但是萨凯里认为它们太不合情理，便以为自己导出了矛盾而判定锐角假设是不真实的。

虽然萨凯里通过反证法证明第五公设没有获得成功，但却是 2 000 年来对第五公设第一次别开生面的证明，他在证明过程中所推导出来的一些命题已经超出了欧几里得几何的范围，而属于后来建立起来的罗巴切夫斯基几何。他已经不自觉地走向非欧几里得几何的大门，只是自己并没有认识到这一点。萨凯里的工作是要通过"反证法的路线"去达到证明第五公设的目的，他并没有去探索第五公设以外的几何世界的意识，甚至可以说，他并未能意识到存在第五公设以外的几何世界。

在萨凯里之后，1766 年德国哲学家、数学家兰伯特（1728—1777 年）采取了与萨凯里类似的反证法来证明第五公设，并在一定程度上触及了非欧几里得几何的核心。但与萨凯里不同的是，他开始认识到，如果任何一组假设不导致矛盾的话，那么就能构成一种理论系统。他意识到至少存在一种没有第五公设的"逻辑世界"。兰伯特明确地指出，前人对第五公设的证明"通常包含或者就是所要证明的命题，或者是和第五公设等价的命题"。他为了证明第五公设而选择的等价命题是：若四边形的三个角是直角，其另一个角也必是直角。同萨凯里一样，兰伯特令这第四个角是直角、钝角或锐角，再通过推导出矛盾的方法去否定钝角和锐角假设。在这些假定下他推导出一系列不同的新命题。

兰伯特将自己的注意力放在对已取得的成果的分析上，并提出："不管假设第四个角是钝角的还是锐角或直角，如果推理过程不导致矛盾的话，那么其结果一定提供了一种可能的几何。这种几何是一种真正的逻辑结构。虽然它或许对真实的图形作用很小，但人们不能限制逻辑上具有发展可能的千差万别的几何。”这表明他对几何学的真理性提出了一个新的思想，即在不同的空间，从不同的公理体系出发，可以构造出不同的几何学。兰伯特虽然没有创立系统的非欧几里得几何学，但他的几何学思想可以说超出了欧几里得几何，已经迈进了非欧几里得几何学研究领域。

从萨凯里开始沿着“反证法路线”前进的几位有代表性的研究者逐渐离开了求证第五公设的目标，朝向创造非欧几里得几何的目标靠拢，到了19世纪初，第五公设的研究出现了可喜的进步。人们从僵化的思想中解放出来，逐渐认识到第五公设可能是独立（不可证明）的命题。面对大量出现的非欧几里得几何命题，人们可是思考数学真理的检验标准问题。这些都为19世纪的几何学、乃至数学的发展提供了先进的思想准备工作。

三、罗巴切夫斯基几何的创立

19世纪上半叶，第一个非欧几里得几何学的三位创立者高斯、罗巴切夫斯基和J·鲍耶都各自证明了在第一种情况下，存在着一个与欧几里得几何不同的几何学体系：非欧几里得几何学。

1. 高斯的发现

高斯（1777—1855年）出生于德国的布伦瑞克。以打短工维持生计的父亲并不懂得正规教育对人的发展的重要作用，只有母亲不断鼓励小高斯努力学习。高斯天性聪颖，据说“在他会说话之前就会计算”。在当地最高行政长官威尔海伦公爵资助下，18岁的高斯进入哥廷根大学。第二年，高斯解决了一个正多边形的尺规作图的理论问题，而且完成了正十七边形的尺规作图。这个成功使他从此更加潜心于数学的研究。1798年，他离开哥廷根大学到哈勒大学，专门攻习数学，完成了代数基本定理的证明，并于1799年获得哈勒大学的博士学位。高斯早期的数学研究工作主要集中在数论方面。他有一句名言：“数学是科学之王，而数论是数学之王。”1801年，高斯成功地计算出太阳系中最小的行星——古神星的位置，由此名声大振，并转向天文学研究。高斯30岁成为哥廷根的天文台台长和他母校的教授。高斯凭着自身的才干，幸运地有了极好的工作和生活条件，为科学作出了巨大的贡献。在数学史上，高斯与阿基米德、牛顿被并列为三位最伟大的数学家。1855年高斯去世后，国王下令为他雕刻一枚奖章，上面以国王的名誉刻写着：献给数学王子。今天高斯就以“数学之王”而著称。

高斯在数论、代数、几何、分析、物理、天文、大地测量等许多科学领域中都留下了光辉的业绩。高斯对自己的科学著作总是要求尽善尽美，从他 21 岁第一次完成了代数基本定理的证明之后，一生数次证明这一定理。他竭力使自己的著作完美、简明和令人信服。他坚信这样的格言“宁肯少些，也要好些”，因而他一生只公开发表了 155 篇论著。

18 世纪的数学家们得到了大量跟天文学、力学等自然科学有联系的分析学成果，但往往毫不顾及推理的严密性。高斯一方面从观察和实例中发现数学的事实，同时也强调数学是一门严谨的科学，必须要追求明确的定义、清晰的假设、严格的证明以及成果的系统化。这使他有别于 18 世纪大多数数学家。事实证明，自高斯时代开始的近代数学时期，数学经历了几何的非欧化、代数的抽象化以及分析的严格化，数学开始摆脱了对自然、物理学、天文学以及力学的依赖而真正地独立，进入了所谓纯数学时代。高斯的思想方法，使他成为这一时期实现由经验数学向抽象、严密数学转折的杰出代表。

或许是由于这种严谨的思维方式，高斯虽然最早完成了相当完整的非欧几里得几何创建工作，但他一直没有将之公诸于世，这使得他不能像罗巴切夫斯基那样旗帜鲜明地为非欧几里得几何摇旗呐喊。对此，高斯的直接解释只有一句话：怕有世俗偏见的愚人叫嚷。高斯在哥廷根期间，主要从事天文台的工作。晚年的高斯在数学研究上依然硕果累累，并热衷于债券投资，经常在阅览室内查阅相关的信息，有“阅览室之霸”之称，债券投资使高斯积累了大量的财富。1855 年 2 月 23 日，高斯因心脏病突发在睡眠中故去，他的大脑被收藏于哥廷根大学生理学系。

虽然高斯是非欧几里得几何最早的发现者，但高斯在世期间并未将这一成果公诸于世。他在 1824 年写给朋友的一封信中称：“假设三内角之和小于 180°，会引出一种新奇的几何学，同我们的（欧几里得）几何完全不同，但也是一贯相容的。这种几何的定理，看起来像是自相矛盾、玄妙荒谬，但是平心静气地思索一下就可以看出，它绝不包含做不到的事情。我并不怕任何具有创造性数学头脑的人误解上面的一席话，但无论如何请把它们看成是私下交谈，不要以任何方式引用公开发表。”从高斯的遗稿中可以了解到，自 1792 年开始证明第五公设，那年他才 15 岁。至迟到 1816 年高斯获得了非欧几里得几何的基本思想，确信存在着一种与欧几里得几何不同的几何学。高斯于 1817 年给朋友的信中谈到：我愈来愈深信我们不能证明我们的（欧几里得）几何具有（物理的）必然性，至少不能用人类的理智，也不能给予人类理智以这种证明。或许在另外一个世界中我们可能得以洞察空间的性质，而现在这是不能达到的。在其手稿中也发现了这种新几何学的一系列定理，他把这种新几何称为“反欧几里得几何”“星空几何”或“非欧几里得几何”。为了验证这些奇异的命题的合理性，高斯曾做过一些实际的测定。他实际测量了法国境内由三个山峰构成的三角形的内角之和，取三角形三边为 69，85 与 197 km。虽然他发现内角和比 180°超出 14.85″，但他意识到这个实验误差远大于超出值，正确的测量结果可能是等于或小于 180°。由此高斯认为这个三角形还小，只有在更大的三角形中才有可能显示出 180°与三角形内角和存在的差距。由此看来，高斯仍然寄希望于通过检验的方式，来保证新的几何体系的可靠性。

2. J·鲍耶的研究

J·鲍耶(1802—1860 年)是匈牙利数学家，他的父亲 F·鲍耶是一位教师。他年轻时在哥廷根大学跟高斯同窗三年，曾长期研究过“第五公设”问题。由于受到父亲和家庭环境的影响，J·鲍耶自幼酷爱数学，他在 13 岁时就学会了微积分，并应用于分析力学，表现出良好的数学天资。受父亲的影响，他很早就接触了第五公设问题。他在工学院学习期间，以及毕业后到军队担任工程师职务期间，都坚持研究第五公设问题。21 岁时 J·鲍耶写信给父亲说：“我已经获得了这样一些出色的成果，我已经从乌有建立了整个世界。”“我已经得到如此奇异的发现，使我也为之惊叹不止。”1831 年，父亲决定把 J·鲍耶的成果放在自己一卷书的附录中发表。当此书清样一出来，F·鲍耶就把清样给高斯寄去一份。但是，这份清样在邮寄中遗失了。接着鲍耶父子又补寄了一份清样。第二年的 3 月份高斯给鲍耶父子回了一封信，称《附录》所使用的方法以及所得到的结果，几乎完全与我心中已经深思熟虑了 30～35 年的一些心得相符合。这封回信使年轻的 J·鲍耶大失所望，怀疑父亲曾把他的研究情况透露给高斯。此后，由于父子间学术见解的不一致等原因，出现了家庭纠纷，J·鲍耶被父亲驱逐到了一个边远城市多马尔德去居住，从此不再进行这方面的研究，晚年生活十分贫困。

由于早年受父亲的影响，J·鲍耶开始研究第五公设，并于 1832 年发表了题为《绝对空间的科学和欧几里得第十一公理的真伪无关》的小册子(共 26 页)。其中将《几何原本》中的第五公设、五个公理之外的第十一个公理表述为：在平面上，过直线外的一点有一束直线不与原直线相交。如果用 J·鲍耶的第十一个公理取代欧几里得的第五公设，再连同绝对几何的九条公理(即欧几里得几何中五个公理与第一至四公设)一起推导出的几何，J·鲍耶称之为绝对几何学(即 J·鲍耶上述文章标题中的绝对空间的科学)。在这篇著作中，J·鲍耶还证明了这种几何学与欧几里得几何第五公设的真假无关。

J·鲍耶的研究工作，不像高斯那样关注非欧几里得几何与现实空间的关系，也不像罗巴切夫斯基那样注重欧几里得几何还是非欧几里得几何更能代表现实宇宙空间；J·鲍耶则更多地注意新的几何学内部的相容性问题。相比之下，J·鲍耶更具有数学理论研究意识。在他生活拮据的晚年，J·鲍耶依然为“不能证明他的几何学的无矛盾性而感到十分苦恼”。

3. 罗巴切夫斯基的突破

罗巴切夫斯基（1792—1856 年）出生于俄国喀山以西约 300 km 的下新城（今高尔基城），10 岁左右失去父亲，在母亲教养下成人。16 岁时，罗巴切夫斯基进入刚刚建立不久的喀山大学。

喀山自 15 世纪起，是伏尔加河中游的政治、经济和文化中心。喀山大学是俄国欧洲部分东边区域的科学文化中心，藏有相当数量国外进口书籍，又请外国学者来校讲学，有良好的学习和研究氛围。再加之当时俄国各大学有通过演讲发表成果的传统，讲演者要从自己的成果中阐述某种哲学的观点。这种以哲学观点带动学术研究的学风，对罗巴切夫斯基的数学思维和逻辑思维的发展起到了推动的作用。

自学生时代起，罗巴切夫斯基就从开普勒、牛顿、拉普拉斯、泊松、拉格朗日、柯西、笛卡尔、费马、傅立叶等人的著作中吸取了许多思想和知识。但由于他独立意识很强，学生的主管人对其无好感。当他 20 岁大学毕业时，在教授们的力争下，方授予其学位，并得以留校任教。1827 年罗巴切夫斯基成为喀山大学的校长，直至去世。由于他的出色工作，数年后喀山大学成为俄国第一流的学府。晚年的罗巴切夫斯基被封为贵族，他为自己的家族设计了族徽，其图案象征着智慧、勤劳、轻捷和快乐。

罗巴切夫斯基对于非欧几里得几何的研究，完全是在教学过程中进行的。在 1815—1817 年他的学生笔记中，可以看出罗巴切夫斯基曾给出第五公设的三种证法，这是 2 000 年来数学家们的传统研究方法。而到了 1823 年，在他的《几何教程》中再也找不到第五公设的证法。在这本教科书里他明确指出：“直到现在还不能找到这条真理的严格证明。像以往所给出的只能叫作说明，而不配称为真正的数学证明。”值得注意的是，这本书把欧几里得定理分为两大类，第一类是同第五公设无关的部分，第二类是用到第五公设才能证明完的定理。其中的第一类也就是称之为“绝对几何”的那部分。这种安排有利于研究第五公设的独立性。1825 年底他用法文完成一本专著《平行线理论和几何原理概论及证明》，并于 1826 年 2 月 23 日在全系会议上宣读了自己的这个成果。因此，这一天也被后人称为“非欧几里得几何的诞生日”。他的这个成果主要有两条结论：其一，欧几里得第五公设是不可能证明的。其二，通过改动第五公设可以构造出逻辑上没有矛盾的新几何学。因为还没有找到它们的现实意义，就称这种几何学为“虚拟的几何学”。此后，罗巴切夫斯基又先后六次出版专著，系统阐述非欧几里得几何的思想和方法。在罗巴切夫斯基去世前一年，他的双目几乎失明，但他仍口授他的最后一部著作《泛几何学》，后用俄、法两种文字出版。

与高斯的做法相似，罗巴切夫斯基希望通过实际测量的方法来检验自己的几何命题在现实中是成立的。他选择由地球轨道上两个径点和天狼星构成的三角形，使用最新的天文计算方法求三角形的内角和。但结果与 π 有一个小的偏差。由于这个偏差在当时允许的观察误差之内，因而罗巴切夫斯基认为现实世界是欧几里得几何的，而不属于自己的非欧几里得几何。所以罗巴切夫斯基称自己的几何学是“虚几何学”。

为使读者能对罗巴切夫斯基几何学有些必要的了解，下面介绍该体系的一些基本几何学的命题和结论：

命题 1　三角形内角和都是小于 π 的，而且其和量因三角形而异，并非一个常量。

命题 2　同一直线的垂线及斜线，并不总是相交的。

命题 3　不存在相似而不全等的两个三角形。

命题 4　如果两个三角形的各内角对应相等，则它们必定是全等的。

命题 5　存在着没有外接圆的三角形。

命题 6　三角形三边的中垂线并非必定交于一点。

命题 7　在平面上一条已知直线 a 的同一侧，与已知直线 a 有给定距离的点的轨迹是一曲线，它上面的任意三点都不在一条直线上。

命题 8　在任一角内，至少存在这样一点，通过它不能作出一条同时与两边相交的直线。

三角形内角和小于 π，是罗巴切夫斯基几何中最基本的命题。那么这个差值是多少，该如何刻画这一特征？罗巴切夫斯基给出了定义：$\triangle ABC$ 的亏蚀是 π 与$\triangle ABC$ 的内角和之差，记为 $\delta(ABD)=\pi-(A+B+C)$。在罗巴切夫斯基几何学中，一个三角形的亏蚀等于 $-\frac{1}{k^2}S$，这里的 k 是一个度量常数，S 为三角形的面积。在充分小的区域内，即度量常数 k 充分大时，亏蚀就趋于零；那么三角形的内角和的极限就是 π。所以，在充分小的区域内，罗巴切夫斯基几何与欧几里得几何差异很小。换言之，如果在罗巴切夫斯基几何中添加极限情形，它就包括了欧几里得几何。在这个意义下，罗巴切夫斯基把自己的几何体系命名为

"泛几何学",即普遍的几何学。

新生的几何学从理论上看是无逻辑矛盾的,但它同欧几里得几何以及人们2 000多年来形成的习惯性思维和观念格格不入。这样就又产生了新的矛盾,这个矛盾一时还不可能解决,在学术界也就产生了不同的看法和争议,有些人把它说成"笑话""邪说"等。罗巴切夫斯基对这门新几何学的信念是坚定的,而且倾其毕生的精力为新的几何呐喊。同时,从论证的完整性以及内容的丰富程度看,J·鲍耶、高斯等以前的学者都不能同他相比,因此后来就称这种几何学为"罗巴切夫斯基几何"。从这一思想产生的意义和它的革命性看,人们把罗巴切夫斯基比作"几何学上的哥白尼"。

应该强调的是,三人之中高斯是最早研究这个几何学的。据说当高斯看到罗巴切夫斯基的德文非欧几里得几何著作《平行线理论的几何研究》后,内心是矛盾的,他一方面私下在朋友面前高度称赞罗巴切夫斯基是"俄国最卓越的数学家之一",并下决心学习俄语,以便直接阅读罗巴切夫斯基的全部非欧几里得几何著作;另一方面,由于自己的保守,他却又不准朋友向外界泄露他对非欧几里得几何的有关告白,也从不以任何形式对罗巴切夫斯基的非欧几里得几何研究工作加以公开评论。虽然他积极推选罗巴切夫斯基为哥廷根皇家科学院通信院士,可是,在评选会和他亲笔写给罗巴切夫斯基的推选通知书中,对罗巴切夫斯基在数学上的最卓越贡献——创立非欧几里得几何却避而不谈。虽然高斯在世时没有对罗巴切夫斯基及其罗巴切夫斯基几何给予应有的支持。但是在他去世之后,从公布的高斯日记和各种书信中,人们发现了高斯对罗巴切夫斯基几何学的赞同态度。凭借高斯的崇高威望,这门奇异几何学终于引起了人们的关注和认同。因此,高斯对罗巴切夫斯基几何学的后续传播起到了决定性的作用。

第三节 三种几何学的比较及其意义

一、黎曼几何

罗巴切夫斯基几何学的出现,冲破了2 000多年欧几里得几何一统天下的局面,使近代几何学呈现出多样化的发展趋势。不久,高斯的学生黎曼发现,罗巴切夫斯基的双曲几何并不是非欧几里得几何的唯一形式。黎曼在1854年提出了另一种非欧几里得几何学,现今人们称之为黎曼几何。

黎曼(1826—1866年)是近代数学史上最具有创造性的数学家之一。他于

1826年出生在一个牧师家庭，由于家庭环境的影响，黎曼最初进入哥廷根大学时学的是神学和哲学。但不久他就喜欢上数学，在征得父亲同意后，黎曼将数学选定为自己的专业。一年后，他发现哥廷根大学开设的数学课程过于陈旧，甚至连高斯也在讲初等的课程，于是他决定去柏林跟随雅可比、狄利克雷等数学家学习。1849年，黎曼重返哥廷根大学在高斯的指导下做博士论文。后来，黎曼在狄利克雷之后继承了高斯在哥廷根大学的数学教授席位。不幸的是，黎曼正值他的研究进入高峰时却因感染上肺结核而去世，当时还不到40岁，黎曼在他短暂的一生中，对于几何、分析和物理学的众多领域都作了开创性的贡献。1854年，黎曼在争取哥廷根大学教授任职资格的演说中，按照高斯的要求，发表了《关于作为几何学基础的假设》的讲演，把微分几何的研究对象直接针对 n 维流形上的局部性质。他的演讲标志着黎曼几何学的开始。

与罗巴切夫斯基几何源于欧几里得几何第五公设的研究不同，黎曼几何是直接起源于微分几何的研究。微分几何是以坐标方法、微分方法研究曲线和曲面性质的几何学。由于运动物体经过的路径都是曲线，而物体本身则由曲面围成的三维体构成。物理问题的探讨必然要导致人们进行曲线与曲面性质的研究。微分几何又是微积分的直接产物，曲线的法线、曲率的研究，就是平面曲线的微分几何。对于空间曲线与曲面的微分几何研究，在法国数学家蒙日、柯西，以及高斯等人研究工作的基础上，黎曼引进了曲线与曲面的参数表达式，使之成为研究曲线和曲面微分几何的特别有效的方法。彻底抛开三维空间的限制，集中于 n 维空间中的 m 维可微流形的研究。这种被推广了的微分几何就称作“黎曼几何”。

在黎曼几何中，过已知直线外一点，不能作任何平行于给定直线的直线。这实际上是以萨凯里等人的钝角假设为基础而展开的非欧几里得几何学。这种非欧几里得几何，它是普通球面上的几何，球面上的每个大圆可以看成是一条“直线”。很容易看出，任意球面“直线”都不可能永不相交。在黎曼几何中，三角形的内角和大于两直角，圆周率小于 π。对于这一点，是黎曼之后的数学家从黎曼的微分几何结论中推导出来的纯几何表述方法。黎曼创立的黎曼几何不仅是对已经出现的非欧几里得几何（罗巴切夫斯基几何）的承认，而且显示了创造其他非欧几里得几何的可能性。

二、三种几何学的比较

在数学上，研究度量性质和关系的几何学称之为度量几何。因此，随着黎曼几何的产生，出现了三种不同形式的度量几何：欧几里得几何、罗巴切夫斯基几何和黎曼几何。下面比较一下这三种几何之间的差别。

第一，三种几何学的空间模型不同。欧几里得几何学的模型就是生活的平面和三维现实空间；黎曼几何模型为球面几何，它把球面上的大圆叫作“直线”，每两条“直线”都相交；而罗巴切夫斯基几何模型则对应于双曲几何，它把双曲面上的曲线叫作“直线”，一条直线外有无数条平行线。如图 10.5 所示：

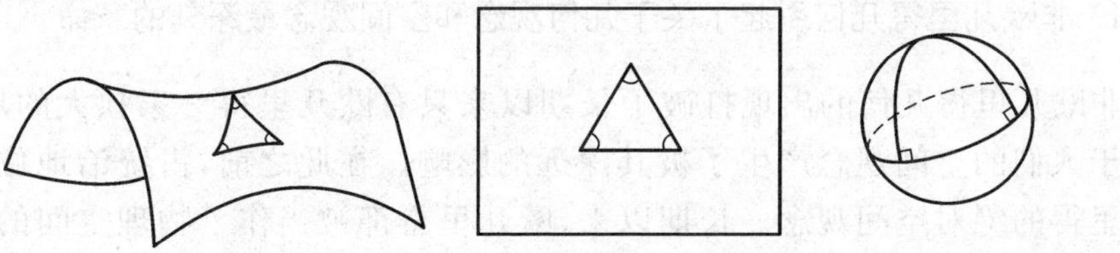

内角和小于180°　　内角和等于180°　　内角和大于180°

图 10.5　三种几何学的空间模型与三角形内角和图示

第二，所得的结论不同。三种几何学都拥有除平行公理以外的欧几里得几何学的所有公理体系，如果不涉及与平行公理有关内容，三种几何没有什么区别。但是只要与平行有关，三种几何的结果就相差甚远。以三角形内角和为例：欧几里得几何等于 180°，罗巴切夫斯基几何小于 180°，黎曼几何则大于 180°（图 10.5）。此外，对于两平行线之间的距离，欧几里得是处处相等，罗巴切夫斯基几何是沿平行线方向变大，而黎曼几何沿平行线方向变小；再如，对于相似的性质，欧几里得存在，而罗巴切夫斯基几何和黎曼几何都不存在图形的相似性质，等等。

第三，三种几何学的适用范围不同。欧几里得几何学适用于日常小范围内，平直空间；黎曼几何学适用于地球上远距离旅行，封闭空间；罗巴切夫斯基几何学适用于宇宙太空中漫游或原子核世界，开放空间。

这三种几何各自所有的命题都构成了一个严密的公理体系，各公理之间满足相容性、完备性和独立性。因此这三种几何都是真理。但是三种几何学又有着相互矛盾的结论，好像这与常理相悖。但是，由于人的感观知觉是有限的，而客观事物是复杂多样的。因此，在不同的客观条件下，就会有不同的客观规律。

三、非欧几里得几何创立的文化意义

莫里斯·克莱因认为，非欧几里得几何的重要性，在一般思想史中没有受到重视。像哥白尼的日心说、牛顿的万有引力定律、达尔文的进化论一样，非欧几里得几何对科学、哲学、宗教都产生了革命性的影响。在这个思想史上，从来没有发生过具有如此强烈影响的事件。

虽然非欧几里得几何已经诞生180多年了，但在今天几乎所有的大学生不知道非欧几里得几何，甚至包括数学专业的大学生或部分大学数学教师也是如此。这不能不说是件很遗憾的事情！

1. 非欧几里得几何引起了关于几何观念和空间观念最深刻的革命

非欧几里得几何的出现打破了长期以来只有欧几里得一家独大的局面，并对于人们的空间观念产生了极其深远的影响。在此之前，占统治地位的是欧几里得的绝对空间观念。长期以来，欧几里得都被当作了物理空间的精确描述。几何就意味着物理空间的几何，这种几何就是欧几里得。但随着非欧几里得几何的创立，人们被迫接受了这样的事实：数学空间与物理空间是不同的。

因此，任何关于物理空间的理论都应该被看作是一种纯粹的主观构造。数学家庞加莱说："实验告诉我们的不是最真的几何学，而是最方便的几何学。谁能提出根据欧几里得系统能够解释而罗巴切夫斯基不能解释的一个具体的实验？既然我知道不会有人迎接这一挑战，我就可以得出结论说没有与欧几里得假设的实验；另一方面，也没有与罗巴切夫斯基几何假设矛盾的实验。"①庞加莱相信，对于每一部分经验，都有无数的理论能够解释和描绘。对于理论的选择是任意的，不过简单性是很好的指南。

欧几里得几何在数学上简单，在牛顿力学中也适用，并且在地球上是符合经验的。黎曼几何适于描述广义相对论所说的空间现象。物理学选择了黎曼几何，但是这并不妨碍中学生学习欧几里得几何，正如华氏和摄氏两种温度计都在适用一样。这恰恰在于你的选择。

2. 公理是不是真理

非欧几里得几何的诞生动摇了欧几里得几何统治数学王国的基石，扫荡了整个真理王国。18世纪以前，数学就是所有真理汇集的王国，而欧几里得就好像这个真理国家的国王。但是非欧几里得几何的出现促使人们认识到这样的事实：所有几何学都可能仅仅是一种关于数学公理的假设，假设欧几里得的公理

① （美）克莱因M.数学与知识的探求.刘志勇，译.复旦大学出版社，2011：240.

是物质世界的真理，那么其推出来的定理也是真理。于是，突然之间，真理的王国垮塌了！

原来，不管是欧几里得还是非欧几里得几何，都是数学家的一种自由创造。公理并非自明之理。庞加莱认为，几何的公理“既不是综合的先验性直觉，也不是经验事实。它们是约定俗成的。我们根据经验事实作出选择，这种选择是自由的”。当然，庞加莱的约定论观点并不仅仅是受非欧几里得几何的启发，还受到当时不断涌现的射影几何、微分几何等其他几何学的鼓舞。

公理只是对数学对象的性质的约定。几何体系是个抽象系统，无所谓真假问题。公理对不对，对数学家来说是没有意义的。正如数学哲学家罗素所说：“数学可以定义为这样一门学科：我们在其中永远不知道我们在说什么，也不知道我们说的是否对的一门学科。”从字面意思来理解，好像罗素表达的是数学不可知论的观点。但莫里斯·克莱因认为，这是罗素对数学与科学的关系，或者纯粹数学与应用数学关系的最好描述。“我们不知道我们在说什么”，是因为数学家研究的纯粹数学与实际意义无关；“数学家不知道他们说的是否正确”，是因为作为一个数学家，他们从不费心去证实一个定理是否与物质世界相符，对这些定理只能问也只需要问它是否是通过正确的推理得来的。

3. 非欧几里得推动了数学公理体系自身基础的研究

欧几里得平行公理的独立性证明导致了非欧几里得几何的产生。在接受这些新几何的过程中，对于它们逻辑的相容性也进行了深入地研究。由此推动了一般公理体系的独立性、相容性、完备性问题的研究，促进了数学基础这一更为深刻的数学分支的形成与发展。

1899 年，希尔伯特提出了选择和组织公理系统的原则，即相容性：从系统的公理出发不能推出矛盾；独立性：系统的每条公理都不能是其余公理的逻辑推论；完备性：系统中所有的定理都可由该系统的公理推出。在这样组织起来的公理系统中，通过否定或者替换其中的一条或几条公理，就可以得到相应的某种几何。这样的做法，不仅给出了已有几种非欧几里得几何的统一处理，而且还可以引出新的几何学。

4. 非欧几里得推动了科学的公理化进程

随着对数学基础公理化方法研究的深入和发展，公理化方法本身成为了一种理性的方法，成为一门学科达到逻辑严谨、结构完美的标志。因此，公理化方法不仅推动了数学自身的发展，而且推动了科学与社会发展和进步。

在数学内部，各个分支纷纷建立了自己的公理体系，例如，19 世纪末希尔伯特重建了欧几里得的几何基础，提出了新的公理体系；在 20 世纪 30 年代，前苏联数学家柯尔莫哥洛夫以五条公理为基础，构建了现代概率论的公理体系；在 19 世纪 20 年代，泛函分析中的希尔伯特空间、巴拿赫空间完成了公理化等等，这些成为 20 世界抽象数学研究的出发点。

在其他学科中，比如物理学科，爱因斯坦运用公理化思想创立的相对论理论体系；20 世纪 40 年代波兰的巴拿赫的《理论力学》也使用了公理化的方法。甚至在经济学、社会学、法学等领域，人们也希望用公理化方法建立自己的科学体系。例如，经济学家谢卜勒(Shapley)在 1953 年的一篇论文中定下了公平三原则：同工同酬原则，不劳不得原则，多劳多得原则。可见，公理化方法已成为科学研究的有力工具，在未来的社会和科学发展中它将发挥更大的作用。

5. 非欧几里得几何的现实性

数学家康托说："数学的本质在于自由。"非欧几里得几何就是人类纯粹思想创造的产物。多年来，有关数学"无用论"的声音一直就没有消失过。"非欧几里得几何再一次提供了一个不受实用性左右，而是受抽象思想和逻辑思维支配的范例，而且也是灵机一动的智慧摒弃感觉经验的范例"(在数论那一章节，已经讨论过数论不是无用的范例)。

在非欧几里得几何诞生以前，欧几里得几何一直被视为对真理空间的描述，这也奠定了欧几里得几何学的历史声望。而在非欧几里得几何创立之时，非欧几里得几何仅仅被认为是数学家们思想的游戏，与物理现实并没有任何联系，他们只是把它当作是一件新奇的好玩事物，因此有"虚几何学""星空几何""范几何学"等称号。

而在 19 世纪上半叶，一个与现实世界完全不同的几何理论是难以被人接受的。因此，追求几何理论的现实性、合理性是十分必然的结果。伴随着非欧几里得几何的产生，数学家开始对它的合理性与现实性进行了积极的探索。比如，高斯就试图用实际测量的方法检验非欧几里得几何命题的可靠性。1868 年，贝尔特拉米注意到了波兰数学家闵丁在 1840 年得到一种研究结果，它是由一种曳物线绕一轴旋转而成的，形状颇似两只喇叭对口焊合而成，如图 10.6 所示。按照微分几何来说，这是一种负常曲率曲面。这种伪球面上任意三条短程线围

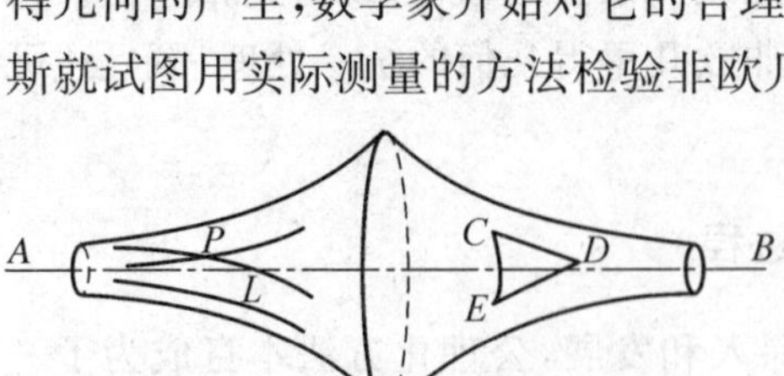

图 10.6 伪球面

成的三角形,其内角之和总是小于两直角的。这也就是说,如果将伪球面上的短程线看作“直线”做成模型,恰好实现了罗巴切夫斯基平面几何的全部公理。这就是几何学史上出现的第一个非欧几里得几何模型。正是这个模型使得许多数学家第一次看到了一个“可见的非欧几里得几何”,不再认为它是荒诞不经的观点。数学家从抽象数学中发现了非欧几里得几何,并在公理化或解析方法的逻辑推导中证明了它们的存在性。然而,历史的事实却残酷的告诉我们,罗巴切夫斯基几何迟至今日也没能在物理空间找到应用。

20 世纪初,在黎曼几何诞生 50 多年后,终于找到了它在物理学中的现实应用。非欧几里得几何在爱因斯坦提出的相对论中得到了直接应用,为它的现实性提供了最好的例证。

早在 1907 年,爱因斯坦从伽利略发现的引力场中一切物体都具有同一加速度(即惯性同引力质量相等)这一古老实验事实找到了突破口,提出了等效原理。并由此推论:在引力场中,光波波长要变化;光线会弯曲;时钟的快慢决定于它所在的位置,引力势越低走得越慢。这便是广义相对论的基本结论。

爱因斯坦的发现表明,在一个有引力场的参照系内,欧几里得几何的命题不再严格成立。在有引力场的情况下,光速依赖于坐标,空间的几何性质发生了变化,不再是平直的。然而欧几里得几何表征的是平直空间,所以要建立新的引力理论,就需要找到一种新的数学工具。1912 年,由于受到大学的同窗好友、数学教授格罗斯曼的邀请,爱因斯坦成为自己的母校(瑞士联邦工业大学)的物理教授。他从格罗斯曼那里学习了当时还少为人知的黎曼几何,这对于爱因斯坦建立完善的相对论是不可或缺的一步。正是在这种情况下,爱因斯坦找到了黎曼几何,使用黎曼几何来描述存在引力场的时间和空间,写出了正确的引力场方程,奠定了广义相对论的理论基础。

按照广义相对论的观点,在引力空间中充满引力,那么在其中运动的物质的运动路线就是曲线。另一方面,空间中的任何物体都要受到引力的作用,空间中的任何一点都存在着引力,而且在空间中任何的一点引力大小是能够测量的,这也可以说成,空间中任何一点曲率是可以测量的。爱因斯坦为之建立了一个“场方程”,它既能描述时间与空间中任何一点的曲率,又能描述这点的能量或者质量,这个方程与自由落体沿最短路线运动的规律共同构成了广义相对论。爱因斯坦借助黎曼几何的基本概念——曲率,完成了广义相对论的理论表述。对此,爱因斯坦说:“我特别强调刚才所讲的这种几何学的观点,因为要是没有它,我就不能建立相对论。”

第四节 爱尔兰根纲领——几何学的统一

非欧几里得几何突破了空间概念的唯一性，几何的应用对象和范围很快地扩大。从此，空间这个术语在数学中获得了更广泛、更专门的意义，数学已进入研究各种可能的空间和结构了。在引进分析和代数方面的新成果后，射影几何和微分几何也建立起了完整的体系。

在数学上，研究度量性质和关系的几何学称之为度量几何，欧几里得几何就是一种度量几何。随着黎曼几何的产生，又出现了三种度量几何。随着19世纪众多几何学的出现，人们开始寻找不同几何学的内在联系。1872年，德国数学家克莱因在射影几何中用变换群的观点统一了四种度量几何，形成了近代几何思想。

在黎曼之前，高斯提出了“曲面本身就是一个空间”的全新概念，曲线与曲面的参数表达式，为微分几何研究提供了有效的研究方法。尤为重要的是，高斯创建了曲率这个重要的概念，为揭示多种几何学之间的联系奠定了基础。高斯指出，常全曲率为零的曲面的测地线(指在曲面上以最短长度联结一对点的曲线)的内蕴几何是欧几里得几何，常全曲率非零的曲面的测地线的内蕴几何是非欧几里得几何。黎曼则进一步指出：当曲率为负常数时，对应于罗巴切夫斯基的非欧几里得几何学，曲率为正常数时则对应于另外一种由他自己提出的非欧几里得几何学。显然，罗巴切夫斯基几何与黎曼几何是两种不同的度量几何。第四种度量几何是单重椭圆几何，它是德国数学家F·克莱因于1871年创立的。

由于射影几何研究了构成几何图形的最根本的定性方面的性质，没有用到线段与角的度量性质，于是射影几何与度量几何间的关系成为彭色列之后的射影几何学的研究主题。法国数学家拉格朗日研究了射影变换下角度的变化情况；英国数学家凯莱进一步指出度量性质可以用射影的语言来表达，进一步搞清欧几里得几何与射影几何的关系。

德国数学家F·克莱因(1849—1925年)于1872年提出了著名的爱尔兰根纲领，它将凯莱的理论具体化，证明了欧几里得几何、非欧几里得几何是射影几何的子几何的结论。爱尔兰根纲领指出：所谓几何学，就是研究几何图形对于某类变换群保持不变的性质的学问，或者说任何一种几何只是研究与特定的变换群有关的不变量。这样一来，表面上互不相干的几何学被联系到一起，而且变换群的任何一种分类也对应于几何学的一种分类。

依照F·克莱因的基本观点，射影几何（以二维情况为例）研究的是一个平面上的点变换到另一个平面上的点时，各种变换群下的不变量。譬如，欧几里得几何研究的就是在旋转、平移和反射这类变换下的一组不变量。而要得到关于相似形的不变量，我们引进仿射群的子群——抛物度量群。仿射群又是射影群的子群。仿射变换可以使直线变到直线，平行直线变到平行直线，抛物度量群的变换保持角的大小不变，与抛物度量群相应的几何叫抛物度量几何。

在射影平面上考虑一个任意的、实的、非退化的二次曲线。射影群的子群使这个二次曲线不变的叫作双曲度量群，相应的几何叫作双曲度量几何。其中的不变量是与迭合有关的那些量。相应于使射影平面上一个确定的虚椭圆射影不变的子群，可得到单重椭圆几何，其不变量是与迭合有关的那些量。如果从三维变换群出发，就能刻画二维的二重椭圆几何。

总之，F·克莱因以射影几何为基础，对几何学做了如图10.7所示的分类：

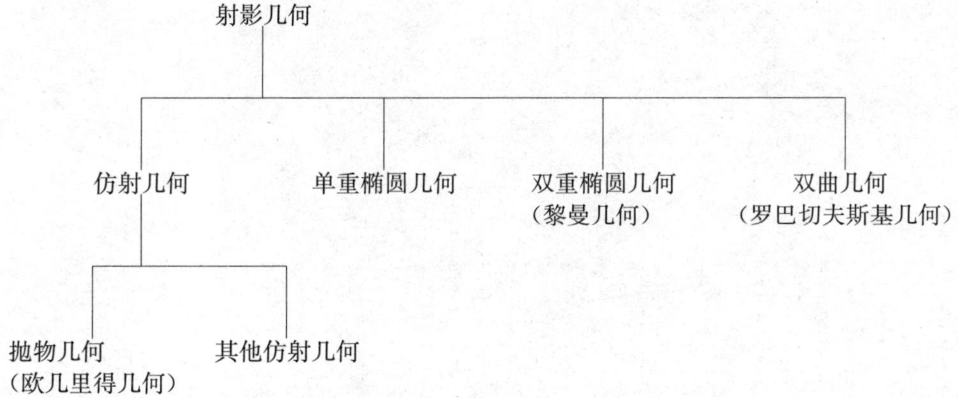

图10.7　几何类的种类

爱尔兰根纲领采用变换的思想方法研究几何图形的性质，使各种主要的几何（而非全部）化成统一的形式，形成了近代几何学的思想。它不仅使几何学的逻辑关系变得更加清晰，同时也为初等几何的研究提供了新的方法：利用不变性研究图形的性质。在初等几何的一些问题中，如果图形经过仿射变换不改变原图形的长度时，可以将一般几何图形经过仿射变换，变为某种特殊的图形，并对特殊图形给予证明，而对所得出的结论，再由仿射不变性，推知在一般图形上亦成立。

譬如，若在椭圆的内接三角形的顶点作切线，构成外切三角形。如果这两个三角形有两对对边平行，则第三对也平行。

由于在仿射交换下椭圆可以变成圆，相应地椭圆中心变为圆心，椭圆的切线变为圆的切线。不妨将原命题应用仿射变换转化为相应的圆的命题：设$\triangle ABC$为圆内接三角形，以其顶点作切线构成了切线三角形$A_1B_1C_1$。如果$A_1B_1 \parallel AB$，$B_1C_1 \parallel BC$。那么$A_1C_1 \parallel AC$。一旦证明了这个有关圆的命题，再利用仿射变换下“平行”为不变性，便可知原命题成立。

第十一章
概 率 论

在自然界和现实生活中，一些事物是相互联系和不断发展的。在它们彼此间的联系和发展中，根据它们是否有必然的因果联系，可以分成不同的两大类：确定性现象和随机现象。确定性现象必定会导致某种确定的结果。例如，“在标准大气压下，水加热到100℃必然会沸腾”“向上抛一块石头必然下落”等。而随机现象的结果是不确定的。比如，抛一枚质地均匀的硬币，得到正面和反面的结果是不确定的，等等。在日常生产生活中，随机现象十分普遍。比如，每期体育彩票的中奖号码、同一条生产线上生产的灯泡的寿命等都是随机现象。

随机现象与必然现象不同，其条件和结果之间不存在必然的联系，即在相同的条件下，可能会发生某一结果，也可能不发生这一结果。它们也就不能用必然数学的逻辑推理或演算的方法来研究。但是，这并不意味着这类随机现象不存在着某种规律，也不意味着就不能用数量来描述和研究它们。从表面上看，随机现象似乎是杂乱无章的、没有什么规律的现象。但实践证明，如果同类的随机现象大量重复出现，它的总体就呈现出一定的规律性。大量同类随机现象所呈现的这种规律性，随着我们观察的次数的增多而愈加明显。如掷硬币，每一次投掷很难判断是哪一面朝上，但是如果多次重复的掷这枚硬币，就会越来越清楚地发现它们朝上的次数大体相同。

概率论就是研究随机现象数量规律的学科分支。它根据大量同类随机现象的统计规律，对随机现象出现某一结果的可能性作出一种客观的科学判断，对这种出现的可能性大小作出数量上的描述，比较这些可能性的大小、研究它们之间的联系，从而形成一整套数学理论和方法。

第一节　帕斯卡三角形

概率的概念起源于中世纪以来在欧洲流行的用骰子赌博。1654 年，有一个赌徒梅累向当时著名的数学家帕斯卡提出了一个使他苦恼了很久的“分赌本问题”。举该问题的一个简单情况：甲、乙 2 人赌博，各出赌注 30 元，共 60 元，每局甲、乙胜的机会均等，都是 1/2。约定：谁先胜满 3 局则他赢得全部赌注 60 元，现已赌完 3 局，甲 2 胜 1 负，而因故中断赌博，问这 60 元赌注该如何分给 2 人，才算公平？

初看觉得应按 2∶1 分配，即甲得 40 元，乙得 20 元。但正确的分法应考虑到如在这基础上继续赌下去，甲、乙最终获胜的机会如何。至多再赌 2 局即可分出胜负，这 2 局有 4 种可能结果：甲甲、甲乙、乙甲、乙乙。前 3 种情况都是甲最后取胜，只有最后一种情况才是乙取胜，二者之比为 3∶1，故赌注的公平分配应按 3∶1 的比例，即甲得 45 元，乙 15 元。

帕斯卡对此非常感兴趣，并写信告知费马。在他们的通信中，帕斯卡与费马分别用不同方法解决了梅累提出的问题，并讨论了这个问题的一般解法。

帕斯卡(1623—1662 年)，出身于法国的克莱费朗。帕斯卡没有受过正规的学校教育，他 4 岁那年母亲就病故。他是个病弱的孩子，还在幼年时期就有一次人家认为他活不多久了。可是他在脑力方面是个神童。他的父亲是政府官吏，也是个数学家，自己亲自监督孩子的教育，并且决定让孩子首先学习古代语言，因此不让他接触任何数学书籍。当小帕斯卡问起几何学方面的问题时，就告诉他几何学是研究图形的，于是他自己进一步独立发现出欧几里得的前 32 条定理，而且顺序也完全正确。于是使人敬畏的父亲让步了，让孩子学习数学。

帕斯卡自幼十分聪颖，12 岁便开始学习几何，独自发现了“三角形的内角和等于 180 度”，并通读欧几里得《几何原本》。16 岁便发现了著名的帕斯卡六边形定理。17 岁时帕斯卡写成了数学水平很高的“圆锥曲线论”一文，这是他研究笛沙格关于综合射影几何的经典工作的结果。这项工作是自希腊阿波罗尼奥斯以来，对圆锥曲线论研究的最大进步。据说有这样一个插曲：因为这篇论文远远超过了当时的数学水平，笛卡尔产生了怀疑，他认为 16 岁的孩子不可能写出这样的论文。此外，数学上的数学归纳法也是他最早发现的。

1642 年，他设计并制作了能自动进位的加减法计算装置，被称为是世界上第一台数字计算器。1654 年之后，帕斯卡以微积分的原理解决摆线问题，并于 1658 年写成了《论摆线》一书。而他的手稿论文对于莱布尼茨建立微积分有甚大的启发。在研究二项式系数性质时，写成《论算术三角形》向巴黎科学院提交，后来收入他的全集，于 1665 年发表当中给出“帕斯卡三角形”，但实际上这已由中国贾宪在约 1100 年发现了。

帕斯卡和律师兼数学家费马通信，他们一起解决了赌徒分配赌资的问题，奠定了近代概率论的基础。这对于科学的发展有着不可估量的重要性，因为它使数学(以及整个世界)不再要求必须绝对肯定。人们开始懂得甚至从完全不确定的事物中也可以得出有用的及可靠的知识。此外,1646 年,他还制作了水银气压计,于 1651—1654 年,写作了“液体平衡”“空气的重量”和“密度”等论文。自 1655 年起,帕斯卡便隐居于修道院,并写下《思想录》等经典著作,对法国散文的发展有很大影响。由于工作和学习过于劳累,帕斯卡从 18 岁起就病魔缠身,1655 年病情迅速恶化,1662 年 8 月 19 日在巴黎病逝,年仅 39 岁。后人为了纪念帕斯卡,用他的名字来命名压强的单位,简称“帕”。

帕斯卡是这样考虑问题的:

投掷一枚硬币,不考虑其他因素,认为这两个面出现的可能性相同,正面与反面的概率各为 1/2。如果投掷两枚硬币,容易得出两个正面的概率是 1/4,两个反面也是 1/4,而一正一反的概率是 2/4。如果投掷三枚硬币,各种出现情况的概率为:三个正面,1/8;两正一反,3/8;两反一正,3/8;三个反面,1/8。类似地,可以接着考虑投掷 4 枚、5 枚……硬币所涉及的概率。由于随着硬币数目的增加,问题的难度也随之增大了。但是天才的帕斯卡却发现了其中的奥秘,就是今天所称之的“帕斯卡三角形”。图 11.1 可以告诉我们这些数字的排列情况:

在这个“三角形”里,每个数都是上一行最邻近的两个数字之和。这样,只需要做加法运算,就能将这个三角形中的每一行的数字写出来。

1
1　1
1　2　1
1　3　3　1
1　4　6　4　1
1　5　10　10　5　1
1　6　15　20　15　6　1
·　·　·　·　·　·　·

图 11.1　帕斯卡三角形

根据帕斯卡三角形,可以立刻算出给定的投掷硬币所出现的概率。比如,求投掷 5 枚硬币各种可能性的概率,我们只需要第 6 行,就可以依次写出投掷 5 枚硬币下落的所有可能的数目:$\frac{1}{32},\frac{5}{32},\frac{10}{32},\frac{10}{32},\frac{5}{32},\frac{1}{32}$。

帕斯卡利用自己所得的结果,可以快速地决定赌资的分配问题。如果玩家 A 需要赢两局,玩家 B 需要赢三局,那么两个人一定在四局内决出胜负。通过“帕斯卡三角形”中第四行的数 1, 4, 6, 4, 1,赌资应该以 $(1+4+6):(4+1)=11:5$ 的比例分配。

当时的一些学者,除了帕斯卡、费尔马之外,其他人也对这类赌博问题进行了热烈的讨论和研究。例如,1657 年,荷兰的数学家惠更斯亦用自己的方法解决了这一问题,并写成了《论赌博中的计算》一书,这就是概率论最早的论著,曾长期在欧洲作为概率论的教科书。这些研究使原始的概率和有关概念得到发展和深化。对此，19 世纪数学家拉普拉斯说：虽然概率论是从低级的赌博研究开始，但它却已成为人类知识中最重要的领域。

第二节　伯努利大数定理

使概率论成为数学分支的另一奠基人是瑞士数学家雅各布·伯努利（在微积分那一节我们介绍过他）。在概率论上他有两个主要的贡献：伯努利两项分布和伯努利大数定理。

伯努利分布的最鲜明的例子出现在博弈游戏中，例如，投掷硬币或骰子。对于硬币来说，每一次投掷都是独立的，从而在每次投掷时成功（比如得到正面算作成功）的概率是相同的。那么如果我们要问投掷一枚硬币 5 次，得到 3 个正面 2 个反面的概率是多大？类似地，如果投掷这枚硬币 500 次，得到 247 次正面和 253 次反面的概率是多大？随着投掷次数的增加，问题的难度也越大。但是雅各布·伯努利在《推测术》这本书里解决了这个问题。

雅各布·伯努利给出了这个问题的一般规则：如果我们实施重复操作 $n+m$ 次独立伯努利实验（一次实验只有两种可能），其中任意一次实验成功的概率是 p，而失败的概率是 $1-p$，那么得到 n 次成功和 m 次失败的概率就可由这个公式给出：

$$\mathrm{Prob}(n\text{ 次成功},m\text{ 次失败})=\frac{(n+m)!}{n!\times m!}p^n(1-p)^m$$

用现代组合的符号来写，即

$$\mathrm{Prob}(n\text{ 次成功},m\text{ 次失败})=C_{n+m}^{n}p^n(1-p)^m$$

有了这个公式，则像上面的问题投掷一枚硬币 500 次，得到 247 次正面和 253 次反面的概率就很容易求出：

$$\mathrm{Prob}(247\text{ 次正面},253\text{ 次反面})=\frac{500!}{247!\times 253!}\left(\frac{1}{2}\right)^{247}\left(\frac{1}{2}\right)^{253}$$

虽然这个计算量是庞大的，但这个公式在理论上还是很完美的，它是求任意一系列独立的伯努利实验概率的关键。

雅各布·伯努利最重要的一项贡献是他建立了概率论中的第一个极限定

理，我们称为“伯努利大数定理”。这个结果也被写进1713年出版的《推测术》中。通俗地说，大数定理就是“当实验次数足够多时，事件发生的频率无穷接近于该事件发生的概率”。比如，我们向上抛一枚硬币，硬币落下后哪一面朝上本来是偶然的，但当我们上抛硬币的次数足够多后，达到上万次甚至几十万、几百万次以后，我们就会发现，硬币每一面向上的次数约占总次数的1/2。这种情况下，偶然中包含着必然。必然的规律与特性在大量的样本中得以体现。这个大数定律第一次在单一的概率值与众多现象的统计度量之间建立了演绎关系，构成了从概率论通向更广泛应用领域的桥梁。在某种程度上可以说，这个大数定律是整个概率论最基本的规律之一，也是数理统计学的理论基石。

第三节　拉普拉斯的分析概率论

伯努利实验考虑的是正反两种可能性，而投掷骰子出现的结果是六种。这些涉及的都是为数不多的可能性情况。但是在大量的概率问题中，出现的结果可能是无穷多个，或者数字很大以至于可以当作无穷来处理较为合适。比如，进行长度测量，测量得出的结果仅仅只是所能进行的无穷次不同测量中的几个。如果我们要这几次值的平均数正确的概率，那么就必须考虑测量值的无穷多种可能性。处理可能结果为无穷的理论称为连续概率论，是由数学家拉普拉斯完成的。

拉普拉斯（1749—1827年），生于法国诺曼底的博蒙，父亲是一个农场主。拉普拉斯青年时期就显示出卓越的数学才能，18岁时离家赴巴黎，决定从事数学工作。于是，他带着一封推荐信去找当时法国著名数学家达朗贝尔，但被后者拒绝接见。拉普拉斯就寄去一篇力学方面的论文给达朗贝尔。这篇论文出色至极，以至达朗贝尔忽然高兴得要当他的教父，并使拉普拉斯被推荐到军事学校教书。拉普拉斯的主要注意力集中在天体力学的研究上面，尤其是太阳系天体摄动，以及太阳系的普遍稳定性问题。他把牛顿的万有引力定律应用到整个太阳系，1773年解决了一个当时著名的难题：解释木星轨道为什么在不断地收缩，而同时土星的轨道又在不断地膨胀。拉普拉斯用数学方法证明行星平均运动的不变性，并证明为偏心率和倾角的3次幂，这就是著名的拉普拉斯定理。从此，他开始了太阳系稳定性问题的研究。1786年他证明了行星轨道的偏心率和倾角总保持很小和恒定，能自动调整，即摄动效应是守恒和周期性的，不会积累也不会消解。1787年他发现月球的加速度同地球轨道的偏心率有关，从理论上解决了太阳系动态中观测到的最后一个反常问题，从而解决了太阳系的稳定问题。此后，拉普拉斯长期从事大行星运动理论和月球运动理论方面的研究，在总结前人研究的基础上，他出版了 5 卷 16 册巨著《天体力学》，这部著作是经典天体力学的代表作。

拉普拉斯曾任拿破仑的老师，所以和拿破仑结下不解之缘。1799 年他还担任过法国经度局局长，并在拿破仑政府中任过 6 个星期的内政部长。拉普拉斯是个无神论者，当他把他的《天体力学》献给拿破仑时，拿破仑之前曾听说这本书没有涉及上帝，就问他："拉普拉斯先生，他们告诉我你在写这部关于宇宙系统的鸿篇巨著时，甚至没有提及它的创造者?"拉普拉斯迅速地答道："我不需要那个假设。"但是，拉普拉斯在政治上是个小人物，墙头草，总是效忠于得势的一边，被人看不起，拿破仑曾讥笑他把无穷小量的精神带到内阁里。

拉普拉斯在数学上是个大师，在数学上有许多贡献。1812 年发表了重要的《概率分析理论》一书。此外，以他的名字命名的拉普拉斯变换、拉普拉斯方程、拉普拉斯算子等，在科学技术的各个领域都有着广泛的应用。

在拉普拉斯之前，另一个法国数学家棣莫弗(1667—1754 年)最早研究了随机变量服从正态分布的情形，发现了正态概率分布曲线。后来高斯又在其基础上继续对正态分布进行了深入的讨论，并运用于射击和误差理论。他出版的《分析杂论》一书，包含了著名的"棣莫弗-拉普拉斯定理"，这就是概率论中第二个基本极限定理(中心极限定理)的原始雏形。棣莫弗为现在大家所熟知可能是因为著名的"棣莫弗公式"：$(\cos\psi \pm \mathrm{i}\sin\psi)n = \cos n\psi \pm \mathrm{i}\sin n\psi$。此外，另一位数学家蒲丰(1707—1778 年)提出了著名的"蒲丰投针问题"的几何概率。后来人们根据这种几何概率的思想，创造出了至今应用十分广泛的近似方法——蒙特卡罗法。

拉普拉斯在 1812 年出版了经典著作《概率的分析理论》，他以强有力的分析工具处理概率论的基本内容，对 18 世纪概率论的研究成果作了比较完美的总结并使之系统化。这部著作实现了组合技巧向分析方法的过渡，开辟了概率论发展的新时期。这部著作的主要内容包括几何概率、伯努利大数定理、最小二乘法等，正是在这部著作里，拉普拉斯首先明确地对概率作了古典的定义：事件 A 的概率 $P(A)$ 等于一次实验中有利于事件 A 的可能结果数与该实验中所有可能结果数之比。另外，他还证明了"棣莫弗-拉普拉斯定理"。可以说，拉普拉斯是严密地、系统地奠定分析概率论基础的第一人。

在拉普拉斯之后，另一对概率论作出贡献的是法国的泊松。他推广了伯努利形式下的大数定律，研究得出了一种新的分布，即泊松分布。继他们之后，概率论的中心研究课题则集中在推广和改进伯努利大数定理及中心极限定理。19世纪后期,极限理论的发展成为概率论研究的中心课题,俄国数学家切比雪夫对此作出了重要贡献。他建立了关于独立随机变量序列的大数定律,推广了棣莫弗-拉普拉斯的极限定理。切比雪夫的成果后被其学生马尔可夫发扬光大,影响了20世纪概率论发展的进程。

第四节 柯尔莫哥洛夫的概率公理体系

20世纪初,随着概率论的发展,人们越来越发现它的基础很不牢固。一方面,概率论在统计物理等领域的应用提出了对概率论基本概念与原理进行解释的需要;另一方面,在这一时期发现的一些概率论悖论(如贝特朗悖论)也揭示出古典概率论中基本概念存在的矛盾与含糊之处。这些问题强烈要求对概率论的逻辑基础作出更加严格的考查。此外,19世纪以来,数学各分支都纷纷出现了公理化的潮流,因此,建立概率论的公理体系成了数学家当务之急的事情了。

俄国数学家伯恩斯坦(1880—1968年)和奥地利数学家冯·米西斯(1883—1953年)对概率论的严格化做了最早的尝试。但他们提出的公理理论并不完善。事实上,真正严格的公理化概率论只有在测度论和实变函数理论的基础上才可能建立。测度论的奠基人、法国数学家博雷尔(1781—1956年)在1905年首先将测度论方法引入概率论重要问题的研究,并且他的工作激起了数学家们沿这一崭新方向的一系列探索,尤其是前苏联数学家柯尔莫哥洛夫的工作最为突出。现在通行的概率论教材中关于概率的公理化定义就是柯尔莫哥洛夫提出的。

柯尔莫哥洛夫(1903—1987年)出生于俄罗斯的坦博夫城。他的父亲是一名农艺师和作家,在政府部门任职,1919年去世。他的母亲出身于贵族家庭,在他出生后10天去世。他只好由两位姨妈抚育和指导学习,她们培养了他对书本和大自然的兴趣和好奇心。

柯尔莫哥洛夫是前苏联最伟大的数学家之一,也是20世纪最伟大的数学家之一,在实分析、泛函分析、概率论、动力系统等很多领域都有着开创性的贡献。柯尔莫哥洛夫不仅作为数学家很传奇,更是有着丰富多彩的经历。一开始他并不是数学系的,据说他17岁左右的时候写了一篇和牛顿力学有关的文章,于是到了莫斯科州立大学去读书。入学的时候,柯尔莫哥洛夫对历史颇为倾心。一次,他写了一篇很出色的历史学的文章,他的老师看完,告诉他说在历史学里,要想证实自己的观点需要几个甚至几十个正确证明才行，柯尔莫哥洛夫就问什么地方需要一个证明就行了，他的老师说是数学，于是柯尔莫哥洛夫开始了他数学的一生。

柯尔莫哥洛夫是现代概率论的开拓者之一。1933 年，柯尔莫哥洛夫的专著《概率论的基础》出版，书中第一次在测度论基础上建立了概率论的严密公理体系，这一光辉成就使他名垂史册。因为这一专著不仅提出了概率论的公理定义，还在公理的框架内系统地给出了概率论理论体系，奠定了近代概率论的基础，从而使概率论建立在完全严格的数学基础之上。柯尔莫哥洛夫是随机过程论的奠基人之一。20 世纪 30 年代，他建立了马尔可夫过程的两个基本方程。他的卓越论文《概率论的解析方法》为现代马尔可夫随机过程论和揭示概率论与常微分方程及二阶偏微分方程的深刻联系奠定了基础。1949 年，格涅坚科和柯尔莫哥洛夫发表了专著《相互独立随机变数之和的极限分布》，这是一部论述 20 世纪 30 年代以来，柯尔莫哥洛夫和辛钦等以无穷可分律和稳定律为中心的独立随机变量和弱极限理论的总结性著作。20 世纪 60 年代，他还将概率论用于研究语言学并取得了颇富启迪性的成果，即做诗的概率方法和用概率实验法确定俄语语音的熵。他还开创了预报理论。

柯尔莫哥洛夫在数学的许多分支都提出了不少独创的思想，导入了崭新的方法，构成了新的理论，对推动现代数学发展作出了卓越的贡献。他的学术特点是把抽象的数学理论与自然科学实验融为一体。他既是理论家又是实践家，他既是一个抽象的概率论公理学者又是从事一般产品质量统计检验的研究人员。他既研究理论流体力学，又亲自参加海洋考察队。柯尔莫哥洛夫也认为："数学是现实世界中的数量关系与空间形式的科学……因此数学的研究对象是来自现实之中的。然而作为数学加以研究时，必须离开现实素材(数学的抽象性)。但是，数学的抽象性并不意味着完全脱离现实素材"。他还认为："数学的应用是多种多样的，从原理上讲数学方法的应用范围是无边际的，即物质的所有类型的运动都可以用数学加以研究。但是数学方法的作用与意义在不同情况下是不同的，用单一的模式来包罗现象的所有侧面是不可能的。"

由于柯尔莫哥洛夫的卓越成就，他七次荣膺列宁勋章，并被授予前苏联社会主义劳动英雄的称号。他还是列宁奖金和国家奖金的获得者。1980 年荣获了沃尔夫奖，1986 年荣获了罗巴切夫斯基奖。

柯尔莫哥洛夫最著名的工作是他 1933 年出版的经典名著《概率论基础》。这部著作完成了概率论的公理体系，从而为概率论确定了严密的理论基础。在几条简洁的公理之下，发展出概率论整座的宏伟建筑，犹如在欧几里得公理体系之下发展出整部几何。这部专著成了概率论发展史上的一个里程碑,为以后的概率论的迅速发展奠定了基础。柯尔莫哥洛夫的公理体系逐渐得到数学家们的普遍认可。由于公理化,概率论成为一门严格的演绎科学,并通过集合论与其他数学分支密切地联系着。

在公理化基础上,现代概率论取得了一系列理论突破。公理化概率论首先使随机过程的研究获得了新的起点。从 1942 年开始,日本数学家伊藤清引进了随机积分与随机微分方程,不仅开辟了随机过程研究的新道路,而且为随机分析这门数学新分支的创立和发展奠定了基础。像任何一个公理化的数学分支一样,公理化的概率论的应用范围被大大拓广。自那以来,概率论成长为现代数学的一个重要分支,使用了许多深刻和抽象的数学理论,在其影响下,数理统计的理论也日益向深化的方向发展,出现了理论概率及应用概率的分支,及将概率论应用到不同范畴,从而开展了不同学科。因此,现代概率论已经成为一个非常庞大的数学分支。

第五节 概率论的应用

概率论虽发端于赌博,但很快在现实生活中找到多方面的应用,比如在人口、保险精算等方面有很多的应用。特别是 20 世纪以来,由于物理学、生物学、工程技术、农业技术和军事技术发展的推动,概率论飞速发展,理论课题不断扩大与深入,应用范围大大拓宽。在最近几十年中,概率论的方法被引入各个工程技术学科和社会学科。许多兴起的应用数学,如信息论、对策论、排队论、控制论等,都是以概率论作为基础的。目前,概率论在近代物理、自动控制、地震预报和气象预报、工厂产品质量控制、农业试验和公用事业等方面都得到了重要应用。有越来越多的概率论方法被引入到经济、金融和管理科学,概率论成为它们的有力工具。另外,由于概率论的概念和方法是数理统计学的理论基础,概率论的进展也必然对数理统计学的发展起促进作用。

一、孟德尔遗传实验

概率论最早且最有影响力的一个应用是在现代遗传学上。孟德尔(1824—1884 年)是一位摩拉维亚的牧师,早年加入过修道院,后来在维也纳大学学习动物学、植物学、物理学和化学。学成归来后,在奥古斯汀修道院院长的大力支持下，他开始用豌豆做实验来进行他的遗传学研究。

假设有两种纯种豌豆，绿的和黄的。如果让它们杂交，则杂交后的第一代豌豆要么只产生黄色种子，要么都是绿色种子。对于这种现象，孟德尔解释说，这是两种颜色中的某一种统治并支配了另一种的结果。假如黄色是支配色，则杂交后的第一代都呈现黄色，然而随后的第二代中，黄色和绿色中的比例却是 3∶1！如图 11.2 所示。

孟德尔从他的研究中总结出了三个基本规律，从而奠定了遗产科学的基础。第一，生物某一特征的遗传涉及其亲本传给后代的某种特定的遗传因子（即基因）；第二，所有后代都会从每个亲本那里（父本或母本）继承一项这样的因子；第三，在第二代中一种给定的特征可能并不出现，但是却能传到第三代中。

对于实验中出现的这种数量关系，孟德尔给出了自己的解释，如图 11.3 所示。他认为：每一个纯种豌豆都一定有两个完全相同的遗传因子（等位基因），要么是一对黄，或者一对绿。当它们交配时，每一个后代都要从其父本和母本那里各继承一个不同的等位基因，即每个植株都包含黄色和绿色的等位基因。但由于黄色是支配色，故杂交后的第一代都呈黄色。但是占据优势的黄色并不能阻止隐性的绿色基因被遗传到下一代中。于是，在下一轮的交配中，用两个都包含黄色和绿色混合遗传等位基因的豌豆进行杂交，则两份杂交的豌豆可能颜色的组合：绿-绿，黄-黄，绿-黄，黄-绿。由于黄色是支配色，所有包含黄色的种子全都会呈黄色，因此，黄色种子与绿色种子的比例是 3∶1。

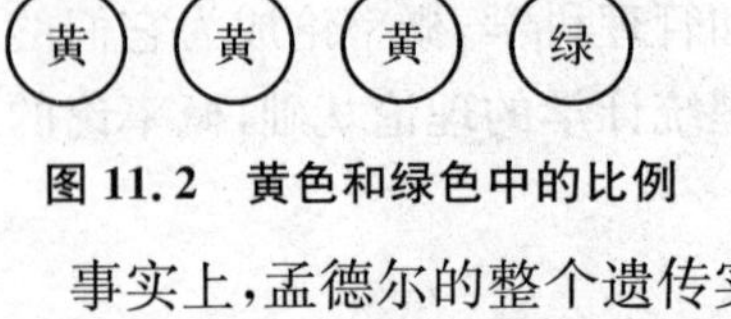

图 11.2　黄色和绿色中的比例

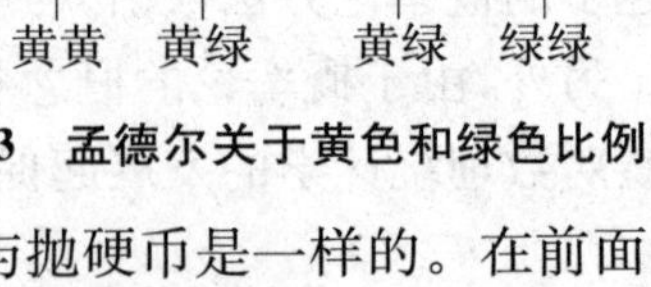

图 11.3　孟德尔关于黄色和绿色比例的解释

事实上，孟德尔的整个遗传实验本质上与抛硬币是一样的。在前面，由帕斯卡三角形我们知道，抛两枚硬币至少得到一枚正面的概率是 3/4，即正面与反面出现的比例是 3∶1，这个与孟德尔在实验中反映的结果完全一致！

孟德尔继续考虑从第三代的各种杂交中产生的后代所应该出现的比例，以及当几个独立的特征同时交叉繁殖时应该出现的比例。概率的数学理论所预测的每一种情形，在实际实验中都产生了。由孟德尔以及随后的许多其他实验者在实际中都证实了概率论所预测的这种比例。

二、秘书的选择

英国著名数学家凯利(1821—1895年)于1875年提出了一个著名的概率问题,这个问题的提法是这样的:

一家公司要招聘1位秘书,结果10个人来应聘。这10个人的素质优劣不等,并按随机的顺序一一去和公司经理见面。由于经理是位行事果断、说一不二的人,他每见1人后便会立即表态,是录用还是不录用你。如果录用了,则招聘活动立即终止,不再见其余的人;如果不录用,则继续见下一个人,且已被拒绝过的人不再召见。

现在的问题是,这位经理应该如何取舍,才能使被录用的人是10位候选人中最好的1位的概率达到最大?类似的问题还有很多,例如,父母要送给孩子1件礼物,要孩子从10件礼物中进行挑选,这10件礼物的精美程度各不相同,且以随机的顺序一一展现在孩子面前。孩子一旦看中了某件礼品就不许再要其余的。如果前9件都未看中,那他只能拿第10件礼物了。现在孩子应该如何取舍,才能保证选到最好的礼物的概率最大?

这一问题的一般解答直到1960年才被数学家加德纳用最优停时理论加以解决。加德纳的解答是这样的:要从这10件礼物中挑出最好的,我们应该仔细观察头3件礼物,然后把它们放弃掉,因为这3件礼物所起的作用只是一个参考作用,使你对礼物的总体有一个大致的了解。接着,从第4件礼物开始,只要它比前3件礼物好,就立即接受下来,结束选择;如果它没有以前的好,则继续看第5件礼物,如果它比前4件都好,则接受下来,以此类推,直到找到1件比以前看过的都好的礼物为止(如果最好的礼物不幸落在前3件中,那你只有接受最后一件礼物了)。

此时,你所选中的礼物是10件中最好的概率约为0.4,远高于从10件中随意抽一件就拿到了最好的概率0.1。

实际上,对于秘书的选择问题,谁也不会这样去挑选秘书,除非应聘的人成百上千,实在无法一一面试。在现实生活中,能够满足这样苛刻条件的大概只有未婚男女的相亲过程。它需要在见面后给对方一个明确的答复,同意和某人相处就不能再与其他人相亲,而且“好马不吃回头草”,如果错过了前面的机会,只好同最后一个中意于他(她)的人相处,唯一不同的是他(她)能遇见与之相处的人数无法预先知道。

对于这个问题的一般情形，可以这样描述：设有 N 个物体（$N\geqslant 3$），代号分别为 1，2，…，N，其中第 I 件最好。现将这 N 个物体随机顺序排列，我们依次观察，来选择得到 I 的概率达到最大。与上面的操作类似，我们首先要进行 m 次不作任何选取的观察以积累资料，然后从 $m+1$ 次观察开始，只要观察到的物体比前面都好，就接受它并终止观察；若观察到第 $N-1$ 件时都未能找到比以前各件都好的，就接受第 N 件。在这样的停止规则下，加德纳算出挑到最好的 1 件的概率是：

$$p=\frac{m}{N}\left(\frac{1}{N-1}+\frac{1}{N-2}+\cdots+\frac{1}{m}\right)$$

在实际操作中，关键是根据 N 来计算出相应的 m 值。表 11.1 给出了 $3\leqslant N\leqslant 20$ 时所对应的 m 值和 p 值。

表 11.1　$3\leqslant N\leqslant 20$ 时所对应的 m 值和 p 值

N	m	p	N	m	p
3	1	0.500	12	4	0.396
4	1	0.458	13	5	0.392
5	2	0.433	14	5	0.392
6	2	0.428	15	5	0.389
7	2	0.414	16	6	0.388
8	3	0.410	17	6	0.387
9	3	0.406	18	6	0.385
10	3	0.399	19	7	0.385
11	4	0.398	20	7	0.384

从这个表中可以看出，当你有三项选择时（$N=3$），查出 $m=1$，即将第一件放过以后，从第二件开始依停时原则进行取舍，此时挑到最好的概率为 0.5。

三、蒙特卡罗法测量伯努利湖面积

美籍波兰数学家乌拉姆（1909—1984 年）创造了用概率方法计算物理对象的某些未知的数值，这种方法被称为蒙特卡罗方法。由于“蒙特卡罗”是世界著名的赌城，乌拉姆以此命名，表明这个方法与赌博的随机性相关。大约在 1946

年，乌拉姆在病中常常一个人玩纸牌，发现了某种牌型出现的概率，如果用排列组合的方法逐步进行计算，会由于计算中遇到的许多天文数字（因为阶乘是指数式增长的）而算不出来。于是乌拉姆考虑用随机数去估计原来的无法知道的物理常数，并得到了他的所谓的蒙特卡罗方法。对于这种方法，乌拉姆经常举的一个例子是：如果要求一个曲线围成的区域面积，用微积分方法当然可以，但有时计算很繁。这时，用一个正方形将该区域围住，然后随机地往正方形内掷“点”（用随机数可模拟），看该点是否落在区域内。当所掷“点”的数目 N 相当大时，落入区域内的“点”数为 M，则该区域的面积约为正方形面积的 $\frac{M}{N}$。这当然只能是近似值，但它不要求给出区域边界的方程，并且数值总是可以估计的。

如图 11.4 所示，一个伯努利湖由 x 轴和抛物线 $y=8x-x^2$ 所围，它位于 8×16 的矩形区域里。假设由计算机在这个矩形内寻找任意多个 (x,y) 点，例如图中标示的点 $A=(3.5,7.3)$，点 $B=(6.0,13.7)$，下面我们将用概率方法估测它的面积。

现在，我们要问计算机，这些随机的点是落在这个湖内还是湖外。在这个例子里，容易验证点 A 落在抛物线里面，即在湖内；而点 B 落在抛物线外面，因此砸在干干的地上。只需计算机几毫秒的时间，我们就能选择很多随机的点，并确定它们是在湖内还是湖外。

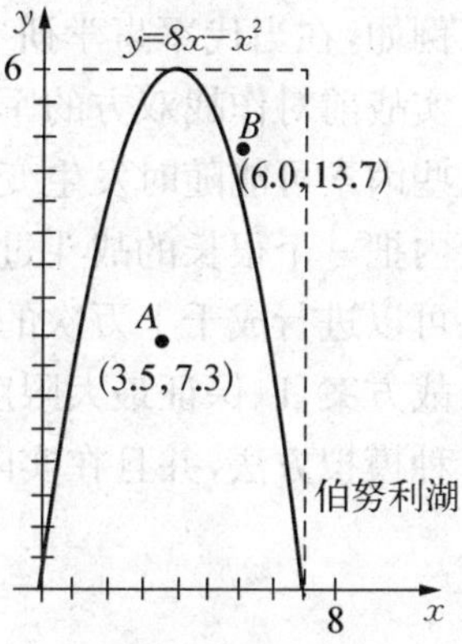

图 11.4　测量伯努利湖的面积

现在看一下根据蒙特卡罗观点的关键观测：随机选出的点落入湖内的精确概率记为 p，它是湖面占据 8×16 的面积的比例。即

$$p=\text{Prob}(\text{位于这个湖内的随机点})=\frac{\text{湖的面积}}{\text{圈出的矩形面积}}$$

$$=\frac{\text{湖的面积}}{8\times16}=\frac{\text{湖的面积}}{128}$$

当然，我们只有先知道这个湖内的面积才能计算出这个概率。但是，我们能够根据 x/N 来估测这个湖面的概率 p，即落入阴影部分的比例。对于这个例子，我们的计算机在矩形内选出 500 个点，而且发现有 342 个点落入湖内。因此，我们估测 $\frac{342}{500}=p\approx\frac{\text{湖的面积}}{128}$，即 湖的面积 $\approx128\times\frac{342}{500}=87.552$（平方单位）。因此，在没有借助其他任何物体，只是利用了伯努利大数定理的情况，我们

就得到了这个湖大小的粗略的近似值。如果我们想得到更为精确的估测值，只需要选择更多的点即可。比如，现在我们选择 5 000 个点，其中有 3 293 个点在湖内，因此有

$$\frac{3\ 292}{5\ 000}=p\approx\frac{\text{湖的面积}}{128}\text{，即湖的面积}\approx 128\times\frac{3\ 292}{5\ 000}=84.301\text{（平方单位）}$$

当然，我们还可以让计算机选择 50 000 个随机点，或 500 000 个点，或者选出任意多个点。那么，我们会更有信心得到这个抛物线湖的面积的估测值。虽然这个例子中的抛物线面积可以用积分方法精确地得到，但是这个例子仍然让我们感受到了概率的威力。

在现实世界中，还有很多更加奇妙的现象可以利用蒙特卡罗方法加以研究。例如，在当代军事学研究中，用蒙特卡罗方法可以建立实战的概率模型，以便在实战前对作战双方的军事实力、政治、经济、地理、气象等因素进行模拟。虽然这些因素可能随时发生变化，但是利用计算机进行“战斗”模拟，可以在很短的时间内把一个很长的战斗过程表述出来，并得出可能的结果。这样，军事指挥人员就可以进行成千上万次的战斗模拟，从中选择出对自己一方最有利又最稳妥的作战方案，以保证最大限度地赢得战争的胜利。现在世界上已有不少国家采用这种模拟方法，并且在实际战役中取得了成功。

第十二章

数理统计学

统计学首先起源于收集数据的活动。人们不难发现，哪里有实验、哪里有数据，哪里就有数理统计学的运用。正如英国学者威尔斯所说——统计的思维方法，就像读和写的能力一样，有一天会成为有效率的公民的必备能力。现今各国都设有统计局或相当的机构。当然，单是收集、记录数据这种活动本身并不能等同于统计学这门学科的建立，需要对收集来的数据进行排比、整理，用精炼和醒目的形式表达，在这个基础上对所研究的事物进行定量或定性估计、描述和解释，并预测其在未来可能的发展状况。例如，根据人口普查或抽样调查的资料对我国人口状况进行描述，根据适当的抽样调查结果，对受教育年限与收入的关系，对某种生活习惯与嗜好(如吸烟)与健康的关系作定量的评估；根据以往一般时间某项或某些经济指标的变化情况，预测其在未来一段时间的走向等。做这些事情的理论与方法，才能构成一门学问——数理统计学的内容。

因此，数理统计学是研究收集数据、分析数据并据以对所研究的问题作出一定的结论的科学和艺术。数理统计学所考察的数据都带有随机性(偶然性)的误差。这就给根据这种数据所作出的结论带来了一种不确定性，其量化要借助于概率论的概念和方法。因此，数理统计学与概率论成为密切联系的两个学科。

第一节　格兰特的死亡统计表

统计学始于何时？恐怕难于找到一个明确的、大家公认的起点。一些著名学者认为，英国学者格兰特在 1662 年发表的著作《关于死亡率登记表的自然和政治观察》，标志着这门学科的诞生。中世纪欧洲流行黑死病，该病在欧洲猖獗两个世纪，夺去了 2 500 余万人的生命。自 1604 年起，伦敦教会每周都要记录在这一周内死亡的人的姓名、年龄、性别、死因，并每周发表一次“死亡公报”，以期望对流行病传播制造出的后果提供早期预警。几十年下来，积累了很多资料。作为消遣，格兰特开始研究伦敦城市的死亡记录。格兰特是第一个对这一庞大的资料加以整理和利用的人，他原是一个小店主的儿子，后来靠自学成才。他也因为这一部著作被选入当年成立的英国皇家学会，反映出学术界对他这一著作的承认和重视。

这是一本只有85页的小册子，主要内容为8个表，从今天的观点看，这只是一种例行的数据整理工作，但在当时则是有原创性的科研成果，其中所提出的一些概念，在某种程度上可以说沿用至今，如数据简约（大量的、杂乱无章的数据，须经过整理、约化，才能突出其中所包含的信息）、频率稳定性（一定的事件，如"生男""生女"，在较长时期中有一个基本稳定的比率，这是进行统计性推断的基础）、数据纠错、生命表（反映人群中寿命分布的情况，至今仍是保险与精算的基础概念）等。

格兰特的方法得到了他的朋友佩蒂的支持和拥护，佩蒂是一位解剖学、音乐教授，后来成了军医。他坚持认为，社会科学必须像物理科学一样定量化。他提倡在这类问题的研究中不应空谈，要让实际数据说话。他给统计学这门刚起步的科学定名为"政治算术"，而且定义为"利用数字处理与政府相关问题的推理艺术"。

当然，也应当指出，他们的工作还停留在描述性的阶段，不是现代意义下的数理统计学。那时，概率论尚处在萌芽阶段，不足以给数理统计学的发展提供充分的理论支持，但不能由此否定他们工作的重大意义。作为现代数理统计学发展的几个源头之一，他们以及后继学者在人口、社会、经济等领域的工作，特别是比利时天文学家兼统计学家凯特勒19世纪的工作，对促成现代数理统计学的诞生起了很大的作用。

第二节　凯特勒的正态分布曲线

凯特勒（1796—1874年）是比利时的天文学家和统计学家。他开始只是在数学、物理和天文学方面做一些研究，但一次机会改变了他。1823年12月，凯特勒被公费送到巴黎学习天文学。正是在这短短3个月的访问，使凯特勒完全转向了另一个研究领域——概率论。点燃他对概率论热情的正是当时著名的数学家拉普拉斯，拉普拉斯对天文、概率论都有很深的造诣。受到拉普拉斯的启发，凯特勒开始重点转向概率论与统计学的研究。

作为一名物理科学家和数学家，凯特勒试图将统计方法用于实践测试，来研究人类的一些特征及能力分布。他记录并分析苏格兰士兵的胸围大小的数据分布，法国军队应征入伍者的身高的数据分布，以及其他诸如此类的项目。他发现这些数字特征与平均值偏离的变化方式与子弹在靶心周围散布的方式相同。后来，他将比利时人口普查的数字用于他的统计分析，并将结果制成图，画出各种测量值出现的频率，得到一条钟铃状的曲线，这就是概率统计中最著名的"正态分布曲线"①，如图 12.1 所示。由于其曲线是钟形，故有时又称为"钟形曲线"。无论是身高、体重、肢体长度的测量，还是反映人类智力特质的心理测试，类似的曲线一次次地重复出现。它反映了这样一种极普遍的情况：天下形形色色的事物中，"两头小，中间大"的居多，如人的身高，太高太矮的都不多，而居于中间者占多数——当然，这只是一个极粗略的描述，要作出准确的描述，须动用高等数学的知识。

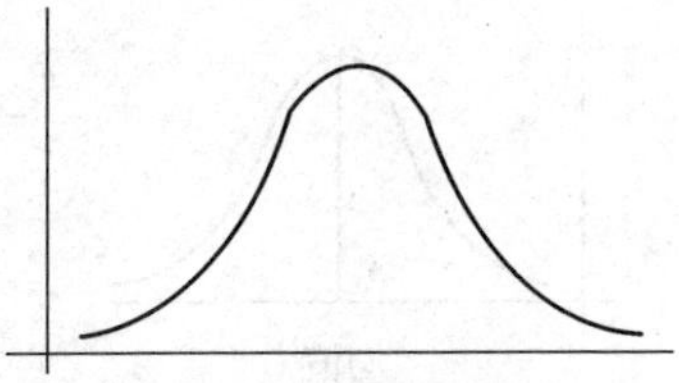

图 12.1　正态分布图

事实上，18 世纪中叶的数学家和物理学家就已经认识到了这条曲线的存在了。例如，法国数学家棣莫弗最初在研究对一个概率做近似计算时发现了正态曲线，但由于多种原因它并没有作为刻画随机现象的概率分布；1809 年，高斯在研究测量误差时，第一次以概率分布的形式重新提出此分布，并赢得了人们的普遍关注和研究。然而当时它的应用范围仅限于天文学、测地学等领域，并且凯特勒在自己的天文学研究中已经对此非常熟悉。但是这条曲线能与人的生理特征联系起来，这的确让人惊讶不已。由于凯特勒的工作，使得正态分布迅速扩大到自然和社会科学的许多领域，成为一系列核心理论的基础和导火索。

正态曲线的特点可由两个参量来刻画：均值和标准差。均值，也就是分布的平均值，以这个值为中心，正态分布的曲线左右对称。虽然平均值能够对数据有一个整体的描述，但却不能告诉我们在平均值附近这些数据的分布情况。为了这个目的，还需要引进标准差这一参量。简单地说，一组数据的标准差，就是每一单个数据与算术平均值之差的平方和的平均值的平方根。标准差描述了数据在平均值周围的聚集程度。从图 12.2 中可以看出，图 12.2(a)～12.2(c)中曲线标准差的不同。

正态曲线的研究表明：有一个有趣而实用的事实，就是无论均值和标准差的具体数值是多少，那么总有 68.2％的数据落在了以均值为中心，以一个标准差的数值为两侧的对称区间内；95.4％的数据落在以均值为中心，以 2 倍标准差

① 正态分布也常称为高斯分布，高斯 1809 年在研究行星绕日运动时提出用正态分布刻画测量误差的分布。

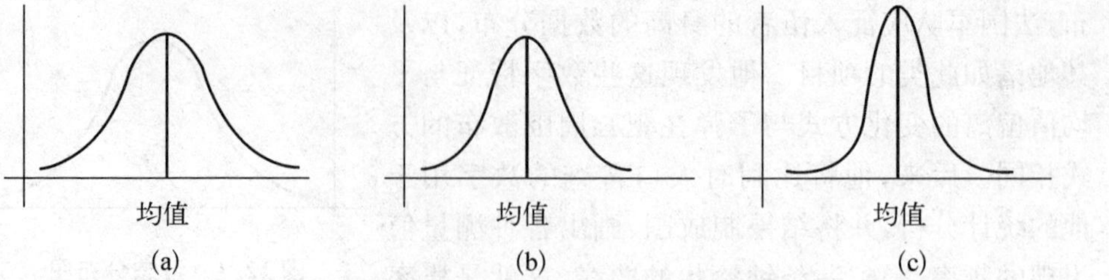

图 12.2　正态曲线的均值和标准差的区别

数值为边界的区间内；99.7％的数据落在以 3 倍标准差数值为边界的区间内。如图 12.3 所示。这样，有了均值和标准差，我们就能得到所需要的关于分布的所有情况。以人的智商为例，如果一个特定人群的智商平均值为 100，标准差为 15，那么我们就可以从正态分布曲线得知，95.4％的人的智商在 70～130 之间，而 99.7％得到人的智商值在 55～145 之间。

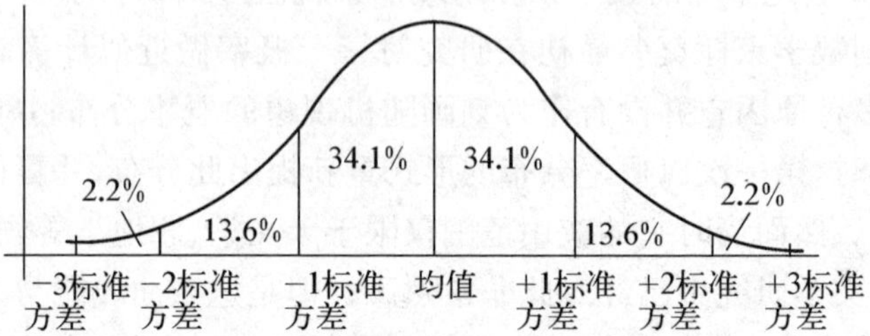

图 12.3　正态分布落在不同区域的百分比情况

从图 12.3 中的正态曲线图也可以看出另外一个事实，那就是概率和统计是相伴而行的。例如，如果我们想预测一下人群中随机挑选出的人的智商在 85～100 的概率，那么从图中可以看出这个概率是 0.341(即 34.1％)。如果我们想知道智商高于 130 的概率，图中也告诉了我们答案，这种情况的概率仅仅是 0.022。这样，通过正态分布的特征，我们能够计算任何给定范围的智商概率。

从凯特勒的工作引出了“平均人”的概念。凯特勒越是进行测量，他注意到个体的变化就越不突出，因为人类的主要特征的趋向也是十分明显的。每个具有这个特征的中间值，就等同于“理想的”或“平均的”人。他声称人类都是按照一个模子造成形的，一个民族的所有人也集中在该民族的那个“平均人”周围，就好像其他人都是对这个“平均人”的测量的结果。

虽然这个推断过于偏激，但是凯特勒所发现的人类的生物性特征(无论是精神的还是物理的特征)的确呈现出正态频率分布，这一结论本身是极其重要的。当然，关于正态曲线分布的研究，也引出了一些十分有趣的结论和问题。正如人类的精神和物质的特征呈现正态分布，那么为什么人类的个人收入不是正态分布呢？数学家F·克莱因给出了下面的收入频率分布图，如图12.4所示。当然，这个问题涉及的原因很多，具体的答案是什么，至今仍是各界人士津津乐道的话题。

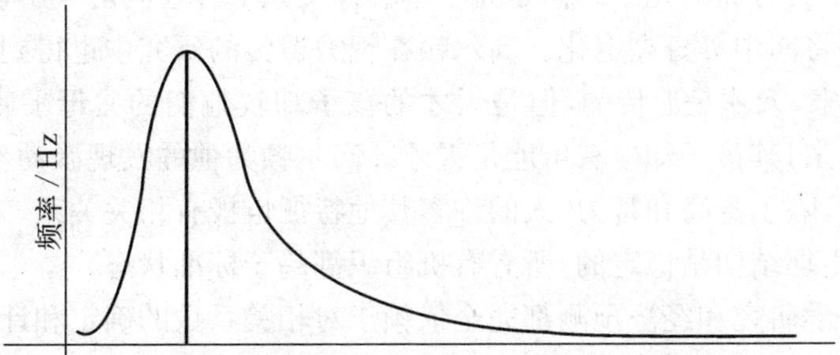

图12.4 大众收入分布图

第三节 高尔顿的相关理论与回归理论

在自然科学中，一些变量之间常常表现出确定的函数关系。例如，万有引力定律、麦克斯韦方程、质能方程等。但是在某些领域，要建立这样的函数关系很难，有的甚至是不可能的，但我们还是希望能从中获得一些有用的信息，就需要对可变因素之间的变化程度进行度量，这就涉及统计学上的一个重要概念：相关。比如，父母的智力与他们的孩子学习优秀之间具有某种相关性，气温与火灾之间的关系，等等。

第一位引入相关概念的是英国遗传学家和优生学家高尔顿(1822—1911年)。高尔顿是达尔文的表弟，优生学的奠基人。他并不是一位专业研究数学的学者，而是一个极其重视实践工作能力的人。他考虑的一个问题是：异常的身高是否有遗传性。他的方法是这样的，选取1 000名父亲，记录下他们的身高，然后相应地记下他们儿子的身高。由于父亲身高与儿子身高之间是不能用一个具体的函数关系来表示，于是高尔顿就在这一研究中引入了“相关”的思想。两个变量相关，是它们之间相互关系的一种度量，这个度量的数值就是相关系数。

数学家皮尔逊最终给出了相关系数精确的数学定义。这个定义是这样的：相关系数的取值范围介于−1～1之间。相关系数为1，则表示两个可变因素处于一种正比关系；相关系数为－1，则意味着两个变量呈现反比关系；相关系数为0，则表示一个变量的行为与另一个变量的行为无关，它们的变化是独立的；相关系数为3/4，则表示两个变量之间具有较强的相关性。

高尔顿发现，父亲的身高与儿子的身高之间有一种确定的正相关。一般而言，高的父亲会有高的儿子。但是儿子不会像父亲那样在同龄人中显得那么高，他们的身高将向中等身高退化。高尔顿在智力遗传的研究中也得到了类似的结果：一般说来，天才是遗传的，但是天才的孩子却较他们的父母平庸，而一般智力水平的父亲，其孩子却极有可能是天才。高尔顿为他的发现激动不已，进一步的研究表明，除了身高和智力，人的许多其他特征也极有相关关系。于是他得出结论，人的生理结构是稳定的，所有有机组织都趋于标准状态。

现代医学研究和经济预测都完全依赖于对相关系数的确定和计算。例如抽烟和患肺癌之间的关系，股票市场上市场行为与其他可变因素之间的相关性，等等。下面我们举个例子，某个城市关于太阳镜销售情况，看看它和冰激凌销售情况之间的相关性。如图12.5所示，其中x轴表示太阳镜的销售情况，y轴表示冰激凌的销售情况，每个月都可画出一个数据点(x, y)。例如，(3, 4)可能表示5月份太阳镜的销售额是3万元，而该月的冰激凌的销售额是4万元。这样，一年中所有数据可以组成一个散点图。由计算可知，这个相关系数大致在＋0.9附近，表明了一个很强的正相关。

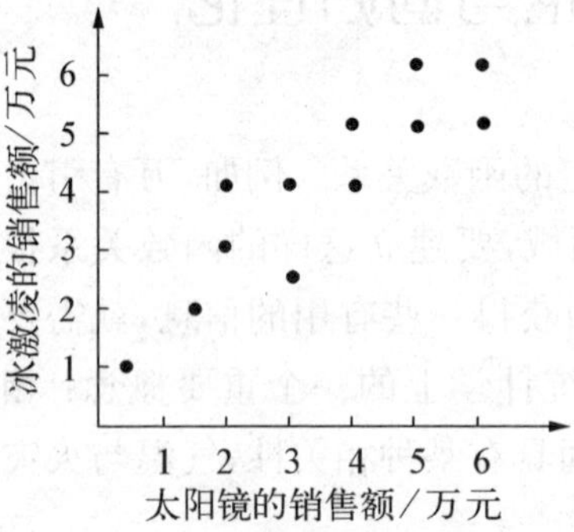

图12.5 冰激凌与太阳镜的销售额

高尔顿的相关理论后来由现代统计学的奠基人皮尔逊、斯皮尔曼和其他一些英国学者进行完善，发展为今天统计学上的相关与回归理论。相关的理论是把变量之间关系的程度加以量化，而回归则是把有相关的变量作近似的估计，称为回归方程。

例如，随机抽取8名女大学生，考察其身高x(cm)与体重y(kg)之间的关系形式，见表12.1。

表12.1 身高与体重之间的关系形式

编 号	1	2	3	4	5	6	7	8
身高/cm	165	165	157	170	175	165	155	170
体重/kg	48	57	50	54	64	61	43	59

根据表格中的数据，可以画出相应的散点图，并可求出其回归方程为 $y=0.849x-85.712$，如图 12.6 所示。并可据此推测其他女大学生的身高与体重的关系。

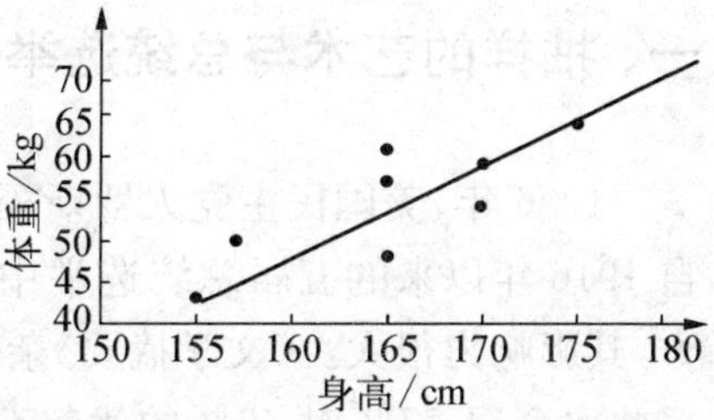

图 12.6　女大学生身高与体重关系图

现实世界中的现象往往涉及众多变量，它们之间有错综复杂的关系，且许多属于非决定性的性质。作为在遗传学中导入数学方法的第一人，高尔顿的工作具有划时代的意义。相关与回归理论的发明，提供了一种通过实际观察去对这种关系进行定量研究的工具，有着重大的认识和实用意义。

第四节　数理统计学的应用

到 20 世纪初，数理统计学已积累了很丰富的成果。自第二次世界大战结束迄今，数理统计学有了迅猛的发展，主要有以下三方面的原因：一是数理统计学理论框架的建立以及概率论和数学工具的进展，为统计理论在面上和向纵深的发展打开了门径和提供了手段。许多在早期比较粗略的理论和方法，在理论上得到了完善与深入，并不断提出新的研究课题。二是实用上的需要，不断提出了复杂的问题与模型，吸引了学者们的研究兴趣。三是电子计算机的发明与普及应用，一方面提供了必要的计算工具——统计方法的实施往往涉及大量数据的处理与运算，用人力无法在合理的时间内完成，所以在早年，一些统计方法人们虽然知道，但很少付诸使用，就因为是人力所难及。计算机的出现解决了这个问题，而赋予统计方法以现实的生命力。同时，计算机对促进统计理论研究也有助益，统计模拟是其表现之一。

在承认上述成就的同时，不少统计学家也指出这一时期发展中出现的一些问题或偏向。其中主要的一点是，数理统计学理论研究中的“数学化”气味愈来愈重，相当一部分研究工作停留在数学的层面，早期那种理论研究与现实问题密切结合的优良传统有所淡化，一些学者还提出了补救的建议，对未来统计学发展的方向进行探讨。同时，现实问题愈来愈涉及大量的、结构复杂的数据，按现行的数理统计学规范去处理，显得力所不及，需要一些带有根本性创新的思路，使统计学的发展登上一个新的台阶，以适应应用上的需要。下面列举出一些 20 世纪数理统计学发展过程中比较著名的应用实例。

一、抽样的艺术与总统选举

1936年，美国民主党人罗斯福总统任期届满，共和党人兰登与他竞选总统。自1916年以来的五届总统选举中，《文学摘要》杂志都正确地预测出获胜的一方，其影响力很大。《文学摘要》杂志根据约有240万人参加的民意测验，预测兰登此次会以57%对43%的优势获胜。那时，美国另外一个传媒界新星盖洛普(1901—1984年)刚刚建立起自己的调查机构——美国舆论研究所，也着手对1936年总统竞选的预测。他预测罗斯福会以56%对44%的优势获胜。实际结果是，罗斯福以62%对38%的优势胜出。自此之后，盖洛普的调查机构得到迅速地发展，国内外闻名，并由此确立了盖洛普民意测验在美国的权威地位。

由于不堪这一沉重打击，《文学摘要》杂志不久就垮了。为什么《文学摘要》付出如此大的心血，却产生如此大的偏差呢？问题出在样本的选择上。为了图省事，该刊物从各地的电话号码簿以及各种俱乐部的花名册上挑选了太多的访问对象，而当时美国家庭的电话总拥有量只有1 100万部，因此，有条件装电话和参加各类俱乐部活动的人，大多是经济上比较富裕、政治上较为保守的人，而这些人通常都是共和党的忠实选民。如此巨大的系统偏差，最终葬送了《文学摘要》。

与《文学摘要》不同的是，盖洛普仅仅根据一个约5万人的样本，而结果却与实际情况相差无几。其成功的秘诀在于，对时代脉搏的准确把握，严格地按照随机化原则选样，有效地控制了系统偏差。1948年之前，盖洛普民意测验使用定额抽样方法，样本容量为5万人。1948年后用概率方法选择样本，调查样本的容量只有原先的1/10～1/5。这样，用概率方法在10万人中调查的样本不到5人。1952年后，盖洛普采用“分层多阶”抽样的方案选择样本。它有以下六个步骤：第1步，将美国分为4个地理区域。第2步，将每一个地理区域分成一个个城镇。例如将人口在5万～25万的居民中心区归为城镇，在每一个地理区域内随机抽取若干个城镇。第3步，将城镇划分成选区。在每一个选出的城镇内随机抽取若干个选区。第4步，将选区划分成选分区。在每一个选出的选区内随机抽取若干个选分区。第5步，在每一个选出的选分区内随机抽取若干个家庭。第6步，最后访问选出的家庭中的某些成员。此时，访问员会接到通知，例如要求他与家庭中18岁以上的最年轻的男子交谈，若没有男子在家，则与18岁以上的最年长的女子交谈等。

用概率方法去选择样本消除了定额抽样法的缺点，防止了样本的选择偏差。1948年后盖洛普民意测验在总统选举中的预测结果见表12.2。

表 12.2 1948 年后盖洛普民意测验在总统选举中的预测结果

年 份/年	样本容量/个	获胜总统	盖洛普 预测得票率/%	选举结果/%	误差/%
1952	5 385	艾森豪威尔	51	55.4	4.4
1956	8 144	艾森豪威尔	59.5	57.8	−1.7
1960	8 015	肯尼迪	51	50.1	−0.9
1964	6 625	约翰逊	64	61.3	−2.7
1968	3 414	尼克松	43	43.5	0.5
1972	3 689	尼克松	62	61.8	−0.2
1976	3 439	卡特	49.5	51.1	1.6
1980	3 500	里根	55.3	51.6	−3.7
1984	3 456	里根	59.0	59.2	0.2
1988	4 089	布什	56.0	53.9	−2.1

二、左撇子的优势

每年的 8 月 13 日被称为“国际左撇子日”，越来越多的左撇子名人向世界证明了开发右脑的重要性。从政治家到运动员，从企业家到科学家，从文学家到艺术家等，世界左撇子名人数不胜数，例如奥巴马、比尔·盖茨、拿破仑、牛顿、爱因斯坦、居里夫人、达·芬奇……难怪有人称“世界在向左倾斜”。①

实际上，关于左脑与右脑的研究一直是现代医学和生理学研究的重点课题。1981 年度诺贝尔医学奖获得者史派利证明了：研究各个体是受左脑还是右脑的控制时，发现受左脑控制的人占多数。简单地说，其特征就是，相对于受右脑控制的人的创造能力，受左脑控制的人更具有逻辑推理能力。

从统计学上去了解自然界中存在左右之间的差别，印度统计所的戴维斯作出了重要的贡献。② 左螺旋和右螺旋的现象在植物王国中是非常普遍的，戴维斯注意到了这个问题，他从调查椰子树树叶的左右螺旋的不同特征开始。一般人并不知道根据椰子树树叶螺旋的方向，能够分为右螺旋形状或左螺旋形状。

① 马溥. 左撇子的神奇世界. 中国纺织出版社，2004：5.

② （美）劳 C R. 统计与真理——怎样运用偶然性. 科学出版社，2004：93.

为什么有的树的树叶是左螺旋形的，有的是右螺旋形的呢？这是遗传特征吗？要回答这个问题，可以考虑由不同螺旋形状的树木组合成的双亲树，并分类计算所产生的子孙树具有相同特征的数量。为此目的所收集到的数据列在表12.3中。可以看到，左对右的比率在所有类型的双亲树的组合中几乎是一样的。这显示了左螺旋和右螺旋不是遗传的基因。

表12.3　不同种类交配后所产生的子孙树中左螺旋和右螺旋的比例

双亲的花粉	双亲的种子	子孙树左：右
右	右	44：56
右	左	47：53
左	右	45：55
左	左	47：53

因而，左螺旋对右螺旋的比例似乎完全是由随机发生的外来因素所决定的。但是，为什么在表12.3观测的数据中，右螺旋子孙树略占优势呢？其生长环境中一定存在很大的可能性使得树木的叶子向右螺旋。如果真是如此，这种可能性依赖于树的地理位置吗？由于还有从世界各地收集到数据，不能明确回答这个问题。已经发现，从地球北半球收集到的样本中，左螺旋的比例占0.515，而从南半球收集到的样本中，左螺旋占0.473。这个差别恐怕是受地球绕一个方向自转的影响。这也解释了浴缸中漩涡的原理(当抽水栓排除浴缸中的水时，会产生左的或右的漩涡)。因而，在良好控制的条件下，北半球的漩涡多是逆时针方向的，南半球的漩涡多是顺时针方向的。

如果戴维斯不是热心去寻找左螺旋和右螺旋树木不同的特征，他的研究仅会保留某些学术上的特点。戴维斯花了12年多的时间在一个大种植园中比较了左螺旋和右螺旋树的平均产量。他十分惊奇地发现，左螺旋形树的产量高出右螺旋形树10%。虽然还不能作出任何解释——这个问题不容易解决，需要进行进一步研究，但这个经验的结论在经济上是很重要的。只选择种植左螺旋形的树木，产量可提高10%！戴维斯继而提出下面的问题：惯用左手的女性是否比惯用右手的女性更具想象力。森福德公司提供的研究表明，惯用左手的人具有特别的创造力而且长得漂亮。

由观测事实提出新问题，为解决这些新的问题，要作出更进一步的观测。综合每个阶段所得到的结果，寻找新的证据来加强已有结果的基础并探索新的方向。戴维斯的研究，为统计方法在了解自然本质中的应用，提供了一个极好的例子。

三、《红楼梦》的后四十回

《红楼梦》是清代文学家曹雪芹的传世佳作，它倾注了作者的毕生心血，可惜的是作者英年早逝，该书最终未能完成书稿。随后的学者为了完成这部奇书，相继地进行续写，使之完整。一般认为，《红楼梦》的后四十回为高鹗所续。但是，作为一个有趣的文献鉴定的工作，我国学者对于《红楼梦》的作者和成书过程的研究，从来没有停止过。

20 世纪 80 年代，美国华裔学者陈炳藻出版了《电脑红学：论红楼梦作者》的专著，他利用计算机对《红楼梦》前八十回和后四十回的用字进行了统计，并使用数理统计学方法探讨了《红楼梦》前后用字的规律。结果发现《红楼梦》前八十回与后四十回所用的词汇正相关程度达到 78.57%，而《红楼梦》与《儿女英雄传》所用的词汇的正相关程度只有 32.14%。由此推断，前八十回与后四十回的作者均为曹雪芹一人的结论。1985 年以后，南京工学院(现东南大学)、深圳大学相继开发了《红楼梦》作品研究的计算机数据库系统。根据电脑检索系统提供的资料，有关人员通过对语言风格要素与风格手段，以及某些用字、用词及回尾处理的差异做了比较研究，得出了《红楼梦》前八十回与后四十回语言风格存在明显差异的结论，又为两者出于不同作者之手提供了有力的证据。这与单纯从词汇数量统计的结果相比较，似乎更具有说服力。1987 年，中国数学家李贤平在美国威斯康星大学，运用计算机技术的模式识别法和统计学家使用的探索性数据分析法，又提出了一个《红楼梦》成书过程的观点：《红楼梦》各回所写内容具有不同的风格，各部分实际上是由不同作者在不同时期里完成的。李贤平认为，《红楼梦》前八十回是曹雪芹据《石头记》增删而成，其中插入他早年著的《金瓶梅》式小说《风月宝鉴》，并增写了具有深刻内涵的许多内容。在曹雪芹全书尚未完成就突然去世之后，曹家亲友搜集整理了原稿，并加工补写成《红楼梦》后四十回。总之，红学的量化研究，使“曹雪芹作前八十回，高鹗续后四十回”的传统观点受到多方面的挑战。

四、超灵感与惊人的巧合①

我们常常会看到一些报道说某人具有超灵感可以透视他人的内心之秘密、

① (美)劳 C R. 统计与真理——怎样运用偶然性. 科学出版社，2004：117－118.

占星术做了准确的预报、某人4个月内连中两次彩票的惊人的好运，等等。这样的事件制造新闻，可能会引起读者的兴趣，其中是否显示存在着某种隐藏的能力，会引起这些事件的发生呢？

也许完全否认某些人说具有的超能力存在的可能性，或者是某人出生时刻所处的行星位置可以决定他一生所经历的一切事件的可能性是不慎重的。但是，这类报道只选择成功的例子并不能为这种可能性提供强有力的证据。例如，考虑一个典型的超灵感实验，实验者从两个物体之中任取一个放在纸板下，要求被实验者猜出放在纸板下的物体。这样的实验反复进行4次，则一个人纯粹由猜想得到所有正确答案的概率为1/16。这就是说，如果从一般人集合中任意选出64个人进行这样的实验，则有3～4个人以很大的机会猜中所有的正确答案。这样的实验并不是表明这3～4个人具有超灵感。但是，如果仅仅报告他们的结果会吸引我们的注意力！

再如，如果你出席一个至少23个人的宴会，询问所有出席者的生日，你会发现他们中有2个人生日相同。这似乎是惊人的巧合，其实通过概率计算我们知道发生这样事件的概率为50%。

在一篇发表于美国统计学会杂志上的文章中，哈佛大学的两位教授，戴肯斯和莫斯特雷证明了绝大多数的巧合，如一度作为一惊人事件报道的美国某地某人在4个月内赢了两次彩票，这是在一定的时间内以相当小的概率发生的。

在我国，这种"祸不单行""好事成双"的现象在生活中时有发生。例如，2001年江苏"体彩"出现过相隔不久的两期大奖得主为同一人的事件。不少人对此给以宿命论的解释，其实这种随机事件以各种不同形式出现的现象，在统计学中是屡见不鲜的，这种现象在统计学中又被称为"成群现象"。比如，对于像π这样的数字排列毫无规律可言的无理数，却从第710161位开始连续出现7个3，就是随机成群现象的一个例子。实际上，在π中什么蹊跷的事都有可能发生，比如你在其中可以找到你的手机号码，只要你有这个耐心。

统计学中存在一种法则，它是这样叙述的：一次实验中以很小的机会发生的事件，当样本足够大时必然会发生。并且可以在任何时候发生，并不需要归因于任何特别的理由。

第十三章

公理化与数学基础

如前所述,非欧几里得几何学是建立在公理集合上的,分析学经过严密化,也实现了公理化的建构。本章主要说明公理化方法的作用以及使用公理化方法重建古老的欧几里得几何学。这些工作都使 19 世纪的数学朝着更加抽象化与严密化的方向发展。在此基础上,数学共同体于 19 世纪末开创了公理化的研究领域——公理学,进而引发了一场关于数学基础的讨论。这场讨论不仅推动了数学理论研究的深入发展,同时也从哲学的角度,对数学的本质有了更深刻的理解。

第一节　公理集合的性质

不论是几何学、代数学还是分析学,它们从理论上达到的严密化的目标,都是通过建立一个科学的公理体系来完成的。由此,人们更进一步认识到,公理化方法是研究数学的一个重要的方法。

在演绎系统中,为了证明一个命题,就要证明这个命题是以前已经证明过的某些命题的必然的逻辑推论。而这些命题本身又必须用其他命题来证明。这样,数学证明的过程将是一种无限往回追溯的过程,这显然是不可能的。因此,必须有若干命题(称为公理)是公认成立而不要求证明的。从它们出发,我们可以通过纯演绎的推理来推导出所有其他的定理。如果科学领域的事实,有这样的逻辑关系,使得全部事实都可根据选取的若干(最好要少些、简单些,而且看起来是真实的)命题来证明,那么这个领域就可以说是按公理形式来表示。在任何一个公理体系中,还必须引入某些不加定义的概念,例如几何学中的"点"和"线",它们在物理领域中的"意义"或关系,在数学上是非本质的。它们被当作纯粹抽象的东西,它们在演绎系统中的性质,可以完全用公理的形式加以界定。譬如,几何公理为一切"不加定义"的几何名词(如"线""点"和"关系"等)提供了隐定义。

显然,任何一门公理体系的建构过程中,都不能随意地选取不加定义的原始概念或者命题(公理)。这些选择必须保证公理集合的独立性、完备性和相容性。

公理集合的独立性,是要求一个公理集合中的任何一条公理都不能从其余的公理推证出来。换言之,公理集合的独立性,要求所选择的公理体系中没有多余的公理。公理集合的独立性限制一个公理集合的公理个数最多不能超过多少。

公理集合的完备性要求我们所研究的这一理论体系的每一个定理都能从这个公理集合逻辑地推导出来。因此,完备性是要求在一个公理集合中公理最少应该是多少个。公理集合完备性的确定是一个难度很大的问题。

公理集合的相容性(又称无矛盾性或和谐性)是指从一个公理集合出发,不能推导出两个互相矛盾的命题。

要直接说明一个公理体系的相容性,本来应该肯定这个公理体系的所有可能的推论都不存在导致逻辑矛盾的可能性,但这是一个无限推证的过程,无法得出最后的结论。目前,人们证明一个公理集合的相容性的主要办法是模型法,即通过建立模型以及转移矛盾的方法。具体地说,人们选用一个经过严格考验的、大家都相信它具有逻辑相容性的领域(即一个模型),用这里的材料来保证特征公理体系的相容性。大家看到特征公理体系的内容在这个使人放心的领域中正常地实现了,于是就认为这组公理不会再导致逻辑矛盾了。否则,如果特征公理体系本身含有冲突因素,就不可能与这已知领域中的事实相吻合,就必然在这个已知领域中导致逻辑矛盾的结论。然而,我们知道这已知的领域里是没有矛盾的,于是就可以认为这种逻辑矛盾是特征公理体系中矛盾冲突因素的反映。由此可见,在我们用建造模型的方法解决某一公理体系的相容性时,用以建造模型的“材料领域”的相容性是必须事先得到肯定的,否则将无助于解决公理体系的相容性。上述利用“熟知的领域”检验一个陌生的公理集合的相容性成立的方法,称为相容性检验的“模型方法”,用模型方法检验得到的相容性称为“相对相容性”。譬如,非欧几里得几何学,特别是罗巴切夫斯基几何学,是在完全公理化方法下建立起来的,它在物理空间中没有找到自己的现实存在性,对它的相容性问题,人们也利用模型法给出了不同的解释。这些解释都依赖于欧几里得几何的可靠性。

证明相对相容性所使用的模型可分为具体的模型和理想的模型。如果模型的原始术语所规定的意义是从现实世界抽取的对象和关系的话,则这个模型称为具体的模型。当我们选择具体的模型来证明一个公设集合的相容性时,这个相容性是绝对可信的。因为如果在公设集合中推导出矛盾的话,它反映的是现实世界中的矛盾,是一个客观存在着的事实,我们可以直接地看出这个矛盾。如果模型的原始术语和关系不是来自现实世界,而是从别的公理推演而得来的,则这种模型就称为理想模型。譬如,罗巴切夫斯基几何公理体系的克莱因模型(图 13.3)就是一个理想的模型,因为它是建立在欧几里得几何公理体系之上的。通过证明,人们将罗巴切夫斯基几何的矛盾归结为欧几里得几何的矛盾。也就是说,在欧几里得几何是相容的条件下,才能保证罗巴切夫斯基几何是相容的,因而这个相容性是相对的而不是绝对的。

第二节 欧几里得几何公理集合的完备性

一、《几何原本》的缺陷

《几何原本》作为科学史上第一个朴素的公理体系,一直被认为是理论严格化的典范。然而从现代公理化方法的角度来分析,《几何原本》的公理体系存在着以下一些缺陷。

其一,欧几里得没有认识到一个公理化的体系一定要建立在一些原始概念上。点、线、面就是原始的、不加定义的概念,但《几何原本》却利用物理概念对这些概念加以界定,以至于使概念形成不确切含义的循环链。如,《几何原本》中有这样的定义:

点是没有部分的那种东西。

线是没有宽度的长度("线"在这里指曲线)。

一线的两端是点(这个定义明确指出一线或一曲线总是有限长度的)。

直线是同其中各点看齐的线(与前面一个定义的界定方法一致,这种定义据说是从泥水匠的水准器或从一只眼睛沿着线往前看的结果中得到启发而作出的)。

面是只有长度和宽度的那种东西。

面的边缘是线(显然,《几何原本》中的面也是有界的图形)。

平面是与其上直线看齐的那种面。

其二,《几何原本》的公理集合是不完备的,这就使得欧几里得在推导命题过程中,不自觉地使用了物理的直观概念。例如,在《几何原本》第一个命题(在给定直线 AB 上作一等边三角形)的证明中,欧几里得写道:以 A 为中心、以 AB 为半径作圆。以 B 为中心、以 BA 为半径作另一圆。设 C 是一个交点,则△ABC 便是所求的三角形。在这个证明中，欧几里得就假定了两圆一定有一个公共点。

对于《几何原本》的研究发现，欧几里得在所有推理证明中，曾数十次地使用了他未曾证明的命题，而凭借从图形看来是显然正确的结论。这种论证方法，在今天的初等教育中是习以为常的。但是，建立在图形直观上的几何推理肯定是不可靠的，容易导致单纯凭借特殊的图形来推出貌似正确的“定理”。例如，每一个三角形都是等腰的“证明”就属于这种情况：作出$\triangle ABC$中角A的平分线和BC边上的垂直平分线。如果这两条线平行，则这条角平分线就垂直于BC，因而这个三角形就是等腰三角形。否则，我们假定这两条直线交于O点，如图13.1(a)所示。此时作垂直于AB的线OF和垂直于AC的线OE。那么标记为Ⅰ的两个三角形是全等的，因而$OF=OE$。又由于标记为Ⅲ的两个三角形也全等，因而$OB=OC$。从而标记为Ⅱ的两个三角形也全等，所以$FB=EC$。再从标记为Ⅰ的两个三角形全等，得到$AF=AE$。于是$AB=AC$，继而三角形就是等腰的了。显然点O的位置不可能在$\triangle ABC$内，它只能在三角形的外部，或在外接圆上。然而如果画成图13.1(b)，依然能“证明”$\triangle ABC$是等腰的。问题就出在E，F两点上，它们应该分别位于三角形中各自边的内部和外部。由此看来，要想避免上述现象的发生，在开始证明之前我们就必须确定点F和点E的正确位置。这就意味着欧几里得几何学只是提供了“精确画出图形上的直观证明”，一旦图形不“精确”，那么“严格的证明”就可能得出完全错误的结论。

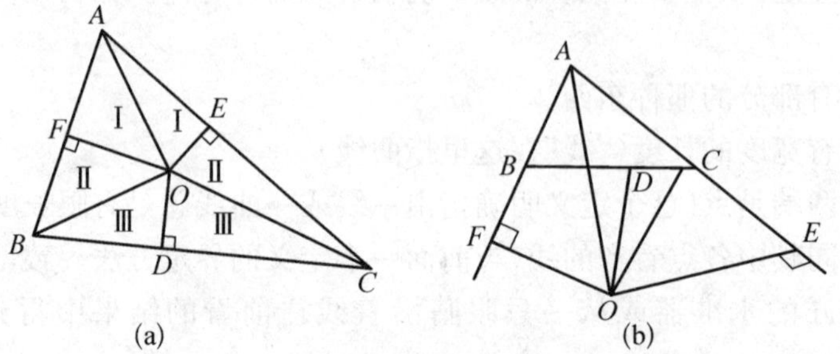

图13.1 任意三角形都是等腰的“证明”

二、希尔伯特及《几何基础》简介

1．希尔伯特简介

希尔伯特(1862—1943年)，出生于德国的一个法官家庭，公理化方法的研究是他众多研究领域的一个方面。在1900年巴黎国际数学家大会上，希尔伯特发表了著名的《数学问题》讲演。这一讲演表明，希尔伯特是当时能够纵览数学发展全貌的、为数不多的数学家之一。

希尔伯特是德国著名的哥廷根学派的重要成员，长期在哥廷根大学任教授，是一位杰出的教师。他习惯于在课余时间与学生长时间地散步、交谈，在融洽的气氛中切磋数学。实际上，当他做学生的时候，就与比他年长3岁的副教授胡尔维茨以及比他高一级的闵科夫斯基(后来成为著名的数学家)结下了深厚的友谊，他们总是在散步中讨论问题。希尔伯特后来曾这样追忆："在日复一日无数的散步时刻，我们漫游了数学科学的每一个角落。"①希尔伯特并不特别看重学生的天赋，而强调"天才就是勤奋"。在学生的心目中，希尔伯特不像F·克莱因那样是"远在云端的神"，这位平易近人的教授周围，聚集了一批有才华的青年。由他直接指导并获博士学位的学生就有69位，其中不少人后来成为卓越的数学家。

希尔伯特在巴黎国际数学家大会上的著名讲演《数学问题》激起了数学界的普遍而热烈的关注。在这一演讲中，他对各类数学问题的意义和研究方法发表了精辟见解，并根据19世纪数学研究的成果与发展趋势，提出了23个问题(史称"希尔伯特问题")。这些问题涉及19世纪现代数学的大部分领域，对20世纪数学产生了深远的影响。

为了提交这份报告，希尔伯特整整花了8个月的时间。预定1900年8月在巴黎举行的数学家会议已经临近，7月中旬，希尔伯特才给好友闵科夫斯基寄去讲演稿的样本。当时，希尔伯特正值科学创造活动的盛年，已经作出了许多世界公认的成绩。人们本来以为他会拿出优异的数学论文来回复国际数学界，却没有想到他竟会选择如此困难的题目来作讲演。闵科夫斯基和胡尔维茨对初稿进行了认真研究，帮助希尔伯特作了修改，共同完成了这个跨世纪的报告。

100年来，希尔伯特问题吸引了无数的数学家们为之奋斗。迄今为止，在这些著名的数学问题中大约有一半已经得到了解决或基本解决。正如希尔伯特的弟子，即数学家外尔(1885—1955年)指出的："希尔伯特就像穿杂色衣服的风笛手，他那甜蜜的笛声诱惑了如此众多的老鼠，跟着他跳进了数学的深河。"百年来，人们把解决希尔伯特问题，哪怕是其中一部分，都看成是至高无上的荣誉。据统计，从1936年至1974年，在被誉为数学诺贝尔奖的菲尔茨国际数学奖的20名获奖人中，至少有12人的工作与希尔伯特问题有关。

---

① (美)康斯坦丝·瑞德. 希尔伯特：数学世界的亚历山大. 袁向东，李文林，译. 上海科学技术出版社，2006.

希尔伯特问题虽然没能涉及20世纪的一些前沿学科，如拓扑学、微分几何学等，也没能反映20世纪应用数学的广泛领域，但是却大大推动了一大批数学分支的发展，在对第二和第十个问题的研究中促进了现代计算机理论的发展。一位数学家能如此集中地提出这么一整批问题，并能持久地影响数学科学的发展，在数学史上是空前的。这些问题的解决，极大地丰富了纯粹数学的内容，并且几乎渗透到人类智力活动的各个领域，成为信息时代的数学不可或缺的构成要件。

2.《几何基础》简介

用公理化的方法检验欧几里得《几何原本》的公理体系，那么它的公理必须加以修改和补充。19世纪后期，巴斯(1843—1930年)首先对直线上点的“介于”关系提出下述命题作为公理：如果一条直线与三角形的一边相交(交点异于顶点)，那么该直线也一定和三角形的另一边相交。从而排除了一些荒谬的结论，如“一切三角形都是等腰三角形”。巴斯是最早对几何基础作出较大贡献的人。他认为，虽然某些定理可以通过实验加以检验，但是只要公理集一经选定，就必须能够完成所有的证明而不用再参考实验或者参考概念的物理意义。此外，公理绝不是不证自明的真理，而只是用以产生几何理论的一些假定。

19世纪末，人们改造了欧几里得几何公理系统，使之成为严密的公理体系，其中最受人欢迎的公理集属于德国数学家希尔伯特。它的概念和陈述最简单、闯出的路子最接近欧几里得。希尔伯特在使用不定义概念以及这些概念的性质仅由公理来说明等方面，都遵照巴斯的思想，无需给不定义的概念指定明晰的意义。希尔伯特说，这些点、线、面以及其他元素，可以用桌子、椅子、啤酒杯以及别的事物来代替。当然，当几何同“事物”打交道时，这些公理肯定不是不证自明的真理，但必须把它们看作是任意的，即使它们事实上是由经验启示的。

希尔伯特在《几何基础》(1899年)中给出的几何公理体系被划分为五组，其中主要包括：

第Ⅰ组(结合公理)共8条，它描述了一种称之为“属于”关系的特性。例如，对于任意两点 A, B，存在着属于它们每一点的直线 a；又如，对于任意两个不同的点 A, B，至多存在一条属于这两点的直线。

第Ⅱ组(顺序公理)共4条，它描述了一种称之为“介于”关系的特性。例如，如果点 B 介于点 A, C 之间，那么点 A, B, C 同属于一条直线，同时点 B 也介于点 C, A 之间；又如，(巴斯公理)假设 A, B, C 是不在同一条直线上的三点，a 是平面 ABC 上的一条直线，而且 A, B, C 中任何一点都不属于 a。这时，如果直

线 a 通过线段 AB 的一个内点,那么 a 就必定或者通过线段 AC 的一内点,或者通过线段 BC 的一个内点。

第Ⅲ组(合同公理)共 5 条,它描述了一种称之为"等于"(或称"合同于")的特性。例如,如果 A, B 两点同属于直线 a,而点 A'属于直线 a',那么总可以找到属于 a'的一点 B',使"线段"$A'B'$合同于 AB。

第Ⅳ组(连续公理)由两个命题组成,一个叫"阿基米德公理",另一个叫"康托公理"。这一组公理没有刻画新的基本关系,但刻画了几何元素集合中的一种叫作连续性的构造特性(属于同一直线的点元素之间的关系)。这一组公理,还可以用一条叫作"戴德金公理"的命题来取代(它与"阿基米德公理"及"康托公理"的总和相等价)。戴德金公理陈述如下:

如果把直线上所有的点分成两个类,使得:① 每一点都属于且只属于一个类,每个类都不空;② 第一类的每一点都在第二类的每个点的前面,那么必定唯一存在这样一点 R,R 或者属于第一类而使第一类中每一点都在 R 之前;R 或者属于第二类,而使 R 在第二类中每一点的前面。

第Ⅴ组(平行公理)是刻画几何元素集合构造中被叫作平行性的一种特性。

在希尔伯特的几何公理体系中,用五组公理联结三种对象及其间的三种关系(六个原始概念)。如果在这个公理体系中去掉第三种几何基本对象("平面")以及与它有关的各条公理,余下来的公理和五个原始概念就可以构成一个"平面几何的公理系统"。

希尔伯特用上述公理证明了欧几里得几何的一些基本定理,此后的数学家则运用希尔伯特的公理集合,完成了所有欧几里得几何命题的证明。利用希尔伯特公理集,可以排除欧几里得几何证明中的直观成分。

第三节 几何公理集合的相容性

欧几里得《几何原本》的公理化理论体系,被称为"实质公理"体系,它的所有命题都可以从物理世界中得到验证,并且物理世界的现实告诉我们,在这个理论体系中不存在相互矛盾的命题。所以,只要欧几里得几何被认为是关于物理空间的真理,那对它相容性的任何怀疑似乎都是没有什么意义的。然而,如果像希尔伯特《几何基础》那样的公理化理论体系,那么对欧几里得几何公理选择的随意性(即它们不依赖于物理的现实性),就构成一种"形式公理"体系,对其公理集合就必须进行相容性的论证。像罗巴切夫斯基几何学等一些没有物质世界能验证的纯粹数学理论，其相容性也必须加以验证。

历史上用反证法求证第五公设的实质，是要肯定"反第五公设"这个命题与绝对几何公理（欧几里得几何中平行公理以外的公理）合在一起组成一个不具有相容性的体系。同理，要说明非欧几里得几何的逻辑合理有效，就是要肯定所构成的这种公理体系（"反平行公理"加上绝对几何公理）是具有相容性的。

肯定一个公理体系的相容性，通常的方法是"作出解释"或建造模型。希尔伯特利用建构模型方法，给自己的几何公理系统作出了一个模型（为了简便起见，我们只考虑平面几何情形的模型）。首先要对公理集合中的不加定义的概念作出"解释"：

"点"被解释为有序实数组（x、y）；

"线"被解释为二元一次方程 $Ax+By+C=0$；

"属于"关系："点"属于"直线"或"直线"属于"点"，被解释为数组（x、y）是方程 $Ax+By+C=0$ 的解；

"介于"关系："点"(x, y)在"点"(x_1, y_1)与"点"(x_2, y_2)之间，被解释为：

$$\frac{x_1-x}{x-x_2}=\frac{y_1-y}{y-y_2}=\lambda>0$$

"合同关系"："线段"((x_1, y_1), (x_2, y_2)) 与"线段"((x_3, y_3), (x_3, y_3)) 合同，被解释为：

$$(x_2-x_1)^2+(y_2-y_1)^2=(x_4-x_3)^2+(y_4-y_3)^2$$

在我们这样派定了"角色"、解释了"关系"之后，可以逐条验证：希尔伯特平面几何公理系统中的每一条公理，在我们这个用代数材料做成的模型中都能得到认定。于是，我们就得到了一个平面几何的"解析模型"，它实际上就是中学生都了解的笛卡尔直角坐标系下的平面解析几何。

F·克莱因给出了罗巴切夫斯基几何学最简单的模型如下：

罗巴切夫斯基几何的"平面"仅由圆的内点组成，圆的每一个内点称为非欧"点"，圆的每一条弦称为非欧"直线"，连接"点"和求"直线"的交点的非欧意义与欧几里得几何学的保持相同。容易证明，这个新系统除平行公理外，满足欧几里得几何学的所有公理。欧几里得平行公理在新系统中不成立，即，过不在已知"直线"上的任一"点"可作无穷多条"直线"和已知"直线"没有公共"点"。其中，已知"直线"是圆中的欧几里得弦，而所作的"直线"是过已知"点"而不和圆内的已知"直线"相交的任一条弦。

庞加莱也给出了平面非欧几里得几何的模型，如下：

在欧几里得平面上指定一条直线 Γ，只考虑 Γ 一侧（比如上侧）的半开欧几里得平面，把罗巴切夫斯基公理体系中的“点”，解释为这个半开欧几里得平面上的普通欧几里得点。把半开平面中垂直于 Γ 的欧几里得射线（去掉顶点）和中心在 Γ 上的欧几里得半圆弧（也去掉与 Γ 的交点）解释为罗巴切夫斯基的“直线”。然后，把罗巴切夫斯基公理中的三个关系，解释成与欧几里得几何中同样的含义。按照欧几里得几何中的通常意义去理解“属于”关系（点在半开圆弧上、半开圆弧通过点）、“介于”关系以及“合同（全等）”关系，这就构成了“庞加莱模型”。不难验证，罗巴切夫斯基平面几何的公理系中除罗巴切夫斯基平行公理之外的一切命题，都是可以实现的。

设 a 为已知直线，A 是直线 a 外的一点。下面我们分两种情形来检验：

如果已知直线 a 是垂直于 Γ 的欧几里得射线，如图 13.2 所示。这时我们一定可以在欧几里得平面中作出一个与 a 相切于 Γ 上、且过点 A 的圆（唯一存在）。取其上半平面部分，得到一条中心在 Γ 上的半开圆弧 c。按着我们的约定，它就是一条过“点 A”而与“直线 a”不相交的“直线 c”。此外，在欧几里得几何的意义下，还可作一条通过点 A 垂直于 Γ 的射线 b（也是唯一存在的），按照我们的约定也是模型中的一条“罗巴切夫斯基直线”而且与直线 a 无公共点（当然，在阴影区内任何一条“直线 d”，也都是“过点 A 而与直线 a 不相交”的）。

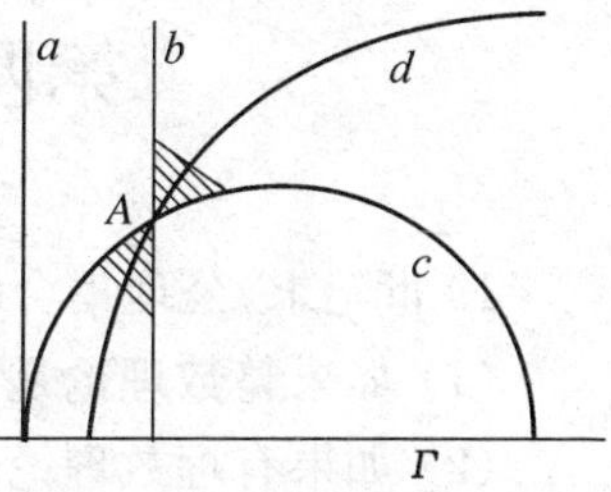

图 13.2 罗巴切夫斯基平行公理的模型（一）

如果直线 a 是中心在 Γ 上的欧几里得半开圆弧。这时，总可如图 13.3(a) 和图 13.3(b) 中所表示的那样，找到过 A 而与“直线 a”不相交的两条“直线 b 和 c”。当然，在图 13.3(a) 和图 13.3(b) 中，在阴影区内任何一条“直线 d”，也都是“过点 A 而与直线 a 不相交”的。

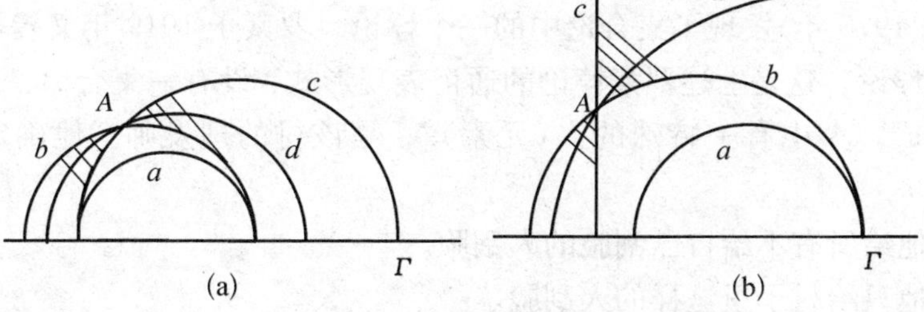

图 13.3 罗巴切夫斯基平行公理的模型（二）

总括上述两种情形,可见罗巴切夫斯基的平行公理确实在这个模型中实现了。由于这个模型的"材料"取自欧几里得平面的一部分,而欧几里得几何的相容性又是人们普遍承认了的。所以,这样就解决了罗巴切夫斯基平面几何公理系统的相容性。

在我们讲了关于用模型方法去解决几何公理的相容性之后,应该特别强调一点,用模型法证明相容性问题,只是一种相对的解决方法,它不过是把一个新领域中有怀疑的问题用一个人们熟知的旧领域中的事实去回答而已。上述的两个罗巴切夫斯基平面几何模型都是欧几里得几何,人们只不过是因为相信欧几里得几何没有矛盾,才相信了这种解释所带来的说服力。如果再进一步追问,欧几里得几何公理体系的相容性如何解决,就可以知道问题并没有得到彻底的解决。

第四节 数学基础的论争

19 世纪末,公理集合的相对相容性研究得到了以下的结果:

(1) 如果整数理论是相容的,则有理数理论也是相容的。

(2) 如果有理数理论是相容的,则无理数理论也是相容的。

(3) 如果无理数理论是相容的,则整个实数理论也是相容的。

(4) 如果欧几里得几何是相容的,则罗巴切夫斯基几何也是相容的。

(5) 如果实数理论是相容的,则欧几里得几何也是相容的。

这样,整数理论的相容性就成为整个数学相容性的基础。

集合论产生之后,德国的数学家弗雷格(1848—1925 年)和戴德金又把整数理论建立在集合论的基础之上。因此,就将整数(或正整数、自然数)的相容性问题又转化为集合论的相容性问题。

19 世纪末,集合概念已经被证明是数学最基本的和应用最广泛的一个概念,它把纯粹数学的基础理论统一起来。可是,1903 年,英国哲学家、数学家罗素(1872—1970 年)发现了集合论中的一个悖论。罗素于 1919 年又提出著名的"理发师"悖论。这是上述罗素悖论的通俗表现形式:设有一集合 A:是由某村庄的人构成。A 中有一特殊的人(元素)A_0 是该村的理发师。他确定了两个原则:

(1) 他给所有不给自己刮脸的人刮脸。

(2) 他只给村子里这样的人刮脸。

这样我们就得到了两个子集合:

集合 A_1：第一条原则确定的人。

集合 A_2：给自己刮脸的人。

下面我们就考虑这位理发师 A_0 应该属于哪种集合。若理发师给自己刮脸，则 $A_0 \in A_2$。另一方面，由于他给自己刮脸，根据第一条原则他就不应该给自己刮脸，所以 $A_0 \in A_1$。因此，矛盾也就出现了。

由于这一时期的集合论已经成为现代数学的基础，罗素悖论的发现不仅动摇了朴素集合论的可靠性，而且极大地威胁着整个数学的基础。罗素悖论的产生，导致了数学的第三次危机。这次数学危机推动了数学沿着两个方向发展：一个是单就集合论本身进行悖论问题的研究，继而创立了更加严密的集合论公理化集合；另一个是从整体上考虑整个数学科学的研究对象、方法和理论结构。

第一个方向是公理化集合论方向。当时少数数学家认为，集合论之所以出现悖论是由于康托关于集合的概念是朴素的，在逻辑上并不是严格的，因此，他们试图用公理方法重建集合论，以通过少数几条公理来限定集合的概念，借以避免所引起的逻辑矛盾。德国数学家策梅罗（1871—1953 年）率先将朴素的集合论提炼成公理化的集合论，排除了罗素的悖论。后经弗伦克尔的修改和补充，成为策梅罗-弗伦克尔系统，而成为目前集合论中广泛采用的公理集。

第二个方向促使 20 世纪初期的数学家们进行了一场关于数学基础的讨论，并形成了三大学派。

1. 逻辑主义

以罗素为代表的逻辑主义学派认为，数学仅仅是逻辑的一部分，全部数学可以由逻辑推导出来：数学概念可以借逻辑概念来定义；数学定理可以由逻辑公理按逻辑规则推出；至于逻辑的展开，则是依靠公理化方法进行，即从一些不定义的逻辑概念和不加证明的逻辑公理出发，通过符号演算的形式来建立整个逻辑体系。罗素与怀特海（1861—1947 年）为此做了不懈的努力，其基本思想写在他们的著作《数学原理》中。他们引入了“类型论”的原理，成功地消除了集合论中的悖论。但是利用他们的逻辑公理集合并不能推导出整个的数学，就连我们熟知的实数理论也无法从它的逻辑公理体系中推导出来。事实上，逻辑主义者未能建立起完善的逻辑公理体系，更无法达到罗素等人最初设定的目标：数学就是逻辑。

2. 形式主义

以希尔伯特为代表的形式主义学派，将数学看作是形式系统的科学，它处理的对象是不必赋予具体意义的符号。而数学命题的正确性,要将它放在的一个适当的形式系统中、经严格证明予以确定。形式主义学派在已有的集合论公理体系的基础上又补充了新的公理,成功地排除了罗素悖论。同时,形式主义公理化方法不仅成功地建立了众多数学和科学分支的理论体系,还大大促进了数理逻辑以及计算机科学的发展。但是,哥德尔不完备定理的出现,宣告了形式主义不可能成为可靠的数学基础,它反映了形式主义方法的局限性。

3. 直觉主义

以荷兰数学家布劳威尔(1881—1966年)为代表的直觉主义学派,同样认定形式证明的重要地位,只不过它强调了不同的证明类型。它认为数学不同于数学语言,数学是一种思维中的非语言的活动,在这种活动中更重要的是内省式构造,而不是公理和命题。与逻辑主义、形式主义相比,直觉主义在数学的发现中更有指导意义。今天,直觉主义提倡的构造性数学已成为数学科学中一个重要的学科群体,并与计算机科学密切相关。然而单一的构造活动不能得到全部的数学。早期直觉主义学派的代表、德国数学家克罗内克的构造数学思想,几乎使康托的超限基数理论遭到扼杀。直觉主义的另一个重要缺陷是"严格限制使用排中律"。布劳威尔说:"承认排中律实际上便是承认对每个数学命题都能够证明其真或证明其假。"布劳威尔的观点揭示了这样一种现实:许多数学的命题在没有得到证明之前,是不能被判定为是真的或是假的。而且每当一个数学问题得到了证明之后,又会发现更多的、不知真假的新的数学问题。直觉主义者以构造和发现作为自已的行动指南,那些已经被发现而未能得到证明的数学命题只能是"不假"命题。这样传统的"二值逻辑"排中律就不再成立。直觉主义限制使用排中律,就需要把整个数学以及逻辑学全盘加以改造,这显然是一项非常艰巨的工程,因而可以肯定难于取得成功。所以,直觉主义对建立数学基础的理论意义是有限的。

三大学派关于数学基础的激烈论战,在20世纪30年代进入白热化的程度,但各派均未能对数学的基础问题作出完美的答案。这场论争极大地推动了纯粹数学研究的发展。由于三大学派的论争涉及"数学是什么"的哲学问题,是关系到数学本质永恒的主题,所以它在20世纪的数学发展中,也发生了质的变化。

第十四章 数学与计算机技术

20 世纪，计算机技术是数学与工程技术完美结合的产物。早在 20 世纪 30 年代，数学家在数理逻辑的研究中形成了理论计算机的雏形——图灵机。第二次世界大战（简称“二战”）促使了这种理论转化成为计算机技术，数学不断为之提供理论和技术方面的支持。与此同时，数学自身也发生了巨大的变化。形成了以计算机技术为代表的信息数学。

第一节 现代计算机的先驱

20 世纪初关于数学哲学基础的论战，促使数理逻辑的诞生。这个纯数学的分支最初属于“元数学”的范畴，主要讨论什么是数学的证明，如何定义数学概念等。30 年代以后，数理逻辑逐渐渗透到代数、拓扑、函数论等核心数学领域，开始研究“算法”的存在性问题，即对某些函数，能否用有限步、按规定次序的计算过程，得到函数的解。如果存在这样的算法，就称函数是“可计算”函数。例如，A, B 是任意的自然数，$F(A, B)$表示 A, B 的最大公约数。那么，我们知道使用欧几里得算法，一定能将 $F(A, B)$算出来。这就是说，$F(A, B)$是可计算的函数。20 世纪 30 年代，人们陆续得到了一些可计算的函数类，使许多问题的研究归结为可计算性的研究。1936 年，英国数学家图灵在研究可计算性时提出理想计算机理论——图灵机。图灵机原本是对于“可计算性”数学概念的一种定义方法，但它却成为今天计算机运转方式的基本理论设想。

一、图灵的贡献

1. 图灵简介

图灵（1912—1954 年），1912 年生于英国伦敦，英国数学家、逻辑学家。图灵是计算机逻辑的奠基者，许多人工智能的重要方法也源自这位伟大的科学家。

他对计算机的重要贡献在于他提出的图灵机的概念，对于人工智能，它提出了重要的衡量标准"图灵测试"，如果有机器能够通过图灵测试，那它就是一个完全意义上的智能机，和人没有区别了。图灵杰出的贡献使他成为计算机界的第一人，现在人们为了纪念他，将计算机界的最高奖定名为"图灵奖"。

上中学时，图灵在科学方面的才能就已经显示出来，他对数学等学科很感兴趣。他的老师认为"图灵的头脑思维可以像袋鼠一样进行跳跃"。16 岁时，他便开始研究爱因斯坦的相对论。1931 年图灵进入剑桥大学。大学毕业后，他前往美国普林斯顿大学攻读博士学位。正是在那里，他制造出了以后称之为图灵机的东西。二战爆发后他回到剑桥，后曾协助军方破解德国的著名密码系统 Enigma，帮助盟军取得了二战的胜利。

1936 年，图灵向伦敦权威的数学杂志投了一篇论文，题为《论数字计算在决断难题中的应用》。在这篇开创性的论文中，图灵给"可计算性"下了一个严格的数学定义，并提出著名的"图灵机"(Turing Machine)的设想。"图灵机"不是一种具体的机器，而是一种思想模型，可制造一种十分简单但运算能力极强的计算装置，用来计算所有能想象得到的可计算函数。图灵机被公认为现代计算机的原型，这台机器可以读入一系列的 0 和 1，这些数字代表了解决某一问题所需要的步骤，按这个步骤走下去，就可以解决某一特定的问题。这种观念在当时是具有革命性意义的，因为即使在 50 年代的时候，大部分的计算机还只能解决某一特定问题，不是通用的，而图灵机从理论上却是通用机。在图灵看来，这台机器只需保留一些最简单的指令，一个复杂的工作只需把它分解为这几个最简单的操作就可以实现了。在当时，他能够具有这样的思想确实是很了不起的。

1950 年 10 月，图灵又发表了另一篇题为"机器能思考吗"的论文，成为划时代之作。这篇文章为图灵赢得了"人工智能之父"的桂冠。在这篇论文里，图灵第一次提出"机器思维"的概念。他逐条反驳了机器不能思维的论调，并作出了肯定的回答。他还对智能问题从行为主义的角度给出了定义，由此提出一假想：即一个人在不接触对方的情况下，通过一种特殊的方式和对方进行一系列的问答。如果在相当长时间内，他无法根据这些问题判断对方是人还是计算机，那么就可以认为这个计算机具有同人相当的智力，即这台计算机是能思维的——这就是著名的"图灵测试"。当时全世界只有几台电脑，根本无法通过这一测试。但图灵预言：在本世纪末，一定会有电脑通过"图灵测试"。终于他的预言在 IBM 的"深蓝"身上得到彻底实现。

1951 年，图灵以他杰出的贡献当选为英国皇家学会会员。就在他事业步入辉煌之际灾难降临了，1952 年图灵遭到警方拘捕，原因是他是一个同性恋者。

与其他一些智慧超群的人物一样，图灵在个人生活方式上也“与众不同”。当时，人们对同性恋还没有像现在这样宽容，而是把这种行为当作一桩伤风败俗的罪孽。早在 1948 年图灵就由于同性恋倾向，离开了当时属于高度保密的英国国家物理实验室(NPL)。但也有人说，图灵是被英国军事情报部门“开除”出去的，对于这位天才的离开，许多人怅惜不已。

1952 年 3 月 31 日，图灵更因为和曼彻斯特当地一位青年有染，被警方逮捕。在法庭上，图灵既不否认也不为自己辩解，他依旧认为自己的行为没有错，结果被判有罪。1954 年 6 月 8 日，图灵 42 岁，正逢进入他生命中最辉煌的创造顶峰。一天早晨，女管家走进他的卧室，发现台灯还亮着，床头上还有个苹果，只咬了一小半，图灵沉睡在床上，一切都和往常一样。但这一次，图灵是永远地睡着了，不会再醒来……经过解剖，法医断定是剧毒氰化物致死，那个苹果是在氰化物溶液中浸泡过的。图灵的母亲则说他是在做化学实验时，不小心沾上的，她的“艾伦”从小就有咬指甲的习惯。但外界的说法是服毒自杀，一代天才就这样走完了人生。

2. 图灵的研究

“算法”(Algorithm)这个名称最早源于 9 世纪阿拉伯数学家花拉子米的一本著作，在这本著作中花拉子米用算法来概括算术四则运算的法则。20 世纪初，希尔伯特提出了著名的 23 个数学问题，其中很多都涉及问题解决的判定问题。1935 年，正在剑桥皇家学院读书的图灵，在听了数理逻辑学家纽曼的课程后，开始注意希尔伯特提出的一个判定问题，并进行了潜心的研究。该问题要求判定是否存在一种有效的算法，把某个结论从一组给定的假设中用逻辑方法推演出来。

今天的计算机技术，人们将“算法”定义为用特定的计算机语言编写的计算机程序。然而，图灵的早期研究则是为了从理论上解决可判定性来定义“算法”。1936 年 4 月，图灵发表了“可计算数及其在判定问题上的一个应用”的论文，形成了“图灵机”的重要思想。他用反证法证明：任何可计算其值的函数都存在相应的图灵机；反之，不存在相应图灵机的函数就是不具有可计算其函数值算法的函数。

图灵机是假设的抽象“计算机”，由三个部分组成，如图 14.1 所示。一条带子，一个读写头和一个控制装置。带子分成许多小格，每小格可存一位数(0 或 1)，也可以是空白的。机器的运作是按逐步进行的方式，每一步由三个不同的动作组成：在任一确定时刻，读写头对准带子上的一个方格，根据该格上的内容和机器的状态决定自己的动作；机器可以抹去带上的原有符号，使方格保持空白或者写上另外的(也可以与原来相同的)符号；然后让带子通过读写头，朝两个方向之一移动一个方格。机器的行为自始至终是由一个指令集所决定，它明确地指示机器每一步应该执行哪三个动作。整个运作从读写头视读第一个方格数据开始，一旦计算结束，机器就进入一个特别的停止状态。运算过程的任何结果都被纪录在带子上。

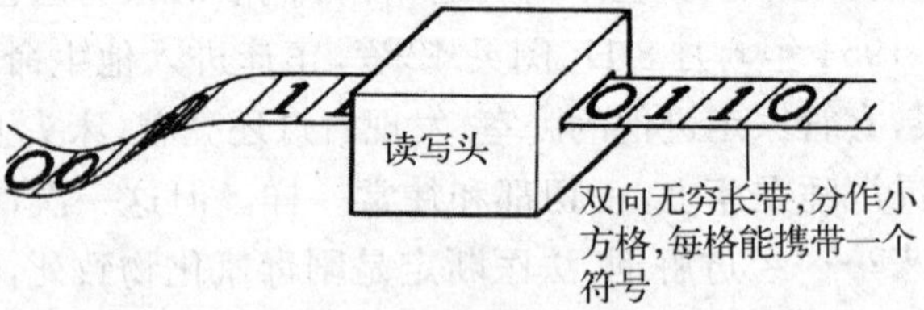

图 14.1 图灵机的图示

图灵机的行为由算法控制，算法的程序由有限条指令组成，每一条取自下列一组指令之中：在当前方格中写 0→在当前方格中写 1 左移一格→右移一格→若当前方格内容为 0，转向步 i→若当前方格内容为 1，转向步 j→停止。

由这 7 种简单的指令出发，可以组成所谓的“图灵-波斯特程序”，它的结构与动作极为简单，但是，正是这样简单的结构包含了现代电子计算机最基本的工作原理。

利用可计算性，数学家解决了众多的判定性问题，存在(或不存在)某种求解的算法，是确定这些判定性问题的标准。显然算法的存在性判定可以满足纯数学研究的需要。但另一方面，在解决现实问题中，单纯的算法存在性的判定是远远不够的。如果一个算法让高速计算机算上几千年，那么它就毫无实用的价值。我们必须研究有效算法的存在性，制定算法有效性的评估标准。

20 世纪 60 年代，柯勃汉与爱德华兹创立了算法有效性的一种判定法则：区分算法是否有效，要以图灵机为基本的计算工具，用图灵机上完成计算的步数(即图灵程序)来评估一个算法是否有效。一般地，人们习惯于依据“计算时间”的长短来判定算法的有效性，使用这种度量标准，需要使用以下的相关定义：

如果存在确定的整数 A 和 k，对于长度为 n 的输入数据，如果对任意的 n 值，计算可以在至多 An^k 步内完成，那么，这个算法被称为“多项式时间算法”。例如，将两个整数相加的标准算法是多项式时间算法。不是多项式时间算法的算法被称之为“指数时间算法”。当一个算法处理长度为 n 的输入数据时，若需要 2^n(或 3^n, n^n, $n!$)步，它就是一个指数时间算法。

柯勃汉和爱德华兹将“有效”算法规定为需要多项式时间的算法。而将需要指数时间的算法规定为“非有效”算法。这种划分方法只是“理论”的划分方法，它与实际应用还有一定的区别。譬如，$A=10^{50}$ 和 $k=500$ 的多项式时间算法在实际意义上一般不会“有效”。所幸的是，在现实问题中，一般都取 $10n^3$（即 $A=10$，$k=3$）或更少步数的多项式时间算法。尽管 2^n 步算法在“理论上无效”，但对适度小的 n，$2n$ 的步数完全可以比多项式时间更少。虽然对于不太大的 n，多项式函数值可以超过指数函数值，但对于相对大的 n，后者总是大于前者。

目前，人们将多项式时间算法问题称为 P 型问题，它是可解的。但是诸如旅行推销员这类问题还不能说是无解的，而是归入了称之为 NP 型问题，NP 意思是“非确定型多项式时间”，这样 P 型问题就是 NP 型问题的子集。为了理解 NP 这个概念，可以设想有一台图灵机或者其他任何一种计算机，它能在运算的各个步骤进行随机猜想。利用这样的假想计算机（称做非确定型图灵机），推销员问题就能用多项式时间求解：首先猜测第一个要访问的城市，然后猜第二个，第三个，如此等等，直到猜完整个旅行路线，然后计算总的路程并与已知旅差费假定值比较。只要机器每一步都“猜测正确”，最后所得的结果也就正确。这就是所谓 NP 型问题的含义，即通过一次或多次“正确的”（或“最优的”）猜想，问题可能在非确定型图灵机上用多项式时间求解。

由于数学内部与现实中存在着大量的既没有找到有效算法但又属于 NP 型的问题。人们希望解决这些问题的企图，转化为 P 是否能等于 NP 的理论讨论。1971 年，库克借助图灵和他人的工作，运用抽象的方法证明了“NP 型问题极不可能用多项式时间算法求解”。他的解释是：如果一类特殊的 NP 型问题（如旅行推销员问题）可以用多项式算法求解，那么所有 NP 型问题都可以用多项式时间求解。即库克认为“P 不等于 NP”。然而，要获得问题的最终解决，还需要一个反例，即找出一个属于 NP 型问题，又能证明它不是 P 型的问题。尽管 P 和 NP 这两个概念直觉有别，P 不等于 NP 这个问题，却还远没有得到解决，并且各方面的迹象都表明这是一个极其难以解决的问题。这个以“P=NP”著称的问题，已经成为当今计算机数学中最重要的未解决问题之一。

图灵机理论还成为人工智能的研究基础。根据符号转换的定义，人脑或计算机进行的定理证明、文字处理和一切可归结为符号处理的操作，都属于计算的过程。1947 年，图灵在一次计算机会议上提出有关智能机器的报告，论证了智能机器的可能性。他的这篇报告被编入《机器智能》（1969 年）后，人们才认识到它的深刻意义。1950 年，图灵又根据计算机能进行符号计算的事实，发表了《计算机与智力》的重要论文，提出计算机能像人类的思维方式进行思维的观点，并给出了检验计算机是否具有思维的能力的一个实验，这就是很著名的“图灵检验”。1956年夏，美国的一批年轻的科学家讨论了用机器模拟人类智能的问题，提出人工智能的概念。1976年，西蒙等人提出了物理符号假设：任何一个系统，如果它能表现出智能，则它必须具备执行输入符号、输出符号、存储符号、复制符号、建立符号结构和条件性迁移操作这六种功能。反之，任何能执行这六种操作的系统，必然表现出智能，这一假设有三个推论：第一，因为人有智能，所以人是一个符号系统；第二，因为计算机是一个符号系统，所以计算机可以表现出智能；第三，计算机能模拟人的职能。该假设为人工智能提供了一个理论基础，其核心思想是，智能可以归结为六种操作符号或计算。

二、冯·诺伊曼的贡献

1. 冯·诺伊曼简介

冯·诺伊曼(1903—1957年)是20世纪最杰出的数学家之一，在纯粹数学和应用数学方面都作出了杰出的贡献。在数学方面，他主要从事量子理论、集合论等方面的研究，并解决了希尔伯特第五个问题。他在量子代数方面进行了开创性工作，并奠定了它的理论基础，量子代数这一分支学科在当代常常被称为冯·诺伊曼代数。他还创立了博弈论这一现代数学分支，对经济学的发展有重大影响，这也使他成为数理经济学的奠基人之一。1945年，冯·诺伊曼提出了“程序内存式”计算机的设计思想，这一卓越的思想为电子计算机的逻辑结构设计奠定了基础，已成为计算机设计的基本原则。由于他在计算机逻辑结构设计上的伟大贡献，他被誉为“现代电子计算机之父”。此外，冯·诺伊曼在计算机计算、数值分析、测度论、连续几何、理论物理、动力学、连续介质力学、气象计算、原子能等其他领域都做过重要的工作。

冯·诺伊曼出生于匈牙利布达佩斯的一个犹太人家庭。他的父亲年轻时就已跻身于布达佩斯的银行家行列，母亲贤惠温顺，受过良好教育。冯·诺伊曼从小就显示出数学天才，自童年起在吸收知识和解题方面就具有惊人的速度。6岁时他能用心算做八位数乘除法，8岁时掌握微积分，12岁就读懂领会了波莱尔的大作《函数论》要义。冯·诺伊曼记忆力惊人，如他对电话号码本上密密麻麻的四位数号码，能很容易地全记下来。即使到了成年，他的记忆力依然惊人，下面这个趣闻可以说明这个问题：

冯·诺伊曼曾经碰到别人问他一个估计中国小学生都很熟的问题，就是两个人相距20 km，相向而行，每人速度都是每小时10 km。中间有一只狗在两人之间往返地跑来跑去，直到两个人相遇为止，速度是每小时 15 km。问两个人相遇之后，狗走了多少路程。许多人试图计算狗在两人之间的第一次路程，然后是返回的路程，并依次类推，算出那些越来越短的路程。但这将涉及所谓的无穷级数求和，因而非常复杂。但实际答案应该是先求出相遇的时间，再乘以狗的速度。据说我国数学家苏步青在德国的一个公共汽车上，就有人问他这个问题，在下车时他给出了答案。冯·诺伊曼也是瞬间给出了答案，提问的人很失望，说你以前一定听说过这个诀窍吧，他指的是上面的这个简单做法。冯·诺伊曼却脸露惊慌地说："什么诀窍？我所做的就是把狗每次跑的路程都算出来，然后算出那个无穷的级数。"

1921 年，冯·诺伊曼已经被大家当作数学家了。父亲出于经济上的考虑，不让他专攻数学，改读化学。在其后的 4 年间，冯·诺伊曼在瑞士苏黎世联邦工业大学学习化学，获得化学学位。同时，冯·诺伊曼在布达佩斯大学注册为数学方面的学生，但并不听课，只是每年按时参加考试，并获得了布达佩斯大学数学博士学位。1926 年春，冯·诺伊曼到哥廷根大学任希尔伯特的助手。1927—1929 年，冯·诺伊曼在柏林大学任兼职讲师，这一期间他发表了集合论、代数和量子理论方面的文章。1929 年，冯·诺伊曼转任汉堡大学兼职讲师。1930 年他首次赴美，成为普林斯顿大学的客座讲师。1933 年担任普林斯顿高级研究院教授。当时高级研究院聘有六名教授，其中就包括爱因斯坦，而年仅 30 岁的冯·诺伊曼是他们当中最年轻的一位。第二次世界大战欧洲战事爆发后，冯·诺伊曼的活动越出了普林斯顿，参与了同反法西斯战争有关的多项科学研究计划。1943 年起他成了制造原子弹的顾问，战后仍在政府诸多部门和委员会中任职。1954 年又成为美国原子能委员会成员。冯·诺伊曼的健康状况一直很好，可是由于工作繁忙，到 1954 年他开始感到十分疲劳。1955 年的夏天，冯·诺伊曼被确诊患有癌症，但他还是不停地工作。后来因其病势扩展，他被安置在轮椅上，却没有停止思考、演说及参加会议。1957 年 2 月 8 日，冯·诺伊曼在医院逝世，享年 53 岁。

2. 冯·诺伊曼的研究

在 20 世纪之初，由于数理逻辑的纯形式化推理取得了新的进展，同时，科学技术的发展也为计算机的研究提供了不可或缺的技术保障。科学技术与数学科学的完美结合是现代计算机的产生和发展的基本保障。

首先，电子管的发明为电子计算机替代机械式的计算机提供了技术条件。第二次世界大战中大量计算问题的需要，使计算机发展有了更广泛的社会基础。

几乎在图灵提出图灵机的同时，美国物理学家、数学教授阿塔纳索夫认识到：图灵机是一个假想的计算模型，但是，正是它包含了现代电子计算机最基本的工作原理——按串行运算、线性储存方式进行符号处理。在阿塔纳索夫方案的基础上，1944 年，美国哈佛大学教授艾肯领导和制造了用继电器为元件的机电计算机，这是哈佛大学、国际商业机械公司联合为海军开发的产品，属于自动控制计算机。但由于继电器开关速度为 0.01 s，又采用十进制运算，所以这种计算机还不能满足需要。

1946 年 2 月 15 日，美国宾夕法尼亚大学与阿伯丁弹道实验室联合开发了第一台电子管计算机——埃尼阿克(ENIAC)。它由 24 岁的埃克特担任总工程师，数学家格尔斯坦、逻辑学家勃克斯是研制组组员。ENIAC 长 30.48 m、宽 1 m，包括 1.8 万个真空管，1 500 个继电器，有 30 t 重，总体积约 90 m^3，占地面积 170 m^2，现存在华盛顿的史密斯研究所。ENIAC 运算速度为每秒 5 000 次加法，或者 400 次乘法，比继电器计算机快 1 000 倍，是手工计算的 20 万倍(人最快的计算速度每秒是 5 次加法运算)。它还能进行平方和立方、正弦和余弦以及更复杂的计算。一条炮弹的轨道它用 20 s 就算出来，比炮弹本身的飞行速度还快。它能够在一天内完成几千万次乘法，大约相当于一个人用台式计算机操作 40 年的工作量。尽管 ENIAC 大大提高了计算能力，但这个机器本身也存在两大缺点：① 没有存储器；② ENIAC 程序采用外部插入式，每当软件进行一项新的计算时，都要重新连接线路。有时几分钟或几十分钟的计算，要花几个小时或 1～2 天的时间进行线路连接准备，计算速度也就被这一工作大大抵消了。ENIAC 研究组认识到了这些缺陷，并想尽快研制另一台计算机，以便改进。将程序存储于机器的记忆中，是冯·诺伊曼的贡献。

1944 年，冯·诺伊曼正在参与原子弹的试制工作，对原子弹核裂变反应过程的研究，涉及几十亿次初等算术运算和初等逻辑指令，几百名女计算员一天到晚用台式计算机演算，还是不能满足需要。被计算机所困扰的冯·诺伊曼在一次极为偶然的机会中知道了 ENIAC 计算机的研制计划，从此，他投身到计算机研制这一宏伟的事业中，建立了一生中最大的丰功伟绩。这促使冯·诺伊曼开始参与计算机逻辑控制的研究。1946 年 6 月，冯·诺伊曼又提出了更完善的设计方案，对当时已有的计算机提出了三方面的改进设想：一是用二进制取代十进制，以充分发挥电子元件在速度方面的潜力；二是设置程序计数器，以保存当前欲执行指令的地址——改外插型计算程序为内置，从而使整个计算过程完全由电子计算机自动控制，并有效地提高了运算速度；三是依据图灵的理论模型，认为计算机的体系结构应由运算器、控制器、储存器、输入设备和输出设备五个部分组成，把“程序”和“数据”都放在储存器中，并首次提出“中央处理器”(简称CPU)概念，而CPU则由运算器、控制器和程序计数器组成，这就是著名的“冯·诺伊曼体系结构”。国际计算机界普遍认为，冯·诺伊曼体系结构的提出及其实现是现代电子计算机基本完善的重要标志。直到今天，绝大多数计算机还是采用“冯·诺伊曼体系结构”的设计。

20世纪50年代，计算机开始成批生产，自此形成专门的生产企业。每隔几年，就有新一代计算机出现，它们在速度、可靠性和存储量方面都超过前一代。50—60年代，第二代以晶体管为主要元件的计算机，运算速度为每秒几十至几十万次，体积减小，价格下降，除用于科学计算外，还用于数据处理、事务管理，并逐步用于工业控制。60年代中期开始，第三代以中小规模集成电路为主要元件的计算机，运算速度为每秒几十万至几百万次，体积、功耗进一步减小，可靠性进一步提高，应用领域进一步扩展到文字处理、企业管理、自动控制、城市交通管理等方面。70年代开始的、以大规模和超大规模集成电路为主要元件的计算机，运算速度为每秒几千万至千百亿次，广泛应用于社会生活的各个领域，进入办公室与家庭，在办公自动化、电子排版、数据库管理、图像识别、语音识别、专家系统等领域中大显身手。80年代以来，人们在进一步开发并使用计算机的同时，又在探索智能计算机、光学计算机、生物计算机等专用机型的研制工作。

特别应该指出的是，微型计算机的产生，使每个社会成员几乎都切身体会到它的存在和价值。1975年，当时统治计算机王国的是IBM公司，他们的看法是，领导计算机发展的潮流只能靠大型机、巨型机。1975年1月，当时还是哈佛大学法律系二年级的学生比尔·盖茨从《大众电子学》封面上看到MITS公司研制的第一台个人计算机照片。他马上产生了一种新奇的想法：这种个人计算机体积小、价格低，可以进入家庭，甚至人手一台，因而有可能引起一场深刻的革命——不仅是计算机领域的革命，而且是整个人类社会生活方式、工作方式的革命。针对当时以大型机、巨型机为主流的计算机发展的局面，比尔·盖茨敢于向传统、权威挑战。他写信给MITS公司的老板，要为他的个人电脑配BASIC解释程序(他知道若没有便于用户掌握的计算机程序语言，个人电脑难以普及)，在他的好友艾伦的帮助下，花了5个星期时间终于出色地完成了这一任务。接着他从哈佛中途退学，并和艾伦创办了自己的公司“Microsoft”，这就是现在闻名遐迩的“微软”。它为个人电脑的普及作出了重大贡献。

现代计算机的出现，极大地提高了计算的效率。在有计算机的今天，人们已经能利用牛顿的天体力学原理，预测出太阳未来的2亿年内的运动情况。随着计算技术和计算数学的不断进步，呈现出许多与计算机有关的新学科，如计算力学、计算物理、计算化学、计算生物学、计算地质学等。因此，一些科学家认为，科学计算已经同理论与实验共同构成当代科学研究的三大支柱。

第二节 计算机证明

一、几何证明的机械化

建立通用的几何解题方法，是历史上一些卓越的科学家的梦想。对此，笛卡尔发明了坐标系；莱布尼茨设想过推理机器；希尔伯特在其名著《几何基础》中给出了一类几何命题的机械化证明。电子计算机的出现推动了数学证明的机械化进程。20 世纪 50 年代，波兰数学家塔斯基用代数方法证明了初等几何的机械化证明是可能的。到了 60 年代，斯拉格和莫色斯实现了符号积分，代数与分析计算问题的机械化已经初具规模。接着，格兰特等提出用逻辑方法建立几何推理机，科林斯等改进了塔斯基的代数方法。但是直到 1975 年，仍找不到能用计算机判定几何命题的有效算法。正当这一领域的热情由于进展缓慢而趋于冷落之际，中国数学家吴文俊提出了定理的机器证明的方法——“吴方法”，使困难的几何定理证明可以在计算机上得到实现。

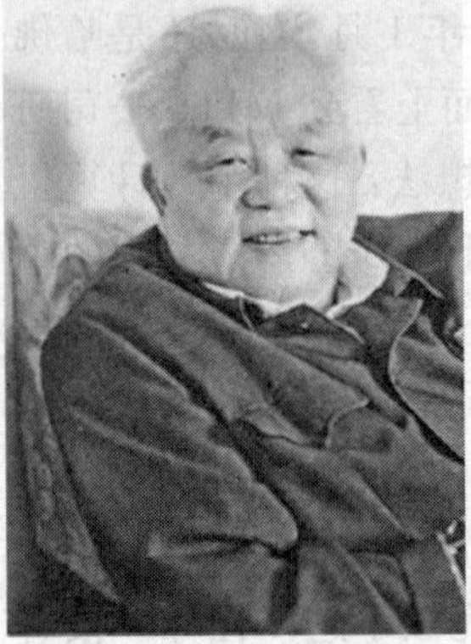

图 14.2 吴文俊

吴文俊(1919—)是我国著名的数学家(图 14.2)。1919 年 5 月 12 日出生于上海，1940 年毕业于上海交通大学，1947 年赴法国留学，1949 年在法国获得博士学位。中国科学院数学与系统科学研究院研究员，系统科学研究所名誉所长，中国科学院院士，第三世界科学院院士；曾任中国数学会理事长(1984—1987 年)，中国科学院数理学部主任(1992—1994 年)。半个世纪里，他在拓扑学、数学机械化和中国数学史等方面作出了开创性的世界级贡献。20 世纪 50 年代，吴文俊对数学的主要领域——拓扑学作出了奠基性的贡献。70 年代后期他又开创了崭新的数学机械化领域。此外，在中国数学史、代数几何学、对策论等领域也有独创性成果。1956 年，获得首届国家自然科学奖一等奖；1993 年获陈嘉庚数理科学奖；1994 年获首届求是科技基金会杰出科学家奖；2001 年获得首届国家最高科技奖；2006 年获邵逸夫数学奖。

吴文俊虽然是杰出的数学家，但小时候却喜欢看历史书籍，对数学并没有多大兴趣。到了高中，才开始逐渐对数学及物理，特别是几何与力学产生兴趣，1936年中学毕业后，并没有专攻数学的想法。吴文俊当时获得了高中特设的奖学金，每年100块银元的资助，如果没有这笔奖学金，家里支撑他读大学将会很艰难，但这笔奖学金有个条件，要报考校方指定的学校和系科。1936年秋，吴文俊走进了学校指定的上海交通大学数学系。“因为这笔奖学金，我歪打正着走上数学这条路，可以说一半主动，一半被动”。但是吴文俊念到大学二年级时，对数学失去了兴趣，甚至想辍学不念了。到三年级时，武崇林讲授代数与实变函数论非常精彩，使吴文俊对数学的兴趣发生了新的转机，进而对现代数学尤其是实变函数论产生了浓厚的兴趣，他在课下刻苦自学，反复阅读几种著作，在数学上打下了坚实的基础。有了集合论及实变函数论的深厚基础后，吴文俊开始钻研点集拓扑的经典著作以及波兰著名期刊《数学基础》上的论文。前几卷几乎每篇都读，以后重点选读，现在他还保存着当时看过的论文摘要。进而，他又学习组合拓扑学经典著作。可以说，吴文俊先生的现代数学基础主要还是靠大学三、四年级自学而使他打下了现代数学的基础。

此后，吴文俊先生和数学大师陈省身的结识，促使他走上了拓扑学研究之路。他以自己的天才和功力很快在这一领域崭露头角，一发不可收拾。他为拓扑学做了奠基性的工作。他的示性类和示嵌类研究被国际数学界称为“吴公式”“吴示性类”“吴示嵌类”，至今仍被国际同行广泛引用，影响深远，享誉世界。

70年代后期，在计算机技术大发展的背景下，吴文俊先生开始学习计算机，并且他的上机时间都遥居全所之冠。经常早上不到8点，他已在机房外等候开门，甚至24小时连轴转的情况也时有发生。因为这番努力，使吴文俊开拓了数学机械化领域。同时，他继承和发展了中国古代数学的传统(即算法化思想)，转而研究几何定理的机器证明，彻底改变了这个领域的面貌，是国际自动推理界先驱性的工作，被称为“吴方法”，产生了巨大影响。吴文俊的研究取得了一系列国际领先成果并已应用于国际上当前流行的符号计算软件方面。他也因此荣获了2006年度邵逸夫数学奖。2010年5月4日，国际小行星中心先后发布公报通知国际社会，将国际永久编号第7683号小行星永久命名为“吴文俊星”。

用计算机证明几何题，必须为计算机提供一种机械的“计算”程序。笛卡尔几何学为几何问题的代数化铺设了“王者”之路。机器证明就是针对几何问题的代数形式设计的。几何定理的“计算”程序一般包括四个步骤：首先，从几何公理系统出发，引进数式与坐标系，使任何几何定理的条件和结论都写成代数式，使几何问题成为纯代数问题。其次，将定理假设部分的代数关系式进行整理。

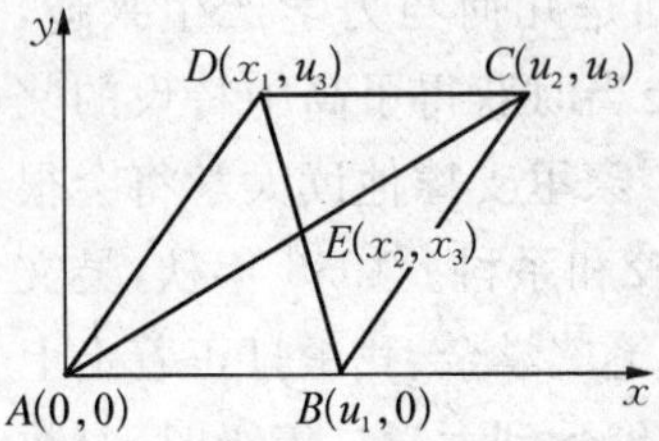

图 14.3 把图形放入坐标系

第三,依确定的步骤,验证定理结论部分的代数式可由假设部分的代数式推出。最后,按上述步骤编写程序,并在计算机上实现。由一些代数式出发,去推出另一些代数式成立,一般没有什么固定的方法可以套用。所以,机器证明的关键是上述的第三个步骤。

例如,欲证明"平行四边形的对角线互相平分",可先写出问题的代数形式:引入坐标系并设定点的坐标,如图 14.3 所示。于是,问题的条件可有代数式的表达形式:

由 $AD \parallel BC$,有 $$u_3(u_2 - u_1) - x_1 u_3 = 0 \tag{14.1}$$

由点 E 在 BD 上,有 $$x_3(x_1 - u_1) - u_3(x_2 - u_1) = 0 \tag{14.2}$$

由点 E 在 AC 上,有 $$x_3 u_2 - x_2 u_3 = 0 \tag{14.3}$$

对于定理的结论 $EA = EC$,改写成 $EA^2 = EC^2$,其相应的代数表达式为

$$x_2^2 + x_3^2 = (u_2 - x_2)^2 + (u_3 - x_3)^2$$

即 $$u_2^2 - 2u_2 x_2 + u_3^2 - 2u_3 x_3 = 0 \tag{14.4}$$

同理,欲证 $EB = ED$,只需

$$-2u_1 x_2 + u_1^2 - x_1^2 + 2x_1 x_2 - u_3^2 + 2u_3 x_3 = 0 \tag{14.5}$$

使用代数方法求解,通常的做法是从式(14.1)~式(14.3)中解出 $x_i (i = 1, 2, 3)$,再代入式(14.4),式(14.5)验证等式成立。

因为在一般的几何定理中,条件部分不一定都是线性方程(如圆就是二次方程),且不一定能唯一地确定一组解,所以上述解法不能推广到一般情形。机器证明方法必须对一切情形都能适用才能交给机器去做。对此,吴文俊提出了一般的机械化步骤如下:

第一步:将变量作"三角化"安排。它将定理条件中的代数式写成

$$\begin{cases} f_1(u_1, \cdots, u_l, x_1) = 0 \\ f_2(u_1, \cdots, u_l, x_1, x_2) = 0 \\ \cdots\cdots \\ f_n(u_1, \cdots, u_l, x_1, x_2, \cdots, x_n) = 0 \end{cases}$$

这就使得第一式中只含一个变量 x_1,第二式中只含两个变量 x_1, x_2(也可

以是 x_1, x_3),依此类推,那么变量就形成三角形的样子,如图 14.4 所示。

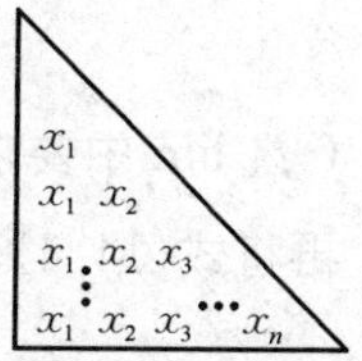

图 14.4 变量“三角化”示意图

第二步:逐次除法。把表示结论的式子写成

$$g(u_1, u_2, \cdots, u_l, x_1, x_2, \cdots, x_n) = 0$$

将 g,f_n 看作 x_n 的多项式,并用 g 除以 f_n,得

$$c_1 g = a'_1 f_n + R_n \tag{14.6}$$

其中,R_n不含 x_n。

再将 R_n除以 f_{n-1}(当作 x_{n-1}的多项式),得

$$c_2 R_n = a'_2 f_{n-1} + R_{n-1} \tag{14.7}$$

类似地,

$$c_3 R_{n-1} = a'_3 f_{n-2} + R_{n-2} \tag{14.8}$$

$$\cdots\cdots$$

$$c_{n-1} R_3 = a'_{n-1} f_2 + R_2$$

$$c_n R_2 = a'_n f_1 + R$$

把式(14.6)乘以 c_2,并将式(14.7)代入得

$$c_1 c_2 g = a'_1 c_2 f_n + a'_2 f_{n-1} + R_{n-1} \tag{14.9}$$

再把式(14.9)乘以 c_3,并将式(14.8)代入,得

$$c_1 c_2 c_3 g = a'_1 c_2 c_3 f_n + a'_2 c_3 f_{n-1} + a'_3 f_{n-2} + R_{n-2}$$

这样继续做下去,最后得

$$c_1 c_2 c_3 \cdots c_n g = a_1 f_n + a_2 f_{n-1} + \cdots + a_n f_1 + R \tag{14.10}$$

其中 a'_i, c_i, a_i 等都是经过整理的多项式。现在从式(14.10)可以看出,若 $f_1 = f_2 = \cdots = f_n$ 及$R = 0$,可知 $g = 0$。当然,还要假定 c_1, c_2, $\cdots$, c_n 不为 0。这样,“吴方法”就把定理证明归结为检验 $R = 0$。

譬如,上述定理“平行四边形对角线平分”的机械化证明如下:

将式(14.1)变为只含 x_1的式子:

$$f_1 = u_2 - x_1 - u_1 = 0$$

式(14.2)和式(14.3)两式均有 x_2, x_3,由式(14.2)减式(14.3),可消去 x_2,得只含 x_3的式子:

$$f_2 = x_3(x_1 - u_1 - u_2) + u_1 u_3 = 0$$

令 $$f_3 = x_3 u_2 - u_3 x_2 = 0$$

（$f_3 \lim\limits_{x \to \infty}$ 中要求含 x_1，x_3 以及 x_2，但这里未出现 x_1，可看作 $0 \cdot x_1$）。

再将式(14.4)看作

$$g_1 = u_2^2 - 2u_2 x_2 + u_3^2 - 2u_3 x_3$$

采用逐次除法：用 f_3 除 g_1，得

$$u_3 g_1 = 2u_3 f_3 + R_3。$$

其中，

$$R_3 = -2(u_2^2 + u_3^2)x_3 + u_3(u_2^2 + u_3^2)$$

用 f_2 除 R_3，得

$$(x_1 u_1 - u_2)R_3 = -2(u_2^2 + u_2^3)f_2 + R_2$$

其中，

$$\begin{aligned} R_2 &= 2u_1 u_3(u_2^2 + u_2^3) + u_3(u_2^2 + u_3^3)(x_1 - u_1 - u_2) \\ &= u_3(u_2^2 + u_2^3)(x_1 + u_1 - u_2) \end{aligned}$$

用 f_1 除 R_2，得

$$R_2 = -u_3(u_2^2 + u_3^3)f_1 + R$$

因此 $R = 0$。即式(14.4)成立，同样可证式(14.5)。到此定理的证明完毕。

机器证明研究一般又称为自动推理研究，其涉及的领域相当广泛。在我国近些年的国家重点科研项目——攀登计划项目中，研究的主要方向是几何定理的机器证明和非线性代数方程组理论、算法、应用。目前，在几何定理机器证明方面，我国处于国际领先地位。在非线性代数方程组研究领域，我国也已进入先进行列。

二、四色猜想的机器证明

四色问题是数学中的一个著名问题。1852 年，英国伦敦大学刚毕业的青年古色里提出了四色问题猜想：对平面或球面上的任意一个地图着色，至多用四种颜色就可以使相邻(即有一段公共边界而不是一点或有限点)两个国家或地区(这里所谓的“国家”或地区是指连通的区域)的颜色不同。如果允许一个国家有

几个区域，那么四色猜想就没有什么意义（图 14.5）。在这里，古色里提出的问题是“任意的地图”，它不仅是全世界所有的可能的地图，也包括可以想象的地图。因而四色猜想的证明，需要给出对所有情况都适用的证明。

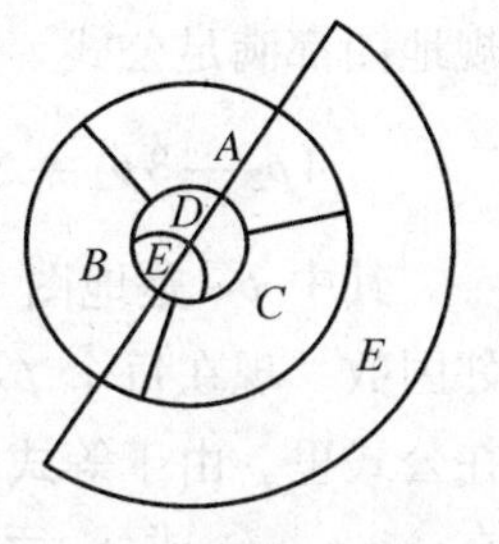

图 14.5　国家必须是连通区域

古色里将四色问题提交给当时杰出的英国数学家德·摩根（1806—1871 年），德·摩根首先从特殊的构图中认定，仅用三色无法使相邻国家着不同色，至少需要四种颜色（图 14.6）。进而，德·摩根又证明“五个国家不能每个都和其余的相邻”。这个结论也是正确的。由此使他相信四色猜想是对的。然而地图上不能有五个彼此都相邻的国家的论据并不能保证四色猜想的成立。如图 14.7 中，任意四个国家都与其他三个国家相邻，但只用三种颜色着色是不行的。因此，给一张地图着色所需要的颜色种数与图中相互毗邻的国家的最大个数并不总是相等的。

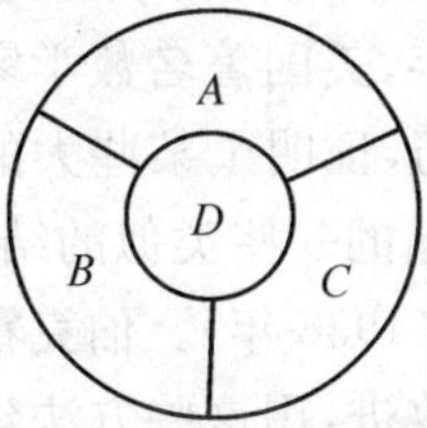

图 14.6　使用三色是不行的

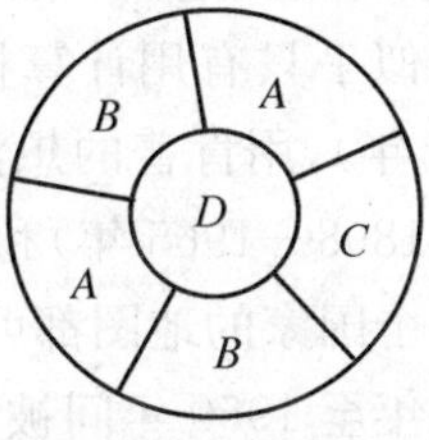

图 14.7　毗邻国家的最大数不恒等于着色所需的种数

1879 年，英国律师肯普（1849—1922 年）给出了四色猜想的一个证明，但被后人检查出漏洞。经过人们的补救，肯普的方法可以证明“五色定理”。同时，这种方法经过后人的推广，成为最后解决四色猜想的有力武器。

在证明过程中，肯普引入了图形可约性的概念及其检验方法。给定一张画在一个球面上的（完全任意的）地图，将两个或更多个相邻国家合并为一的过程（称为约化过程）中逐渐地修改它，最后得到一张至多有五个国家的地图——对它显然可以用五种或更少的颜色来着色。只要约化过程中所使用的每步操作不减少地图着色所需要的颜色数，就能证明对最初的地图着色用五种颜色就够了。因此这种证明方法的关键，是如何确定约化的操作方法。

肯普注意到一种特殊的“正规”地图。这种地图上，没有一个国家能包围其他国家，也没有三个以上的国家相遇于一点。利用可约性方法不难证明：可以把一张非正规地图修改成至少需要同样多颜色的正规地图。所以要想证明四色猜想，只要证明不存在正规的五色地图就够了。接着，有人证明平面上的任何正

规地图都满足公式

$$4p_2+3p_3+2p_4+p_5-p_7-2p_8-3p_9-\cdots-(N-6)p_N=0$$

其中 p_N 是地图上恰有 n 个邻国的国数，N 是任意一个国家所具有的最多邻国数。现在每个 p_N 或者是正，或者是 0，而且只有当 $n<6$ 时才能有正号出现在公式里。由于等式右边是正数，因此，要使公式的左边的代数和为正值，必须在 p_2，p_3，p_4 或 p_5 之中至少有一个为正。换言之，某一国家必须有两个、三个、四个或五个邻国。肯普证明了在每张正规地图中，包括有两个邻国、三个邻国、四个邻国及五个邻国组成的一组“构形”是“不可避免”的，即每张正规地图必定含有这组构形的某一个。同时，肯普证明了有四个邻国的国家不可能出现在极小五色地图（指需要五种颜色的最小正规地图）里。肯普对此的证明是：假如存在，就将相邻两国并为一个，从而得到国数更少的五色地图（称这个地图是“可约的”），这与假设的“极小”五色地图矛盾。这样，通过检验地图构形的可约性，就成为解决四色猜想的重要途径。然而，使用这些方法来证明大的构形可约，需要检查大量的细节，似乎只有用计算机才能做到。1913 年，美国著名数学家伯克霍夫（1884—1944 年），用肯普的想法和他自己的新技巧，证明了某些大的构形可约。弗兰克林（1898—1965 年）利用这些结果和他自己的一些类似的结果，证明了至多包括 25 个国家的地图都可以用四种颜色着色（1938 年）。伯克霍夫发展的方法在 1913 年至 1950 年间被许多数学家使用和改进，用这些方法建立了大量的可约构形。但是，在伯克霍夫之后的 40 年间所证明的全部可约构形还不能证明四色猜想。在阿佩尔和黑肯给出猜想的最后证明之前，人们只证明了不超过包括 96 个国家的地图上的四色猜想。

德国数学家希尔伯特自 1936 年开始研究四色问题，于 1950 年提出只有借助能处理巨量数据的计算机装置，才能解决四色问题的设想。为此，他提出利用地图的平面网络性质来编制可约性的计算机的证明程序，并创建了“放电法”，为四色猜想的机器证明奠定了基础。希尔伯特首先引入地图的“对偶”形（又称为网络）：它将每个国家变为一个点（称为顶点），相邻国家用一条线段连接（称为边），边将平面分为区域（称为面），这样正规图的面就都由三角形组成。将每个顶点连接的边数称为顶点的次数。从一个顶点出发又回到同一顶点的边，而且边之间又不相交的路线把图分为内部与外部两部分。这样的一条路线称为回路，例如，图 14.7 中，用细线表示的六个周围国家在对偶图形中就构成有六个顶点、六条边的一条回路。

在对偶图中，“构形”是三角形剖分的一部分，它由一组顶点加上连接这些点

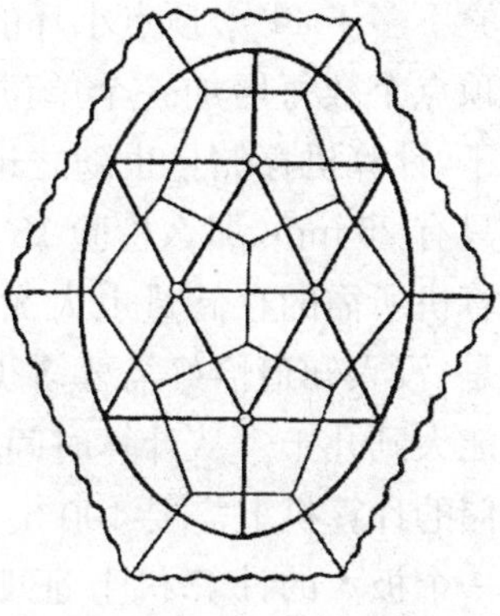

图 14.8　正规图与它的对偶图

的所有边组成，边界回路称为构形的环。如图 14.8所示的构形（画成对偶形式）称为六环构形，它的环有六个顶点，并且是包围了原构形的六个国家组成的环。

在进一步介绍希尔伯特的工作之前，我们先来证明前面德·摩根关于地图的定理：在五个顶点的网络中，不可能使每个顶点都与其他四个顶点相邻（有边连接的两个顶点称为是“相邻”的）。否则，利用熟知的欧拉公式 $V-E+F=2$，由于该命题中 $E=10$，$V=5$，则 $F=7$。另一方面，由于每个面至少有 3 个边，当 $F=7$ 时，则 E 至少有 $3\times7\times\frac{1}{2}=10\frac{1}{2}$ 条边，这显然矛盾。

在希尔伯特的研究中，第一次提出的“放电法”，成为此后研究不可避免组的关键。而不可避免组在更加复杂的形式下成为证明四色定理的中心要素。根据肯普研究中的正确结论，我们知道不存在少于五个邻国的任何顶点。希尔伯特将平面网络看成电路，在每个顶点配置一个电荷。从肯普的工作可知，如果我们对每个次数为 k（即有 k 个邻国）的顶点指定 $6-k$ 这个数（电荷量），则顶点次数为 5 的就带有 1 个正电荷，次数 6 的顶点不带电荷；次数为 7 的顶点带电荷 -1，以此类推。再由肯普的研究结论可知，整个网络的电荷的和恰为 12。这就表明，每个平面三角剖分网络的这个电荷之和恒为正值。假设移动网络中的正电荷，使正电荷从某些带正电的（五级）顶点移动到带负电的顶点，并且使全系统中的电荷不增不减。虽然这些移动不改变电荷的总和，但带正电的顶点却是可以变的；例如某些五次顶点可能失去全部正电荷（放电），而某些大顶点可能得到的电太多，结果变为正电荷顶点。让正电荷顶点做这种“放电”的目的，是想找出一个明确的过程来精确描述怎样移动电荷才能保证所剩下的每个带正电的顶点一定属于可约构形。于是，经过“放电”使每个三角剖分必有电荷为正的顶点，用这种放电方法得到的构形必然是“不可避免”的。如果这些构形又都是可约的，则四色猜想就被证明了。这样，四色猜想的证明就需要解决两个问题：找出放电过程，同时证明它所产生的不可避免构形是可约的。

20 世纪 70 年代，美国伊利诺思大学数学教授阿佩尔与黑肯开始利用改进的放电过程进行四色问题的证明。他们首先遇到的困难在于，可约构形的任何一个不可避免组都可能含有很大的构形（邻国环含有多至 18 个顶点）。虽然检验不多于 11 个顶点小环的构形的可约性在计算机上是相当简单的，但随着环的顶点个数每增加一个单位，计算机所需的时间就要增加 4 倍。更困难的问题在于，计算机存储量也随之迅速增加。即使检查 14 点环的构形所需要的平均时间只有 25 min，那么检验 18 点环的构形所需要的平均时间就会超过 100 h，并且计算机所需的存储量也大大超过当时的任何一种计算机的存储量。第二个困难是，没人知道恰好需要多少个可约构形来形成一个不可避免组，这个数目似乎可能大到几千。从计算时间来说，假如要想证明 18 点环的构形可约，在有足够存储的计算机上需要 100 h。那么，当不可避免组里有 1 000 个 18 点环构形时，在一个极大的计算机上证明可约的时间将需要 10 万个计算机时，这就超过了 11 年。

1972 年，阿佩尔与黑肯首先从希尔伯特等人已经发现的一类所谓“好构形”的图上进行放电过程的计算机检验工作。一个“好构形”内部顶点的邻点中，不能有多于 3 个位于构形的环上，而且如果一个顶点正好有 3 个这样的邻点，那么，这些邻点必须以相连的次序排列在环上。1972—1974 年间，阿佩尔与黑肯经过多次尝试，修订了计算程序和放电过程。1975 年，他们开始对四色猜想进行机器证明，并多次改进自己的实验设计。他们发展了一种放电过程，以便产生由可约构形组成的不可避免集；同时还编写了证明可约性的程序。1976 年 1 月到 6 月，阿佩尔与黑肯利用三部计算机运转了 1 000 多个小时，分析了 2 000 多个构形的可约性，并通过人工分析了约 1 万个带正电顶点的邻近区域，终于用不可避免组的证法证明了四色问题。在证明过程中，放电过程经过 500 多次的修改设计，计算机检验了 2 000 多个构形并证明了 1 482 个构形的可约性。

第十五章

分形几何学

任何一门科学都是观察世界的一种“有色眼镜”。随着社会的进步，人类能够从复杂的事物形态中分离出那些比较规则的、简单的形态来进行研究，利用这些规则、简单的形态去近似地表达复杂的事物形态。数学中，最先由经验知识上升为理论知识的学科是欧几里得几何学，它以点、线、面、体等简单的基本图形，去构造各种各样的图形，然后研究其中的关系。欧几里得几何学创立了具有规则的、光滑形态的图形的研究模型，对多彩多姿的现实空间事物作出了一种近似描述，为我们研究规则图形的空间关系和性质提供了有效的工具。欧几里得几何学之后的其他几何学，诸如解析几何、射影几何、微分几何、拓扑学等，它们虽然在描述现实世界方面比欧几里得几何学更加深入细致，但是它们依然是以规则的、光滑的或可微分的空间形态为自己的研究对象。我们把这些几何学称为标准几何学或光滑几何学。

然而标准几何学无法描述具有不规则形态或破碎物体形状的事物形态。譬如，云团不是球形，山脉不是锥形，海岸线不是圆的，树皮不是平滑的，闪电不是沿直线行进，等等。这些被标准几何认为无定型的表面几何学要求我们去研究它。1975 年，美籍波兰数学家曼德勃罗特发表的《分形：构形、机遇和维数》著作，它以研究大自然的不规则图形性质为目标，开创了不同于标准几何的新的研究领域——分形几何学，又被称之为大自然的几何学。

第一节　分形几何的诞生

一、曼德勃罗特简介

曼德勃罗特(1924—)出生于波兰的华沙，祖籍则是立陶宛的犹太人，父亲是成衣商，母亲是牙科医生。1936 年，全家迁居巴黎，他的叔叔曼德勃罗伊是巴黎一位研究纯数学和复分析方面的专家，也是布尔巴基学派的主要创建者之一。

由于战乱，曼德勃罗特从小受的教育就很不正规。据说，他从来就没有学过字母表，也没有学过乘法表，但是他喜欢数学，而且几何直觉天赋出奇得好。由于他在几何的、空间的形象思维上所占有的优势，对于给定的问题，他总是能够设法把它转变成几何图形，然后再运用几何方法成功地加以处理。1944 年，曼德勃罗特以班级第一名的身份通过法国“高等师范学校”与“综合工科学校”入学考试。由于不喜欢布尔巴基学派的数学思想与方法，曼德勃罗特在高等师范学校念了没几天，就转到了综合工科学校，并于 1947 年从该校毕业。1948 年获美国加州理工大学硕士学位；1952 年获巴黎大学(数学)博士学位。随后几年，他不断在几个学科中游荡，先后“闯入”过物理学、经济学、生理学、语言学和其他一些似乎毫不相关的学科。他喜欢用“知识流浪汉”“游荡”等字眼描写自己的学术生涯和人生经历。

在 20 世纪 70 年代中期以前，世界上没有几个人知道和理解他，曼德勃罗特几乎是打一枪换一个地方，在不同学科中窜来窜去，哪一个学科似乎也没有特别注意他。曼德勃罗特当初发表的每一篇论文都十分艰难。在写作风格上，他不得不装成某个领域的内行的样子。他不断投稿，由于他始终带有极强的“异国口音”，审稿人对他的文章的批评毫不留情面，稿件被一次次退回。曼德勃罗特认识到，当今学科分化严重，学科壁垒森严，像自己这样东一榔头西一棒子，在不同学科进进出出的，很难站稳脚跟，别人不会承认自己。如果要生存下去，就不能与正统对着干。为了取得别人的信任，要尽量隐藏自己的真正意图，审稿人和编辑希望怎样修改，自己就怎样修改。同时要学会自我推销，最终建立自己是“教皇”的一块阵地，即创立一个属于自己的新学科。

曼德勃罗特的研究领域横跨数学、物理学、地学、经济学、生理学、计算机、天文学、情报学、信息与通信、城市与人口、哲学与艺术等众多学科与专业，是一位真正的博学家。曼德勃罗特曾形象地称自己是一位“游牧者”。他在《大自然的分形几何》中写道：“非常感谢这些研究领域的变化，正是因为对这些领域的问题的研究，才使得整个理论渐渐地形成……最后导致了分形几何的建立。”

20 世纪 80 年代中期开始，曼德勃罗特及分形几何学红得近乎发紫，使他获得了一系列殊荣：1985 年的巴纳德奖章，1986 年的富兰克林奖，1988 年的“为科学与技术”奖，1989 年的“科学与技术哈维奖”。其中，巴纳德奖是由美国科学院评选后，再交哥伦比亚大学颁发奖章，每五年颁发一次。用以奖励“那些在物理科学或自然科学中有所发现，或在有益于人类的新颖的科学应用中有所发明的人”。物理学家爱因斯坦、数学家韦伊等人都曾获得过该奖。

20 多年的努力终于取得了成功，使曼德勃罗特也变得有些狂妄，他写道：

"在我漫游我自己新开创的、新开发的学术领地里，我时常行使对新领域中的路标进行命名的权力。"但是，许多纯粹数学家认为他并非数学家，只是到处宣布一些猜测，而不是下力气去严格证明它们。有人甚至嘲笑他只会从一个领域拿来一些东西当成他自己的，然后贩卖到另一个领域。

总的来说，分形理论仍处于草创阶段，有待研究的问题依然很多，这将是它成长壮大的最好动力。"分形"突出了几何形象思维的重要作用，但代数、几何、分析的思想与方法同等重要，不同时代、不同学派各有所侧重，不能用一种去排斥另一种。对于分形理论的作用，曼德勃罗特也客观地评论道："最应强调的是，我并未把分形观点看成是万灵妙方，每个范例研究都应根据它所在领域内的准则来加以检验……"

二、曼德勃罗特的研究历程

曼德勃罗特从事的第一个科研实践是研究通信中的噪声和词频的分布，后来是河水的涨落以及经济学中的收入分布规律。这几项似乎一点不相关的现实问题，却都指向一个不变的东西——自相似特征。这使曼德勃罗特一生的工作达到了高度地统一，也沟通了自然科学中长期存在的确定论描述体系与随机论描述体系的联系。

1951 年，正在攻读博士学位的曼德勃罗特，注意到美国语言学家齐普夫关于词频(即单词在一篇文章中或一本书中出现的频率)分布的研究结果，由此引发了曼德勃罗特对分形几何的研究。

词频分布是各种情报学的基本问题。齐普夫通过大量实验数据的统计分析，得到了齐普夫定律(1949 年)，将数学直接应用于社会科学；并使用了标度不变性方法。所谓标度不变性，是指在不规则点集(即分形集)上任选一局部区域对它进行放大或缩小量尺，这时原来看上去是光滑的部分又会再现出原图的复杂性质。因此，对于分形图，不论将其放大或缩小，它的形态、复杂程度、不规则性等各种特征都不会发生变化。标度不变性刻画了一种图形的自相似性质。应用标度不变性处理问题的方法称为"标度不变性"方法。曼德勃罗特运用标度不变性概念，进一步对词频分布的规律进行了分析，得到了比齐普夫定律更精确的结果，同时也从词频分布研究中完成了自己的第一篇分形几何的论文。他的结果表明，词频分布几乎完全服从双曲分布，齐普夫定律代表着中频区的词频分布情况，而在高频区或低频区的分布表现着不同程度的自相似，而这恰恰是分形图形的基本特征。

价格变动规律一直是经济学家探讨的问题，他们找出各种各样的模型去逼近它。在曼德勃罗特之前的学者，一般采用巴舍勒(1900 年)的观点：任何竞争价格都遵从"一维的布朗运动"的函数 $B(t)$，这是一个关于时间 t 的连续(或几乎处处连续)的函数。曼德勃罗特在国际商业机器公司(IBM)工作之初，通过棉花价格的研究，再一次有效地使用了标度不变性方法。他从实验中获得的结果表明，实际数据并不能很好地满足 $B(t)$，而竞争价格也不必是连续的，用一个连续函数去刻画一个不连续的随机变量显然是不合理的。受词频研究中所使用的标度不变性方法的启发，曼德勃罗特对价格规律作了适当的修正：假设用 $x(t)$ 表示价格，他发现在任意的一段时间(或称时滞) d 内，有一个显著的性质，即它的增量 $\log x(t+d)-\log x(t)$ 除了标度因子外，有一个独立于 d 的分布是自相似的。这就否认了传统模型中把时间当作影响函数变化的首要因素的看法。接着，曼德勃罗特又进一步大胆地提出，$\log x(t+d)-\log x(t)$ 的方差是无穷大的。由于方差是一个用以测度某个随机变量(或统计量)围绕其平均值离散的程度的统计量，他对方差的这种假定，说明价格的变化是不规则的。曼德勃罗特正是由于把标度不变性方法与一些影响价格的条件相联系，而得出一个猜想：价格变化是服从稳定的非正态分布。实践证明了曼德勃罗特的猜想是正确的。曼德勃罗特在 1963 年和 1967 年把自己的理论用于许多商品的价格、利率以及 19 世纪的一些证券价格的检验，法玛在 1963 年对当时的证券价格，罗尔于 1970 年对其他的利率的研究，都验证了他的猜想对实践是有效的。

1962 年至 1964 年，曼德勃罗特在哈佛大学任客座教授期间，经伯克霍夫教授的指点，注意到标度方法与湍流研究方法很类似，于是从几何学的角度探讨了湍流的机理，并形成了海岸线长度的分维思想。由于湍流的几何研究的首要问题是区域的边界形态，这确实是一个比较复杂的问题。为了研究的方便，曼德勃罗特先选取比较简单的形状，把它限制在平稳的范围内，即湍流尾流或实验断面。他通过对这样的边界的仔细考察后发现，这个相当明显而复杂的"局部"结构，明显地具有自相似的特点。

正是对词频、价格、海岸线以及湍流的实际问题的研究，曼德勃罗特找到了共同的研究方法——标度不变性，并且发现了这类对象的共同特点：粗糙和自相似。使自己的感性认识上升为理性认识，用数学模型加以描述，便成为曼德勃罗特进一步的研究课题。此后他对于噪声——这个工程技术的问题研究，使他把"病态函数"进一步作为"粗糙和自相似"形态的数学模型。

1962 年左右，IBM 公司提出消除计算机之间通信时电话线中的噪声问题。在当代物理学中，噪声是表示不规则的、随机的波动和误差。误差分布造成的噪声分布是离散的,用指标函数加以刻画：在没有误差的时刻 t_1 内取值为 0,而在有误差的时刻 t_2 内取值为 1。曼德勃罗特对于误差的分析是采用如下逐渐加细的方法。首先,初步确定一段没有误差的时间段。若这段时间超过 1 h,就称这段时间为 0 级中断,与此相对照,称在这个 0 级中断两侧的时间间隔为 0 级误差脉冲;然后再对这个 0 级误差脉冲分为三段来考虑,这时称比较短的没有误差的时间段为 1 级中断,相应地称其两边的时间间隔为 1 级误差脉冲。同样的办法,我们会继续得到 2 级中断和 2 级误差脉冲,等等,每次都将上一级的误差脉冲分为三段,其分段方法如图 15.1 所示。

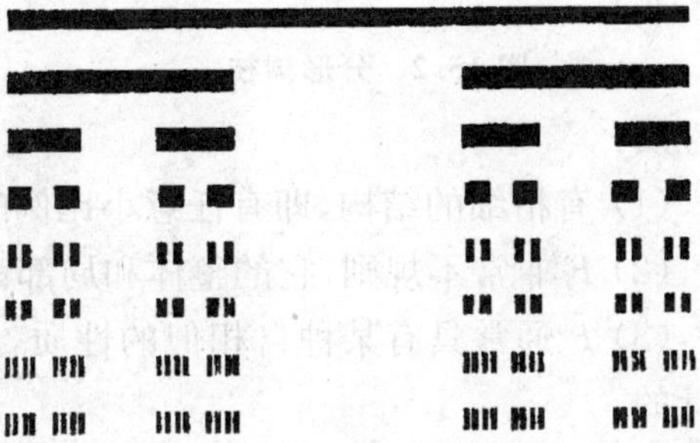

图 15.1 康托三分集

图 15.1 所示的康托三分集,它是一种典型的分形图。它是在闭区间[0,1]上进行三等分的剖分,然后在每一等份上再做三等分的剖分,照此一直做下去,便得到了这种图形。康托三分集除了比例自相似外,还有一些很有趣的性质。譬如,我们来看康托三分集的长度：第一次截去 1/3,第二次在剩下的 2/3 中再截去 1/3……由简单的几何级数求和,不难得出：截去的总长度为 1。这意味着剩下的点尽管有无穷多,但仅仅“拥挤”在一个长度为 0 的空间,而且这些点是不连通的,任意两个点之间都有未被填充的空间。

在这个形象的描述里,曼德勃罗特又遇到了包含着自相似性的问题。他很快把自己的研究和三分康托集联系了起来。在纯数学的领域里,康托三分集是康托于 1883 年在闭区间[0, 1]上构造出来的。曼德勃罗特认为可以用康托三分集作为描述噪声主要特征的数学模型。但是,康托三分集实在是太规则了,经过对康托三分集的改造,曼德勃罗特与伯格终于在 1963 年得到了与实际数据拟合相当好的数学模型。至此,分形几何已基本形成了它的数学雏形。

第二节 分形的性质与维数

一、分形的概念与性质

分形作为一个数学概念,至今没有一个公认的定义。曼德勃罗特在写分形

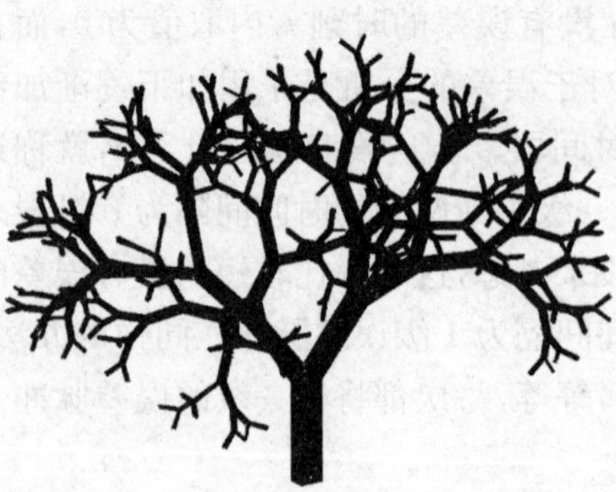

图 15.2 分形树枝

几何著作《分形：构形、机遇和维数》时，无意间发现拉丁文形容词 fractious 与英文名词 fraction（碎片）、fragment（碎片、碎块）有着相同的词根，而与这个拉丁形容词相对应的动词 frangere 意思是“打碎”。于是，他取它们的共同词根创造出一个新词“fractal”（即“分形”），表示“不规则”、“碎片”的意思。一个集合 F 是分形，如图 15.2 所示，那么它具有下面的典型性质：

（1）有精细的结构，即有任意小比例的细节。

（2）F 非常不规则，它的整体和局部都不能用传统的几何语言来描述。

（3）F 通常具有某种自相似的性质，这种自相似的性质可能是近似的或是统计的。

（4）一般来说，F 的分形维数大于它的拓扑维数。

（5）在大多数令人感兴趣的情形，F 以非常简单的方法定义，并且可能由迭代产生。

从这些性质可以看出，(1)(2)两项说明分形在外部结构上的基本特点；(3)项说明了分形的内在规律性，即自相似性是分形的灵魂，它使得分形的任何一个片段都包含了整个分形的信息；(4)项说明了分形的复杂性；(5)项则说明了分形的生成机制。

二、分形的维数

分形几何的维数理论是具有创造性的成果。维数概念是刻画几何图形拓扑性质的一种量。但是经典的维数理论在实际应用中有一定的局限性。

英国科学家里查逊在查阅了西班牙、葡萄牙、比利时、荷兰的百科全书之后，惊奇地发现各国各自测量的共同的国境海岸线长度竟相差 20%。于是，他向世界提出了海岸线的问题。曼德勃罗特敏锐地注意到这个问题，并于 1967 年在《科学》(*Science*)杂志第 155 期上发表了一篇富有启发性的文章——英国的海岸线有多长，对分形的维数理论进行了深入的分析。

对于测量土地的面积来说，出现一点误差人们是不会太计较的。但是，如果测量国境线，那么就会出现巨大的误差，就将会引起国界的纠纷。假设A国与B国有一段共同的边界。A国用1 km作度量单位测量国境线，B国用1 m作度量单位测量国境线，它们得到的边界值很不一样。B国测得的长度比A国测得的长度大得多，于是B国向A国提出领土要求。这里的问题就出现在所用的度量单位上，B国用的度量单位小，可以把1 km以内的弯曲部分也量进去。如果A国用50 cm作为度量单位重新测量，那么测得的数值比B国用1 m作为度量单位的结果就大了很多。

从这里就可以发现一个重要的数学问题：国境线的长度将随着度量单位的无限变小而趋于无穷大。曼德勃罗特认为：因为国境线的维数是大于1的分数，而度量它的尺子的维数是1；根据分形的维数理论，其测量结果必然随着量尺的缩短而变成无穷长。显然，国境线是一条具有分形结构的分形曲线，它无法用传统的测量方法得到精确的长度数值。这就是说，传统测量方法只能应用于具有规整的、光滑的、可微的几何图形的量度，而不适合于度量不规整的、粗糙的、不可微的几何图形。

维数是几何对象的一个主要特征量。在传统整数维(或拓扑维数)的定义中，点为0维，线为1维，面为2维，体为3维。在1919年，德国数学家豪斯多夫(1868—1942年)将维数从整数扩大到分数维，即维数可以取分数，从而突破了一般拓扑集维数为整数的界限。这种维数的界定可以用下面的方式来理解。

如果将线段、正方形或立方体的边长2倍复制，如图15.3所示。显然，两个相同线段组成一维几何体。4个相同的正方形组成二维几何体，而8个相同的立方体组成三维几何体。也就是说，线段，正方形，立方体可被看成为分别由2，4，8个把全体分成的相似形组成，即这些图形是自相似图形(分形)。2，4，8数字可改写为2^1，2^2，2^3，这里出现的指数1，2，3则分别与其图形的经验维数相一致。进一步，如果是由2^d个相同的边长扩大2倍的一个大超立方体，则组成d

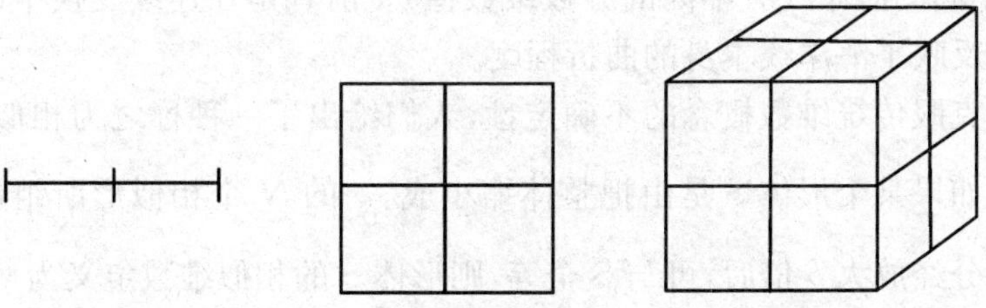

图15.3 几何体变成加倍，复制品的个数与维数有关

维超立方体。此外,还可以将上述图形的原边长分成 3 倍复制,那么,线段有 3^1 个小线段;正方形有 3^2 个小正方形;立方体有 3^3 个小立方体。

一般地,如果某图形是由把原图扩大为 a 倍的相似的 k 个图形所组成,有 $k=a^D$;D 即维数:$D=\frac{\ln k}{\ln a}$,其中:a 为线度的放大倍数,k 为"体积"的放大倍数。

例如,在图 15.4 中,谢尔宾斯基三角形的维数 $D=\frac{\ln 3}{\ln 2}=1.58$。类似地,图 15.1 中康托三分集的相似维数是 $D_S=\frac{\ln 2}{\ln 3}\approx 0.6309$。

图 15.4　谢尔宾斯基三角形

从上述维数的定义可看出,豪斯多夫维数 D 可以不是整数。这是它与传统维数概念最大的不同。取非整数值的维数,这对只熟悉经验维数的人来说,也可能会感到非常奇怪。但是,它对于区分诸如海岸线的分形图的弯曲程度是个很精致的描述手段。一般来说,规则几何对象的维数总是整数的,而分形图形的维数一般不是整数。所以,曼德勃罗特在一开始给分形下定义时就简单地说:"所谓分形,指的就是其豪斯多夫维数不是整数的几何对象。"尽管这个定义过于简单和武断,但确实是一个识别分形的好方法。

曼德勃罗特仔细研究了豪斯多夫的维数理论,并将它应用于自己的研究之中。他认为,对于同一个几何形可以有不同种类的维数,而不同的维数定义可以使同一个几何形体具有不同的维数值,这些不同的维数值又表明这个集合的不同的数学性质。例如,海岸线可以有自己的拓扑维数(1 维),也可以有自己的分形维数(不同的海岸线有不同的分数维数值)。前者是在连续变换下的不变量,而后者则反映了海岸线本身的曲折程度。

为了克服传统维数概念的不确定性,人们给出了一种称之为相似维数的度量方法。如果某个形体 S 是由把整体缩小成 $\frac{1}{\delta}$ 的 N 个相似形所组成,即其中的一个部分经放大 δ 倍后,可与 S 全等,则形体 S 的相似维数定义为

$$D_S=\frac{\ln N}{\ln \delta} \tag{15.1}$$

科赫雪花曲线(1904 年)是第一个用几何直观方法呈现的“病态函数”图像,也是具有自相似性质的分形图,如图 15.5 所示。为了生成科赫雪花曲线,先从一个等边形开始,把每一边分成三等份,取走中间的 1/3,在被取走线段处向外作出两边为此线段 1/3 长度的尖角,重复这一过程得到各个尖角,以至无穷。根据它的构造,它是由把全体缩小成 1/3 的 4 个相似形构成的,因此,根据式(14.1),它的相似维数是

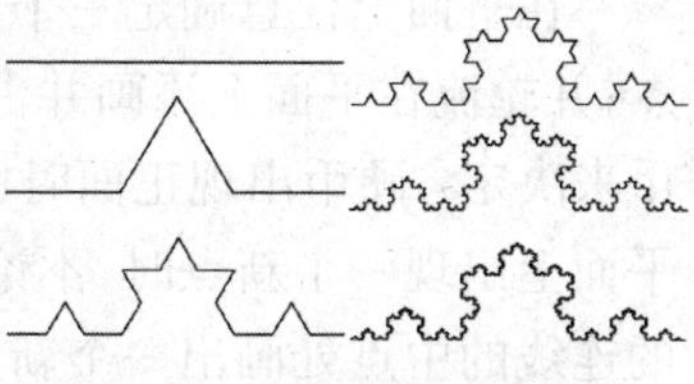

图 15.5 科赫雪花曲线

$$D_S = \frac{\ln 4}{\ln \frac{1}{1/3}} = \frac{\ln 4}{\ln 3} = 1.261\,8\cdots$$

第三节 分形的计算机迭代

从形态上看,分形比传统几何学的研究对象更复杂,但是它的自相似特征使人们可以通过简单的迭代法生成其图像。目前,分形学家针对各类具体问题提出了不同的简化事物形态的迭代法,其中最具有普遍意义的是迭代函数系统(IFS),它是由美国数学家巴恩斯列于 1985 年提出来的。它可以把任何物体的形态变成一组仿射压缩变换及其伴随概率模型,然后通过计算机迭代生成仿真的事物形态。

迭代函数系统是分形构形系统,它使仿射压缩变换与分形图建立了一一对应关系:一组仿射压缩变换决定一个分形图;反之,一个分形图由一组仿射压缩变换确定。在这里,一个仿射“变换”就是一个线性“函数”。由于分形具有局部与整体的自相似性,局部是整体的一个小复制品,只是在大小、位置和方向上有所不同而已;而数学中的仿射变换正好具有把图形放大、缩小、旋转和平移的性质。从原则上说,任何图形都可以用一组仿射变换来描述或生成。例如,欧几里得几何学中两个相似的三角形,就可以使用至多三次仿射变换(平移、旋转、放缩)使它们叠合在一起。当然,并不是任何仿射变换都可以用于迭代函数系统,只有压缩仿射变换才可以应用,否则就不能保证迭代过程的保形性和收敛性。为了形象地说明迭代函数系统如何产生一个分形图,我们看下面谢尔宾斯基三角形的生成过程。该三角形是波兰数学家谢尔宾斯基(1822—1920 年)于 1915 年发现的一种分形。

在平面上任意确定三个点 A, B, C,使得甲、乙、丙三人分别占据其中一个点;并轮流在平面上添画并占据新的点。一个新点出现后,由谁接着画要由掷硬币来决定:硬币出现正面时由甲画,出现反面时由乙画,出现侧立时由丙画。当平面上出现一个新点时,不论轮到谁画,他都必须在新点与自己所占据的点之间的连线的中点处画出一个新点。

现在,在平面上任取一点 Z_0,甲、乙、丙三人就依据游戏规则开始画点,并且长时间不停地画下去。当画上几百次以后,去掉开始时的少数几个点,纸上就会呈现出一片模糊的点集。如果要想得到一个比较清晰的图形,需要画出上百万个点,按人工每 3 s 画一个点,上百万次地画点也需要一个多月的时间。然而,借助于电子计算机完成这个游戏并不难。为此,先假设硬币呈现正面、反面和侧立的概率分别为 0.5, 0.47, 0.03,然后让计算机来做这个游戏。图 15.6 中的两个图是由计算机画出的,其中,图 15.6(a)是 $n=10^6$ 时的谢尔宾斯基三角形,图 15.6(b)是 $n=10^7$ 时的谢尔宾斯基三角形。我们从中可以发现计算机的迭代次数(n) 与图形清晰度的关系。

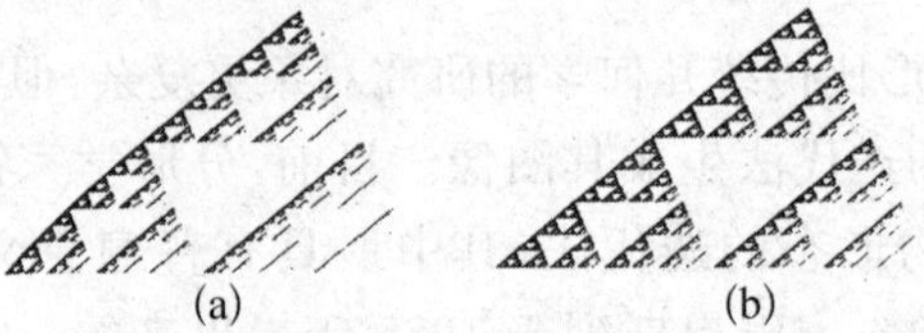

图 15.6 谢尔宾斯基三角形的计算机迭代图形

各种生成分形图像的方法都是利用计算机进行迭代的结果。因为计算机每做一次迭代只能产生一个迭代点,而一个分形图形是由成千上万,甚至是上亿个点组成的,所以,计算机要经过成千上万,甚至是上亿次迭代才能生成一个分形图。因此,如果用人工计算的方法来生成一个分形图,其工作量就大得惊人,是人力所望尘莫及的。

谢尔宾斯基三角形(也称谢尔宾斯基地毯)的迭代生成过程,在数学上可以归结为三个步骤:

第一步,甲、乙、丙三人的画点规则是预先给定的,这相当于已知一组仿射压缩变换:

$$\omega_1(Z)=\frac{1}{2}(Z+A),$$

$$\omega_2(Z)=\frac{1}{2}(Z+B),$$

$$\omega_3(Z) = \frac{1}{2}(Z + C);$$

第二步，规则中硬币取正面、反面、侧立的概率 P_1, P_2, P_3($P_i > 0$, $P_1 + P_2 + P_3 = 1$)，分别称为变换 ω_1, ω_2, ω_3 的伴随概率；

第三步，利用计算机进行迭代，最终生成一个分形图形。

在这里仿射压缩变换的作用是控制所生成的分形的结构，换句话说，分形压缩是由一组仿射变换决定的。概率的作用是控制落入分形图各部分的点的密度，它决定分形图的测度，使图形呈现出浓淡虚实不同的层次。在数学上已经证明，只要仿射变换是压缩的，迭代函数系统所生成的分形图像总是存在的，而且是唯一的。这表明，计算机不断迭代下去，可以生成唯一的分形图。

分形作为一种方法，在图形学领域主要是利用迭代、递归等技术来实现某一具体的分形构造。而计算机在分形图的生成过程中，可以代替人完成繁琐的迭代过程，然而确定仿射压缩变换和伴随概率，仍需人的探索。对此，人们仍然利用计算机的高速运算能力，通过人-机交互环境来调试仿射压缩变换的参数及其伴随概率，以确保建立的数学模型更准确、更真实。因此，分形几何学与计算机图形学的结合，将会产生一门新的学科——分形图形学。它的主要任务是以分形几何学为数学基础，构造非规则的几何图素，从而实现分形体的可视化，以及对自然景物的逼真模拟。

第四节　分形几何学的应用

分形理论是数学领域的一个伟大的思想革命。分形概念、分形方法一经问世，就呈现出极大的生命力。分形理论已经对人们的自然观和方法论产生了强烈影响。从分形的观点看世界，我们发现，这个世界是以分形的方式存在和演化着的世界。就像沃尔夫奖在颁发给分形理论创始人曼德勃罗特时的评语所说，“分形几何改变了我们对世界的看法”。特别是分形理论中的分数维概念，为我们认识世界中的复杂形态提供了一个新的尺度。复杂性科学是现代科学的前沿，在这门科学的研究过程中，发现了许多符合分形规则的复杂形态，而分数维是测量这些形态复杂程度的一种度量。也就是说，找到了对复杂性做定量分析的工具。

据美国科学情报研究所的统计，世界上 1 200 多种权威学术刊物在 20 世纪 80 年代后期发表的论文中，与分形有关的就占 37.5%，其中包括自然科学、社会科学的诸多领域。分形理论是一门交叉性的横断学科，从振动力学到流体力学、天文学和计算机图形学，从分子生物学到生理学、生物形态学，从材料科学到地球科学、地理科学，从经济学到语言学、社会学等，无不闪现着分形的身影。下面介绍分形的几个主要应用。

一、自然科学

自然界中存在着各种各样的分形对象。一枝粗干可以分出不规则的枝杈，每个枝杈继续分为细杈……至少有十几次分支的层次，可以用分形几何学去测量。物理学中著名的布朗运动就是分形的表现。如果我们在显微镜下观察落入溶液中的一粒花粉，会看见它不间断地做无规则运动，这是花粉在大量液体分子的无规则碰撞(每秒钟多达 10 亿亿次)下表现的平均行为。布朗粒子的轨迹，由各种尺寸的折线连成。只要有足够的分辨率，就可以发现原以为是直线段的部分，其实由大量更小尺度的折线连成。这是一种处处连续，但又处处无导数的曲线。这种布朗粒子轨迹的维数大大高于它的拓扑维数。

在某些电化学反应中，电极附近深积的固态物质，以不规则的树枝形状向外增长。受到污染的一些流水中，黏在藻类植物上的颗粒和胶状物，不断因新的沉积而生长，成为带有许多须毛的枝条状，就可以用分维。近几年，在流体力学不稳定性、光学双稳定器件、化学震荡反应等实验中，都能从实验数据中计算出它们的分维。学会从实验数据测算分维是最近的一大进展。分形几何学在物理学、生物学上的应用也正在成为有充实内容的研究领域。许多以前被认为是随机的现象，从分形理论的角度看并不是随机的，这为控制这些貌似随机的现象奠定了理论基础。

二、收入分配和市场价格的分维

意大利经济学家帕累托(Pareto)发现，尽管各国的经济制度不同，但收入分配却有共同的规律，它有这样的关系式：$N = N_0X^{-b}$。其中，N_0 为人口总数；X 为收入水平；N 为收入不少于 X 的人数。利用分形标度的计算，可以得出收入分配的分维 $D = b$。

分形还可以用来解释股票市场价格的变动。股票价格变动图虽然经常可在报纸或电视上等看到，但因价格涨落得非常厉害，而且完全是随机的，因此使人感到几乎无规律可循。但若从统计学观点解析这一变动，就会发现有很好的规

律。曼德勃罗特发现下面两个法则：①

(1) 每个单位时间内的股票价格变动分布，服从特性指数 $D \approx 1.7$ 的对称稳定分布。

(2) 单位时间不论取多大或多小，其分布也是相似的。也就是说，适当地改变尺度，就可成为同样的分布。

关于稳态分布，只讨论与分形有关的一些性质。若把单位时间 T 之间的股票价格变动 x 的分布密度记为 $P(x)$，则下述关系成立：

$$\int_x^{\infty} P(x')dx = \int_{-x}^{-\infty} P(x')dx' \propto x^{-D}$$

此关系式表示股票价格变动的大小分布为分形。例如，一天的股票价格变动在 x 元以上，比 $2x$ 元以上的变动次数多 $2^{1.7} \approx 3.2$ 倍。法则(2)表示股票价格变动在时间上也是分形的。一天的股票价格变动图形与一年的股票价格变动图形相比，不同的只是股票价格的尺度，而对变动情况则很难加以区别。

三、精确识别癌细胞

分形在医学上有很多应用，比如传染病的流行传播、生物医学、医学图像处理等。但最近的研究表明，分形可以精确识别癌细胞，这一成果对癌症检测将作出重大贡献。

虽然科学家们早就知道癌细胞和健康细胞在外形上存在较大区别，但由于缺乏相应的理论和识别标准，目前的癌症检测仍以生化方法为主。据美国物理学家组织网 2011 年 7 月 7 日报道，②美国克拉克森大学的研究人员发现，与健康细胞相比，癌细胞在外观上具有更为显著的分形特征。初步实验显示，以此为依据的检测均获得了极高的准确度。新法有望使传统非侵入式癌症检测方法的精度获得大幅提升。

由于分形是由大量不规则的曲线构成，具有粗糙、零碎的几何形状，但它在任意小的尺度上都有着精细的“自相似”结构。无论是天空中星系团的位置，还是地面蜿蜒的河流，或是树上的一片叶子，都存在着分形特征。而对人体而言，以一段较长的时间来看，呼吸和心跳的节奏也具有分形特征。正是因为注意到了这一点，美国克拉克森大学的研究人员提出了通过分形几何学识别癌细胞的

---

① 李士勇. 非线性科学及其应用. 哈尔滨工业大学出版社，2011：126.

② 王小龙. 分形几何学可精确识别癌细胞. 科学大观园，2011：16.

设想。负责该项研究的伊戈尔·索科洛夫和同事利用原子力显微镜,在 1 nm (10^{-6} mm)的精度上对取自人类子宫颈的健康细胞和癌细胞的外形进行了对比。

不同于以往只获得细胞的二维结构图像,新研究采用全新的方法对细胞的三维图像进行研究。测量结果显示,癌细胞在外形上具有显著的分形特征,而健康细胞却并不明显。索科洛夫说,目前在宫颈癌检测上,如巴氏涂片、液基细胞学检测等方法都是有效和非侵入性的,但准确性较差,尤其是较早的巴氏涂片法,经常得出一些模棱两可的结论。而使用新的图像检测方法,对来自 12 位患者的 300 个细胞样本进行检查的结果表明,其准确度接近 100%。据此他断言,基于物理的方法,将达到甚至超过传统生化检测方法在单细胞水平上的检测能力。下一步,索科洛夫的研究小组计划扩大测试规模,以对该技术作进一步的验证。此外,他们还计划对健康细胞在癌变过程中的分形特征展开研究。

普林斯顿大学生物物理学专家罗伯特·奥斯汀说,或许类似的研究正是将癌细胞的物理学特质与生化特征联系起来的第一步,随着研究的深入,它将加速科学家对癌细胞的了解,最终帮助人们在击败癌症上获得更大的主动权。

四、部分与整体相等

很早以前,人们对部分与整体的关系,是认为整体可以分解为一些部分,整体是由部分组成的;部分包含在整体之中,是整体的组成部分,部分相加可以构成整体。因此,整体大于部分。在这一认识中,把部分与整体的关系理解为机械的分解和相加。比如,人们在求面积的过程中就充分体现了这一思想。人们正是基于这种整体与部分的关系的看法,形成简化事物的方法——还原论方法。这种方法确实为我们解决了许多问题,推动了科学技术的发展。但是,随着科学技术的发展,人们也渐渐发现它并非总是有效的。

17 世纪,著名的物理学家伽利略提出一个悖论:正整数集合 s_1 的元素与正整数平方的集合 s_2 的元素是一样多的(在第五章我们讨论过这个问题,这里借助分形的观点再看这个问题的解释)。人们称伽利略悖论,可以表示如下:

$$\begin{array}{lcccccc} s_1: & 1, & 2, & 3, & \cdots, & n\cdots \\ & \updownarrow & \updownarrow & \updownarrow & & \\ s_2: & 1^2, & 2^2, & 3^2, & \cdots, & n^2\cdots \end{array}$$

一方面，从常识来看，s_1 的元素显然比 s_2 的元素多。因为从 1^2 到 2^2 就少了 2，3 两个数，从 2^2 到 3^2 缺少 5，6，7，8 四个数，一般地，从 n^2 到 $(n+1)^2$ 就缺少 $2n$ 个正整数；另一方面，从上面所列的一一对应关系来看，s_1 与 s_2 的元素确实是一样多的，或者说 $s1$ 的元素并不比 $s2$ 的元素多。当时，人们用有限数的眼光来看待无限数的关系，无法理解这种奇特的现象，所以称它为伽利略悖论。这个悖论说明什么呢？在无穷集合中，整体可以与部分相等，或者说整体不大于部分。这表明，我们不能把有穷情况下得出的结论，不加限制地推广到无穷的情况，我们以前对整体与部分的关系的认识是有条件的，不是普遍有效的。

对于部分与整体的关系，分形几何已经揭示出一个重要特点：自相似，即取分形上任意一小部分加以放大，就可以发现部分与整体是相似的。这种自相似可以是严格的或有规律的，也可以是近似的或统计的。因此，自相似性为我们理解部分与整体的辩证关系提供了新的科学依据。

对于传统的和分形理论中关于部分与整体的关系，可用图 15.7 和图 15.8 表示。

整体 —分解为相同的小块→ 部分 —相同小块相加→ 整体

图 15.7　部分与整体的关系(一)

整体 —分解成一些与整体相似的小块→ 部分 —迭代法→ 整体

图 15.8　部分与整体的关系(二)

由图 15.7 和图 15.8，我们可以看到：由部分是以自身同等的方式存在于整体之中的传统看法，进而认识到部分以与整体相似的方式存在于整体之中。这是人类认识史上的一大进步，具有深远的哲学意义。

分形几何学是一门重要的新学科，它的历史较短，相关的分形理论也正处于发展之中，涉及面很广但还不够成熟，对它的争论也不少。但是，由于其已被广泛应用到自然科学和社会科学的几乎所有领域，所以分形已成为当今国际上许多学科的前沿研究课题之一。卷入分形研究热潮的除数学家和物理学家外，还有化学家、生物学家、地貌学与地震学家、材料学家等，在社会科学与人文科学方面，大批哲学家、经济学家、金融学家，乃至作家、画家和电影制作家都蜂拥而入。例如，著名的电影“星球大战”就是利用分形技术创作的。由于分形的最重要特征是自相似性，所以信息科学家对其情有独钟，分形图像压缩被认为最具前景的图像压缩技术之一，分形图形学被认为是描绘大自然景色最诱人的方法。

美国理论物理学家惠勒说:"可以相信,明天谁不熟悉分形,谁就不能认为是科学上的文化人。"甚至,在一些分形网站上赫然写着"分形学——21世纪的数学"。最后,以一首英国儿歌改编的小诗做个结尾,说明分形应用之普遍:①

一个分形的人
　穿过分形的森林
　　走过分形的一英里
　　　捡到了一枚分形的六便士
　　　　买了一只分形的猫
　　　　　抓了一只分形的老鼠
　　　　　　分形的人
　　　　　　　分形的猫
　　　　　　　　分形的老鼠
　　　　　　　　　都挤在分形的小屋里
　　　　　　　　　　……

① 魏诺.非线性科学基础与应用.科学出版社,2004:92.

第十六章 现代数学应用之一：数学模型

第一节 数学应用概述

数学应用的极其广泛性是数学科学的重要特性之一。正像已故著名数学家华罗庚指出的："宇宙之大，粒子之微，火箭之速，化工之巧，地球之变，生物之谜，日用之繁，数学无处不在。"凡是出现"量"的地方就少不了用数学、研究量的关系、量的变化、量的变化关系、量的关系的变化等现象都少不了数学。

数学起源于社会与生产的实践，认识和改造客观世界一直是数学发展的主要动力。尽管古希腊学者建立起了第一个抽象的数学演绎体系——几何学，但仍将它作为描述现实空间的理论模型。直到19世纪，数学发展与实践一直有着密切的联系，尤其是它与物理、天文学的结合。一方面，数学知识直接用于实践，解决实际问题；另一方面，数学从实践中提取问题，现实问题促使数学的理论不断发展。然而自19世纪末开始，数学家在完成了分析学的理论严密化之后，自信可以凭借集合论的基础、逻辑与公理化方法建立数学的大厦，而无须考虑数学理论的现实意义。因此，在20世纪最初的二三十年中，崇尚纯粹数学，忽视数学应用，成为数学研究的主要思想倾向。随着第二次世界大战的爆发，大量的实际问题吸引着无数的数学家投入到应用数学的研究。"数学家不能无视客观世界，必须运用数学而且承担解决应用问题的道义责任"（维纳语）。数理逻辑、运筹学、控制论等应用数学，都从战争的需要中找到了自己生长发育的土壤。

运筹学是运用数学方法解决生产、国防、商业和其他领域中的安排、筹划、控制、管理等有关问题的应用数学的分支。运筹学①原意为"作战研究"，最早产生于第二次世界大战中的英国。用以解决空防雷达信息系统与战斗机系统的协同配合问题。不久，美国军队也开展了类似的研究并正式采用了运筹学"Operations Research"的名称。运筹学研究在1940年英国对付德军空袭的战

① "运筹"一词，出自《汉书·高帝本纪》："运筹帷幄之中，决胜千里之外."

斗中建有奇功，在搜寻潜艇、深水炸弹投放方案、兵力分配等方面都发挥了功效。战后运筹学被引入民用方面，研究内容不断扩充而形成一门蓬勃发展的新兴的应用科学。目前，运筹学已包括数学规划论、博弈论、排队论、决策分析、图论、可靠性数学理论、库存论、搜索论等许多分支，统筹与优选也可列入运筹学的范畴。

控制论(Cybmetics)是解决通信中的“滤波问题”和战争中“预报问题”而发展起来的应用数学。自 20 世纪初发明了无线电波通信之后，设计过滤噪声、复原信息的装置，就成为技术领域中的一项重要课题——滤波问题。第二次世界大战中，飞机速度不断提高，为使火炮能有效击中高速飞行的飞机，美国数学家维纳(1894—1964 年)受命设计高射炮控制系统，这就是所谓的“预报问题”。独具慧眼的维纳发现滤波和预报这两类问题可以用统计的观点给出统一处理，他注意到，一项信息，不论它是以电的、机械的还是神经的方式传送，都可以看作依时间分布的可测量事件的序列，即统计学家所称的时间序列。

学识渊博的维纳意识到，这些问题的研究与生物神经的控制活动有着极大的类似性。于是，他来到墨西哥国立心脏研究所，与生理学家、电工学家、数学家、逻辑学家们一道探讨，逐步形成了系统的控制理论。1948 年，维纳的名著《控制论》发表，宣告经典控制论诞生。在这部完成于心脏研究所的论著中，维纳使用数理统计和调和分析的数学理论，用时间序列观点处理信息的转换、提取、加工和预测。书中还介绍了用电子元件组成的控制系统，并讨论了用控制论方法研究大脑与神经生理活动、语言与信息的社会科学等诸多领域中的问题。20 世纪 60 年代以后，逐渐形成了研究系统调节与控制的一般规律的现代控制论，它与经济管理、运筹学相结合，产生了系统工程学，成为应用广泛的一门学科。

20 世纪下半叶是应用数学发展的高峰期，突变理论、模糊数学以及计算机数学应运而生。与此同时，数学的应用更加受到社会的关注并取得前所未有的发展。随着第二次世界大战的结束，世界的政治格局发生了重大变化，全球性的政治、经济区域性格局的形成，加剧了区域性、国家间的政治、军事、经济、文化等方面的激烈竞争。此后，伴随着全球性经济一体化的发展，经济与文化的竞争更趋于白热化。在这种形势下，科学技术是第一生产力，数学家们再也不能像欧几里得那样清静了，他们走出“布尔巴基的小屋”，让数学为社会的发展作出更加直接的贡献。在中国的数学家中，如果说陈景润是纯理论学者的代表，那么王选则是应用学者的代表。后者使科学转化为生产力，真正以“科学顶天，市场立地”的襟怀，创造了中国人的计算机照排系统。

19 世纪 70 年代，恩格斯曾经对数学应用的状况作过这样的估计：“在固体力学中是绝对的，在气体力学中是近似的，在流体力学中已经比较困难了，在物理学中多半是尝试性的和相对的，在化学中是最简单的一次方程，在生物学中等于零。”然而，20 世纪的数学以空前未有的速度向几乎所有的自然科学与人文科学中渗透，很多抽象数都在社会的各个方面获得了应用。拓扑学在今天的物理学、生物学和经济学中正在扮演着重要角色，英国数学家哈代所钟爱的“清白”数论已经在密码技术、卫星信号传输、计算机科学和量子场理论等许多部门发挥重要的有时是关键性的作用。单就物理学而言，它所应用的抽象数学分支就包括了微分拓扑学、代数拓扑学、大范围分析、代数几何、李群与李代数、算子代数、代数数论、非交换数学等。在传统的社会科学领域中，经济学是最成功地实现数学化的学科，微积分学、集合论、拓扑学、实凸分析以及概率论，在研究和表达经济理论方面都起到了重要的作用，极其抽象的拓扑学最有用的地方就是在经济领域。自 1969 年设立诺贝尔经济学奖以来，超过 2/3 的获奖者是在经济学领域中成功地运用了数学方法。

20 世纪，数学发展的另一个特点是数学在向外渗透过程中越来越多地与其他领域相结合而形成一系列交叉学科，如数学物理、数理化学、生物数学、数理经济学、数学地质学、数理气象学、数理语言学、数理心理学、数学考古学，等等。

数学科学的广泛应用性，得益于数学模型方法，这种方法使数学科学造就了大量的社会成果。

第二节 数学模型方法

为了认识和理解世界，人们总是把自己的观察和思维组织成某种概念体系——模型。这里的模型是相对于原型而言的，后者是指人们在社会活动和生产实践中所关心和研究的实际对象。模型是人们为一定目的对原型进行的抽象，是人们对所研究的客观事物有关属性的模拟。

模型具有以下基本特点：第一，现实事物的模型是客观事物的一种模拟或抽象；它的一个重要作用就是加深人们对客观事物运行规律的理解。使用模型的简化的形式来表现一个复杂的系统或现象，可以帮助人们合理地进行思考。第二，为了便于人们解决问题，模型必须具有所研究系统的基本特征或要素。此外，还应包括决定其原因和效果的各个要素之间的相互关系。有了这样的一个模型，人们就可以在模型内实际处理一个系统的所有要素，并观察它们的效果。

所谓数学模型，就是针对或参照某种事物系统的主要特性或数量相依关系，用形象化的数学语言概括地或近似地表述出来的一种数学结构。这里的数学结构,有两方面的具体要求:第一,这种结构是一种纯粹的关系结构,即必须是经过数学抽象舍弃了一切与关系本质联系的属性后的系统结构;第二,这种结构是用数学概念和数学符号来表述的。

数学模型是人们用以认识现实系统和解决实际问题的工具,它通过抽象和简化、使用数学语言来对实际现象的一个近似的刻画。但是数学模型也不是对现实的简单模拟,它是对现实对象的信息通过提炼、分析、归纳、翻译的结果。它使用数学语言精确地表达了对象的内在特征。通过数学上的演绎推理和分析求解,使得我们能够深化对所研究的实际问题的认识。

20 世纪 20 年代,意大利生物学家迪安康纳在研究地中海各种鱼群的变化及其相互影响时发现,鲨鱼及其他凶猛大鱼的捕获量在全部捕鱼量中的比例有戏剧性的变化。具体的统计数据见表 16.1:

表 16.1 1914—1923 年凶猛大鱼的捕获比例变化表

年份/年	1914	1915	1916	1917	1918	1919	1920	1921	1922	1923
凶猛大鱼占捕鱼总量的比例/%	11.9	21.4	22.1	21.2	36.4	27.3	16.0	15.9	14.8	10.7

从表 16.1 中不难发现,在第一次世界大战期间,凶猛大鱼的捕获量成倍增长。对此,迪安康纳感到十分困惑,转而求助于著名的意大利数学家伏尔泰拉(1860—1940 年)。伏尔泰拉建立了一个数学模型,用微分方程描述捕食者与猎物之间的相互消长,得到的解为:

$$\bar{H}=\frac{a_2+c}{b_1},\ \bar{P}=\frac{a_1-c}{b_2}$$

其中,$\bar{H}$ 和 $\bar{P}$ 分别表示猎物(小鱼)和捕食者(大鱼)的平均数,a_1, a_2, b_1, b_2 都是参数,c 是捕鱼量。可以看出:当捕鱼量 c 增加时,捕食者 $\bar{P}$ 减少,猎物 $\bar{H}$ 增加;当 c 减小时,$\bar{P}$ 增加而 $\bar{H}$ 减小。这个数学模型给出的结果,可以给生物学的这一现象解释如下:1914—1918 年间,因战争捕鱼量下降,凶猛大鱼的数量增加;战争结束后,捕鱼量逐渐增加,凶猛大鱼的数量便逐渐下降。这一模型所揭示的规律现在称为伏尔泰拉原理,并已在生物学中得到广泛应用。例如,使用剧毒农药杀虫常常会把害虫及其天敌一起毒杀,根据伏尔泰拉原理,这会使害虫的天敌数量下降更快,最终引起不良后果。这就是不能大量使用剧毒农药的原因之一。

用数学模型方法解决实际问题，主要经历以下的几个步骤：构建数学模型—求解数学问题—回到实际中去解释结果。

首先，构建数学模型的基础是科学识别与剖析现实问题。它需要有各类问题的专家的参与，为建模提供必要的观测数据和经验性的结论。而建构数学模型的关键，是区分现实问题中的主次因素，保留本质特征，尽可能地简化现实问题的结构关系，并给出这些因素、关系的数学概念和数学结构。数学模型既要准确地反映实际情况，又要尽可能的简单明了，以便于数学操作。人们对客观事物的认识不是一次就可以完成的，需要经过反复多次才能完成。正如我们将要提及的人口模型，它的数学结构可以是不唯一的，数学结构与现实问题的对应是在实验观察中确定的。不成功的模型(如马尔萨斯人口模型)也是有价值的，它为寻求更好的模型奠定基础。因此，建构数学模型的过程是不断地实践检验、重构的过程，现代计算机技术可以使这个循环往复的过程得到有效的进行。

其次，求解数学问题要注意算法研究。为了获得原问题的解，计算其结果是必不可少的，由于实际问题的复杂性，数学模型的解常常需要使用与计算机有关的算法设计。

最后，数学问题的解和对现实问题作出的解释，是一个相互作用的过程。这时应注意依照现实问题、经验理论来分析数学问题的解，使数学模型能够更合理地反映现实问题。

第三节 非线性模型

现实世界中的线性过程指的是这样的过程，如果初始时刻任一变量的一点变化会使得以后的时间内这个变量或其他变量也产生一点变化；初始时刻 a 倍大的变化会使得以后的同样时间内也产生 a 倍大的变化。我们最熟悉的线性过程是购物。例如，买柿子，1 块钱买 1 个，10 块钱就买 10 个。在数学上，线性过程是用一次方程来描述。由于一次方程在平面上的图形是直线，所以用一次方程来表示的过程就叫作线性过程。

直到 20 世纪上半叶，数学家对现实世界中的各类问题给出了圆满的线性处理。譬如，牛顿利用物理原理和数学方法，构建了运动学的系统，用动力学定律描述物体的确定性现象：当物体在外力作用下，如果已知在初始时刻 t_0 物体位于初始位置 x_0，就可以推知物体在未来时刻 t 的位置。在这里，一个基本的假设是运动关于初始值是稳定的，即初值的微小误差，不会影响物体未来的运动轨迹。牛顿力学使天体的运动规律完全处于人类的掌握之中。然而大千世界，绝大多数的事物并非是稳定的、有序的和平衡的，这就是说世界本质上是非线性的。例如，上一章所讨论的分形几何。随着社会和科学的发展，要求人们更深入、更全面、更准确地描述客观事物的运动规律。因此，以前认为可以忽略的因素就不可以忽略了，大量非线性问题并不能单纯依赖线性化来解决。

一、人口增长模型

18世纪，英国经济学家马尔萨斯(1766—1834年)于1798年发表《人口论》，他在书中提出了人类最早的人口增长的理论：人口是按几何级数增长的，而粮食是按算术级数增长的，所以他主张采取各种措施控制人口的繁衍。马尔萨斯的人口论给出的人口增长数学模型是人口的增长率与现有的人口数成正比，即

$$\dot{x} = \alpha x\text{（}\alpha\text{ 为常数）}$$

这就是一个线性方程，它具有解：$x = x_0 e^{\alpha(t-t_0)}$，其中，$x_0$ 表示在某个 t_0 时的人口数。按照这个模型考察短期人口的增长情况，基本是正确的。但是用它来预见更长一段时期的情况，就很难奏效。比如，1965年1月的世界人口是33.4亿(美国财政部的统计)，即 $t_0 = 1\,965$，$x_0 = 33.4$ 亿，而 $\alpha = 0.02$（由于1960年—1970年世界人口的平均增长率为2%）；按马尔萨斯的模型计算，到2660年($t=2\,660$)时，世界人口将达到 3.6×10^7 亿。这样，即使我们可以生活在船上，使占地球面积80%的水面也住上人，届时每个人的肩上也得站2个人。

显然，当人口数量变化很大时，马尔萨斯人口模型的精确程度就降低了。因为这时人口数量将受到环境因素(包括自然环境、食物、居住条件以及战争、瘟疫和人口的自我控制)的很大影响，这样一来，我们的方程里应该有一项反映这一环境因素。1837年，荷兰数学、生物学家哈斯特给出了相应的人口增长的数学模型：

$$\dot{x} = \alpha x - \beta x^2 = x(\alpha - \beta x)$$

这就是有名的逻辑斯蒂模型，它是一个非线性方程，具有通解：$x = \dfrac{\alpha}{\beta + ce^{\alpha(t-t_0)}}$，其中，$c>0$ 是常数，它由 t_0 时的人口数 $x_0 = \dfrac{\alpha}{\beta + c}$ 确定。当 $t\rightarrow\infty$ 时，$x\rightarrow\dfrac{\alpha}{\beta}$。这表示在资源有限的区域内，人口不能无限制地增长，它要趋于一个饱和值 $\dfrac{\alpha}{\beta}$。

为了利用我们的结果去预测地球上未来的人口数量，我们必须估计方程中的生命系数 α 和 β。某些生态学家估计 α 的自然值是 0.029。而且我们已经知道，当人口总数为 3.34×10^{9} 时，人口的增长率是 2%。将这些已知量代入上述逻辑斯蒂方程可得 $\beta=2.695\times10^{-12}$。这样一来，地球总人数的饱和值估计将是 107.6 亿。而按照这一模型曲线，在人口达到这个饱和值的一半之前，是人口加速增长时期；达到其一半之后，人口增长率就降低，进入减速增长时期，最终的增长率趋于零。

人口增长的这个例子说明，如果我们要更准确地反映客观事物的变化规律，就必须考虑更多的因素；而考虑的因素越多，建立的数学模型也就越复杂，用数学语言表述它时就得使用非线性方程。例如，在哈斯特的人口模型中，常数项 β 相对于 α 而言是一个很小的量。因此，在 x 不很大的时候，"环境"量 $-\beta x^2$ 与 αx 相比可以忽略。但是，当 x 很大时，$-\beta x^2$ 这一项就不能忽略了。正是这个不能忽略的"环境"量降低了人口增长的速度。

二、混沌系统模型

1. 蝴蝶效应

1979 年，美国混沌学专家洛伦兹在一次讲演中说："一只蝴蝶在巴西扇动翅膀会在美国德克萨斯州引起龙卷风。"这似乎是玄而又玄的说法，却是洛伦兹从自己的气象研究中得出的结论。作为气象学家，洛伦兹在计算机上模拟天气。在 1961 年的一个冬天，为了考察一条很长的天气数据序列，洛伦兹需要做长时间的数据处理。在一次间歇之后，他没有让整个计算从头开始，而是把上一次的输出结果作为初值，直接打入计算机。程序并没有改动，新的计算本应准确地重复过去的结果。然而，当洛伦兹看到这次的输出结果时，发现天气变化同上一次的模拟结果有很大的偏离，变得面目全非。他很快意识到，问题出在打进去的那些数字上。在计算机的存储中，每个数字保持 6 位十进制的值，如 0.506 127。输入时，为了节省空间，只打印三位数 0.506。洛伦兹把这样经过四舍五入的较短的数字作为输入的初值，他认为这千分之一的误差不会产生什么影响。小小的数值误差相当于一阵小小的风，会自行地消失或相互抵消，不至于引起天气的重大变化。然而，完全出乎人们的预料，这小小的误差竟产生了灾难性的后果。从几乎相同的初值开始的两次天气模拟，误差愈来愈大，最后竟毫无相似之处。真可谓初值"失之毫厘"，而结果是"谬之千里"。

这种蝴蝶效应在学术上称为初始条件的敏感依赖性，意思是说，初始条件的

图 16.1 蝴蝶效应

微小差别在最后的现象中产生极大的差别，或者说，起初小的误差引起灾难性后果(图 16.1)。具有这种特征的现象就被称作混沌现象。

洛伦兹是在处理天气模型中发现了这一特性。因此，洛伦兹断言：长期预报注定要失败。信息从小尺度传向大尺度，把初始的随机性放大。在社会经济活动中，某些因素可促使成千上万个业主一夜之间改变策略，从而导致经济形势的巨变，我们至少从近年来年的几次全球金融危机中感到了这一点。在生活中，人们知道一串事件往往具有一个临界点，那里小小的变化会放大，例如，人行道上摆满自行车，导致行人走上车行道，又导致一次车祸，又导致交通中断几小时，又导致一连串的误事……然而混沌意味着这种临界点比比皆是，它们无孔不入，无时不在。西方的一则寓言也印证了这一特征：丢失一个钉子，坏了一只蹄铁；坏了一只蹄铁，折了一匹战马；折了一匹战马，伤了一位骑士；伤了一位骑士，输了一场战斗；输了一场战斗，亡了一个帝国。

显然，描述混沌系统的数学模型不同于牛顿力学的原理，而是更为复杂的非线性系统的原理和模型。数学家对于非线性问题缺少一般的求解方法，即使对于特殊问题找到特殊的解决办法，往往也很难求得准确解，所以也是常常采用线性逼近的方法，以求得非线性问题的近似解。

2. 水滴现象

在日常生活中，不知你注意到没有，假如你很小心地打开水龙头，等上几秒钟，待流速稳定下来，水滴会很有规律地从水龙头滴下，连续滴水的时间间隔几乎相同。但假如你缓缓打开水龙头，使水流量增大，并调节水龙头，使一连串水滴以很不规则的方式滴落，这种“滴滴答答”的方式似乎是随机的。只要你在实验时均匀地转动水龙头，别把龙头开大到让水成了不间断的水流，如果你调节得合适，不用几次你就可以在很长时间内听不出任何明显的模式出现，其“滴答”的方式永不会重复出现，就像一个有无限创造力的鼓手能敲出花样无穷的鼓声。

一种滴水时间间隔具有周期性，另一种则是随机性的，对于这两种截然不同的滴水方式的研究，美国加利福尼亚理工大学的科学家斯霍等人发现，这种现象与混沌现象是紧密相关的。他们开始考虑水滴系统的时候，就认识到它并不像表现出来的那样毫无规则。他们用话筒记录水滴的声音，分析每一滴水与下一滴水之间的间隔序列。他们所发现的是短期的可预言性。要是我告诉你三个相继水滴的滴落时刻，你会不会预言下一滴水何时落下？事实上，如果你精确地知道头三滴水的滴落时刻，你就可以预言系统的全部未来。

图 16.2　水滴现象

实际上，水龙头滴下的水滴是一个确定性系统，原则上流入水龙头中的水的流量是平稳、均匀的，水流出时发生的情况主要取决于水流的速度，而水流速度是固定的，即具有确定规则。这一个简单而有效的实验证明，在一个显然确定性的系统可以产生不可预言的行为，即不可预言性如何可以与确定论相调和。

近半个世纪以来，自然科学发展的一个重要特点是研究各种非线性问题。这正如中国科学院院士、物理学家郝柏林所说："从数理科学基础研究的角度看，近二三十年来的一个重要发展特征，可以概括为'非'字当头——非线性、非平衡、非晶态、非标准分析、非冯·诺伊曼计算机……如此等等，不一而足。"①科学家对非线性问题共性的研究已经形成了一门新兴的交叉学科——非线性科学。随着计算机技术和数学中拓扑学、高维几何学、微分方程等相关理论的发展，非线性数学方法得到了长足的发展。它主要是利用一个确定的非线性函数，经过迭代处理，构造出类似随机性的对象。在这个过程中，计算机为迭代提供了必要的技术便利。

第四节　突变现象与尖角模型

近代数学的发展，使人们建立起经典的系统稳定性的理论。稳定性系统是一种当影响系统的因素连续变化时，其系统的行为也连续变化的系统，而且当因素发生微小变化，系统的行为也只发生微小的变化。微分方程是研究系统稳定性的数学工具，稳定系统的方程解表示为连续、可微的，在上一节中我们对马尔

① 郝柏林.混沌现象的研究.中国科学院院刊，1988(1)：5.

萨斯模型的处理方法就是一例。19世纪初,数学家们就已经发现了众多的稳定系统。如,牛顿的引力定律、麦克斯韦电磁波动方程,以及后来的广义相对论方程组等,它们的解就是连续、可微的。即在“微扰”情况下,系统的定性结构不变。这样就便于人类对它进行“控制”和“预测”。对于稳定性理论与自然规律的这种高度和谐性,拉普拉斯曾自豪地宣称:“我就能把整个宇宙,从最庞大的星系到最微小的原子的运动,都包括在一个公式(微分方程)之中,从而给出它整个的过去和未来的状态。”

突变现象则是自然界和社会中普遍存在的另一类不具有稳定状态的客观现象,例如,活的有机体的骤然死亡,股票价格的骤升和骤降等。更为明显的突变现象是桥梁的倒塌。1940年11月,连接美国华盛顿州大陆部分与奥林匹克半岛的塔科马海峡桥突然倒塌,这时距大桥建成仅仅不足4个月的时间。塔科马海峡桥的灾难在物理学中是用动态过程的“动力学共振”的理论加以解释,在数学中则用突变理论分析。1972年,法国拓扑学家托姆(1923—)发表了“结构稳定性和形态发生学”的著名论著,创立了突变理论的数学模型。托姆曾因在拓扑学方面的突出工作于1958年获菲尔茨奖。1960年左右,他提出了用数学方法描述突变现象的设想,将一些较为简单的突变现象分类,并建立了分类理论——每类突变现象所对应的方程。此后,各国数学家不断努力,给出了托姆设想理论的证明,并作出了大量的应用研究,使突变理论成为20世纪80年代重要的数学思想方法。

当我们稍微改变运行系统的一点因素,如果该系统只做微小的变化,那么这时呈现着系统的稳定性。但是,有时候却存在着一组特定配置的值,使得当我们稍稍离开它们一点,系统就会发生突变。例如,由此产生的股票价格曲线的形态可能会有剧烈的变化,这时就呈现系统的突变性,从稳定上升的价格周期变成市场的崩溃。某种经济可能处于诸多状态——繁荣、衰退、缓慢增长、滞涨或者萧条,显然这些状态的是货币供应、失业、外汇支付、结存,以及消费者的信心等自变量的函数。因此,在这些自变量的某些值处,当从这些值有一个微小的变化时就可能把经济从这些性质不同的状态中的一个变到另一个,这些自变量值就是刻画该经济的函数的临界点。正是在这些敏感的点上,对经济的小的“输入”可能会导致该经济的“输出”的剧烈变化。由于物理或社会现象可以用函数来描述,则突变理论就是运用一些典型函数在一些临界点(即上文所提到的能使系统状态在微小“扰动”下产生巨变的自变量值)的性态来刻画突变现象。

一类最简单的突变模型可以用函数 $f(x)=\frac{1}{3}x^3$ 在 $x=0$ 处的变化加以刻

画。在 $x=0$ 处，给出一个微扰，形成了一个函数族 $f_a(x)=\frac{1}{3}x^3+ax$。当 $a>0$ 时，函数 $f_a(x)$ 没有出现临界点；但当 $a<0$ 时，$x=\pm\sqrt{-a}$ 是 $f_a(x)$ 的两个临界点，如图16.3所示。这就是说，对于相应的一个系统 $V\left(x,\ \frac{1}{3},\ a\right)$，对于参数 a 的某些值，使 $x=0$ 这个点(或附近)有影响系统突变的两个临界点。即正是参数 a 的微扰而导致系统出现突变。

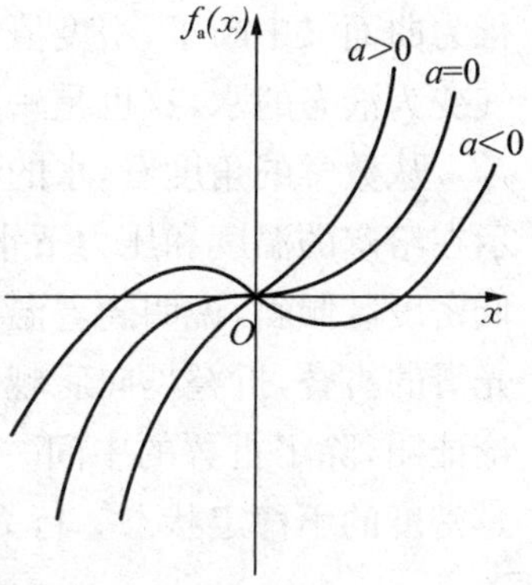

图 16.3　函数族 $\frac{1}{3}x^3+ax$ 的临界点

在托姆的突变分类理论中，把上述的突变类型称为“折叠”，由于只有一个微扰因素 a，所以称它的控制维数为 1，并且其函数的相应变化也是一维的(即由 $\frac{1}{3}x^3$ 变为 $\frac{1}{3}x^3+ax$)。托姆的分类理论，给出了控制维数小于 5、函数反应维数小于 3 的 7 种突变模型。这些模型揭示了某些简化了的典型关系，刻画了由光滑、渐变性转化为突变的数学规律，使一直处于描述性研究的突变现象进入了量化的研究阶段。

我们用下面的实例说明托姆的突变理论是怎样刻画突变现象的。

气液相变中的冷凝和沸腾现象是人们很熟悉的。水的液态和气态的区别，实质上是水的密度变化的缘故。因此，我们把水的密度 ρ 作为水沸腾这一过程的状态变量。其次，要找出影响状态变量变化的条件，称为控制变量。对水的相变来说，控制变量有两个：温度 T 和压力 P。用 ρ，T，P 三个变量组成三维行为空间，如图 16.4 所示，其中两个水平轴表示相变条件：温度与压力，称为控制平面；垂直于控制平面的第三轴表示水的状态：密度；水的密度变化可用一个特殊曲面表示，称为行为曲面。我们用图 16.4 给出的模型来说明水的液态和气态之间是如何转化的。现在设温度和压力沿 AB 方向变化，可以看到，在行为曲面上水的密度处于渐变过程之中。但到了折叠的边缘 F'，只要温度和压力沿 AB 方向再离开 F 一点点，水的密度值就突然跌到行为曲面的下叶的气态区域。这时水就沸腾，由液态变为气态，形成一次突变。反之，如果温度和压力沿着 BA 的方向变化，可以看到，起初水的气态密度在行为曲面下叶沿 $B'J'$ 连续地有所增加。但到了折叠的另一个边缘 J'，稳定的

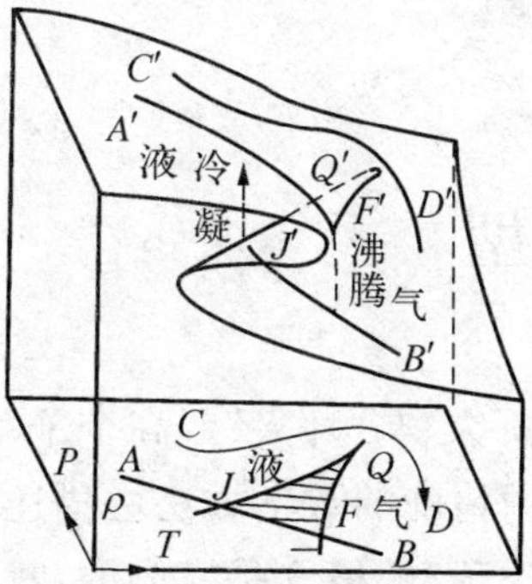

图 16.4　水的液态与气态变化模型

行为曲面又中断了，密度值突然上升到曲面上叶的液态区域，这就是冷凝，水蒸气变为液态的水，这也是一次突变。

从数学的角度看，水的密度是温度和压力的函数。行为平面上的每一点表示在给定的温度和压力下水的密度。整个行为曲面由液态的高密度区向气态的低密度区倾斜，说明随着温度上升和压力下降，密度变小了。行为曲面上有一个光滑的折叠，折叠越向后越窄，最后消失在三层汇合起来的一点 Q' 上。突变理论证明，除了折叠的中间一叶外，整个曲面表示密度的稳定状态，折叠的中间叶是密度的不稳定状态。行为曲面的折叠区投影在控制平面上，得到了一个尖三角形的区域 JQF，它的顶端是尖的。该区域的函数曲线为：$f(x)=\frac{1}{4}x^4+\frac{1}{2}ax^2+bx$，这个突变模型叫尖角型，也是应用最广的一类突变模型。

尖角型模型所表示的突变过程，清晰地说明了水的液态和气态之间的量变与质变情形。从直观上看，行为曲面上的折叠区把曲面分为顶叶和底叶两部分，行为曲线在这两部分的运动是连续的。然而在这里，有一个行为曲线达不到的中叶(曲面上的折叠区)，行为曲线总是通过突变达到顶叶和底叶。

20 世纪 70 年代之后，突变理论成为应用数学模型，在许多领域得到了应用，其中物理、力学、生物学都有了许多成功的范例。同时人们也注意到，托姆的分类定理也仅仅是构建了一些控制维数与输出维数都相当有限的突变数学模型，对于大量的复杂系统还难以囊括，其理论和应用方法还有待于进一步发展与完善。对此，数学家斯图尔特作出了正确的评论："适当的理解突变理论，可以为我们生存的世界提供新颖而深入的见解。它还需要加以发展、检验、修改，经历一般成为可靠的科学工具的全部过程。但我毫不怀疑，突变理论已站住脚跟，但是它并非万能的，也不是宇宙中的唯一事物。"

第五节　模糊数学模型

现实世界存在着大量的模糊现象和模糊概念，如"好人"与"坏人"，"高个子"与"矮个子"等。这些概念的外延是不清晰的，当我们用精确的数学方法去描述这些模糊现象时，就会导致极大的不确定性。例如，"秃顶"的概念是模糊的，我们无法确切地指认，当一个人有 n 根头发时就是不秃，而少于 n 根头发时就是秃顶。假如使用数学归纳法，设 n 表示一个人的头发根数，$n=0$ 时，显然为秃顶；

假设 $n=k$ 时是秃顶，进而借助于一些命题可以证明，$n=k+1$ 时，也为秃顶；由此推出，n 为任意整数时，也是秃顶，即"一切人都是秃顶"。这就是秃顶悖论。这个悖论表明，秃或不秃，这种日常生活中的概念是不能用精确的数学语言加以界定的。20 世纪初，科学家逐渐意识到传统数学和传统逻辑的局限性。1904 年，物理学家迪昂就指出，理论物理学中的陈述由于过分精确反而使得用它来判断物理现象时带来了不确定性，从而难以证实和进行判断。1923 年，英国数学家罗素说："传统逻辑都习惯于假定使用的是精确符号。因此，它不适合于尘世生活，而仅仅适用于想象中的天体存在物。"

1965 年，美国加利福尼亚的控制论专家扎德(1921—)在《信息与控制》杂志上发表了《模糊集合》的论文，宣告了模糊(Farry)数学及其相关科学的诞生。隶属函数是整个模糊数学的基本概念。

康托的集合论是建立在传统逻辑上的数学理论，它使用排中律建立了经典集合论的基本假定：对于任一元素 x 和集合 A 来说，x 要么属于 A，要么不属于 A，二者必居其一且只居其一。换言之，对于集合 A，元素 x 对应着值 0 和 1。然而，模糊事物并无明确清晰的界限，在由模糊事物组成的集合中，一个元素是否属于某个集合，并不能简单地用"是"或"否"来判定。为了恰当地描述模糊事物，必须使元素对于集合的隶属概念进一步数量化，既要考虑是否隶属，又要区分隶属的程度。把集合的特征函数仅取 0 和 1 两个值，推广成为可以取[0, 1]区间的任何实数值，即可以在 0～1 之间连续取值。0 表示完全不属于，1 表示完全属于，而 0～1 之间的数值表示隶属程度的高低，0.9 与 0.8 表示隶属程度高，0.1 与 0.2 表示隶属程度低。这种推广了的特征函数叫作隶属函数。扎德用隶属函数给出了模糊集合的定义：

设 U 为一论域，用 $\mu_A(x)$ 表示 U 到闭区间[0, 1]上的一个映射，这个映射确定了 U 上的一个模糊集合 $\underset{\sim}{A}$(这里"～"表示模糊化记号，模糊集合记作 $\underset{\sim}{A}$, $\underset{\sim}{B}$, $\underset{\sim}{C}$ 等)，$\mu_A(x)$为集合 $\underset{\sim}{A}$ 的隶属函数，对确定的元素 $x_0 \in U$，$\mu_A(x_0)$的值称为元素 x_0 对模糊集合 $\underset{\sim}{A}$ 的隶属度。

当函数 $\mu_A(x)$的值域只含有 0 与 1 两个数时，$\mu_A(x)$就是特征函数，A 就是普通集合。即普通集合是模糊集合的特例，而模糊集合是普通集合的推广。特征函数的值域为集合{0, 1}，隶属函数的值域为区间[0, 1]。隶属函数描述了元素从属于集合到不属于集合的渐变过程。求一个给定的模糊事物的隶属度，首先要求给出切合实际的隶属函数，才能应用模糊数学方法作具体的定量分析。所以，正确的构造隶属函数是应用模糊数学方法的关键。

扎德给出了老年人模糊集的隶属函数：令论域是区间[0，100]，x 解释为年纪，则老年人的模糊集的隶属函数如下：

$$\mu_{老年人}(x)=\left(1+\left(\frac{x-50}{5}\right)^{-2}\right)-1$$

其中 x 表示 50 岁以上的人的年龄。例如，由计算可知 $\mu_{老年人}(55)=0.5$，这表示 55 岁的人只能算“半老”，因为他属于老年人集合的隶属度为 0.5；60 岁的人的隶属度为 0.8，65 岁的为 0.9，70 岁的为 0.91，80 岁的为 0.97，90 岁的为 0.98，等等。

模糊数学是描述不确定事物规律的数学方法，事物的类属或性态不具有非此即彼的特征是模糊性的特征，模糊性与清晰性构成一对对立的概念。但模糊数学又与研究随机性事物的概率方法有着质的不同。随机性是与必然性相对立的概念，随机事物本身的性态特征是确定的，它服从排中律。譬如，掷一枚硬币，每掷一次，正面或反面朝上的情况是唯一确定的，只是发生哪种情况不确定。扎德对此评述道：“有些人把模糊性当作随机性的一种伪装形式，乃是极大的误会，妨碍把模糊性作为现实世界的一个基本的、不同的侧面来处理的理论框架的发展。”

模糊集合论的概念一经提出，很快就渗透到许多的数学分支之中，在短短的十几年中，就出现了模糊逻辑、模糊拓扑、模糊控制等。我国自 1976 年出现了第一篇介绍模糊数学的文章，此后的二三十年中，进入量化研究。更为重要的是，模糊科学在科学技术中已有了广泛的应用。日本和韩国的公司率先利用模糊逻辑进行产品设计，使得它们生产的产品(计算机、空调器、摄影机、洗碗机、汽车零件、电视机和洗衣机等)都因模糊逻辑的应用而在功能上获得增强。在 1993 年 10 月东京汽车展览会上，三菱汽车中的计算机用模糊逻辑模仿驾驶员头脑里的信息加工过程，然后选择对可能发生的各种不同情况的反应：如果装在车内的雷达检测到一个障碍，模糊逻辑系统就会判定驾驶员是否意识到它(根据以往的驾驶模式)；如果驾驶员没有像预期的那样作出反应，模糊逻辑系统就能自动控制制动器以避免碰撞。

第六节 博弈的均衡模型

人类社会，充满着机遇与挑战。从游乐场上的棋艺比赛，到战场上的战略、战术的筹划，以及实业家的谋略选择，人们时时处处需要作出最佳的选择，甚至是生死抉择。现实生活中每个人如同棋手，其每一个行为如同在一张看不见的棋盘上布一个棋子，精明慎重的棋手们相互揣摩、相互牵制，人人争赢，下出诸多精彩纷呈、变化多端的棋局，我们把这种社会现实称之为博弈。用数学方法研究棋手们“出棋”着数中理性化、逻辑化的部分，并将其系统化为一门科学，称之为博弈学。它是研究个体如何在错综复杂的相互影响中得出最合理策略的理论和方法。1944 年，著名数学家冯·诺伊曼与经济学家奥斯卡·摩根斯特恩合著的巨作《博弈论与经济行为》出版，标志着现代系统博弈理论的初步形成。书中提出的标准型、扩展型和合作型博弈模型解的概念和分析方法，奠定了这门学科的理论基础，创立了“合作性均衡”模型——零和对策。

一、冯·诺伊曼的贡献

冯·诺伊曼在纯粹数学和应用数学方面都有杰出的贡献。他的工作大致可以分为两个时期：1940 年以前，主要是纯粹数学的研究；1940 年以后，转向应用数学。他开始关注当时把数学应用于物理领域的最主要工具——偏微分方程。同时他还不断地创新，把非古典数学应用到两个新领域：对策论和电子计算机。由他创立的博弈理论在 20 世纪 50 年代达到了它的巅峰期。下面就是这种合作型博弈理论模型的一个应用实例。

1943 年初，驻守在新几内亚岛北、南两边的日本与同盟国军队处于对峙的状态。当时同盟国的情报部门获悉，日本正调遣一支护卫舰队增援其岛上驻军，增援的路线可能有南、北两条航线，而且无论走哪条航线，估计都需要 3 天的时间。这时同盟国决定在 3 天中利用侦察机尽快搜寻到日军的增援舰队，然后能有更多的时间(极大化)轰炸这个舰队。双方指挥官在都不知道对方具体走哪条路线的情况下，要设计出对双方都是最佳的选择。对此，可以利用所谓的“支付矩阵”(图 16.5)加以说明。矩阵中表示天数的数字在对策论中称为“支付”，它们分别是双方在不同的选择下，同盟国可以获得的轰炸天数，即“行局中人”的支付。例如，在行局中人(同盟国)选择搜索南线，且“列局中人”(日方)也航行南线的情况下，同盟国有 3 天可以用于轰炸。由于双方的利益截然相反，所以列局中人(日方)的支付就是这些数字的负值。另外，支付矩阵中各元素的取值，是根据具体问题来确定的，上述矩阵就是根据新几内亚岛的地理环境情况，以及局中人的作战条件客观认定的。现在的问题是，在已知支付结构的情况下，双方的局中人做怎样的选择才是最佳的。

		日方		
		航行北线	航行南线	行极小
同盟军	搜索北线	**2** 天	2 天	**2**
	搜索南线	1 天	3 天	1
	列 极 大	**2**	3	

图 16.5 俾斯麦海战的支付矩阵

对于同盟国一方，如果沿北线搜索，那么不管日方走哪条路增援，他取得的支付都是 2(即获得 2 天的轰炸时间，以下类同)；如果同盟军沿南线搜索，那么可以获得支付 1 或 3(分别对应于日方从北线或南线增援)。在事先不知日方确切的增援线路的情况下，同盟国采取"不愿冒险"的决策是从北线搜索，并获得支付 2。如果将支付矩阵中每行的支付的"极小值"列在图 10.5 右侧，可以看出，同盟国(行局中人)是选择了"行极小中的最大值"。出于相同的理由，日方在不知道对方的确切路线的情况下，他会选择北线增援，即选择了列局中人的"列极大中的最小值"(图 16.5 的下方)。在局中人的这种选择下，不管对方采用什么行动，双方都获得了自己的一种极小的支付。

值得注意的是，在双方的这种抉择下，双方的支付都是 2(在阵列中用黑体表示)，即行极小中的最大值等于列极大中的最小值，我们称它为对策的"均衡点"。由于对竞争双方而言支付的绝对值相等，且符号相反，因此又称此类对策的解为"零和对策"。

二人零和对策的模型具有重大的理论意义，但是它应用于实践的范围是极其有限的。可以说，除了军事竞争，它几乎很难再有用武之地。二人零和对策的主要的局限性表现在两个方面：其一，在各种社会活动中，常常有多方参与而不是只有两方；其二，参与各方相互作用的结果并不一定有人得利就有人失利，整个群体可能具有大于零或小于零的净获利。

二、纳什的贡献

纳什(1928—)出生于美国西弗吉尼亚州的一个电子工程师家庭。他少年时代性格孤僻，很早就显示出非凡的数学才能。纳什 17 岁进入卡耐基梅隆大学时原专业是化学工程，但是在慧眼识珠的老师的建议下，他转行专攻数学。在此期间他选修了一门国际经济学课程，从而引发了对经济学命题的兴趣，后来发表的关于合作型博弈“议价”问题的论文就是源于这时的一些想法。20岁时，纳什在卡耐基拿到了数学学士和硕士学位，接受了普林斯顿大学优裕的奖学金，成为这里的一名研究生。纳什对许多数学学科都表现出兴趣，如拓扑学、代数学、几何学、博弈论和逻辑学等。

20世纪40年代的后期，博弈论研究在普林斯顿非常盛行，那里的数学家们都希望它对经济学的影响能像牛顿的微积分对物理学的影响一样，而且博弈论的创始人冯·诺伊曼、奥斯卡·摩根斯特恩当时都在普林斯顿工作。纳什到普林斯顿后不久就变成了普林斯顿数学系博弈论高级研讨班的常客(事实上，后来的许多博弈大师都出自那个研讨班)，他的第一篇有关博弈论的文章即“议价问题”曾受过冯·诺伊曼和奥斯卡·摩根斯特恩的亲手指导，奥斯卡·摩根斯特恩还鼓励纳什发表他的关于“议价问题”的文章。在着手准备博士论文时，是议价问题引导着纳什去创立非合作型博弈论的基本原理。1949年，正在普林斯顿学习的21岁美国数学家纳什完成了他的仅有27页的博士论文《非合作博弈》。他用纯数学的理论和方法第一个用数学语言给出了非合作博弈的均衡点、解、强解、次解和值的定义；将最大最小定理推广到了有两个或更多个局中人的非零和对策——所谓的“非合作对策”的情景，并得到了重要的结论——纳什均衡定理：在任意一个n个人参加的非合作对策(零和或非零和)中，如果每个局中人有有限个纯策略，那么，至少有一个策略平衡组。1950年，纳什带着这一新的想法去会见当时名满天下的冯·诺伊曼，遭到后者的断然否定。但是在普林斯顿宽松的学术氛围下，他的论文仍然得到发表并引起了轰动，同年他以论文《非合作博弈》获得数学博士学位。

纳什的博士论文虽然在现代博弈论和经济学界名声显赫，但在最初的十几年内，他的思想对博弈论和经济学的发展都未产生很大的影响。最具有权威的博弈论创始人冯·诺伊曼对纳什的非合作博弈理论不屑一顾，顽固地坚持认为博弈论的未来应该是合作博弈理论。纳什本人当时也没有充分认识到这篇文章的价值，虽然他对自己提出的“非合作博弈”思想很满意，但他并不自信这篇与当时以冯·诺伊曼的博弈论为主线思想相偏离的论文能被普林斯顿大学数学系作为博士论文接受，因而他还准备了另一篇有关实代数流形的论文作为备用博士论文。就在纳什遭到冯·诺伊曼的贬低几天之后，他的同学盖尔意识到纳什的思路比冯·诺伊曼的合作博弈的理论更能反映现实的情况，并对其严密优美的数学证明极为赞叹。盖尔建议他马上整理发表，并直接充当了他的“经纪人”，代为起草致科学院的短信。系主任列夫谢茨则亲自将文稿递交给科学院。1950年11月，纳什的论文刊登在美国全国科学院每月公报上，立即引起轰动。1950

年以后，纳什在博弈论上的兴趣大大减退，改做黎曼“嵌入问题”的研究。

1950年，纳什在普林斯顿大学做了一年的讲师，在此期间曾受过原子能委员会给他在博弈论研究项目上的资助。到了1951年夏天，由于麻省理工学院愿为他提供的更高的薪金，他到了麻省理工学院任讲师。1958年，纳什因其在数学领域的优异工作被美国《财富》杂志评为新一代天才数学家中最杰出的人物。然而，就在他的事业就要达到顶峰时，却突然遭受命运无情的重重一击。1959年5月，纳什被确诊为偏执狂患者并从麻省理工学院辞职，这一病就是30多年。

纳什所患的是妄想型精神分裂症，病人被时断时续不切实际的疯狂念头充斥头脑，并且会产生幻视、幻听，同自己假想出来的人交谈。纳什就会对着空气说，某份报纸里藏有来自另一个星球的只有他能破解的信息；他会突然辞去在麻省的职位；在家中，他不断地威胁着妻子爱莉西娅。万般无奈之下，爱莉西娅于1962年和纳什离婚。1970年，纳什的母亲去世，而他的姐姐无法负担他。就在纳什孤苦无依、就要流落街头的时候，善良的爱莉西娅接他来与自己同住。她不仅在起居上关心他，而且以女性特有的细心敏感照料着他的心情。她体贴他不肯去医院封闭治疗的想法，还把家搬到远离喧嚣的普林斯顿，希望宁静熟悉的学术氛围有助于稳定纳什的情绪。

学术上30多年的销声匿迹使人们忘记了纳什，1994年纳什在诺贝尔奖颁奖仪式上也因身体状况未能发表例行的演讲，这使他在随后几年中成为传奇性的人物。一部以纳什的生平经历为背景的人物传记影片《美丽心灵》摘取了2001年第74届奥斯卡最佳影片奖，这使得纳什成为世界公众人物。就在他获得了诺贝尔经济学奖的之后几年中，纳什奇迹般的从精神病中恢复了过来，“马太效应”在他的身上也发生了，他接二连三地获得了诸多的科学奖励和大笔的研究资金。到2001年，纳什又重返普林斯顿大学的讲坛，讲授他的最新研究成果。2002年8月，纳什应邀到北京参加了国际数学家大会。

纳什均衡理论试图解决的都是非合作型问题，也就是参与者之间除了决策结果相互影响，没有其他形式的信息交流。在纳什之前，对于多人参与、非零和的博弈问题，无人知道如何求解。纳什对博弈论的巨大贡献，就在于他天才地提出了“纳什均衡”的基本概念，奠定了纳什均衡的基本思想：在这个解集中所有参与者的策略都是对其他参与者所用策略的最佳对策，没有人能够通过单独改变自己的策略提高收益。如果将纳什均衡理论用在二人对抗游戏中，就可以得出与冯·诺伊曼“合作均衡”的分析完全相同的结论。

从20世纪60年代后期始，纳什博弈论文提出的均衡思想，对非合作博弈论的研究产生了很大的推动。1967年，加利福尼亚大学伯克利分校的约翰·哈桑伊发展出了一种方法，可以让竞争者在对其他人的估价并没有掌握完全信息的情况下进行纳什的平衡论分析。到了 20 世纪 80 年代，非合作博弈论基本上形成了一个比较完善的理论体系，但其发展过程依然是纳什均衡思想的发展过程。至今，非合作博弈的核心思想仍是“均衡”概念，所有非合作博弈理论中提出的博弈模型的解都属于纳什均衡解的范畴。

博弈论毕竟是数学，更确切地说是运筹学的一个分支，谈经论道自然少不了数学语言，外行人看来只是一大堆数学公式。好在博弈论关心的是日常经济生活问题，所以不能不食人间烟火。今天，纳什为之作出基础性贡献的现代博弈理论经过许多专家的不断发展，不仅自身理论体系日臻成熟和完善，而且被广泛应用于经济学、政治学、军事学甚至生物学等各个领域。在生物学领域，博弈论被用于研究种族遗传学和进化生物学中种间和种内的竞争，以及单个基因之间的竞争；在政治、军事学领域，博弈论被用于分析选举策略、战争起因、立法议程安排等重大事宜；在经济学领域，博弈论已经融入整个学科的主流，经济学家们已经把研究策略相互作用的博弈论当作最合适的分析工具，利用它对各类经济问题作出决策，诸如公共经济、国际贸易、自然资源经济、工业管理等，等等。

在《美丽心灵》一书中就描写了博弈论在经济活动中发挥重要作用，使经营者获取巨大经济效益的故事：1994 年，美国政府向商家拍卖大部分电磁波谱。这拍卖由一批博弈论专家本着最大化政府收益和各商家的利用率原则精心设计，取得了极大的成功。政府获得超过 100 亿美元的收入，各频率的波谱也都找到了满意的归宿。与形成鲜明对照的是，新西兰一个类似的拍卖活动，由于没有经过博弈理论设计而惨遭失败。政府只获得预计收入的 15%，而被拍卖的频率也未能物尽其用。由于无人竞争，一个大学生只花 1 美元就买到了一个电视台许可证。

我国博弈论专家谢识予认为，纳什的非合作博弈理论对现代经济学的影响包括以下六个方面：①其一，改变了经济学的体系和结构；其二，扩展了经济学的研究范围；其三，改变了经济学研究的思想方法，加强了经济学的研究深度；其四，形成了基于经典博弈的研究范式体系；其五，扩大和加强了经济学与其他社会科学和自然科学的联系；其六，改变了经济学的语言和表达方式。

正因为博弈论对现代经济学具有如此重大的冲击和影响，1994 年瑞典皇家学院宣布，该年度诺贝尔奖之经济学奖颁发给在非合作博弈领域作出重大贡献的纳什、哈桑伊和泽尔腾三人。在瑞典皇家科学院给纳什诺贝尔奖的说明中明确地指出，纳什获奖的主要原因是他早年博士论文中对非合作博弈理论的贡献。

---

① 谢识予. 纳什均衡论. 上海财经大学出版社，1999：1－23.

第十七章 现代数学应用之二：数学技术

第一节 CT 扫描中的数学技术

随着现代科学技术的发展，数学在医学中的应用日益广泛和深入。医学数学化已成为现代医学发展的基本特征，这种特征在当今计算机时代尤为明显。丹麦科学家杰尼(Jerne K)因应用数学原理研究免疫网络理论而获得 1984 年的诺贝尔医学奖。[①] 杰尼在他的论文《免疫网络结构理论》中提出了现代医学科研的新模式：医学免疫问题→数学化→计算机完成计算与论证→反馈修正→免疫网络理论。这个现代化的医学科研模式，集医学、数学、计算机于一体，揭示了医学现代化的发展方向。实际上，这种特征在 CT 扫描仪上有着充分的体现。从 CT 的发明过程可以窥视数学对于医学发展的重要意义。

现在去医院看病，做 CT 检查已经是常态。CT 检查以它方便、直观、准确的特点为人们所接受和喜爱。但 CT 究竟是什么？它和传统的 X 射线摄片有何不同？CT 又是谁发明的呢？它依赖的理论基础是什么？这些问题很少有人去深究。事实上，我们通常所说的 CT 是指 X 射线 CT，它是电子计算机 X 射线断层扫描技术(Computed Tomography)的简称。CT 扫描仪是电脑与 X 光扫描综合技术的产物，集中了当代一系列不同技术领域的最新成就。它能把人体一层一层地用彩色图像显现出来，检查出体内任何部位的微小病变。

世界上第一台 CT 机是由英国 EMI 公司工程师豪斯菲尔德研制成功，并于 1971 年在伦敦一家医院正式安装使用的。CT 的问世在医学放射界引起了爆炸性的轰动，被认为是继伦琴发现 X 射线后，工程界对放射学诊断的又一划时代贡献。CT 的诞生为何会引起如此的轰动，我们来简要地回顾一下影像技术的发展史就不难理解了。

---

① 张双德，王育强. 生物医学的数学化及医科数学教育的改革. 工科数学，2002，18(3)：55.

一、伦琴的 X 射线

1895 年，德国人伦琴在试验阴极射线管时发现了 X 射线。三天以后，伦琴的夫人偶然看到了手的 X 射线造影，从此就开创了用 X 射线进行医学诊断的放射学——X 射线摄影术，也开创了工程技术与医学相结合的新纪元。传统的 X 射线装置尽管在形态学诊断方面起了划时代的作用，但其缺点也是相当明显的。首先，X 射线装置是将人体的立体形象即三维景物显示在二维的胶片或荧光屏上，不同深度方向上的信息重叠在一起容易引起混淆；其次，传统 X 射线摄影装置只能区分密度差别大的脏器，如充气的肺等，而对肝、胰等软组织内的差异则无法辨别；此外，还存在着 X 射线所用的剂量较大等问题。而 CT 能有效地克服传统 X 射线装置的这几个缺点，如 CT 可对人体进行三维空间的观察，包括进行横断面的摄像；同时 CT 又具有很高的密度分辨率和空间分辨率，提高了图像的清晰度；它还能使人体各种内脏器官的横断图像在几秒内便显示在荧光屏上，一目了然，从而能够准确地诊断许多疾病，这是普通的 X 射线检查做不了的；并且 CT 检查属于无损伤检查法。正因为如此，CT 以它无可比拟的优越性而广泛应用于临床，并受到患者的普遍欢迎。

二、CT 成像的数学原理——拉东变换

CT 是如何做到在不损坏患者的情况下获得人体内横断层的图像的？这主要是借助于一种叫作“拉东变换”的数学原理。

CT 成像的基本过程包括数据采集、数据处理、图像重建和显示图像。其主要理论依据是基于不同的物质有不同的 X 射线衰减系数。当 X 射线通过人体时，其强度依受检层面组织、器官或病变的密度的不同而产生相应的衰减。而数学中的“拉东变换”原理可以确定人体的衰减系数的分布，因此，CT 理论的核心思想是基于“拉东变换”的数学原理。

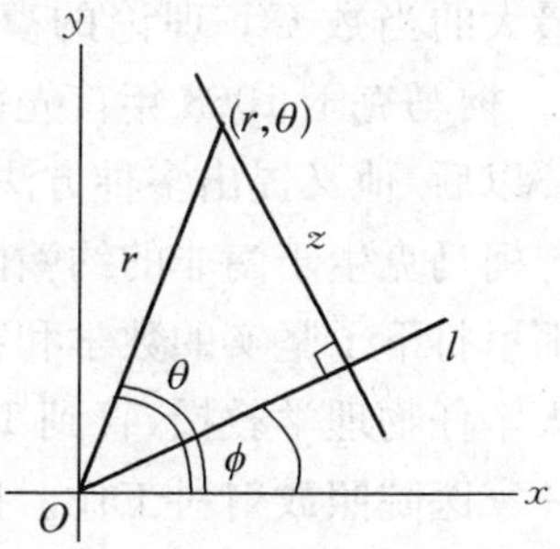

图 17.1 拉东公式所用的坐标系统

奥地利数学家拉东(1887—1956 年)在 1917 年证明了下述定理：

若已知某函数 $f(x,\ y)=\overset{*}{f}(r,\ \theta)$ 沿直线 z 的线积分为：

$$p = \int_{-\infty}^{+\infty} f(x, y) dz = \int_{-\infty}^{+\infty} \overset{*}{f}(r, \theta) dz$$

$$= \int_{-\infty}^{+\infty} \overset{*}{f}(\sqrt{l^2 + z^2}, \phi + \tan^{-1} \frac{z}{l}) dz \qquad (17.1)$$

则

$$\overset{*}{f}(r, \theta) = \frac{1}{2\pi^2} \int_0^{\pi} \int_{-\infty}^{\infty} \frac{1}{r\cos(\theta - \phi) - l} \frac{\partial p}{\partial l} dl d\phi \qquad (17.2)$$

式中各量的意义如图 17.1 所示。其中,上式分别称为拉东变换式(17.1)与拉东逆变换式(17.2)。式(17.1)实际上就是射线投影,式(17.2)则是根据投影 p 重建图像 $\overset{*}{f}(r, \theta)$。

拉东提出,①对于一个定义在一定区域上的函数 f,如何从该函数在以不同角度穿过该区域的直线上的积分值,来求得其分布解的变换方法。这个积分就被称为 f 的拉东变换,而 f 函数的分布解可通过对 f 进行逆变换得到。

于是,如果把人体中不同组织的 X 射线吸收率当作一个函数,把通过以上方法求出的不同直线上 X 射线平均衰减率看作是函数在该直线上的积分值,那么利用拉东变换方法,我们就得到了人体内部的 X 射线分布解,从而能够重构体内的图像,这就是 CT 的工作原理。当然,拉东并没有想到他的成果会在 60 年后被用于医学,拉东的论文直到 20 世纪 70 年代初才被发现。

三、柯马克的贡献——CT 机原型

除拉东外,还有其他一些数学家各自提出了对 CT 处理的运算方法,其中贡献最大的当数 CT 理论的奠基者——美国理论物理学家柯马克(1924—1998 年)。柯马克于 1963 年首先提出图像重建的数学方法,并用于 X 线投影数据模型。以后,他又提出多种方法,不久便实现了临床应用。

柯马克生于南非的约翰内斯堡,他在南非的开普敦大学攻读电气工程专业,在那里打下了坚实的数学和物理学基础。1956 年移居美国,并在波士顿的塔夫斯大学任物理学教授,直到 1995 年退休。柯马克于 1955 年受聘到南非开普敦市一家医院照放射科工作。按照南非的法律,医生在应用放射性同位素和其他

① 张奠宙,王善平. 当代数学史话. 大连理工大学出版社,2010: 8.

物理治疗时，必须有物理学家在场监督，这样可以实时监测肿瘤患者接受放射性同位素治疗的剂量。患者体内的同位素剂量有严格的要求：剂量太小将达不到理想的疗效，剂量过大则会危害患者的健康。并且同位素的浓度应在肿瘤组织内较高，在健康的组织内尽可能低。因为柯马克当时在开普敦大学物理系任讲师，虽然他当时教的是理论物理学，但他很快对癌的放射治疗和诊断产生了兴趣。他发现当时的医生在计算放射剂量时，是把非均质的人体当作均质看待的。他想，这怎么能确定适当的放射剂量呢？柯马克就思考，是否可以通过体外测量同位素发出的射线来确定其在体内的浓度分布，以帮助医师确定最佳的治疗方案。

柯马克认为要改进放射治疗的程序设计，应把人体构造和组成特征用一系列前后相继的切面图像表现出来。他运用多种材料、多种形状的物体直至人体模型做实验，同时进行理论计算。经过近 10 年的努力，他终于解决了计算机断层扫描技术的理论问题，并于 1963 年发表了题为《函数的直线积分表示及其放射学应用》的开创性论文。在这篇文章中，柯马克首先建议用 X 射线扫描进行图像重建，并提出了精确的数学推算方法。这是 CT 成像技术的理论基础，是数学应用的又一次重大突破。柯马克虽然没有最终发明这项技术，但他为这项技术的诞生奠定了基础。不过，困扰柯马克很久的有关线积分数学理论基础，其实早就被拉东在 1917 年推演过。因此，电脑断层扫描技术中的物质密度函数沿着直线的线积分也被称之为拉东变换。

四、CT 的发明

世界上第一台 CT 机是由英国工程师豪斯菲尔德研制成功的。豪斯菲尔德生于英国纽瓦克，曾就读于吉尔德学院。在第二次世界大战时期，他在皇家空军雷达学校任教。由于发明了 CT 扫描仪，豪斯菲尔德和柯马克共同获得了 1979 年度的诺贝尔生理学和医学奖。

与柯马克不同，豪斯菲尔德一直从事工程技术的研究工作。他从伦敦一所电气工程学院毕业后，应聘到一家电器公司从事研究工作，尝试将雷达技术应用于工业生产、气象观察等方面。不久，他又转向从事电子计算机的设计工作。在那时这项新技术还刚刚发明，他以自己特有的创造力、动手能力和组织能力，组成了一个设计小组，研制出了英国第一台晶体管电子计算机。

当时豪斯菲尔德任职的电器公司生产各种电子仪器，除计算机外，还有探测器、扫描仪等。他的目标是要综合运用这些技术，生产出具有更大实用价值的新仪器。柯马克的研究成果给了他很大的启迪和信心。在柯马克等人研究的基础上，豪斯菲尔德选择了CT机作为研究的课题，开始了多年的艰苦攻关。好在他对计算机技术的原理和运用驾轻就熟，CT图像重建的数学处理方法可以恰当地与他熟悉的计算机技术结合起来，于是，研制中的一个个难题都迎刃而解了。终于在1969年，豪斯菲尔德首次设计成功了一种可用于临床的断层摄影装置，用加强的X射线作为放射源，对人的头部进行实验性扫描测量，取得了惊人的成功，得到了脑内断层分布图像。1971年9月，他与神经放射学家阿姆勃劳斯合作，正式把第一个CT原型设备安装在伦敦的一家医院里，开始了头部临床试验研究。10月4日第一个英国妇女患者接受检查。患者仰卧，X射线管在患者下方装置的计数器也同时旋转，他们成功地为这名英国妇女诊断出脑部的肿瘤，获得了第一例脑肿瘤的照片。试验结果在1972年4月召开的英国放射学家研究年会上首次发表，它宣告了CT的诞生。1973年，英国放射学杂志对此作了正式报道，这篇论文受到了医学界的高度重视，被誉为"自伦琴发现X射线以来，放射诊断学史上又一个里程碑"。从此，放射诊断学进入了CT时代。1979年的诺贝尔生理学和医学奖也破例地授给了豪斯菲尔德和柯马克这两位没有专门医学经历的科学家。

五、CT的发展和应用前景

1976年以来，CT在临床上广泛应用，日趋完善，而且种类越来越多。它们结构不同，特点各异，在临床应用中互相补充。到80年代初，CT已发展到第五代。它不仅用于临床诊断，而且还被应用到放射治疗射野和剂量的设计、心脏动态扫描、精密活体标本取样、癌变组织鉴别等方面。CT还与X射线透视、超声、同位素等影像显示方法相结合，建立起影像诊断学。现在，CT扫描是现代医学三大显像技术（同位素、CT、超声波）之一，且已成为现代化医院的标志之一。

毫无疑问，作为一种高性能的无创伤诊断技术，CT已成为影像诊断学领域中不可缺少的检查手段。不仅如此，CT作为一种技术，既有坚实的数学理论为依托，又有现代计算机技术相支撑，必然在其他领域也会得到广泛应用。事实上，CT在工业生产上，在地球物理研究上，甚至在农业、林业和环境保护方面都已取得了令人瞩目的成果并展示了美好的前景，如，用于反应堆组件的无损评估，火箭发动机、导弹等部件及钢板焊缝的无损检测，以及水泥制品的质量检查等，CT扫描仪均能明察秋毫。

第二节　生命的秘密——DNA 蕴含的数学原理

迄今为止，数学已经在天文、物理和工程等领域得到了非常成功的应用，但数学在生物学方面的应用还远不及在物理学中那样必不可少。虽然数学在生物学上也有了一些应用的例子，如第十六章第二节提到的捕鱼模型，但在当今方兴未艾的生命信息遗传研究中，数学应该有所作为。一方面，由于生命科学迅猛发展而引发的许多新课题需要借助数学来完成；另一方面，生命科学研究的突破进展需要发展出一套适合于生物系统的新的数学理论或工具。科学上新的重大突破往往伴随着新数学分支的诞生，就像 17 世纪研究天体运动没有微积分的新知识一样不可想象。因此，在生命科学领域的未来发展中，数学将扮演越来越重要的角色。就像英国生物学家、2001 年度诺贝尔生理学或医学奖得主保罗·纳斯在一篇回顾 20 世纪细胞周期研究的文章中呼吁："我们需要进入一个更为抽象的陌生世界，一个不同于我们日常所想象的细胞活动的、能根据数学有效地进行分析的世界。"①本节主要以 DNA 为对象阐述数学在生物学中的应用。

一、DNA 的数学结构——纽结理论

1. "生命之结"——DNA 简介

1953 年，美国生物化学家沃森和英国物理学家克里克发现了 DNA（脱氧核糖核酸的简称）的双螺旋结构。DNA 是所有细胞的遗传物质，它是一种长链聚合物，由两条长链组成。这两条长链彼此交织缠绕数百万次，形成一种双螺旋结构。沿着这两条长链，糖分子与磷酸分子交替出现。这架梯子的横档是由一对对碱基组成。当细胞分裂时，首先要复制 DNA，然后再转录。但是由于 DNA 非常紧密地缠绕在一起，因此除非对其进行拆解，否则那些活性生命的复制过程不可能顺利进行。而且，为

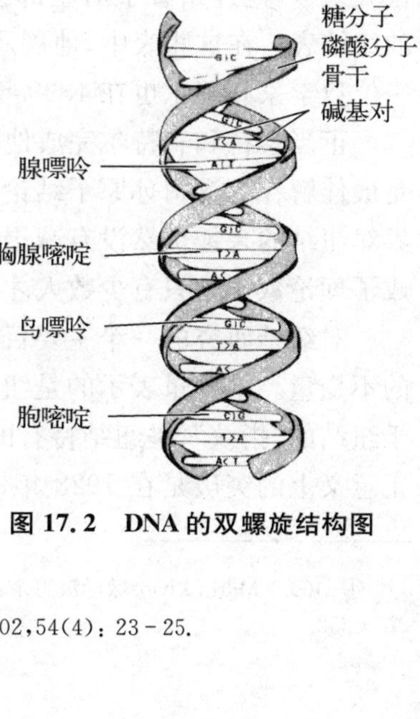

图 17.2　DNA 的双螺旋结构图

① 吴家睿. 抽象的价值——数学与当代生命科学. 科学，2002，54(4)：23－25.

了使复制过程完整地进行下去，后代 DNA 分子一定是不打结的，并且亲本 DNA 也一定要恢复到其原始的双螺旋结构。

解开这种纽结活性因子的是一种生物酶，酶可以让 DNA 链暂时断开，让一条链穿过另外一条链，并且让两个不同的终端重新连接起来。从拓扑学的观点看，DNA 就是一个复杂的纽结，这个纽结被酶打开，以便于复制和转录。这个打开和连接的过程就是纽结理论中的一种变换过程。因此，纽结的打开和连接是代数拓扑学上纽结理论重点研究的问题。

2. 纽结理论

第一位研究纽结的人是法国数学家范德蒙(1735—1796 年)，他在 1771 年发表的一篇论文中，把纽结看作是位置几何的对象进行研究，这标志着纽结理论的诞生。而接下来的"数学王子"高斯也对一些纽结的图示和特征进行了数学分析和解释。但出乎大多数人意料的是，对现代数学纽结理论背后真正的推动力却来自英国物理学家汤姆孙(1824—1907 年)的原子结构理论。在对物质基本结构的解释上，汤姆孙认为，原子应当是打结的以太细管，在当时以太这种神秘的物质仍被认为是遍布整个宇宙空间的。以这种模型为基础，通过纽结的多样性，就可以解释化学元素的多样化了。[①] 为了发展出与元素周期表对等的纽结，汤姆孙不得不把纽结进行分类，找出那些可能不同的纽结。正是这种对纽结的分类表引起了汤姆孙的朋友、苏格兰数学家泰特(1831—1901 年)对纽结研究的极大兴趣，他开始着手对全部纽结进行分类整理。1885 年，泰特发表了他绘制的纽结表。在这张表中，他展示了最多达 10 个交叉的交错纽结。与此同时，另一位数学家利特尔也在 1899 年通过独立研究发表了非交错纽结表。

正当泰特和利特尔完成他们编织的那张宏伟的纽结表时，先前被看作可能是最佳解释的汤姆孙原子结论理论却被科学家们完全抛弃了。尽管如此，数学界对纽结的兴趣仍然没有减退，但困难重重。正如数学家阿蒂亚指出的："纽结成了理论数学中只有少数人才能理解的数学分支。"

对纽结研究的一个主要目标是确定那些真正被认可的纽结的属性——纽结的不变量。不变量表示的是纽结在变形时那些不会发生改变的性质，它就相当于纽结的"指纹"，是纽结特有的属性，不会因为纽结的变形而改变。纽结理论真正意义上的突破是在 1928 年，美国数学家亚历山大(1888—1971 年)发现了一

① (美) Marin Livio. 数学沉思录：古今数学思想的发展与演变. 黄证，译. 人民邮电出版社，2010：222-232.

个非常重要的不变量，现称之为“亚历山大多项式”。亚历山大多项式告诉我们，如果两个纽结有不同的亚历山大多项式，则这两个纽结肯定是不同的。但问题是如果两个纽结有相同的亚历山大多项式，它们仍然有可能是不同的纽结。在接下来的40年里，经过数学家不懈的努力，美国数学家康威终于发现了一种逐步解开纽结的方法，由此揭示了纽结和亚历山大多项式之间本质性的联系。他引入了两个简单的“外科手术式”的运算：翻转(Flip)和平滑(Smoothing)，这两个运算为定义一种纽结的不变量提供了基础性的关键帮助，如图17.3所示。

在翻转中[图17.3(a)]，纽结的交叉处通过让上面的线转到下面来实现变换，很明显翻转改变了一个纽结的本质。但平滑操作[图17.3(b)]则通过让这两段绳子改变方向而完全消除了纽结的交叉。

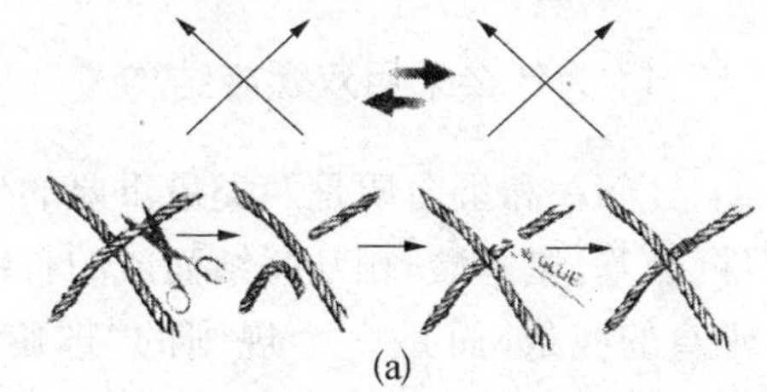
(a)

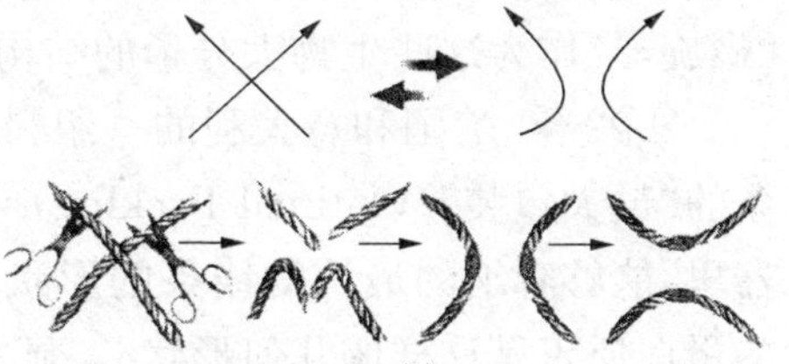
(b)

图17.3 翻转和平滑运算

尽管数学家从康威的研究中获得了全新的理解和认识，但寻找类似于亚历山大多项式的不变量的努力仍在继续。在1984年，情况有了根本性的变化——美国数学家琼斯(1952—)发现了一个全新的“琼斯多项式”不变量。富有戏剧性的是，琼斯研究的根本不是纽结理论，他研究的课题称为“冯·诺伊曼代数”。但琼斯注意到冯·诺伊曼代数中的一个关系式与纽结理论中的某个关系式极为相似，为此他进行了深入研究，分析这个关系式在纽结理论中应用的可能性，并最终产生了“琼斯多项式”。

与亚历山大多项式相比，琼斯多项式是一个更为敏感的不变量，它能够解决亚历山大多项式不能回答的问题，标志着纽结理论的巨大的进步。琼斯的工作极大地鼓舞了研究者的热情，似乎一夜之间纽结理论又活跃了起来，在琼斯之后又发现了其他一些新的不变量。但是如何通过变形把一个纽结准确地变换成为另外一个纽结，这个问题至今也没有找到满意的答案。到目前为止，最新的不变量是由法国数学家康特塞维奇(1964—)发现的，他因此在1998年获得了数学界的最高奖——菲尔茨奖。

纽结理论本身发展的曲折过程好像与科学无关，但极富戏剧性的是，在多年之后，纽结理论却又重新回到起点，数学家们绝对没有想到，纽结理论却在DNA结构的解释上发挥基础性的作用。DNA的发现拉开了纽结理论与生物学结合的序幕。DNA 双螺旋链有缠绕与纽结，现代实验技术采用把 DNA 的纽结解开再把它们复制出来的办法去了解 DNA 的结构。此外，为了复制与转录的需要，DNA 的纽结在酶的作用下打开并重新连接起来，这个过程恰好就是康威为了解开数学上的纽结而引入的“外科手术式”的操作过程。而琼斯多项式以及其后的一些新的不变量的发现，使得生物学家有了一种新的工具，这能够让他们把在 DNA 结构中观察到的纽结进行分类。

二、DNA 选择的“最值原理”

1. 为什么采用双螺旋结构

DNA 和蛋白质是两类最重要的生物大分子，它们通常都是由众多的基本元件(碱基、氨基酸)相互联结而成的长链分子。但是，它们的空间形状并非是一条平直的线条，而是一个规则的“螺旋管”。尽管在 20 世纪中叶人们就发现了 DNA 双螺旋和蛋白质 α 螺旋结构，但人们还是难以解释，为什么大自然要选择“螺旋形”作为这些生物大分子的结构基础。

2002 年，美国和意大利的一组科学家，利用离散几何的方法研究了致密线条的“最大包装”(Optimal Packing)问题，得到的答案是，在一个体积一定的容器里，能够容纳的最长的线条的形状是螺旋形。① 研究者们意识到，“天然形成的蛋白质正是这样的几何形状”。显然，由此我们能够窥见生命选择了螺旋作为其空间结构基础的数学原因：在最小空间内容纳最长的分子。凡是熟悉分子生物学和细胞生物学的人都知道，生物大分子的包装是生命的一个必要过程。作为遗传物质载体的 DNA，其线性长度远远大于容纳它的细胞核的直径。例如，构成一条人染色体的 DNA 的长度是其细胞核直径的数千倍。因此，通常都要对 DNA 链进行多次的折叠和包扎，使长约 5 cm 的 DNA 双螺旋链变成大约 5 μm 的致密的染色体。由此可以认为，生命遵循“最大包装”的数学原理来构造自己的生物大分子。

2. 为什么只有 A, T, G, C 四种碱基

DNA 结构除了遵循“最大包装”的数学原理之外，同样，DNA 分子的构成也遵循最小选择原理。DNA 只由四种不同的碱基(A, T, G, C)组成的，根据它们英文名称的首字母分别称之为 A(Adenine，腺嘌呤)、T(Thymine，胸腺嘧啶)、

① 吴家睿. 抽象的价值——数学与当代生命科学. 科学，2002，54(4)：23－25.

G(Guanine，鸟嘌呤)、C(Cytosine，胞嘧啶)。一个生物所有与遗传性状有关的重要信息都写在这四种碱基组成的基因组那条长长的双链上。大自然只需四个字母，所有生命体都是这四个字母的排列组合。四个字母何以能构造出如此无穷多的变化呢？

实际上，早在1920年，科学家就已经发现DNA由A，T，G，C四种碱基组成，当时许多人都不相信如此简单的组成可以成为遗传信息的载体。直到第二次世界大战以后，有人从数学的角度给出有力的证据——假设有五种符号，任意组成长度为25单位的序列，一共可以有6.23×10^{13}的排列方法。① 这四种碱基在DNA长链上不同的排列组合决定了基因及生命的多样性。近期的研究也再次验证了这个最值原理，爱尔兰都柏林的Trinity学院的麦克·唐纳(Dónall Mac)科学家发现，这四种碱基的选择是最小化错误策略的具体表现。②

三、DNA探索的最新进展

在20世纪末，生物学研究转入了人类基因组计划的探索与实践。人类基因组计划于1990年正式启动，预计在2005年测出人类基因组DNA的30亿个碱基对的序列，发现所有人类基因，找出它们在染色体上的位置，破译人类全部遗传信息。经过10多年各国科学家的努力，在2003年4月14日，中、美、日、德、法、英等六国科学家宣布了人类基因组序列图绘制成功，人类基因组计划的所有目标全部实现，已完成的序列图覆盖人类基因组所含基因区域的99%，精确率达到99.99%。这一进度比原计划提前2年多。人类基因组图谱的绘就，是人类探索自身奥秘史上的一个重要里程碑，它被很多分析家认为是生物技术世纪诞生的标志。也就是说，21世纪是生物技术主宰世界的世纪，正如一个世纪前量子论的诞生被认为揭开了物理学主宰的20世纪一样。

人类基因组计划让我们得到了人类基因组图谱，但其中许多基因过去都不知道有什么功能。在2012年9月5日，国际科学界宣布，“DNA元素百科全书”计划获得了迄今最详细的人类基因组分析数据，它以30篇论文的形式同时发表在英国《自然》杂志等多份学术刊物上。③ 本次公布的数据显示，人类基因组中约80%的基因都有某种确定的功能。这是“人类基因组计划”之后国际科学界

① 化学家怎么上生物课——复旦校长杨玉良跨学科开课. 解放日报，2012-12-11.

② DNA的碱基为何只有A、T、G、C四种. 生物通，2002-09-13.

③ 黄堃. 人类基因功能“详图”问世. 解放日报，2012-09-07.

在基因研究领域取得的又一重大进展。

在未来的后基因组时代，如何破解 DNA 的 30 亿文字的天书，成为科学家关注的焦点问题。要破解这部天书，就要读懂 DNA 序列上是如何编码产生生命的全部信息。如何分析和管理这些"海量"数据，以及如何从它们中提取有用的知识成为了对当前生物学家、数学家、计算机专家等的巨大挑战。由此，引出了一门新兴学科——生物信息学。

"万物皆数"是古希腊著名数学家毕达哥拉斯倡导的主要观点，而科学家伽利略也认为"自然界的天书是用数学语言写成的"。如果他们的观点是正确的，作为大自然的杰作——生命，一定也是按照数学方式设计而成的。因此，数学不仅仅能够提升生命科学研究，使生命科学成为抽象的和定量的科学，而且是揭示生命奥秘的必由之路。

第三节　数字化信息技术

一、当代毕昇——王选的"激光照排技术"

1. 王选简介

图 17.4　王选

王选(1937—2006 年)，中国科学院院士、中国工程院院士。1937 年 2 月 5 日生于上海，少年时代就读于上海南洋模范学校。1954 年考入北京大学数学系，1958 年毕业留校在无线电系任教。1975 年投入到"汉字紧密照排系统"项目的研究，1981 年他主持研制成功中国第一台计算机汉字激光照排系统原理性样机华光Ⅰ型。1985—1993 年，王选先后主持研制成功并推出了华光Ⅱ型到方正 93 系统共五代产品，以及方正彩色出版系统。1991 年当选中国科学院学部委员(院士)，1993 年当选第三世界科学院院士，1994 年当选中国工程院院士。历任北京大学计算机研究所所长、北京大学教授、方正控股有限公司董事局主席、中国科协副主席。2006 年 2 月 13 日，王选在北京逝世。

作为我国汉字激光照排技术的创始人，王选使我国报业和印刷业"告别了铅与火，迎来了光与电"的时代。王选的突然辞世让人悲痛不已，引发了全国人民的关注。人们感谢王选，悼念王选。有网友撰文悼念："只要你看过书、读过报，你都要感谢他，就像你每天用到电灯要感谢爱迪生一样。”“在中华文明的历史上，我们永远不能忘记这些人：仓颉创造了汉字，让文明可以沉淀下来；李斯统一了汉字，让文明可以流动起来；毕昇发明了活字印刷，让文明传播到世界的每一个角落；王选让汉字告别纸与火、铅与火，让中华汉字文化进入了一个新时代……”

王选是一个科学家，是一个有创新精神、企业家头脑的科学家；他也是一名教师，一名学高身正、提携后生的教师。他一生历经坎坷，却始终奋斗不息。王选的人生之路给后人留下了一笔宝贵的精神财富。从 1998 年 10 月王选在北大的讲座《我一生的六个重要抉择》中，①可以领略这个用一生诠释创新的科学家具有怎样的精神和品质。

王选曾打趣说自己“人如其名”，一生都在“选”。王选的第一个选择是 1956 年选择了计算数学专业。王选认为，北京大学高质量的数学基础教育使他终生受益。但在大学二年级下学期分专业时，他选择了计算数学，正好赶上了计算机迅速发展的年代，这是他一生中的幸运。从此，他投入到计算机硬件设计的研究中。王选的第二选择是 1961 年从硬件转向软件，他采用软硬件相结合的方法来探讨软件对未来计算机体系结构的影响。跨学科、跨领域的两种背景交叉、融合在一起，使王选一下子就豁然开朗，找到了创造的源泉，“很多新思想就提出来了”。这是王选后来能够承担激光照排系统研制的决定性因素，由此也验证了控制论创始人维纳的话：“在已经建立起来的学科领域之间的无人空白区上，最容易取得丰硕的成果。”王选第三个选择是 1963 年“收听敌台”，锻炼英语听力。每天半小时的收听不仅使得他阅读英文文献的反应速度明显加快，而且能够了解国外最新的研究动向和发展方向，这为他最终选择数字化技术提供了保证。王选的第四个选择是 1975 年决定研究激光照排。当时王选仅是北京大学一名普通助教，就提出攻研汉字精密照排，要跨过当时日本流行的第二代照版系统，美国流行的第三代照版系统，直接研制当时尚无商品的第四代激光照排系统。这一技术上的大步跨越使许多人不相信、不理解，被批判为“玩弄骗人的数学游戏”。非常幸运的是，王选得到了有关主管领导的支持，后来甚至邓小平、江泽民都批示给予支持，才使得王选的想法付诸实施，最终实现了跨越式的创新和发展。王选的第五个选择是 1980 年初致力于科研成果的商品化和企业化，坚持不懈地走商品化、企业化的道路。王选的第六个选择是 1992 年开始大力扶植年轻人。退出科研第一线，全力扶持年轻人，为他们创造良好的氛围。王选曾说：“今

① 一苇. 王选：我一生的六个重要抉择. 课堂内外，2006(4)：44－46.

后看我贡献的大小，主要看培养出多少年轻人。”

王选把名利看得很淡，从未为清贫和利益所迷惑。他自信而不自负，执著而不僵化。他所作出的一次次明智而又富于远见的选择，将他引向了成功，引向了卓越，引向了崇高。“半生苦累，一生心安”——王选夫人陈堃銶献给丈夫的挽联，当是对他最好的写照！

2. 激光照排技术的数学原理

为了解决汉字的计算机输入和输出问题，国家于1974年8月设立了重点科技攻关项目——“汉字信息处理系统工程”（简称“748工程”）。这个项目包括三个子项目：汉字通信系统、汉字信息检索和汉字照排系统。其中，汉字照排是利用计算机和相关的光学、机械技术，进行汉字的输入、编辑、输出、印刷等操作。1975年春天，北大有了一台计算机。王选的妻子陈堃銶在计算机应用情况的调研中听说了“748工程”，于是她把这一信息告诉了王选。王选立刻看到了将电子计算机应用于出版印刷行业的巨大潜力，他被汉字精密照排的难度和光明的应用前景所深深吸引。王选夫妇作出了一个历史性的选择，从此与汉字精密照排结下了不解之缘。

在当时国际上使用的光学机械式第二代照排机前途不大，已接近淘汰。正在流行的电子排版系统属于第三代阴极射线管照排机，而用激光扫描的方法来还原输出的第四代方法正在研制之中，将在未来处于主导地位。在信息存储方面，已普遍淘汰模拟式而采用数字式，用点阵的方式，即用无数的小点来描述字符。这对只有26个字母的英文来说当然没问题，但中文却有上万个字。如果每个字都用点阵来表示，字库会相当巨大，庞大的信息量对当时计算机的处理速度和存储能力而言，实在难以承受。但这对具有良好数学背景的王选来说不难解决，他说：“由于我是数学系毕业，所以很容易想到信息压缩的方法，即用轮廓描述和参数描述相结合的方法描述字形，并于1976年设计出一套把汉字轮廓快速复原成点阵的算法。”①具体地说，这种办法是用线段（笔画）来描述字形。这种矢量算法是一种根本性的进步，不仅解决了信息量的问题，而且在字形放大时不会出现毛边。但当时用常规计算机上的软件来复原点阵，速度是很慢的，因此一个只懂数学和软件的人可能就会就此却步。由于王选有多年的硬件实践，并懂得微程序，所以很容易想到可以用一个专用硬件将复原速度提高100～200倍。

在考虑汉字信息的高速还原和输出问题时，王选再次有了“跨越式思维”。

---

① 张奠宙. 20世纪数学经纬. 华东师范大学出版社，2002.

1976年，他毅然跳过第二代、第三代排版系统，直接研制国外还没有商品化的第四代系统，用激光扫描的方法来还原输出，也就是我们现在所说的“激光照排系统”。在经历了一次次的失败之后，王选的研发小组终于成功研制出汉字激光照排系统。这一技术已经领先于国际先进水平，他所领导研制的华光和方正系统开始在全国的报社和出版社使用。1988年7月18日，《经济日报》卖掉了一切铅作业设备，彻底告别了“铅与火”，迎来了“光与电”，这在当时引起了极大轰动。同时，《人民日报》撰文：“如果活字印刷是一次印刷革命的话，这个系统的诞生，将是一场新的印刷革命的开端。”王选被称为“当代毕昇”。①

1995年，方正集团在香港上市，王选成了名副其实的科学家兼企业家。中国的科学家很多，但能赚钱的科学家不多。王选的成功，具有很不平常的意义。其中，数学技术——“数据压缩”是其中最关键的因素之一。

二、信号处理——小波分析技术

1993年，美国的数字化电视方案出世后，立即“横扫千军”，使模拟式方案变成一张废纸。支持电视数字化的是一种数学技术——小波分析，它能将庞大的数据压缩到最低限度，使得图像的数字传输成为可能。

1. 小波分析简介

小波分析是目前数学中一个迅速发展的新领域，经过近十几年的发展，它已经是被应用到信号处理、图像复原和语音分析等众多领域的一个重大数学工具，是继110多年前傅里叶分析之后的一个重大突破。无论是对古老的自然科学还是对新兴的高新技术应用学科都产生了强烈的冲击，具有理论深刻和应用十分广泛的双重意义。

小波(Wavelet)，顾名思义，就是小区域、长度有限、均值为0的波形。所谓“小”是指它具有衰减性，而称之为“波”则是指它的波动性，其振幅正负相间的震荡形式。小波的概念是由法国从事石油信号处理的工程师莫里特(J. Morlet)在1974年首先提出的，他通过物理的直观和信号处理的实际需要经验建立了反演公式，但当时并未得到数学家的认可。这种情况如同1807年法国热力学工程师傅里叶提出任一函数都能展开成三角函数的无穷级数的创新概念一样，也未能得到当时法国著名数学家拉格朗日、拉普拉斯和勒让德的认可。

① 向农. 悼念王选——伟大发明家和失意企业家间的孤独者. IT时代周刊，2006-03-05.

幸运的是，早在20世纪70年代，卡尔德隆(Calderon)表示定理的发现、哈代(Hardy)空间的原子分解和无条件基的深入研究为小波变换的诞生做了理论上的准备，而且斯特隆伯格(Stromberg)还构造了历史上非常类似于现在的小波基；1986年著名数学家梅耶(Meyer)提出了第一个真正的正交小波基；1988年法国的科学家马拉特(Mallat)提出了小波变换的主要算法法则，他在构造正交小波基时提出了多分辨率的概念，从空间上形象地说明了小波的多分辨率的特性，提出了正交小波的构造方法和快速算法，叫作Mallat算法。该算法统一了在此之前构造正交小波基的所有方法，它的地位相当于快速傅立叶变换在经典傅立叶分析中的地位。同时，作为小波的创始人，比利时女数学家德比契斯(I. Daubechies)揭示了小波变换和滤波器组之间的内在关系，使离散小波分析变成为现实，完善了小波变换的数学理论。她撰写的《小波十讲》(*Ten Lectures on Wavelets*)对小波的普及起了重要的推动作用。在这之后，小波分析开始蓬勃发展起来。

小波分析经过近10多年的探索研究，重要的数学形式化体系已经建立，理论基础更加扎实。与傅里叶变换相比，小波变换是时间(空间)和频率的局部化分析，它通过伸缩平移运算对信号(函数)逐步进行多尺度的细化分析，最终达到高频处时间细分，低频处频率细分，能自动适应时频信号分析的要求，从而可聚焦到信号的任意细节，解决了傅里叶变换不能解决的许多困难问题，从而小波变换被誉为"数学显微镜"，它是调和分析发展史上里程碑式的进展。

现今，信号处理已经成为当代科学技术工作的重要部分。① 信号处理的目的是：准确地分析和诊断、编码压缩和量化、快速传递或存储、精确地解码或重构。从数学地角度来看，信号与影像处理可以统一看作是信号处理(影像可以看作是二维信号)。小波分析用于信号与影像压缩的特点是压缩比高，压缩速度快，压缩后能保持信号与影像的特征不变，且在传递中可以抗干扰。现在，对于性质随实践是稳定不变的信号，处理的理想工具仍然是傅立叶分析。但是在实际应用中的绝大多数信号是非稳定的，而特别适用于非稳定信号的工具就是小波分析。

2. 小波分析的应用

(1) 美国联邦调查局(FBI)指纹图像压缩。在20世纪末，FBI有一项任务

① 贾弗德. 科学技术中的小波分析. 国防工业出版社，2006.

需要处理，就是要把约有 2 亿人的指纹归档①。FBI 的目标是把档案数字化，电子式储存，以便于提取和传递。但是由于指纹是图像而不是字符，一张标准的指纹卡片，包含近 10 Mb 的数据，在当时传送一些卡片要花费很长时间。

对指纹的小波标准是由 FBI 国家实验室的一些专家发展起来的。通过把指纹图像作为二维函数来处理，就可以将它表示为小波的组合。适当地选取一组小波，表示一个指纹需要的数量将相对地较少，这就减少了需要存储或传送的数据。在处理时，它按大约 20∶1 的比例压缩指纹数据，即将 10 Mb 减少为更易处理的 500 Kb，并且给出的图像仍通过了 FBI 的辨别测试。事实上，这样重新制作的指纹和原来的几乎一模一样(图 17.5)。

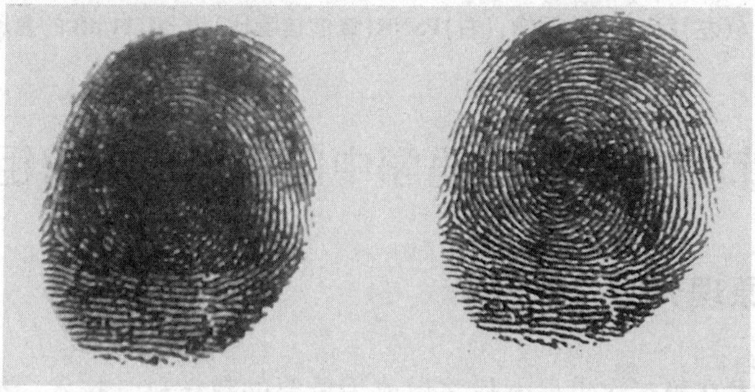

图 17.5 (左)最初的指纹图像，(右)压缩比为 26.0∶1 的指纹图像

(2) 美女图像复原。图像复原是图像处理的另一个重要课题，它的主要目的是要改善给定的观测图像的质量，并尽可能恢复原图像。图像在形成、传输和记录过程中，由于成像系统、传输介质和设备的不完善，使图像的质量变坏，典型的表现为图像模糊、失真、混有噪声等，而在许多应用领域中，如卫星电视、天文检测、地理信息系统、X 线透视、人脸识别或指纹识别等，都需要清晰的、高质量的图像。因此，为了抑制噪声，改善图像质量，复原图像具有非常重要的意义。②

基于小波的图像复原方法是当前的研究热点。对图像复原的要求是就要去除噪声，也能保持图像的边缘和细节，而它们往往表现为一对矛盾。小波分析具有良好的局部时频特性，它通过伸缩、平移等运算功能对信号进行多尺度分析，能有效地从信号中提取信息。所以，小波分析在图像去噪中具有广泛的应用，它

① 邓东皋，孙小礼. 数学文化. 北京大学出版社，1990：364－365.

② 阮秋琦. 数字图像处理学. 电子工业出版社，2007：40－120.

能在去噪的同时保留图像细节，达到对原图像的最优恢复。如图 17.6 所示为美女 Lena 原始图像与恢复图像的对照图。①

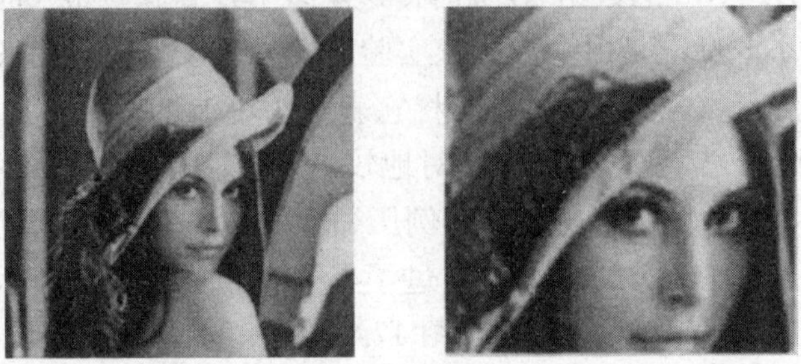

图 17.6(左)Lena 原始图像，(右)PSNR(峰值信噪比)为 30.11 dB 的复原图像

第四节　数学在密码学中的应用——密钥体系

一、密码原理介绍

编码技术在第二次世界大战之后成为重要的数学科学技术，它首先反映在信息理论的研究中。信息论的创始人、美国科学家仙农(1916—2001 年)在 1948 年从数学与技术两方面研究了“通信”，他采用严密的数学方法，对信源、信息、信息量、信道、编码、解码、传输、接受、滤波等一系列基本概念，进行严格的数学描述，使得信息研究由粗糙的定性分析阶段进入精密的定量分析阶段，并因此而发展成一门真正的科学学科。

密码作为军事斗争与政治斗争的一种手段在历史上早就产生了。早在 11 世纪，中国古代的著作中就详细记载了一个军用的密码本。古罗马的恺撒大帝就把有序的 26 个字母分别用它后面第三个字母来代替，形成明文与密文的一一对应。这里，数 3 就是解读密码文的密钥。按照这种方法，定期把密钥换成其他的数字，就可以实现通信的保密性。第二次世界大战以后，恺撒的方法渐渐失去作用。信息化社会的到来，使得密码学更加有用。现在商业信息的往来也需要保密，通过公共渠道，如电话、电报、电子网络传递信息，希望不被窃取或修改，安全地送到接受者手中，就需要用密文形式传送。为了防止盗窃，甚至篡改，需要

① 曹学光. 小波域边缘保持规整化图像复原. 中国图象图形学报. 2006，11(2)：228.

将信息转变为秘密形式。原信息称为明文，明文的秘密形式称为密文，把明文变为密文的过程叫加密，使用密码把密文译成明文的过程叫解密。密码中的关键信息叫作密钥，可变换的密钥是由数学、单词、词组或句子组成的。它在加密过程中决定密文的组成，并在解密过程中指定解密的步骤。随着电子通信和计算机的发展，密钥技术也在不断更新。

在典型的“密钥体系”中，信息发送者和接收者事先要协商某种密钥，然后利用它互送信息。只要他们保守密钥的秘密，该体系应该是安全的。譬如美国人设计的数据加密标准 DES 体系。它的钥匙是个数，其二位进制表示有 56 位。换言之，这把钥匙是由 56 个 0 和 1 组成的数链。从理论上讲，任何敌人只要试遍所有可能的钥匙就能找到哪把钥匙在起作用。就 DES 而言，共有 2^{56} 种可能的钥匙，这个数如此之大，以至想试遍所有的钥匙实际是不可能的。

但是 DES 体系有着明显的缺陷，在使用前，传送者和接收者必须协商好他们将使用的密钥；如果不能通过任何通信渠道传送密钥，他们必须当面选定密钥，所以这种体系不适合未曾会面的个人之间的通信。特别地，它不适合诸如国际间的银行及商务活动，因为商务交往常常需要把保密信息发送给世界各地的从未见过面的人。

20 世纪 70 年代，一种公开的密钥体制出现了。1977 年，美国麻省理工学院的三位数学家和密码学家提出来了 RSA 公开密钥体系。RSA 是高强度非对称加密系统，密钥长度少则 512 位，多则 2 048 位，非常难破解，至今尚未有人能破解超过 1 024 位以上的 RSA，非常安全。其原因是，它所用的数学原理是有关数学同余式的欧拉定理，再加上大数分解非常困难这一事实。但由于是采用非对称加密，加解密耗费时间很长，是 DES 加密时间的 1 000 倍以上。

目前，国际应用较为广泛的两种密钥体系是 MD5，SHA－1。MD5 的全称是 Message-Digest Algorithm 5（信息-摘要算法），在 90 年代初由图灵奖获得者、公钥加密算法 RSA 创始人李维斯特（Rivest）教授开发，并由 MD2，MD3，MD4 发展而来的，主要是对一段信息（message）产生信息摘要（message-digest），以防止被篡改。它的作用是让大容量信息在用数字签名软件签署私人密钥前被“压缩”成一种保密的格式。MD5 广泛用于加密和解密技术上，在很多操作系统中，用户的密码是以 MD5 值（或类似的其他算法）的方式保存的，用户注册时，系统是把用户输入的密码计算成 MD5 值，然后再去和系统中保存的 MD5 值进行比较，来验证该用户的合法性。

SHA－1 是由美国专门制定密码算法的标准机构——美国国家标准技术研究院（NIST）与美国国家安全局（NSA）设计。早在 1994 年 SHA－1 便为美国政府采纳,目前是美国政府广泛应用的计算机密码系统。它也是目前最先进的加密技术之一,被政府部门和私营业主用来处理敏感的信息。SHA-1是一种应用最为广泛的散列函数算法,文件的SHA1值就像人的指纹,是文件的数字指纹,是唯一的,一个文件对应一个唯一的SHA1值,一般用来确认你的文件和官方发布的是否一致。如果官方原版文件被别人做过手脚,那么算出来的SHA1值就会不同。所以,SHA1值是用来“验明正身”的。

两大算法是目前国际电子签名及许多其他密码应用领域的关键技术,广泛应用于金融、证券等电子商务领域。SHA-1的设计是基于MD4相同的原理,并且模仿了该算法。而MD5又基于MD4,因此,SHA1和MD5都是散列算法,将任意大小的数据映射到一个较小的、固定长度的唯一值。而加密性强的散列一定是不可逆的,这就意味着通过散列结果,无法推出任何部分的原始信息。任何输入信息的变化,哪怕仅一位,都将导致散列结果的明显变化,这称之为雪崩效应。散列还应该是防冲突的,即找不出具有相同散列结果的两条信息。具有这些特性的散列结果就可以用于验证信息是否被修改。

二、破解全球两大密码算法的我国数学家——王小云

随着电子商务的发展,网上银行、网上合同、电子签名等的应用越来越广泛,电子商务在给我们的工作生活带来便捷的同时,也存在着安全隐患。一直在国际上广泛应用的两大密码算法MD5,SHA-1,在2005年被一名土生土长的中国数学家王小云相继破解,这一消息在国际社会尤其是国际密码学领域引起极大反响,同时也敲响了电子商务安全的警钟。国际顶级密码学家Shamir对此评论道:“这是近几年密码学领域最美妙的结果,我相信这将会引起轩然大波,设计新的Hash函数算法极其重要。”MD5的设计者Rivest评论道,“SHA-1的破译令人吃惊”,“数字签名的安全性在降低,这再一次提醒需要替换算法”。①

图17.7 王小云

王小云,女,1966年8月出生于山东诸城,1983

① 张晓晶.世界震惊,美国担心,王小云破解全球两大密码算法.文汇报,2005-03-25.

年至 1993 年就读于山东大学数学系，师从著名数学家潘承洞、于秀源教授，于 1993 年获山东大学数论与密码学专业博士学位后留校任教。在经过 10 年的奋斗之后，她终于破译了国际通用的 MD5、SHA-1 两大密码算法。2005 年 6 月王小云被清华大学高等研究中心聘任为“杨振宁讲座教授”，现为清华大学“长江学者特聘教授”。

王小云成为密码专家纯属“意外”，她最初的梦想是当一个物理学家。在高中时，王小云一直就是学校的物理状元，“考试没考好，才报了数学专业”。进入大学后，王小云并不死心。她曾经用一年的时间重新进入物理学领域，但一年下来发现，她已经不能在物理领域取得突破了。此后才安心地在密码学领域探索，而且一钻就是 10 年。在王小云看来：“当初选择这个研究领域是有很大风险的，可能永远不会取得实质性的成果。但我对这个问题有兴趣。”王小云说：“事实上，这个领域里的科学家，99%的人永远也不会取得成功。”

王小云现在已经是世界公认的密码分析高手，但在 2004 年 8 月之前，国际密码学界对她的名字并不熟悉。2004 年 8 月 17 日，在美国加州圣芭芭拉召开的国际密码学大会上，并没有被安排发言的王小云教授拿着自己的研究成果找到会议主席，要求进行大会发言。就这样，王小云在这次会议上首次宣布了她主持的山东大学研究团队的成果——对 MD5，HAVAL-128，MD4 和 RIPEMD 等多个著名密码算法的破译结果。使用她的算法，普通计算机仅运算 1 个多小时，就破解了 MD5。当她讲到第三个破解结果时，会场上已经是掌声四起，报告不得不一度中断。报告结束后，所有与会专家对她们的突出工作报以长时间的掌声。王小云说：“我当时的感觉，真像是获得了奥运金牌的冠军，由衷感到作为一名中国人的自豪。”①王小云的研究成果宣告了固若金汤的世界通行密码标准 MD5 大厦轰然倒塌，引发了密码学界的轩然大波。这次会议的总结报告这样写道：“我们该怎么办？MD5 被重创了，它即将从应用中淘汰。SHA-1 仍然活着，但也见到了它的末日。现在就得开始更换 SHA-1 了。”

事实上，在 MD5 被王小云为代表的中国专家破译之后，世界密码学界仍然认为 SHA-1 是安全的。2005 年 2 月 7 日，美国国家标准技术研究院发表申明，SHA-1 没有被攻破，并且没有足够的理由怀疑它会很快被攻破，开发人员在 2010 年前应该转向更为安全的 SHA-256 和 SHA-512 算法。而仅仅在一周之后，王小云就宣布了破译 SHA-1 的消息。因为 SHA-1 在美国等国家有更加广泛的应用，密码被破的消息一出，在国际社会的反响可谓石破天惊。换句

① 李舒亚. 王小云：密码学家的人生密码. 人民画报，2009-12.

话说，王小云的研究成果表明了从理论上讲电子签名可以伪造，必须及时添加限制条件，或者重新选用更为安全的密码标准，以保证电子商务的安全。美国《新科学家》杂志打出了耸人听闻的标题《崩溃！密码学的危机》，而《华盛顿时报》则报道称："王小云小组开发的新解码技术，将可能有效地'攻陷'SHA-1所构筑成的安保系统，进入美国政府重要的部门，如五角大楼及情报机关。"不过王小云并不是黑客，她说："密码分析科学家和黑客不同。黑客是盗取密码保护的信息以获取利益，而密码分析家从事的是基础理论研究，是为了评估密码算法的安全性，找到其漏洞，以设计出更安全的密码算法。"

随着这两种核心算法的攻破，确实引起了国际密码学界的"地震"，推动了新一轮"革命"。2008年，美国标准技术局宣布，MD5算法已不安全，将全面停止使用；计划在2010年改用较先进的SHA-224等密码系统，并于2016年前设计出更新、更安全的密码算法，以全面取代基于SHA-1的密码系统。微软、SUN和Atmel等知名公司，也在积极商讨应对之策。

第五节　数学在金融中的应用——金融数学

一、金融数学简介

金融数学起源于对金融问题的研究。金融理论的中心问题是研究在不确定的环境下如何对资源进行分配和利用。时间和不确定性是影响金融行为的主要因素，它们相互作用与影响，其复杂性需要一定的数学分析工具来研究。[①] 因此，金融数学应运而生。简单地说，金融数学是指运用现代数学理论和方法，研究金融经济运行规律的一门新兴学科，在国际上称为数理金融学。金融数学从一些金融或经济假设出发，用抽象的数学方法，建立金融机制的数学模型。金融数学的范围包括数学概念和方法（或其他自然科学方法）在金融学，特别是在金融理论中的各种应用，应用的目的是用数学语言来表达、推理和论证金融学原理。因此，金融数学是一门新兴的交叉学科，是目前十分活跃的前沿学科之一。

自1969年设立诺贝尔经济学奖以来，已有多人因在金融理论中有效地运用数学而获得成功。托宾因创立投资决策的数学模型而获1981年度诺贝尔经济

---

① 李仲飞，李仲翔．金融数学介绍．自然辩证法通信，1999，21(2)：75-78．

学奖，马柯维兹、夏普和米乐三人因创立投资组合理论和资本资产定价模型而获1990年度诺贝尔经济学奖，默顿和斯科尔斯因创立期权定价理论而获1997年度诺贝尔经济学奖。而2003年诺贝尔经济学奖，就是表彰美国经济学家罗伯特·恩格尔和英国经济学家克莱夫·格兰杰分别用“随着时间变化易变性”和“共同趋势”两种新方法分析经济时间数列给经济学研究和经济发展带来巨大影响。可见，数学给金融学带来了巨大的活力。

金融数学作为一门边缘学科，它的最显著特征就是能有效地运用数学方法发现和论证金融经济运行的一些规律。金融数学都用到哪些数学工具呢？简单地说就是“不择手段”。具体来讲，主要包括随机分析、随机控制、数学规划、微分对策、非线性分析、数理统计方法及其他现代数学方法。近来，有人在证券价格分析中引进了新型的非线性分析工具，例如分形几何、混沌学、小波理论、模式识别等；在证券选择和股票种类和预测中有人应用神经网络方法、人工智能方法；在期货市场创新的仿真研究中有人运用模拟退火方法和遗传算法；等等。

金融数学的本质是应用数学工具来表达金融规律，并进行演绎和推理，以建立金融理论体系。金融数学的核心内容是研究不确定随机环境下的投资组合的最优选择理论和资产的定价理论。因此，套利、最优与均衡是金融数学的基本经济思想和三大基本概念。金融数学是在两次华尔街革命的基础上迅速发展起来的一门数学与金融学相交叉的前沿学科，现在仍处在进一步发展和完善当中。它主要包括以下理论：现代证券组合理论、资本资产定价模型、套利定价理论、套期保值理论和期权定价理论。在这几个基本理论中，期权定价理论成为现代金融数学的核心内容。正如瑞典皇家科学院在1997年度诺贝尔经济学奖的嘉奖辞中所说：“期权定价理论和公式可以说是最近25年以来经济学领域中最为重大的突破和最卓越的贡献。它不仅为金融衍生市场近10年的迅猛发展奠定了可靠的理论基础，而且它在经济生活多个领域中的广泛应用将为金融业的未来发展带来一场革命性的变化。”

近些年来，随着金融数学的迅速发展，带动了现代金融市场中金融产品的快速创新，使得金融交易的范围和层次更加丰富和多样。这门新兴的学科同样与我国金融改革和发展有紧密的联系，而且其在我国的发展前景不可限量。但由于历史和体制的原因，我国的金融市场起步较晚、金融工具少、金融数学模型少，其在金融系统中的应用更少，金融学科的建设也十分落后。因此，须全面开展适合我国国情的金融数学理论的研究，大规模地培养金融数学的师资和科技队伍，并造就一批真正掌握现代金融知识和技术的人才，使我国的金融学真正从描述性阶段发展到分析性阶段再发展到产品化和工程化的更高阶段。

二、用数学来守卫国家财富的学者——彭实戈

据《光明日报》2010 年 9 月 7 日的新闻报道，第 26 届国际数学家大会于 2010 年 8 月 19 日至 27 日在印度南部城市海德拉巴市举行。山东大学数学学院彭实戈教授，因"倒向随机微分方程"上的贡献在本届大会上应邀作一小时报告，在 20 位报告人中占据一席。在该大会历史上，彭实戈是第一位被邀请作一小时报告的中国本土数学家。①

图 17.8　彭实戈

彭实戈，1947 年 12 月生于山东滨州。中国科学院院士，山东大学数学与系统工程学院博士生导师，山东大学数学研究所所长、经济学院院长、金融研究院院长。比这些头衔更为辉煌的是他的成绩：以其名字命名的"彭一般原理""彭最大值原理""巴赫杜(Pardoux)-彭方程"，这使他在金融数学界获得很高的知名度。他所开创的新领域"倒向随机微分方程理论"，获得了学界同行的公认，是目前研究金融市场衍生证券定价理论的一个基础工具，成为金融数学理论大厦的重要基石。

彭实戈年少时就对数学情有独钟，是老师眼中的"小天才"。一次偶然机会，彭实戈与同班的优等生打赌，成功攻下一道数学难题，从此便对数学王国中蕴含的无穷魅力痴迷不已。1971 年，彭实戈被推荐到山东大学物理系读书，决定他命运的第一篇没有老师指导的论文《双曲复变函数》令彭实戈走进山东大学数学研究所，这颗中国数学界的未来之星终于升起。②

1. 彭氏方程——定价风险资产

1983 年，彭实戈赴法国留学深造。在法留学 3 年间，他获得两个博士学位：巴黎第九大学数学与自动控制三阶段博士学位和普鲁旺斯大学应用数学博士学位。1990 年，他与法国教授巴赫杜联名发表被专家称为奠基性文章的《倒向随机微分方程》，产生巨大影响。作为"倒向随机微分方程""非线性费曼-卡茨公

① 赵秋丽. 中国内地首位数学家受邀国际数学家大会作报告. 光明日报，2010-09-07.
② 杨奕霞. 彭实戈：金融数学大师　守卫国家财富. 香港文汇报，2006-01-16.

式”“随机最优控制一般最大值原理”和“非线性数学期望理论”四项重要研究成果的主要研究者，彭实戈也由此被誉为“倒向随机微分方程之父”。

早在1973年，两位美国科学家提出了布莱克-肖尔斯(Black - Scholes)公式而获诺贝尔经济学奖，并被誉为“华尔街的革命”。而如今这个在世界各地每天用来计算数千亿美元风险金融资产的价格公式，却是“彭氏方程”的一个模型和特例。彭实戈的理论成果及算法，可以用来求解更一般和更复杂情况下的风险金融资产价格，已获公认是研究金融市场衍生证券定价理论的新的基础工具，成为金融数学这门交叉学科的理论基础。

2. 金融数学——用数学捍卫国家财富

将数学理论应用于金融研究，可以决定数百亿美元的资金流向，彭实戈认识到基础研究成果对国家宏观经济决策的指导作用。在他与同行教授的倡议下，1996年，国家自然科学基金委通过了“金融数学、金融工程和金融管理重大研究项目”，由彭实戈任第一负责人，并集中中国科学院、北京大学、清华大学及中国人民银行等20个单位的专家学者，向这一领域发起全面攻关，标志着中国金融数学和金融工程学科开启了一个从无到有的过程。

1993年，彭实戈组织了一次调查。对国内金融实证研究的结果却令他大吃一惊：国际期货市场风险极大，风云莫测，瞬息万变，一个亿万富翁也许眨眼间就会变成一文不名的乞丐。而内地刚刚步入市场，经验不足，信息不灵，在对期货、期权的避险功能了解甚少的情况下盲目投资，后果不堪设想。他预计当时国内投资者每做一单交易，输的概率将大于70%。根据概率论中的大数定律可断定：“从总体上讲，它必然会造成中国资金的大量流失。”①

出于学者的社会责任感，彭实戈立即写了两封信，一封递交给山东省副省长，另一封递交国家自然科学基金委。信中，他陈述自己对国际期货、期权市场的基本看法，以及内地当时进行境外期货交易所面临的巨大风险，并建议从速开展对国际期货市场的风险分析和控制的研究，加强培养高级金融人才。后来，山东省立即叫停境外期货交易，国家自然科学基金委也很快发文将彭实戈的建议信转呈中央财经领导小组。由此可见，彭实戈为避免国家金融资产的大量流失作出了贡献。

此外，彭实戈也希望在我国开放市场的同时，增加风险管理意识。他认为，随着中国内地金融服务业逐步放开，如果对高风险的金融产品的设计、定价、风

---

① 杨奕霞. 彭实戈：金融数学大师 守卫国家财富. 香港文汇报，2006-01-16.

险度量和管理方面准备不足，我们会失掉很多市场、出现很多重大金融事故。为此，他进行了系列研究，例如，与上海证券交易所等相关机构密切合作。他首先在衍生证券的保证金计算方面进行攻关，而该领域的一个原创性数学武器便是彭实戈在1997年提出的，近来又有迅速发展的“G-期望”分析计算方法。目前研究表明，“G-期望”在性能上优于由芝加哥商品交易所研制的国际著名分析计算法“SPAN”。

3. 追求美丽的数学人生

在彭实戈看来，做学问乃至做人都像爬山一样：目标要立得高远，而起步则要从最踏实的地方开始。他称直到现在，自己遇到难题时，还会暂时抛开一切去爬山，然后打起精神从头再来。在2005年当选院士后，彭实戈的自由时间少了很多。他说自己其实最想找一个偏远僻静的地方，教学生，搞研究。只要能和他那美丽的数学在一起，一生都无怨无悔。彭实戈说：“对数学的眷恋是一种对美的追求。这个过程有苦也有乐，有磨炼也有考验，有风风雨雨，也有柳暗花明。酸甜苦辣，什么滋味都有。”①

对于美的追求，贯穿着彭实戈的工作和生活。“数学是美的，发现的一刹那就更美了。倒向方程解决之后，我曾经给巴赫杜教授写过一封信，我说‘倒向随机方程太漂亮了，今后3年我就不干别的了，就要把倒向随机方程研究明白’。事实上，3年过去了，我又发现了很多新问题、新现象，数学是一个不断求索的过程，没有终点，有时候你解决了一个问题，又发现了3个问题。直到今天，我们还在研究倒向随机方程中出现的很多漂亮的问题。”对于获得的各种荣誉和奖项，彭实戈的回答淡泊而诗意，“我把这些成果看成是偶然得来的，好像有人说过，自己就像大海边的孩子，偶然拾到几个美丽的贝壳，使自己，可能也使别人赏心悦目，如此而已。至于名誉那是身外之物，既不是我的目的也不是我的终结。”②

在我国，金融学曾一直属于文科，远远落后于世界水平。近年来，在彭实戈院士的带领下，针对许多社会经济领域迫在眉睫的问题，在经济、金融数学、控制等领域做了大量研究工作，获得了一系列研究成果。这些金融数学课题的开展，不仅使基础理论研究直接服务于社会发展，而且推动了金融数学知识的普及和金融人才尤其是高级人才的培养教育。彭实戈说：“金融数学的整体培养目标是

① 彭实戈：中国金融数学第一人. 中国教育报，2009-01-15.

② 姜范. 中国科学院院士：我国金融数学推动者 数学家彭实戈——发现数学里的美丽. 经济日报，2009-05-03.

有一部分人进入定量金融分析师这一领域，而这也将是未来中国最紧缺的人才。”在2009年，由彭实戈院士带头、山东大学申报的“金融-数学跨学科交叉应用型人才培养实验区”获准立项。该项目通过强化学科交叉融合，达到新型应用型金融人才培养的目标。事实上，从2006年开始，在彭实戈与他的长期合作者、国际著名金融数学家卡鲁伊(EL Karoui)的推动下，我国与法国联合培养金融数学硕士的计划已正式启动。山东大学、复旦大学等国内高校与法国最好的11所大学进行合作，共同培养中国高级的金融数学人才。

以数学为美，以数学为乐，是对美的追求让彭实戈教授登上了金融数学的某个制高点。淡泊名利、乐观谦和，这就是一位学者的襟怀。不管彭实戈教授的下一个追求目标是什么，但可以肯定的是，“美丽的力量”必定会使彭实戈在科学的殿堂中越走越远，中国的金融数学领域一定会跻身国际金融数学界的前列。

第六节 GPS——全球定位系统技术

随着智能手机、掌上电脑、汽车等日用消费品的普及，位置服务已经成为越来越热的一门技术。GPS是目前最为精确、应用最为广泛的定位导航技术，它将成为以后所有移动设备的标准配置之一。在人们的未来生活中，针对GPS定位的开发技术也将成为一项主流常规技术。

一、GPS概述

GPS的全称为NAVSTAR GPS(Navigation Satellite Timing And Ranging/Global Position System，卫星测时与测距导航/全球定位系统，简称GPS)，它是一种可以授时和测距的空间交会定点的导航系统，可向全球用户提供连续、实时、高精度的三维位置、三维速度和时间信息。

GPS起始于1957年10月第一颗人造地球卫星SputnikⅠ的发射成功，空基导航定位由此开始；20世纪70年代，美国国防部批准研制新一代卫星定位系统GPS，主要目的是为陆海空三大领域提供实时、全天候和全球性的导航服务，并用于情报收集、核爆监测和应急通信等一些军事目的。经过20余年的研究实验，耗资300亿美元，到1994年，GPS全部建成投入使用。这是美国继阿波罗登月计划和航天飞机计划之后的第三项庞大空间计划。它从根本上解决了人类在地球上的导航和定位问题，其广泛地应用于测绘、导航、地球动力学、通信和其他许多领域，给导航和定位技术带来了巨大的变化。目前，拥有定位系统的主要国家(地区)有美国、俄罗斯、欧盟、日本和中国。中国的北斗导航定位卫星已于2002年投入应用。2007年5月25日，我国第三颗"北斗一号"卫星发射成功，标志着我国已经拥有了完全自主的卫星导航系统。

二、GPS系统的构成

GPS定位系统是由GPS卫星空间部分、地面控制部分和用户GPS接收器共三部分组成。

1. 空间部分

GPS空间部分主要由24颗GPS卫星构成，其中21颗为工作卫星，3颗为备用卫星(图17.9)。它位于距地表20 200 km的上空，均匀分布在6个轨道面上(每个轨道面4颗)，轨道倾角为55°，运行周期为12 h。卫星的分布使得在全球任何地方、任何时间都可观测到4颗以上的卫星，并能在卫星中预存导航信息。GPS空间部分的主要作用是发送用于导航定位的卫星信号。

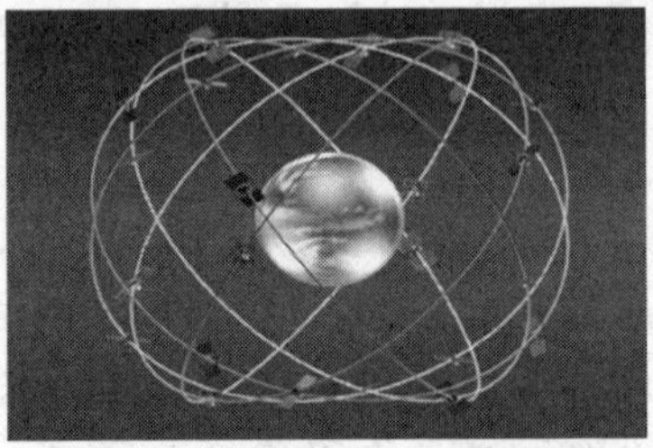
图17.9　24颗卫星分布

2. 地面控制系统

GPS地面控制系统由1个主控制站、5个监测站和3个注入站所组成。其中主控站首先是从各个监控站收集卫星数据，计算出卫星的星历和时钟修正参数等；其次是向卫星发布指令、控制卫星，当卫星出现故障时，调度备用卫星。地面监控站主要接收卫星信号、检测卫星运行状态、收集天气数据，并将这些信息传送给主控站。注入站是将主控站计算的卫星星历及时钟修正参数等注入卫星。GPS地面控制部分的主要作用是监测和控制卫星运行，编算卫星星历(导航电文)，保持系统时间。

3. 用户部分

GPS用户设备部分包含GPS接收器及相关设备。GPS接收器主要由GPS芯片构成。如车载、船载GPS导航仪，内置GPS功能的移动设备，GPS测绘设备等都属于GPS用户设备。GPS接收器的主要作用是接收、跟踪、变换和测量

GPS 信号的设备，GPS 系统的消费者。

三、GPS 定位技术的数学原理

定位，就是要用定量的数据来表示物体的地理位置。GPS 定位，实际上就是通过四颗或者四颗以上已知位置的卫星来确定 GPS 接收器的位置。根据空间解析几何的基本知识，在空间直角坐标系中有四个点，如果知道其他三个点的坐标，便可确定另一个点的坐标。因此，在原理上，要给物体定位只需要三颗卫星就足够了。其数学关系式为：

$$\begin{cases}\sqrt{(x-x_1)^2+(y-y_1)^2+(z-z_1)^2}=R_1\\ \sqrt{(x-x_2)^2+(y-y_2)^2+(z-z_2)^2}=R_2\\ \sqrt{(x-x_3)^2+(y-y_3)^2+(z-z_3)^2}=R_3\end{cases}$$

式中：R_i 表示到第 i 颗卫星的距离；$(x_i,\ y_i,\ z_i)$ 表示第 i 颗卫星的位置；$(x,\ y,\ z)$ 表示用户的位置。

但是，为什么至少需要四个卫星来定位呢？实际上，上面列出的根据三个方程解三个未知数是一种理想状态，是假定卫星和用户处于相对静止的状态。但是，在现实空间中，卫星、用户以及它们所在的坐标系（固定在地球上）都是运动的（图 17.10），它们的位置都需要准确的时间来确定。我们知道，GPS 卫星的速率大约是 4 km/s，赤道上一点由于地球自转移动的速率是465 m/s。所以，0.001 s 的误差将引起大约 4 m 的误差。并且，地球上用户的时间与卫星的时间也是有差距的。假设用户在某一时刻时钟上的时间为 T'，而此时卫星时钟上的时间为 T，根据狭义相对论的时间膨胀原理，有关系式：$T'=\dfrac{T}{\sqrt{1-\dfrac{v^2}{c^2}}}$，其中，$v$ 是卫星的速度，c 是光速。这样，用户与卫星在时间上的细微差别也会引起距离的偏移。

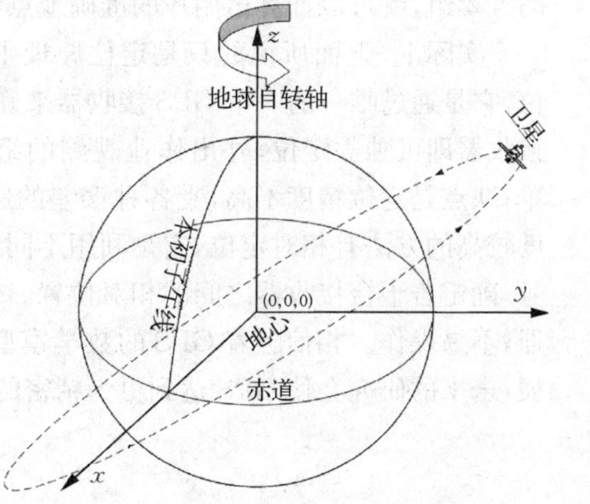

图 17.10　卫星、地球与用户组成的坐标系

因此，要确定用户的确切位置，

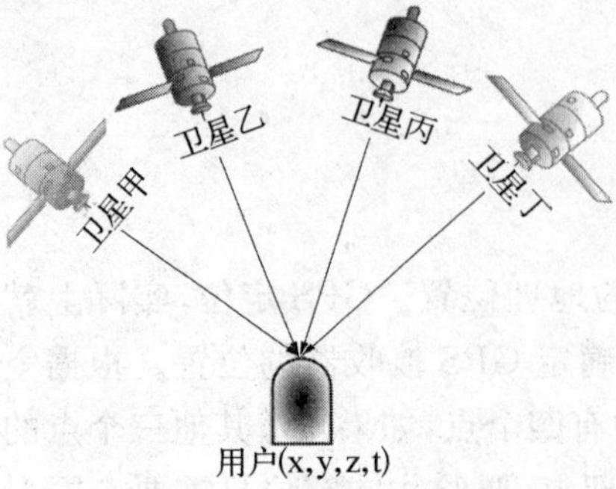

图 17.11 用户与四颗卫星

可以通过比较接收到卫星信号与本地参考信号，测量传播延时。但是，由于用户不能通过自己的时钟得到准确的时间，从而用户也不能通过 GPS 信号的延迟直接得到与卫星的距离。于是，在 GPS 中引入一个变量叫作“伪距”(Pseudo Range)。伪距是由卫星发射的测距信号到达 GPS 接收器的传播时间乘以光速所得出的量测距离。由于卫星钟、接收器钟的误差以及无线电通过电离层和对流层中的延迟，实际测出的距离 ρ 与卫星到接收器的几何距离 r 有一定的差值，因此一般称量测出的距离为“伪距”。它的定义是用户到卫星的几何距离与用户钟差之和，即 $\rho = r + c\Delta t$，从伪距的定义我们可以得到 GPS 方程：$\rho_i = \sqrt{(x_i - x)^2 + (y_i - y)^2 + (z_i - z)^2} + c\Delta t_i$。这里，用户待定坐标为 (x, y, z, t)，卫星坐标分别为 (x_i, y_i, z_i, t_i)，接收用户钟差为 Δt_i，c 为电波传播速度。

$$\begin{cases} \rho_1 = \sqrt{(x_1 - x)^2 + (y_1 - y)^2 + (z_1 - z)^2} + C\Delta t_1 \\ \rho_2 = \sqrt{(x_2 - x)^2 + (y_2 - y)^2 + (z_2 - z)^2} + C\Delta t_2 \\ \rho_3 = \sqrt{(x_3 - x)^2 + (y_3 - y)^2 + (z_3 - z)^2} + C\Delta t_3 \\ \rho_4 = \sqrt{(x_4 - x)^2 + (y_4 - y)^2 + (z_4 - z)^2} + C\Delta t_4 \end{cases}$$

根据测得的四颗卫星的位置和伪距，可以解出这含有四个未知数、四个方程的方程组，就可以计算出用户的准确地点和时间。

实际上，上面所说的只是定位原理中的其中一种，称为单点定位或绝对定位，它是通过唯一的一个 GPS 接收器来确定位置。绝对定位的优点是只需一个接收器即可独立定位，外出作业观测的组织和实施比较方便，数据处理比较简单；缺点是定位精度不高，受各种误差的影响较大，只能达到米级。目前定位精度较高的方法有相对定位，它是利用不同地点的接收器跟踪相同的 GPS 卫星信号，确定若干台接收器之间的相对位置。但缺点是它至少要应用两台 GPS 接收器，不易操作。相信随着 GPS 的数学模型、数据处理理论和计算方法的逐步发展，未来的研究会使 GPS 达到更为精密的定位水平。

第十八章

21 世纪的数学

第一节　21 世纪的数学发展趋势——数学的统一性

100 多年前的世纪之交，数学大师希尔伯特在 1900 年巴黎国际数学家大会上做了《数学问题》的演讲作为献给新世纪的礼物。希尔伯特一开口就说："有谁不想揭开未来的面纱，探索新世纪里我们这门科学发展的前景和奥秘呢？我们下一代的主要数学思潮将追求什么样的特殊目标？在广阔而丰富的数学思想领域，新世纪将会带来什么样的新方法和新成就？"在这次演讲中，希尔伯特提出了 23 个有待解决的重大问题，对 20 世纪的数学发展产生了很大的影响。

100 年之后，已经没有一位数学家能够或者敢于为 21 世纪整个数学的发展指出方向。因此在 2000 年，国际数学联盟组织了来自全世界的 30 位数学精英，集体撰写了《数学：前沿与展望》一书，希望能够从总结 20 世纪的数学中指出 21 世纪数学发展的一个大致趋向。

在历史上，对数学应如何发展一直存在两种不同的意见。著名数学家庞加莱认为，数学离开物理就会走入歧途，物理学不仅迫使人们面临大量的数学问题，而且能影响我们朝着梦想不到的方向前进。而另一位数学大师希尔伯特则认为，数学的发展主要是由于数学自身产生的问题，并提出一些他认为对数学有重要影响的数学本身的问题，即著名的希尔伯特 23 个问题。这使得以后许多数学家沉湎于寻找这些问题的答案。

这两位数学大师对待数学发展的不同观点表明了对数学未来进行准确预言的难度。人非神仙，谁能料事如神？就是希尔伯特的演讲，经过 100 年的实践检验，也被证明有不小的失误。因此，要给 21 世纪的数学发展下一个确定性的结论是不太可能的，但 21 世纪数学总的发展方向——数学的统一性，应该是数学界公认的一个事实，这可从下面一些数学大师的观点得到印证。

一、阿蒂亚的观点

英国数学家、1966年度菲尔茨奖获得者阿蒂亚在《二十世纪的数学》①中认为：20世纪大致可分成两部分。20世纪前半叶是“专门化的时代”，这是一个希尔伯特的处理办法大行其道的时代，即努力进行形式化，仔细地定义各种事物，并在每一个领域中贯彻始终。并且，布尔巴基的名字是与这种趋势联系在一起的。在这种趋势下，人们把注意力都集中于在特定的时期从特定的代数系统或者其他系统能获得什么。20世纪后半叶是“统一的时代”，在这个时代，各个领域的界限被打破了，各种技术可以从一个领域应用到另外一个领域，并且事物在很大程度上变得越来越有交叉性。

21世纪会是什么呢？阿蒂亚提到数学在几个方面的发展：第一，21世纪是量子数学的时代，或者可称为是无穷维数学的时代。量子数学的含义是指我们能够恰当地理解分析、几何、拓扑和各式各样的非线性函数空间的代数。第二，阿兰·科纳(1982年菲尔茨奖获得者)的非交换微分几何。科纳的非交换几何学是一个框架性理论，拥有相当宏伟的统一理论，它融合了分析、代数、几何、拓扑、物理、数论等分支。它能够在非交换分析的范畴里从事微分几何学的工作，并且在数论、几何、离散群以及在物理中都有很大的应用。第三，“算术几何”或者是阿拉克洛夫(Arakelov)几何，其试图尽可能多地将代数几何和数论的部分内容统一起来。这是一个非常成功的理论，它已经有了一个美好的开端，但仍有很长的路要走。

阿蒂亚还提出了一些挑战性的研究课题。一个是与物理有关的低维几何领域。例如，瑟斯顿在三维几何的工作，目标是能够给出一个三维流形上的几何分类，完成这个纲领将是一个重要的挑战。另一个是沃翰·琼斯(1952—)关于三维的信息，它几乎完全不在瑟斯顿纲领包含的信息之内。如何将这两个方面联系起来仍然是一个巨大的挑战，但是近来的一些结果暗示两者之间可能有一座桥。此外，阿蒂亚也提到物理学中出现的“对偶”概念。一般而言，对偶是指产生于一个量子理论被看成一个经典理论时有两种不同的实现。一个简单的例子是经典力学中的位置和动量的对偶，这样由对偶空间代替了原空间，并且在线性理论中，对偶就是傅里叶变换。但是在非线性理论中，如何来代替傅里叶变换是巨

---

① Michael Atiyah. Mathematics in the 20th Century. The American Mathematical Monthly, 1966, 108(7): 654 - 666.

大的挑战之一。数学的大部分都与如何在非线性情形下推广对偶有关。物理学家看起来能够在他们的弦理论和M理论中以一种非同寻常的方式做到了这一点。他们构造了一个又一个令人叹为观止的对偶实例,在某种广义的意义下,它们是傅里叶变换的无穷维非线性体现,并且看起来它们能解决问题,然而理解这些非线性对偶性看起来也是下个世纪的巨大挑战之一。

二、格里菲思的观点

格里菲思是国际代数几何领域的著名学者。他自1991年起担任美国普林斯顿高级研究所所长达13年之久,是有史以来第一位执掌这一研究机构的数学家。1999年起,他又当选为国际数学联盟秘书长。格里菲思在《二十一世纪科学和数学的趋势》中①,从数学与科学相互促进的角度描述了科学和数学中的五个主要发展趋势。

趋势一:研究从直线模型到动态模型;

趋势二:从"理论+实验",到"理论+实验+计算";

趋势三:从学科内研究到跨学科研究;

趋势四:简化主义伴之以复杂系统研究;

趋势五:全球化和知识的扩散。

最后,格里菲思以数学为例,谈到了未来跨学科合作研究趋势的困难和挑战。他认为,影响相互交融的一个主要障碍源于"纯粹"的、孤立的数学文化传统,并且"应用数学"与"纯粹数学"的分离也反映了对数学思维的一种狭隘的观点。他呼吁大家要看到全球性的相互交流与合作的大趋势,并且认为"迎接二十一世纪挑战的最好方式是认识并适应这个强大的趋势"。

在2004年,格里菲思受陈省身的邀请做客南开大学数学研究所时,他为南开师生也做了一场题为"21世纪的数学"的精彩报告。在格里菲思的报告中,他分析了21世纪数学发展的四大趋势:②数学的各个子学科之间正在互相发生交叉;数学与其他学科正在互相影响,越来越互相依赖,数学将越来越多地影响到商业、金融、安全、管理等学科的发展;科学研究将从分科目的研究发展到跨学科的研究,而数学将在其中扮演核心角色;数学研究的焦点将从追求简化走向复杂。格里菲思同时表示,人与人之间传统观念上的隔离,减缓了学科之间交叉的发展趋势,

---

① Griffiths P A. 二十一世纪的科学与数学的趋势. 冯克勤,译. 数学译林,2002,21(2).

② 张国. 著名数学家格里菲思展望21世纪数学发展趋势. 人民网,2004-09-20.

而只有全世界的学者联合起来，打破传统的“绝缘体”，科学才会取得更大发展。

三、丘成桐的观点

丘成桐(1966—)，美籍华裔杰出数学家，1982 年获得菲尔茨奖，2006 年获得沃尔夫奖。在 2005 年 8 月的香山会议上，丘成桐做了题为《21 世纪的数学展望》的演讲。① 丘成桐不是以数学的几个具体分支入手，而是以数学家的眼光，从数学与物理的相互关系来讨论 21 世纪数学发展的大方向。

丘成桐认为，数学是物理学的基础，在 21 世纪，物理学的弦论企图统一重力场与电磁场、强力、弱力三个基本场。而数学也会遇到同样的挑战——数学的统一是 21 世纪里很重要的一个方向，在统一以后才能够对数学产生本质上的了解。而数学的大统一将会比物理的大统一来得基本，也将由统一场论孕育而出。近代弦论的发展已经成功地将微分几何、代数几何、群表示理论、数论、拓扑学等相当重要的部分统一起来。丘成桐认为，在统一场论与数学的统一之间，有一些共性的问题。例如，基本物理上的分级(Hierarchy)问题，是一个能标(Scale)的问题。引力场和其他力场的能标相差极远，如何统一，如何解释？在古典物理、微分方程、微分几何和各类分析中也有不同能标如何融合的问题。而如何用基本的方法去处理不同能标是应用数学中一个重要问题。纯数学将会是处理不同度量的主要工具。事实上，纯数学本身也有不同度量的问题。因此，丘成桐提出，在 21 世纪对整个能标分析(Scale Analysis)这个重要问题，无论是数学或是物理上都要有重要的发现。

数学与物理具有共性的另外一个主要观念是对称。群的观念在自然界中普遍存在，小群(如镜对称、雪花的对称)、连续群(又称李群)、非紧离散群(在数论和几何上的用途)以及无限维对称(规范场中的规范群)。种种不同对称的观念在 20 世纪后半期的理论科学有基本贡献。对偶比对称更广义，不同理论的基本同构将是 21 世纪的一个重要命题。但如何将对称的物理基本现象与非对称的世界联合起来是 21 世纪科学要解决的基本问题。此外，基本的物理定律是时间对称的，为何我们担忧时光消逝？因为直观世界是时间对称的。由时间对称的定律来解释直观世界是现代数学和物理的一个重要问题。

丘成桐赞同应用数学与纯粹数学的统一。他认为应用数学最健康的一个走法是：对要应用的对象做一个模型，而这个模型是要从实验而来的。那些单靠

---

① 丘成桐. 21 世纪的数学展望. 科学，2006，58(2)：1－5.

程序和计算的数学即使有短暂的生长力量，也不会有深远的影响。因此，理想的应用数学家，应该有数学家的根基，有物理学家和工程学家的眼光和触角。丘成桐说："大自然提供了很多重要的数学模型，这些模型都是从物理直觉或从实验观察出来的，但是数学家却可以用自己的想象，在观察的基础上创造新的结构。成功的新的数学结构往往是几代数学家共同努力得出的成果，也往往是数学中几个不同分支合并出来的火花。怀尔斯关于费马大定理的证明就是椭圆曲线、自守形式与表示论的大综合，而这些理论都是发展了多年分别被创造出来的。"

最后，丘成桐对数学自身的统一性作了总结：20世纪的数论通过代数几何方法产生了算术几何；群表示论也逐渐跟数论与几何学融合在一起；拓扑学与几何在很多方面已经融合；此外，当微分几何跟微分方程、几何与组合数学融合时，就会极大地促进应用数学的发展。他认为，好的数学家会将不同的数学统一起来，再发现它的大应用。在整个数学大统一的前提上，将会创造出很多深入的结构来了解不同的数学分支。也只有在这个路途上，我们才能够真正了解不同数学的分支，也才能得出不同数学分支的真正意义。所以在21世纪，数学最终会产生一个大合并的现象。丘成桐以一首诗表达了他的时空统一观：①

弱水三千，岂非同源？
万象归一，心物并存。
时乎时乎，逝何如此。
物乎物乎，繁何如斯。

第二节 庞加莱猜想

一、七个千禧年数学难题

在1900年，德国数学大师希尔伯特在巴黎的国际数学家大会上提出了著名的23个数学问题。经过100多年，希尔伯特问题有很多已经获得解答，它们对20世纪数学的发展起了积极的推动作用。

2000年称为千禧年，更是一个重要的年关。在21世纪到来之际，为了呼应

① 丘成桐院士演讲——二十一世纪数学挑战.数学传播，2001，25(3)：16-26.

希尔伯特的做法，美国克雷数学研究所（Clay Mathematics Institute, CMI）于2000年5月24日在法国巴黎召开的千禧年年会上，公开征解七个千禧年大奖难题（Millennium Prize Problems）的解答。这七个问题是由克雷数学研究所的科学顾问委员会精心挑选的数学难题，他们认为千禧年大奖难题的破解，同样会对21世纪的数学、密码学以及航天、通信等领域带来突破性进展。正如著名数学家怀尔斯——克雷数学促进会科学顾问委员会成员之一，在发布这七个千禧年悬赏问题的招待会上所说："我们相信，作为20世纪未解决的重大数学问题，第二个千年的悬赏问题令人瞩目……我们坚信，这些悬赏问题的解决，将类似地打开我们不曾想象到的数学新世界。"①

根据克雷数学研究所制定的规则，所有难题的解答必须发表在数学期刊上，并经过各方验证，只要通过两年验证期，每破解一题的解答者，克雷数学研究所的董事会会为其颁发奖金100万美元。这七道数学难题如下：

（1）"千僖难题"之一：P（多项式算法）问题对NP（非多项式算法）问题。

（2）"千僖难题"之二：霍奇（Hodge）猜想。

（3）"千僖难题"之三：庞加莱（Poincare）猜想。

（4）"千僖难题"之四：黎曼（Riemann）假设。

（5）"千僖难题"之五：杨-米尔斯（Yang-Mills）存在性和质量缺口。

（6）"千僖难题"之六：纳维叶-斯托克斯（Navier-Stokes）方程的存在性与光滑性。

（7）"千僖难题"之七：贝赫（Birch）和斯维纳通-戴尔（Swinnerton-Dyer）猜想。

鉴于这些难题数学理论性较强，叙述起来篇幅较大，这里不再逐一阐述，有兴趣的可参见《千年难题》这本书。② 虽然解答这七个难题没有时间限制，但目前这七个问题中只有庞加莱猜想已被破解，其余六个尚待进一步研究。下面主要介绍庞加莱猜想的提出与证明过程。

二、庞加莱猜想的提出与证明

1. 庞加莱简介

庞加莱（1854—1912年），法国数学家。庞加莱是19世纪末20世纪初国际

---

① 李心灿. 当代数学大师. 北京航空航天大学出版社，2005：313－314.

② （美）基思·德夫林. 千年难题：七个悬赏1 000 000美元的数学问题. 沈崇圣，译. 上海科技教育出版社，2006.

数学界的领袖人物，他博学多才，在数学、物理学、天体力学和哲学方面都有很深的造诣，数学史家贝尔称其为“最后一位通才”，①是一位对数学及其应用做了广泛的独创性、奠基性工作的大师。

庞加莱诞生于法国南锡，他家族显赫，法国前总统雷蒙·庞加莱就是他的堂弟。他的父亲是位医生，担任南锡大学的医学教授。他的母亲也是一位才华出众、很有教养的女性，她把一生的心血全部倾注到教育和照料孩子身上，这使得庞加莱从小就获得良好的教育。庞加莱小时智力超常，接受知识极为迅速，很早就学会了说话。但5岁时他患了白喉病，几个月后喉头坏了，致使他此后不能顺利地口头表达，并成为体弱多病的人，无法进行激烈的运动。但好在他的记忆力超群，身体的障碍并没有过多地影响他的学习。庞加莱特别爱好读书，一旦读过了一本书，便永远不忘，他总能说出书中讲的某件事情是在第几页和第几行，他终生保持着这种强有力的记忆力。

1862年，庞加莱进入中学学习。初进校时，虽然他的各科学习成绩十分优异，但并没有对数学产生特殊的兴趣。对数学的特殊兴趣大约始于15岁，并显露出他的非凡的数学才华。无论谁交给他一道数学难题，他好像从不思考，答案会像一支箭似地飞出来。他的数学教师形容他是一只“数学怪兽”，这只怪兽席卷了包括法国高中学科竞赛第一名在内的几乎所有荣誉。1873年，庞加莱以第一名的成绩考入巴黎综合工科学校。1879年，庞加莱撰写了关于微分方程方面的论文获得巴黎大学数学博士学位，然后到卡昂大学任讲师，从1881年起任巴黎大学教授，直到去世。

庞加莱的研究涉及数论、代数学、几何学、拓扑学等许多领域，最重要的工作是在分析学方面。他早期的主要工作是1878年创立自守函数理论。他引进了富克斯群和F·克莱因群，构造了更一般的基本域。他利用后来以他的名字命名的级数构造了自守函数，并发现这种函数作为代数函数的单值化函数的效用。1881年，庞加莱由于论文《单变量线性微分方程理论的重点改善》而获得法国科学院数学科学大奖。1885年，瑞典国王奥斯卡二世设立“n体问题”奖，引起庞加莱研究天体力学问题的兴趣。在1889年，庞加莱因论文《论三体问题和动力学方程》获得了这个大奖，法国政府封其为“法国荣誉军团骑士”。1905年，庞加莱获得匈牙利科学院颁发的第一届“鲍耶奖”，这个奖是要奖给在过去25年为数学发展作出过最大贡献的数学家。由于庞加莱从1878年就开始从事数学研究，并在数学的几乎整个领域都作出了杰出贡献，因而此项奖非他莫属。1906年，庞

① (美)埃里克·坦普尔·贝尔.数学大师：从芝诺到庞加莱.徐源，译.海南出版社，2004：631.

加莱当选为巴黎科学院主席。1908 年，庞加莱当选为法国科学院院士，这是一位法国科学家所能达到的最高地位。

庞加莱一生的创作极为高产，几乎涉及数学的所有基本领域以及理论物理、天体物理的许多重要领域。在他从 1878—1912 年间共 34 年相对短促的学术生涯中，发表的科学论文有 500 余篇，科学著作 30 余部，还有大量经典的科普著作如《科学与假设》《科学的价值》《科学与方法》等都有着重大的影响。庞加莱是公认的对于数学和它的应用具有全面知识的最后一个人。罗素认为，本世纪初法国最伟大的人物就是昂利·庞加莱。而创办《美国数学杂志》的英国数学家西尔维斯特于 1885 年见到庞加莱时，他描绘了当时的心情："当我最近在盖·吕萨街庞加莱通风的休息处拜访他时……我的舌头一下子失去了功能，直到我用了一些时间(可能有两三分钟)仔细端详和承受了可谓他思想的外部形式的年轻面貌时，我才发现自己能够开始说话了。"①

与高斯信仰"宁可少些，也要好些"的信条相比，庞加莱是"征服者，而不是殖民者"，他急于开拓那些有待挖掘的数学宝藏。贝尔认为："一个有创造力的科学家把他的劳动果实储藏太久，以至它们中的一些已不新鲜；比较性急的人则把采集到的一切不论生熟都散播出去，随着风和气候带它们落到可能成熟或腐烂的地方。前一种人对科学的进展所做的工作是否比性急的人更多呢，这是一个没有解决的问题。"②显然，庞加莱是后一种人。在数学研究的众多领域中，庞加莱永远走在前面，"一旦达到了顶峰，他从不追溯他的步骤。他满足于闯过难关，把勘测注定更容易通过尽头的坦途留给别人"。他提出的一些极其深刻的问题至今仍具有诱人的魅力，成为后继者拓展和深究的课题。例如，千禧年七大数学难题之一的庞加莱猜想。

2. 庞加莱猜想的提出与证明

庞加莱是现代拓扑学的奠基人。他早期对富克斯函数的研究导致了他转入拓扑学的工作。庞加莱的拓扑思想，不仅给复分析和力学输入了新的生命，而且还开创了一个重大的新领域——代数拓扑。1904 年，庞加莱提出了代数拓扑学中一个带有基本意义的命题——"庞加莱猜想"，即在一个封闭的三维空间，假如每条封闭的曲线都能收缩成一点，这个空间一定是一个圆球。

通俗地说，如果我们伸缩围绕一个苹果表面的橡皮带，那么我们可以既不扯

① (美)埃里克·坦普尔·贝尔. 数学大师：从芝诺到庞加莱. 徐源，译. 海南出版社，2004：632.
② (美)埃里克·坦普尔·贝尔. 数学大师：从芝诺到庞加莱. 徐源，译. 海南出版社，2004：644.

断它,也不让它离开表面,而是使它慢慢移动收缩为一个点。另一方面,如果我们想象同样的橡皮带以适当的方向被伸缩在一个轮胎面上,那么不扯断橡皮带或者轮胎面,是没有办法把它收缩到一点的。原因何在呢?这是因为苹果表面是"单连通的",而轮胎面不是。

看起来很容易很清楚的一个问题,要证明它可不是简单的事情。100多年来,无数的数学家为了证明它,绞尽脑汁甚至费尽终身仍无所获。比如,希腊著名的拓扑学家帕帕奇拉克普罗斯——人们习惯称他为"帕帕",据说在他1976年死之前仍在试图证明庞加莱猜想,临终之时,他把一叠厚厚的手稿交给了一位数学家朋友。然而,只是翻了几页,那位数学家就发现了错误,但为了让帕帕安静地离去,最后选择了隐忍不言。

美国数学家斯梅尔(1930—)在20世纪60年代初突发奇想:如果三维的庞加莱猜想难以解决,高维的会不会容易些呢?1960—1961年,斯梅尔独自在里约热内卢的海滨,面对着大海思考和演算。终于在1961年夏天,斯梅尔公布了自己对庞加莱猜想的五维和五维以上空间的证明(即广义的庞加莱猜想),这个结果立刻引起轰动。他也因此获得了1966年菲尔茨奖。

1983年,美国数学家福里德曼(1951—)将证明又向前推动了一步,他证出了四维空间中的庞加莱猜想,并因此获得1986年菲尔茨奖。但是,再向前推进的工作又停滞了。

用拓扑学的方法研究三维庞加莱猜想没有进展,有人开始想到了其他的工具。美国康奈尔大学数学家瑟斯顿(1946—)就是其中之一。1970年,他提出几何化猜想的一个特例,这是一个有关三维空间几何化的更强大、更普遍的猜想。数学家德·摩根认为:"瑟斯顿的猜想列出了一个清单,如果它是正确的,那么庞加莱猜想的证明则迎刃而解。"瑟斯顿也因此项工作获得了1982年菲尔茨奖。

在瑟斯顿之后,拓扑学家致力于发展一系列精致的工具来研究和分析形状,但一直没有获得突破。到1982年,美国数学家汉密尔顿(1943—)提出了"里奇流(Ricci Flow)"的新工具,这一思想源自爱因斯坦的广义相对论和弦论。1988年汉密尔顿利用他的"里奇流"重新证明了二维曲面的黎曼定理。但在三维情形下,汉密尔顿遇到一个问题:在用曲率方法推动空间变化时遇到了奇异点,如何处理奇异点成为整个庞加莱猜想证明中最重要的一部分。

俄罗斯天才数学家佩雷尔曼(1966—)打破了僵局。2002年11月12日,他将第一篇论文贴在网上。论文表明,所有的奇异点都是友好的,它们会变化为球形或管形,而且,一旦"里奇流"开始,这些变化是有时限的。这意味着拓扑学家可按自己的意愿切割空间,并让"里奇流"持续到最终,揭示了空间的拓扑学球形本质,同

图 18.1 佩雷尔曼

时证明了庞加莱猜想和瑟斯顿的几何化猜想。

然而，佩雷尔曼的论文技术性很强又过于简略，只有极少数数学家能够阅读。2003 年 3 月 10 日，佩雷尔曼发出了第二份帖子，它包含了更多细节。于是，全世界的数学家们一行一行地解读这些论文，以确定他的观点是否正确。数学家们发现了论文中的一些差错，但都不严重。后来，佩雷尔曼开始在美国麻省理工学院等做系列演讲，阐述他的证明思想和方法，受到学术界的广泛好评。2006 年 8 月，英国《自然》杂志在线新闻列举了 3 组“令人尊重的科学家”的论文，指出他们的工作填补了佩雷尔曼工作的细节，而中国数学家朱熹平和曹怀东的贡献在其中占有一席之地。①

即使在“怪人”云集的数学家群体里，佩雷尔曼也是一个特殊的怪人。2006 年 8 月，因庞加莱猜想的证明，第 25 届国际数学家大会授予佩雷尔曼菲尔茨奖，这是国际数学界对他的正式承认。然而他却拒绝这一奖项，不出席会议。而在 2010 年 3 月 18 日，当克莱数学研究所宣布将 100 万美元的奖金授予佩雷尔曼时，许多人推测他会接受这一奖励，然而佩雷尔曼仍然没有现身。佩雷尔曼拒绝领奖的理由很简单：“这个奖和我没有关系。如果证据是正确的，每个人都能理解它，那么也不需要什么肯定。”并且声明：“对于金钱和美誉，我毫无兴趣。我不愿意像动物园内的动物一样被展览。我不是数学领域的一个英雄，我没那么成功。因此，我不想让每个人盯着我看。”从此，佩雷尔曼开始隐居，从数学界“销声匿迹”了。

佩雷尔曼潜心研究、淡泊名利的品德，不但让他成为最令人尊敬的数学家之一，而且也为他赢得了很高的国际声誉。也正是他心无旁骛、专心研究，才在证明困扰人类百余年的庞加莱猜想过程中实现了突破性的贡献。如同《纽约时报》评价的，他破解了庞加莱猜想，“是数学发展，也是人类思想发展的里程碑”。

在 2010 年 6 月 8 日，10 余名世界级的数学家在巴黎为佩雷尔曼颁发千禧数学奖，但佩雷尔曼的缺席并没有影响这些大师对他的赞誉之词。阿蒂亚说：“庞加莱去世一个世纪之后，在他生活和工作过的这座城市里，他遗赠给我们的猜想被解决了，佩雷尔曼是登顶那个三维世界的登山者。”为庞加莱猜想做过重要贡献的瑟斯顿在颁奖仪式上致辞：“我很荣幸能有这样一个机会来公开表达我

① 王丹红. 俄罗斯数学家佩雷尔曼“开口”拒绝百万巨奖. 科学时报，2010 - 07 - 05.

对佩雷尔曼的深深钦佩和欣赏——佩雷尔曼带着极大的兴趣和精湛的技艺，在我和其他人失败之处建立了一个漂亮的证明——这是一个我无法做到的证明，佩雷尔曼的某些强项正是我的弱点。”①

“我想说，我对他内心的强大与清晰感到共鸣和敬仰。他能够了解和坚持真实。我们真实的需求位于内心深处，然而现代社会中的我们大多在条件反射式地不断地追逐财富、消费品和虚荣。我们在数学上从佩雷尔曼那里学到了东西。或许我们也应该暂停脚步，从佩雷尔曼对生活的态度上反思自己。”

第三节 当代华裔数学天才——陶哲轩

陶哲轩，这个名字近几年来在国内逐渐为大众所熟知。一个重要的原因是他于 2006 年获得了“数学界诺贝尔奖”——菲尔茨奖，这是继 1982 年丘成桐之后第二位华裔数学家获此殊荣。菲尔茨奖的颁奖词称：“陶哲轩是一位解决问题的顶尖高手，他的兴趣横跨多个数学领域，包括调和分析、非线性偏微分方程和组合论。”陶哲轩，这个已经长大的神童正在书写着他传奇的数学人生。

一、天才神童

陶哲轩，1975 年生于澳大利亚，祖籍中国上海。陶哲轩的父母都是香港大学毕业，父亲是一名儿科医生，母亲是中学数学教师。1972 年他们移民至澳大利亚，当陶哲轩出生后，母亲不再工作，专职抚养和教育孩子。

图 18.2 陶哲轩

陶哲轩 2 岁时，父母就发现了他在数学方面的早慧。在幼儿园的大半时间里，在母亲启发式的指导下，他自学了几乎全部的小学数学课程。陶哲轩 5 岁进入一所公立小学，7 岁时开始自学微积分，8 岁半升入中学，不久开始在离家不远的弗林德斯大学学习大学数学和物理。在此期间，陶哲轩参加了美国高考 SAT 数学部分的测试，得了

① 黄永明. 比 Sheldon 更 Sheldon 的真实天才——佩雷尔曼. 南方周末，2010－06－14.

760分的高分(满分为800分)。在美国,十七八岁的学生中只有1%能够达到750分,而8岁的孩子里面还没有人超过700分。这个结果使得陶哲轩的父母难以抉择:陶哲轩要什么时候升入大学?这件事引起了研究天才教育专家、新南威尔士大学格罗斯教授的注意。据测试,陶哲轩的智商介于220～230之间,如此高的智商百万人中才会有一个。因此,格罗斯认为陶哲轩完全有能力在12岁生日前读完大学,成为当时最年轻的大学毕业生。然而,他的父母还是采取了谨慎的态度,他们认为,在中学多待三年,会让陶哲轩打下科学、哲学、艺术等多方面的坚实基础,让他对数学的热爱随着心智的成熟而慢慢炽烈,孩子将来的前景才会更加广阔。

陶哲轩14岁正式进入他中学时去听课的弗林德斯大学,16岁获得该校数学学士学位,一年后取得硕士学位。17岁时,他来到美国,开始攀登数学高峰,在普林斯顿大学师从沃尔夫奖获得者埃利亚斯·施泰因,21岁获得博士学位,24岁成为加州大学洛杉矶分校的终身教授,31岁时获得菲尔茨奖。在2008年11月20日出版的美国《探索》杂志上,20位40岁以下的科学家被冠以了“最好脑袋(Best Brains)”的称号,排名第一的正是时年33岁的陶哲轩。[①]

二、奥数金牌

据《南方周末》报道:[②] 2006菲尔茨奖的一个显著特点是,四位获奖者中的两位,俄罗斯的佩雷尔曼和澳大利亚的陶哲轩,均为昔日奥数金牌得主。相形之下,中国虽然也有不少奥数奖牌得主,却没有人能够取得像他们那样的杰出成就,有些人甚至远离了数学。这是一个值得思考的问题。

实际上,获得菲尔茨奖的奥数金牌得主还有2010年菲尔茨奖得主、越南籍的数学家吴宝珠。那么,陶哲轩他们是如何从奥数冠军走向菲尔茨奖的飞跃呢?

陶哲轩的数学生涯并非一帆风顺。9岁多时,他未能入选澳大利亚队去参加国际奥林匹克数学竞赛。但接下来三年中,他先后三次代表澳大利亚参赛,分别获得铜牌、银牌和金牌。他在1988年获得金牌时,尚不满13岁,这一纪录至今无人打破。

陶哲轩认为,很多奥数奖牌得主后来没有继续数学研究的原因之一是,数学研究和奥数所需的环境不一样,奥数就像是在可以预知的条件下进行短跑比赛,

---

① 木遥. 陶哲轩:长大的神童. 数学教学通讯,2012-04.

② 李虎军. 陶哲轩:一个华裔数学天才的传奇. 南方周末,2006-08-31.

而数学研究则是在现实生活的不可预知条件下进行的一场马拉松，需要更多的耐心，在攻克大难题之前要有首先研究小问题的意愿。

在中国，不少中学和中学生将奥数视为升入大学的一条捷径，投入大量时间进行训练。和中国一样，澳大利亚参加奥数的选手也需要集训，但集训的时间并不是很长。陶哲轩当时仅参加了为期两周的训练营，“我们白天练习解题，晚上玩各种游戏”。陶哲轩说：“当我发现，解决问题的价值不在于它使你获得什么奖项，或者使你赢得什么名声，重要的在于你学到了什么，通过解决问题理解了这个世界，我就更喜欢数学了。”陶哲轩的父亲也说：“他主要是喜欢做数学，而不是为了获奖去做数学。”

在我国，王崧是实现从奥数冠军向数学研究成功转型的一个案例。王崧连续两届（第30，31届）获得国际奥林匹克数学竞赛冠军，2001获得美国加州理工学院博士学位；2002年在普林斯顿高等研究中心和耶鲁大学做博士后；2006年，王崧作为中国科学院“百人计划”入选回国。“从数学竞赛到数学研究，差别是很大的。”王崧也表达了和陶哲轩类似的观点，[①]“数学研究很重要的特点，是它要求人的素质能够独立和创新。数学竞赛的题目是已经解决了的问题，它已经有了答案。而数学研究的最终目标是要作出还没有答案的东西。”

三、数学成就

许多人认为陶哲轩智商高，是一位天才数学家，但陶哲轩不这样看。他说：“我不认为聪明程度是在数学领域取得成功的最决定性因素……在数学研究中极具天赋并不是必需的，但是你需要耐心和成熟。”除了智商之外，使得陶哲轩真正成为一流数学家的，还有他那广泛的兴趣和知识储备以及深刻的洞察力。在陶哲轩的研究生涯里，他被数学界公认为是调和分析、偏微分方程、组合数学、解析数论、算术数论等接近10个重要数学研究领域里的大师级高手，这些方向都是数学发展中极热的生长点。

陶哲轩的一项著名的成果是与本·格林合作用质数级数解决了一个由欧几里得提出的与“孪生质数”相关的猜想：一些质数数列间等差，如3，7，11之间，均差4；而数列中下一个数15则不是质数。这个已经有2 300年历史的数学悬案，强烈吸引了他的兴趣，他与同伴甚至证明了即使在无穷大的质数数列中，也能找到这样的等差数列段，这个发现被命名为“格林-陶定理”。要知道，这个数

---

① 王丹红.中科院数学与系统科学研究院王崧博士：从奥数冠军到数论专家.科学时报，2009-06-24.

论问题与陶哲轩所学的调和分析和偏微分方程专业完全无关。陶哲轩敏锐地发现了那些陌生的问题同自己擅长的领域的本质联系，然后调动自己的智慧去攻克它。

近年来，陶哲轩在压缩感知原理方面的研究获得了突破性成果。这个问题完全来自信号处理的领域。①我们都知道，在数学上，要解出几个未知数就要列出几个方程才行。用信号处理的方式来表述，就是如果要还原一个信号（声音或者图像或者其他什么数字信息），那么信号有多大，我们就要至少测量多少数据才行，这是个一般的规律。但是实践中由于种种原因，我们往往无法进行充分的测量，于是就希望能用较少的测量数据还原出较多的信息。本来这是不可能的事情，但是近来人们渐渐意识到，如果事先假设信号有某些内部规律（总是有规律的，除非信号是完全的噪声），那么这种还原是有可能做到的。在这个领域里，几篇极其关键的论文就出自陶哲轩和他的合作者之手。

关于陶哲轩是如何注意到这个问题的，有一种说法是：曾经很长一段时间，每天早晨，陶哲轩和加州科技研究所的以马利·坎迪斯教授在幼儿园碰头，他们的孩子在同一所幼儿园，送孩子是他们每天的第一项工作。随后他们一起去研究所，共同开展这项军队极想用于勘测，而工程师可以由此开发出用于磁共振成像、天文仪器和数码相机领域更尖端、更有效的成像技术的研究。

对于自己走过的数学之路，陶哲轩总结道："当我是小学生时，形式运算的抽象美极其令人惊叹，通过简单法则的重复而得出非凡结果的能力吸引了我；当我是高中生时，通过竞赛，我把数学当作一项运动，并享受解答设计巧妙的数学趣味题和揭开每一个奥妙的'窍门'时的快乐；当我是大学生时，接触到构成现代数学核心的丰富、深刻、迷人的理论和体系，使我顿起敬畏之心；当我是研究生时，我为拥有自己的研究课题而感到骄傲，并从对以前未解决的问题提供原始性证明的过程中得到无与伦比的满足。直到开始作为一名研究型数学家的职业生涯后，我才开始理解隐藏在现代数学理论和问题背后的直觉力及原动力……直到最近，当我了解了足够多的数学领域后，才开始理解整个现代数学的努力方向及其与科学和其他学科的联系。"②

四、快乐人生

陶哲轩觉得，做人最重要的是快乐。他说："我喜欢与合作者一起工作，我从

① 木遥．陶哲轩：长大的神童．数学教学通讯，2012-04.
② 赵晶．陶哲轩：被数学照亮的精灵．中国教育报，2010-02-20.

他们身上学到很多。实际上，我能够从谐波分析领域出发，涉足其他的数学领域，都是因为在那个领域找到了一位非常优秀的合作者。我将数学看作一个统一的科目，当我将某个领域形成的想法应用到另一个领域时，我总是很开心。”陶哲轩是一位论文高产的数学家，他先后发表了100多篇论文，其中30多篇系与他人合作。

佩雷尔曼也是一位卓有成就的数学天才，是陶哲轩非常敬佩的同行。他说：“佩雷尔曼对庞加莱猜想所作的贡献是过去10年中最重大的，与他同时当选菲尔茨奖得主，我真的很惭愧。”不过，这位天才离群索居，通常不喜与人合作。但工作中的陶哲轩，享受着与其他数学家的合作，也享受着自己的奇思妙想。费弗曼博士说：“如果你在一个问题上被卡住了，其中一个办法就是让陶哲轩对它感兴趣。”加内特更是说：“一流的数学家喜欢与他一起工作，他的合作者就能组建起世界上最好的数学系。”如今，数学家们争先让陶哲轩对他们研究的问题产生兴趣，他正在变成失败研究的“救火员”。

实际上，对于天才的陶哲轩来说，最令人羡慕之处，不在于他惊人的天赋和出色的成就，而在于他在拥有这些天才和成就的同时，也能成长为一个享有健康生活的快乐的“普通人”。

参考文献

[1] 邓东皋,孙小礼,张祖贵. 数学与文化. 北京: 北京大学出版社,1990.
[2] 齐民友. 数学与文化. 湖南: 湖南教育出版社,1991.
[3] (美) 莫里斯·克莱因. 古今数学思想(1—4 册). 江泽涵,张理京,译. 上海: 上海科学技术出版社,2002.
[4] (美) 克莱因 M. 西方文化中的数学. 张祖贵,译. 上海: 复旦大学出版社,2006.
[5] (美) 克莱因 M. 数学与知识的探求. 刘志勇,译. 上海: 复旦大学出版社,2006.
[6] (美) 克莱因 M. 数学: 确定性的丧失. 李宏魁,译. 湖南: 湖南科学技术出版社,2007.
[7] (美) 柯朗 R,罗宾 H. 什么是数学: 对思想和方法的基本研究. 左平,张饴慈,译. 上海: 复旦大学出版社,2006.
[8] (美) 康斯坦丝·瑞德·希尔伯特. 数学世界的亚历山大. 袁向东,李文林,译. 上海: 上海科学技术出版社,2006.
[9] (美) Livio M. 数学沉思录: 古今数学思想的发展与演变. 黄征,译. 北京: 人民邮电出版社,2010.
[10] (美) Dunham W. 数学那些事: 思想、发现、人物和历史. 冯速,译. 北京: 人民邮电出版社,2011.
[11] (俄) 亚历山大洛夫,等. 数学: 它的内容、方法和意义(1—3 卷). 孙小礼,译. 北京: 科学出版社,2008.
[12] 莫德. 追溯数学思想发展的源流. 呼和浩特: 内蒙古教育出版社,2004.
[13] 蔡天新. 难以企及的人物: 数学天空的群星闪耀. 桂林: 广西师范大学出版社,2009.
[14] 蔡天新. 数学与人类文明. 北京: 商务印书馆,2012.
[15] 张文俊. 数学欣赏. 北京: 科学出版社,2011.
[16] 陈诗谷,葛孟曾. 数学大师启示录. 北京: 开明出版社,2005.

[17] 李心灿. 当代数学大师. 北京：北京航空航天大学出版社，2005.
[18] (美) 贝尔 E T. 数学大师：从芝诺到庞加莱. 徐源，译. 海南：海南出版社，2004.
[19] (美) 理查德·曼凯维奇. 数学的故事. 冯速，译. 上海：上海科技教育出版社，2002.
[20] 李文林. 数学史概论. 北京：高等教育出版社，2002.
[21] 吴文俊. 世界著名数学家传记. 北京：科学出版社，1997.
[22] 吴文俊. 中国数学史大系. 北京：北京师范大学出版社，1998.
[23] 张奠宙. 20 世纪数学经纬. 上海：华东师范大学出版社，2002.
[24] 张奠宙，王善平. 当代数学史话. 大连：大连理工大学出版社，2010.
[25] 武锡环. 数学历史与文化. 呼和浩特：内蒙古人民出版社，2006.
[26] 张顺燕. 数学的源与流. 北京：高等教育出版社，2000.
[27] 张维忠. 数学文化与数学课程. 上海：上海教育出版社，1999.
[28] 郑毓信. 数学教育哲学. 成都：四川教育出版社，2001.
[29] 郑毓信，王宪昌，蔡仲. 数学文化学. 成都：四川教育出版社，2000.
[30] 赵小平编. 现代数学大观. 上海：华东师范大学出版社，2002.
[31] 游安军. 数学发展的文化视角. 北京：中国文联出版社，1999.
[32] 张贵新. 趣味数学史话. 长春：吉林教育出版社，1998.
[33] 冯克勤. 从整数谈起. 长沙：湖南教育出版社，1998.
[34] (美) 波利亚 G. 数学与猜想. 李志尧，王月爽，李心灿，译. 北京：科学出版社，2002.
[35] (美) 伊夫斯 H. 数学史概论. 欧阳绛，译. 太原：山西经济出版社，1986.
[36] (美) 伊夫斯 H. 数学史上的里程碑. 欧阳绛，等译. 北京：北京科学技术出版社，1990.
[37] (英) 基斯·德夫林. 数学：新的黄金时代. 李文林，袁向东，等，译. 上海：上海教育出版社，1997.
[38] 李学数. 数学和数学家的故事(1～4 册). 北京：新华出版社，1999.
[39] 李浙生. 数学科学与辩证法. 北京：首都师范大学出版社，1995.
[40] 罗声雄. 数学的魅力. 武汉：武汉教育出版社，1999.
[41] 谭家健. 中国文化史概要. 增订版. 北京：高等教育出版社，2003.
[42] 林夏水. 分形的哲学漫步. 北京：首都师范大学出版社，1999.
[43] (美) 斯蒂恩 L A. 今日数学. 马继芳，译. 上海：上海科学技术出版社，1982.

[44] 莫绍揆. 数理逻辑初步. 上海：上海人民出版社，1980.
[45] (美) 劳 C R. 统计与真理——怎样运用偶然性. 北京：科学出版社，2004.
[46] 王鸿钧，孙宏安. 中国古代数学思想方法. 南京：江苏教育出版社，1988.
[47] 王鸿生. 世界科学技术史. 北京：中国人民大学出版社，1996.
[48] 王子兴. 数学方法论——问题解决的理论. 长沙：中南工业大学出版社，1997.
[49] 张永春，董驹翔. 罗巴切夫斯基科学思想和方法. 哈尔滨：黑龙江教育出版社，1992.
[50] (美) 西奥妮·帕帕斯. 数学的奇妙. 陈以鸿，译. 上海：上海科技教育出版社，1999.
[51] (美) 约翰·L·卡斯蒂. 20 世纪数学的五大指导理论. 叶其孝，刘宝光，译. 上海：上海教育出版社，2000.
[52] 中国大百科全书(数学). 北京：中国大百科全书出版社，1998.
[53] 袁小明，胡炳声，刘逸. 中华数学之光. 长沙：湖南教育出版社，1999.
[54] (日) 米山国藏. 数学的精神、思想和方法. 毛正中，吴素华，译. 成都：四川教育出版社，1986.
[55] Wilder R L. Evolution of Mathematical Concepts：An Elementary Study. New York：John Wiley & Sons，1968.
[56] Steen L. The Science of Patterns. Science，1988(4).
[57] Atiyah M. Mathematics in the 20th Century. The American Mathematical Monthly，2004，108(7).